Auf den Spuren der Arbeitstiere

Hans-Ulrich Schiedt

Auf den Spuren der Arbeitstiere

Eine gemeinsame Geschichte vom ausgehenden 18. bis in die erste Hälfte des 20. Jahrhunderts

CHRONOS

Die Druckvorstufe dieser Publikation wurde vom Schweizerischen Nationalfonds zur Förderung der wissenschaftlichen Forschung unterstützt.

Informationen zum Verlagsprogramm:
www.chronos-verlag.ch

Umschlagbild: Pferde und Maultiere bei der Vorbereitung zur Arbeit, Strafanstalt Witzwil im Jahr 1943, Archiv für Agrargeschichte, Glasdia-Sammlung der Anstalten Witzwil, Nr. 1877, AfA-ID 224.

2. Auflage Oktober 2024
ISBN 978-3-0340-1764-0

Inhalt

Vorwort: Vom Zusammenspannen der Kräfte und Interessen

Wer den Spuren arbeitender Tiere in der Geschichte folgt, kann die Fährten von verschiedenen Ausgangspunkten her aufnehmen. In der Entstehungsgeschichte dieses Buches waren es vor allem zwei Explorationen, die sich enger ineinander verschränkt und dadurch eine facettenreichere Geschichte ermöglicht haben, als sich alle an diesem «projet intellectuel» Beteiligten zunächst vorgestellt hatten. Aus agrarhistorischer Perspektive waren arbeitende Tiere auf den Höfen, Feldern, Wiesen und in den Wäldern prägende Akteure der bäuerlichen Lebens- und Arbeitswelten, aus verkehrshistorischer Sicht waren sie nicht weniger bedeutsame Bewegungsressourcen zum Transportieren von Menschen, Waren und Gütern auf Strassen und Gewässern. Arbeitende Menschen und Tiere machten gemeinsam Geschichte und diese gemeinsame Geschichte liess sich für uns an den Schnittflächen der Verkehrs- und der Agrargeschichte erschliessen. Mit den Arbeitstieren hatten wir ein Thema, an dem sich neue Erkenntnishorizonte und Fragestellungen eröffneten und neue Zusammenhänge zwischen historiografischen Perspektiven ergaben, die sich bisher eher nebeneinander als miteinander entwickelt hatten. Über die Arbeit der Tiere waren Landschaft und Stadt miteinander verbunden. In der Arbeit der Tiere überlagern sich die unterschiedlichen Erkenntnisinteressen von Agrar-, Wirtschafts- und Verkehrsgeschichte mit dem interdisziplinären Forschungsfeld der Human-Animal-Studies, die ihrerseits Forschungsfragen und Konzepte der Sozialgeschichte, der Kulturwissenschaften, der Anthropologie, der Soziologie, der Philosophie, der Geografie oder der Ethologie aufnehmen.

Im Jahr 2018 haben wir uns vom Archiv für Agrargeschichte (AfA) und von ViaStoria, der Stiftung für Verkehrsgeschichte, deshalb entschieden, in Kooperation mit der Abteilung für Wirtschafts-, Sozial- und Umweltgeschichte des Historischen Instituts der Universität Bern beim Schweizerischen Nationalfonds ein Gesuch für ein Forschungsprojekt einzureichen, das sich der Geschichte der Arbeitstiere annehmen sollte. Das Thema schloss an die im Archiv für Agrargeschichte laufenden Forschungen über agrarische und industrielle Arbeit und die Ressourcen- und Wissensgeschichte des Agrarischen im 19. und 20. Jahrhundert an. Von der Verkehrsgeschichte aus interessierten insbesondere die Zug- und Saumtiere, die bis in die zweite Hälfte des 19. Jahrhunderts die wichtigsten bewegenden Kräfte waren und die bis in die Mitte des 20. Jahrhunderts in einer vielschichtigen Koevolution mit den Eisenbahnen und Motorfahrzeugen unverzichtbare bewegende Kräfte blieben.

Die finanzielle Unterstützung durch den Schweizerischen Nationalfonds ermöglichte die Durchführung des Forschungsprojekts «Kulturen und Raumordnungen der Arbeitstiere. Grundlagen zu einer Geschichte der tierlichen Trag- und Zugarbeit, 1750–1950», das wir von 2019 bis 2023 im Archiv für Agrargeschichte durchführten. Die Forschungsarbeit im Projekt hat zu verschiedenen Resultaten geführt: Es entstanden mehrere wissenschaftliche Artikel und mehrere universitäre Abschlussarbeiten. Auf der Website des AfA konnte neben dem bereits bestehenden Filmportal ein Fotoportal zur Geschichte der Arbeitstiere aufgeschaltet werden. Über diese machen zahlreiche Institutionen des In- und Auslands Film- und Fotoquellen zugänglich. Im Projekt entstanden zudem zwei Videoessays zum Thema. Direkt im Rahmen des SNF-Projekts realisierte Andreas Wigger seine Masterarbeit «Bewegende Tiere auf bewegten Bildern. Filme als Quellen und Vermittlungsformat zur Geschichte der arbeitenden Tiere in der Zeit der Massenmotorisierung (1950–1980)», und selbstverständlich resultierten aus dem Projekt auch die Grundlagen, die zur vorliegenden Publikation führten.

Juri Auderset, Peter Moser, Hans-Ulrich Schiedt

Dank

Ich danke meiner Kollegin und meinen Kollegen vom SNF-Projekt Juri Auderset, Peter Moser, Christian Rohr, Claudia Schreiber und Andreas Wigger, allen anderen Mitarbeitenden im Archiv für Agrargeschichte und bei ViaStoria, der Stiftung für Verkehrsgeschichte, sowie den zahlreichen weiteren Kolleg:innen. Zu danken habe ich auch Gisela Hürlimann und Jon Mathieu, die mit uns in fruchtbaren Gesprächen Hypothesen entwickelten, und Eva Seiler, die zahlreiche Versionen gelesen und immer wieder auf Verständlichkeit gepocht hat. Wenn ich im Folgenden zuweilen im Plural von «wir» oder «uns» schreibe, ist es der Tatsache geschuldet, dass wir die Forschung zum Thema wesentlich im anregenden, kritischen Dialog miteinander vorangetrieben haben. Dem Förderverein ViaStoria danken wir für die Finanzierung einer Pilotstudie zu den Arbeitstieren, die eine wichtige Grundlage für die Einreichung des SNF-Gesuchs war.

Hans-Ulrich Schiedt

Foto 1: Die Arbeitstiere waren in den Dörfern und in den Städten allgegenwärtig. Zugtiere waren nicht nur Pferde, Esel und Maultiere, sondern auch Rinder – Kühe, Ochsen und Stiere – und Hunde. Wenn sie sich gerade nicht im Gesichtsfeld befanden, zeigten der mehr oder weniger festgefahrene Kot, hier im Vordergrund, und die von Ferne hörbaren Tiergeräusche, dass sie eben noch da waren. (Luzern um 1910, Arthur Wehrli, Schweizerische Nationalbibliothek, Eidgenössisches Archiv für Denkmalpflege, Archiv Photoglob-Wehrli, EAD-WEHR-9924-B, AfA-ID 17; die AfA-ID-Nummer verweist auf die Position der Abbildung im Fotoportal des Archivs für Agrargeschichte AfA, https://images-histoirerurale.ch, 7. 12. 2023)

Auf den Spuren der Arbeitstiere

«Welche allgemeinen geschichts- und gesellschaftswissenschaftlichen Interessen sollen sich an die verschiedene Beschaffenheit von Gegenständen aus Leder, Holz oder Stricken knüpfen, mit denen man Pferde und Ochsen vor irgendwelchen Arbeitsgeräten, Wagen, Pflügen und dergleichen anzuschirren pflegt?» (Leo Löwenthal, Zugtier und Sklaverei, 1933, 202 f.)

Arbeitstiere überall

Arbeitstiere waren von der Mitte des 18. bis Mitte des 20. Jahrhunderts grundlegende Phänomene des sozialen Lebens. Sie hinterliessen Spuren in der Gesellschaft, in der von und mit ihnen geschaffenen Welt und sie hinterliessen Spuren in den Archiven. Aus ihren produktiven Potenzialen und aus den Bedingungen ihrer Reproduktion ergaben sich bestimmte Lebensformen, Wirtschaftsweisen und Raumordnungen. Die Arbeitstiere sind zu fassen im agrarischen, transportgewerblichen, veterinärmedizinischen oder zootechnischen Schrifttum, in Amtsschriften und Gesetzen oder in Klagen derer, die sich von den Tieren in zunehmendem Masse geniert, von den Ausdünstungen und auf den Strassen gefährdet und im Sonntagskonzert durch das Muhen, das Gebell und das Wiehern gestört fühlten. Die Bedeutung der Arbeitstiere und deren Wahrnehmung sind schliesslich auch noch in unserer Sprache und in unseren metaphorischen Beständen präsent. Man spricht von Pferdestärken und meint damit Motorenleistung oder man spricht von der Unterjochung der Völker, während die Erinnerungen und die Bilder der unter dem Joch und in anderen Geschirren arbeitenden Tiere nach der Mitte des 20. Jahrhunderts bei uns dann doch bemerkenswert schnell verblasst sind.

Die Arbeitstiere – in unseren Breitengraden Pferde, Esel, Maultiere, Hunde und Rinder – waren in der Landschaft und in den grösser werdenden Städten allgegenwärtig.[1] Davon geben die vielen seit dem letzten Viertel des 19. Jahrhunderts entstandenen Fotografien und später auch Filme einen Eindruck.[2] Der Bedarf an tierlicher Bewegungsenergie wuchs mit der Intensivierung der Austauschbeziehungen, mit der ersten und der zweiten Agrarrevolution, mit der Industrialisierung, der Urbanisierung und mit den Veränderungen der Verkehrsverhältnisse, zuerst mit dem Kunststrassenbau, dann auch mit dem

1 Baratay, Bêtes de somme, 2008.

2 Die Website des Archivs für Agrargeschichte bietet über ein Film- und ein Fotoportal Zugang zu zahlreichen visuellen Quellen. Andreas Wigger hat kommentierte Filmlisten mit den entsprechenden Links zusammengestellt, auf die über die AfA-Working Papers 1, 3, 4, 6 und 7 online und im Archiv für Agrargeschichte zugegriffen werden kann. In diesen finden sich auch ausführlichere Bildstrecken zur Arbeit der Tiere.

Eisenbahnbau. Die motorisierten Antriebe der Landwirtschaftsmaschinen und der Schienen- und Strassenfahrzeuge haben die Arbeitstiere zunächst nicht ersetzt, sondern die Verhältnisse zu einer fast ein Jahrhundert dauernden vielfältigen und friktionsreichen Koevolution erweitert. Ähnlich allgegenwärtig wie die Arbeitstiere waren und blieben in diesem Zeitraum die Menschen, die in mancher Hinsicht gleiche oder mindestens ähnliche Arbeit wie die Tiere verrichteten, Lasten trugen und Wagen oder Karren zogen.

Das facettenreich fassbare gemeinsame Leben und der geteilte Raum sind bis anhin erst in Ansätzen als eine gemeinsame Geschichte wahrgenommen und geschrieben worden. Ziel des vorliegenden Werks ist eine sozial-, agrar-, wirtschafts-, verkehrs- und kulturgeschichtlich orientierte Spurensicherung, indem wir in den Quellen den Fährten der Arbeitstiere durch die Gesellschaft folgen. Auf diesen treffen wir nicht nur Tiere und Menschen an, sondern mit den mensch-tierlichen Gespannen jene Form der Kooperation, jene Interagency,[3] in der das Handeln und das Wirken von Menschen und Tieren zu einem vielfach evidenten Dritten wurde, welches das Thema so besonders macht. Die damit verbundenen Fragen nach Vernunft, Intelligenz, Willen, nach Handlungs- oder Wirkmacht der Tiere sind dabei nicht neu. Sie haben die mit Tieren befassten Akteur:innen von jeher und in unseren Quellen seit dem späten 18. Jahrhundert umgetrieben. Die Spuren führen weg vom gewöhnlich unterstellten Natur-Kultur-, vom Mensch-Tier- oder vom Subjekt-Objekt-Gegensatz und weg von den Prämissen der sogenannten anthropologischen Differenz in eine Welt, in der Menschen und Tiere näher miteinander verbunden waren und mehr voneinander wussten.[4]

Im langen ins Auge gefassten Zeitraum waren die Arbeitstiere keine vormodernen Relikte einer untergehenden Zeit, sondern Akteure und Agenten verschiedener Prozesse der Modernisierung. Das ist die erste unserer beiden zentralen Thesen.[5] Wir beziehen diese nicht nur auf die Pferde, sondern auch auf die Rinder, die Esel, die Maultiere und die Hunde. Neben vielen anderen Bedeutungsinhalten steht der Begriff der Modernisierung für wichtige gesellschaftliche Neuerungen.[6] Diese setzten bezüglich der bewegenden Kräfte nicht erst mit der Eisenbahn und dem Automobil, sondern schon im Laufe des 18. Jahrhunderts ein. Die von Chausseen, Dampfschiffen, Eisenbahnen, Automobilen und Maschinen geprägte «moderne Gesellschaft» des 19. und des frühen 20. Jahrhunderts war und blieb in vieler Hinsicht auf die Kraft und die Arbeit

3 Zu Agency, Aktanten oder Agenten vgl. Bruno Latours Akteur-Netzwerk-Modell. Der Begriff Agency bezieht sich auf die Handlungs- respektive auf die Wirkmacht von Menschen, Tieren und Dingen. Zur Aktualität der Konzepte der Agency und der Interagency in den Human-Animal-Studies vgl. Schiel, Schürch, Steinbrecher, Von Sklaven, Pferden und Hunden, 2016. Schiel, Schürch und Steinbrecher beziehen Agency auf «herkömmlicherweise als ‹stimmlos› oder ‹stumm› bezeichnete Akteure» (17). Bei Interagency handelt es sich um eine Erweiterung des Agency-Konzepts.

4 Hafner, Die Moderne hat vier Beine, 2023; vgl. auch Descola, Jenseits von Natur und Kultur, 2011.

5 Auderset, Schiedt, Arbeitstiere, 2021.

6 Gumbrecht, Modern, Modernität, Moderne, 1978.

der Tiere angewiesen, deren Alltagspräsenz sich nur schwer mit dem Selbstbild der modernen Industriegesellschaft in Einklang bringen lässt und die deshalb meist aus ihrer Geschichte herausgeschrieben wird.[7] Ohne die Arbeitstiere hätten sich die raumwirtschaftliche Ausdifferenzierung, die Landwirtschaft, die Städte oder das Verkehrswesen unvorstellbar anders entwickelt als mit ihnen und durch sie.

Die zweite These betrifft das in der Tierarbeit gegebene umfassende Gewicht des landwirtschaftlichen Zusammenhangs: Die Land- und Forstwirtschaft generierte selbst grosse Transport- und Arbeitsaufkommen, während die Haltung, Zucht und Ausbildung von Arbeitstieren stark überwiegend landwirtschaftliche Praxis waren. Dabei ergaben sich Überscheidungen von Produktion und Reproduktion, sowohl je bei Menschen *und* Tieren als auch je zwischen ihnen. Ein beträchtlicher Teil der geleisteten Arbeit verblieb in diesen Kreisläufen. Mit der Zucht, Haltung, Fütterung und Nutzung von Arbeitstieren reichte die Landwirtschaft aber auch weit in Industrie, Gewerbe und Distribution hinein, waren Stadt und Landschaft in vielfältiger Weise miteinander verbunden. Auch ausserhalb der Landwirtschaft wurden die meisten Transporte im bäuerlichen Nebengewerbe erledigt, was dessen charakteristische saisonale Rhythmen erklärt, die aus der Naturgebundenheit und der Verflechtung von Produktion und Reproduktion in der Landwirtschaft folgten. Aus energie- und verkehrshistorischer Perspektive ist es zudem wesentlich (aber noch kaum beachtet), dass die Landwirtschaft nicht nur Nahrung und weitere Rohstoffe wie Häute oder Wolle, sondern mit den Arbeitstieren vielseitig nutzbare Bewegungsenergie produzierte.[8]

Zeit- und Beobachtungsraum

Die von uns benutzten Quellen beziehen sich schwergewichtig auf die Schweiz und angrenzende Länder. Die skizzierten Phänomene stellen aber keinen «helvetischen Sonderfall», sondern eine Variante west- und zentraleuropäischer Verhältnisse dar. Die Schweiz ist uns, in Anlehnung an Akira Iriye und Pierre-Yves Saunier, transnationaler Beobachtungsraum von Verbindungen und Bewegungen von Menschen und Tieren, «die über, durch, jenseits, unter oder zwischen Staaten und Gesellschaften wirken».[9]

Unsere Betrachtung beginnt in der zweiten Hälfte des 18. Jahrhunderts. In diesem Ausgangszeitraum sind Entwicklungen greifbar, die nicht als Bruch

7 Berger, Warum sehen wir Tiere an?, 2015, 22; Deluermoz, Jarrige, Écrire l'histoire avec les animaux, 2017, 24.

8 Herrmann, Pflügen, Säen, Ernten. Landarbeit und Landtechnik, 1985; Mathieu, Agrargeschichte der inneren Alpen, 1992; Schiedt, Landwirtschaft – ein Transportgewerbe, 2005; Moser, Schiedt, Arbeitstiere im langen 19. Jahrhundert, 2024.

9 Iriye, Saunier, Dictionary of Transnational History, 2009, XVII.

interpretiert werden sollten, sondern bei noch vielen Kontinuitäten gleichermassen auf Intensivierungen und in besonderen Bereichen und Konstellationen dann doch auch auf Fuss fassenden Neuerungen beruhten, die grob als Näher-Zusammenrücken von Menschen und Tieren und als intensivierter Zugriff der Menschen auf die Tiere beschrieben werden können. Dynamischer Kontext war – im 18. und im 19. Jahrhundert – der tief greifende gesellschaftliche und wirtschaftliche Wandel, zu welchem die Tiere im Sinne der Thesen wesentlich beitrugen. Wir finden in den Quellen Éric Baratays Beobachtung vielfach bestätigt, wonach die Arbeitstiere bis ins 18. Jahrhundert bedeutend weniger zahlreich waren, als sie es im Verlauf des 19. und noch in der ersten Hälfte des 20. Jahrhunderts wurden.[10]

Aus der Fokussierung auf die Schweiz und die umliegenden Länder ergibt sich die obere Begrenzung des betrachteten Zeitraums um die Mitte des 20. Jahrhunderts. Danach wurden die Arbeitstiere bei uns und in ähnlich entwickelten Gesellschaften im beschleunigten Prozess der Massenmotorisierung ersetzt, während die Tiere in anderen Weltregionen weiterhin arbeiteten. So gehen Schätzungen der FAO davon aus, dass noch um 1980 in der Landwirtschaft weltweit bedeutend mehr Bewegungsenergie von Menschen und Tieren als von Benzin- und Elektromotoren erbracht wurde.[11]

Arbeitstiere als Gegenstand historischer Forschung

Die Arbeitstiere sind seit den 1970er-Jahren in agrar-, verkehrs-, wirtschafts-, umwelt- und kulturhistorischen Studien des französischen und anglo-amerikanischen, aber auch des deutschen Sprachraums thematisiert worden, an die ich im Folgenden anschliesse. Die Mehrzahl der Publikationen befasst sich mit Pferden. Aus der Fülle der Literatur ragen für unseren Zeitraum und bezogen auf unser Thema die Werke von Thompson, Audoin-Rouzeau, Roche, Baratay, Ritvo, Derry, Greene und Raulff hervor.

Michael Thompson hat mit seinen Werken «Victorian England. The Horse-drawn Society» und «Nineteenth-Century Horse Sense» die Bedeutung der Pferde für die Gesellschaft mit nachhaltiger Wirkung auf die Forschungsagenda der neueren Wirtschafts- und Sozialgeschichte gesetzt.[12] Der englische Wirtschafts- und Sozialhistoriker lenkt den Blick seiner Kolleg:innen auf bisher so wenig beachtete Zusammenhänge wie die Zucht, die Erziehung und das Trai-

10 Baratay, Bêtes de somme, 2008, 12.

11 World Animal Review, Nr. 45, 1983. FAO: Food and Agriculture Organization, eine Unterorganisation der Vereinten Nationen.

12 Thompson, The Horse-drawn Society, 1970; Thompson, Nineteenth-Century Horse Sense, 1976; Thompson, Horses in European Economic History, 1983.

ning, die Fütterung, den Handel sowie die landwirtschaftliche, gewerbliche und industrielle Nutzung der Pferde.

Mit ähnlich breitem, gesellschaftsgeschichtlichem Ansatz und bezogen auf noch längere Zeiträume verfolgen Roche, Baratay und Raulff ihre Themen. Der renommierte französische Historiker Daniel Roche legt in guter Annales-Tradition mit seinem mehrbändigen Werk und mit weiteren Publikationen für Frankreich eine veritable Histoire totale der Pferde vor.[13] Für ihn ist die «Culture équestre» ein Kontinuum der Longue durée – eine Idee, die nur wenig später auch Reinhart Koselleck aufnimmt.[14] Roche beschreibt die Rolle der Pferde im wirtschaftlichen, sozialen und politischen respektive militärischen Leben im langen Zeitraum der Frühneuzeit und des 19. Jahrhunderts. Er fokussiert dabei auf so unterschiedliche Zusammenhänge wie die alltägliche Nützlichkeit, die verschiedenen mit den Pferden befassten Milieus, das Pferdewissen, die Nachfrageentwicklung oder die Pferde als Medien der sozialen Distinktion. Der erste Teilband, «Le cheval moteur. Essai sur l'utilité équestre», ist hinsichtlich unserer Arbeitstierthematik besonders ergiebig. Roche identifiziert mit der im 18. Jahrhundert zunehmenden und im 19. Jahrhundert vorherrschenden Verwendung der Pferde zu Zugarbeiten einen grundlegenden Wandel, der unter anderem mit dem quantitativen Wachstum der Bestände und der qualitativen züchterischen Diversifikation der Pferde verbunden war.

Anders als Roche, der sich auf Pferde beschränkt – und hinsichtlich der Arbeitstierthematik entsprechend einseitig bleibt –, kommt sein fast gleichzeitig publizierender französischer Historikerkollege Éric Baratay von der allgemeinen Tiergeschichte her, die er als mensch-tierliche Beziehungsgeschichte fasst.[15] Dabei hat er bei den Haus- und Nutztieren nicht in erster Linie sentimentale Aspekte des Miteinanders im Auge, sondern die durch Prozesse der Domestikation näher und intensiver gewordenen mensch-tierlichen Verhältnisse. In einer kleinen, anregenden Publikation behandelt Baratay auch die «Bêtes de somme», die Arbeitstiere. Sowohl Roche als auch Baratay beschreiben, wie um die Zucht und die Verwendung von Arbeitstieren in der Longue durée Arbeitstierkulturen und arbeitstierbezogene Raumordnungen entstanden. Sie verfolgen die Spur der Arbeitspferde (Roche) respektive der Arbeitstiere (Baratay) in die Ställe, Remisen, Fabriken, in die Gasthöfe, auf die Abstellplätze, auf die Strassen der Landschaft und der Städte. Mit der thematischen Strukturierung ihrer Texte von den Tierbeständen über deren Verwendung zur Arbeit,

13 Roche, Voitures, chevaux et attelages, 2000; Roche, Les circulations dans l'Europe moderne, 2003; Roche, Culture équestre occidentale, Bd. I: Le Cheval moteur. Essai sur l'utilité équestre, 2008, Bd. II: La Gloire et la puissance. Essai sur la distinction équestre, 2011, Bd. III: Connaissance et passion, 2015; Roche, Equestrian Culture in France, 2008.

14 Koselleck, Ende des Pferdezeitalters, 2003; Koselleck, Aufbruch in die Moderne oder das Ende des Pferdezeitalters, 2005.

15 Baratay, Mayaud (Hg.), L'animal domestique, XVIe–XXe siècle, 1997, mit Beiträgen unter anderem von Audoin-Rouzeau und Roche; Baratay, Et l'homme créa l'animal, 2003; Baratay, Bêtes de somme, 2008; Baratay, Vom allein handelnden Menschen zum Tier als Akteur, 2010; Baratay (Hg.), Les Animaux dans l'histoire, 2023.

die weiteren Nutzungen, die züchterischen Veränderungen, die Nachfrage, die Prägung der Umwelt bis hin zu den sozialen Verhältnissen der Haltung und Nutzung sind Baratays kleines und Roches grosses Werk nicht zuletzt gute Beispiele von Alternativen zu meiner von den unterschiedlichen Arbeitstieren ausgehenden Darstellungsweise.

Und schliesslich spannt der Historiker und Kulturwissenschaftler Ulrich Raulff mit seinem Werk «Das letzte Jahrhundert der Pferde. Geschichte einer Trennung» noch einmal einen fulminanten kulturhistorischen Bogen. Stallgeruch, Strassenstaub, Schlachtfeld und Diskurs- oder Kunstbezüge wechseln sich ab. Den Arbeitspferden folgt er in die «Hinterhöfe» und zu den «Lieferanteneingängen» der Geschichte und eröffnet manche Perspektiven darauf, was die Pferdegeschichte auch noch ist und was eine allgemeine Arbeitstiergeschichte auch noch sein könnte.[16]

Andere Autor:innen verfolgen eingeschränktere Fragestellungen. Die Archäozoologin Frédérique Audoin-Rouzeau weist nach, wie klein die Pferde und die Rinder noch bis ins 18. Jahrhundert waren und wie wandelbar die Tierkörper im 19. und im 20. Jahrhundert wurden. Für sie ist das markante Schwerer- und Grösserwerden der meisten Nutztiere ein eigentliches Signum der Moderne. Kaum ein Haustier, vom Huhn bis zum Rind, vom Kaninchen bis zum Pferd, blieb davon unberührt.[17] Während ihre Befunde für die Zeit bis in die erste Hälfte des 19. Jahrhunderts hauptsächlich auf Knochenanalysen und auf historisch-statistischen Verfahren beruhen, erschliessen sich die Zuchtmethoden und -praktiken von den englischen Agrarreformern der zweiten Hälfte des 18. Jahrhunderts bis zu den frühen Genetikern des 20. Jahrhunderts über die Werke der kanadischen Historikerin Margaret E. Derry.[18] Es lassen sich wohl regionale und nationale Muster erkennen, die entweder auf kulturräumliche Besonderheiten oder auf obrigkeitliche Initiativen und Moderation zurückgingen. Im Grunde aber – das ist ein wichtiges Resultat sowohl von Audoin-Rouzeau als auch von Derry – beruhte die Breite dieser Entwicklung auf Kontakten, auf Austausch und auf Transfer von Wissen und von Tieren, das heisst auf der Offenheit der Räume.

Im Unterschied zu diesen Autor:innen fokussiert Harriet Ritvo in ihren Studien über Tierzucht und Tierhaltung konsequent auf die Diskurse,[19] in welchen das Sprechen, das Schreiben und die bildnerische Darstellung von Tieren

16 Raulff, Das letzte Jahrhundert der Pferde, 2015, Zitat S. 16.

17 Audoin-Rouzeau, La taille du bœuf domestique en Europe, 1991; Audoin-Rouzeau, La taille du cheval en Europe, 1994; Audoin-Rouzeau, Les éléments nouveaux de l'élevage, 1997, 483 und 509.

18 Derry, Horses in Society, 2006; Derry, Theory and Method, 2020.

19 Zum Diskursbegriff Foucault, Die Ordnung des Diskurses, 1977. Der Begriff des Diskurses wird im Sinne von Foucault umfassend für den Prozess der Kommunikation, der Rezeption und Weitergabe unter den Bedingungen der Einschränkung, der Kanalisierung, der Kontrolle, der Ein- und Ausschliessung, der Selektion, der Reduktion, der Organisation verwendet. Mit eingeschlossen sind neben schriftlichen Texten und mündlichen Inhalten auch nonverbale Bestände und Traditionen. Der Diskurs ist damit ein Feld von Kräften und Mächten. Die Diskurse stehen weder für eine starre und gradlinige Aktions-Reaktions-Logik noch für ein absolut verstandenes Vernunfthandeln. Brüche, Veränderungen, Modifikationen, der Wandel von Leitbildern und Einstellungen sind gleichermassen konstitutiv.

immer auch Positionen gesellschaftlicher Aushandlungsprozesse sind.[20] Für die amerikanische Kulturhistorikerin sind die zeitgenössischen naturgeschichtlichen Ordnungen, die Verständigungen über Zuchtprinzipien, die Furcht vor der Tollwut oder die Massnahmen zum Tierschutz vor allem Sonden oder Marker, die gesellschaftliche Verhältnisse hervortreten lassen, in denen die Tiere gehalten wurden. Ritvo sieht beispielsweise in den taxonomischen Tierordnungen sowohl Repräsentationen der Mensch-Tier-Verhältnisse als auch anthropozentrische Konzepte von Rasse, Klasse oder Nation und sie schliesst aufgrund der an Landwirtschaftsausstellungen gezeigten Rinder nicht nur (und nicht in erster Linie) auf Fortschritte der Viehzucht, sondern auch auf die Selbstbilder ihrer Züchter:innen und Halter:innen.

Die Arbeit der Tiere war Element grundlegender agrarischer und ökonomischer Veränderungsprozesse.[21] Juri Auderset und Peter Moser thematisieren sowohl das tendenzielle Auseinandertreten der industriellen und der agrarischen Entwicklung auf je eigenen Modernisierungspfaden als auch deren weiterhin starke Verflechtung. In Industrie und Landwirtschaft wurden die Arbeitstiere in unterschiedlicher Weise wahrgenommen; sie hatten unterschiedliche Positionen, Funktionen und Karrieren.[22] Ann Norton Greene betont die Funktion der Pferde als Antriebskräfte und als Bewegungsenergieressource für die Industrialisierung, die Urbanisierung und allgemein für den Prozess der Modernisierung.[23] Ein spezielles Interesse bezieht sich auf die Tatsache, dass Pferde in den Städten besonders häufig vorkamen. Werke, die aus der Fülle der Titel hervorragen, haben Ghislaine Bouchet für Paris und Clay McShane und Joel Tarr für die nordamerikanischen Städte vorgelegt.[24] Ein weiteres Phänomen rückt François Jarrige mit dem Spezialfall der Nutzung der Arbeitstiere in Göpeln und Tretmühlen in den Blick, die er als «moteur animal» ebenfalls in den Zusammenhang zur «fabrique de la modernité» stellt.[25] Die Frage der Energie, das heisst, der Beitrag der Arbeitstiere als primäre Antriebskräfte sowie ihre sukzessive Substitution durch fossile Energieträger respektive durch Motorenkraft ist international vergleichend in einem Forschungsprogramm der Universitäten Harvard und Cambridge aufgearbeitet worden, dessen quantitative Grundlagen online zugreifbar sind und in Texten von Astrid Kander, Paolo Malanima und Paul Warde kommentiert und analysiert

20 Ritvo, Animal Estate, 1987; Ritvo, Race, Breed, and Myths of Origin, 1992; Harriet, The Platypus and the Mermaid, 1997; Ritvo, On the Animal Turn, 2007; Ritvo, Noble Cows and Hybrid Zebras, 2010.

21 Zur Bedeutung der Arbeitstiere für den ökonomischen Wandel siehe auch Collins, Power Availability and Agricultural Productivity, 1999; Collins, Farm Horse Economy, 1983; Collins, Latter-day history of the draught ox, 2010; Gerhold, Barker, Rise and Rise of Road Transport, 1993; Gerhold (Hg.), Road Transport in the Horse-Drawn Era, 1996.

22 Moser, Zugriff auf die Lithosphäre, 2013; Moser, Von «Umformungsprozessoren» und «Überpferden», 2016; Auderset, Moser, Agrarfrage in der Industriegesellschaft, 2018, 105–154.

23 Greene, Horses at Work, 2008.

24 Bouchet, Le cheval à Paris de 1850 à 1914, 1993; McShane, Tarr, Horse in the City, 2007; allgemein zu Tieren in der Stadt Wischermann (Hg.), Tiere in der Stadt, 2009.

25 Jarrige, La ronde des bêtes, 2023. Von Jarrige siehe auch Deluermoz, Jarrige (Dir.), La part animale du XIXe siècle, 2017.

werden.[26] In diesem Themenfeld hat jüngst Luise Elsässer ihre wirtschafts- und energiehistorische Dissertation über Höhepunkt und Niedergang der Arbeitspferde in Grossbritannien abgeschlossen.[27]

Eine in doppelter Hinsicht neue Deutungslinie eröffnet Werner Trossbach in einer Studie über die «Kuhanspannung in Mitteleuropa», mit der er deren Bedeutung für die Agrarmodernisierung und die kleinen Landwirtschaftsbetriebe als dynamisches Milieu des Wandels nachweist.[28] Letzteres ist nicht zuletzt darum ein wichtiges Thema, weil die Kühe im betrachteten Zeitraum und in der von uns ins Auge gefassten Grossregion die zahlreichsten Arbeitstiere überhaupt waren.

Spätestens mit den Rindern gerät der Umstand in den Blick, dass die Arbeitstiere im weiteren Sinne Nutztiere waren, das heisst, dass mit der Zucht und Haltung von zur Arbeit verwendeten Tieren noch manche anderen Nutzungsmotive verbunden waren, auch über ihren Tod hinaus. Hier schliessen wir an die laufenden Forschungen des Archivs für Agrargeschichte in Bern, an den Forschungsschwerpunkt «Nutztiere in Wirtschaft, Technik, Transport und Umwelt» von Gisela Hürlimann an der Technischen Universität Dresden und an die von ihr und von Alexandre Elsig, Sarah-Maria Schober und Isabelle Schürch herausgegebene Publikation «Auf den Spuren der Nutztiere» an, mit der uns mehr verbindet als nur die Ähnlichkeit der Titel.[29] Ebenfalls in dieser thematischen Nähe wird zurzeit an der Universität Zürich ein von Beat Bächi geleitetes Forschungsprojekt zum Thema «Nutztiere im Anthropozän. Der Stall als Labor für One Health» durchgeführt.[30]

Die grösste Dynamik erreicht die aktuelle sozial- und geisteswissenschaftliche Auseinandersetzung mit Tieren im interdisziplinären Forschungsfeld der Human-Animal-Studies (HAS) und der Animal-Studies, von denen aus die Grenzen zu Tierrechts- und Tierschutzbewegungen und zur Tierethik fliessend sind.[31] In diesen wird auch schon von einem Animal Turn gesprochen.[32]

26 https://histecon.fas.harvard.edu/energyhistory/index.html, 28. 12. 2023; Kander, Warde, Energy Availability from Livestock and Agricultural Productivity, 1815–1913, 2011; Kander, Malanima, Warde, Power to the People, 2013; Malanima, World Energy Consumption. A Database, 1820–2020, 2022.

27 Elsaesser, Peak and Demise of the Working Horse, 2022.

28 Trossbach, Kuhanspannung in Mitteleuropa, 2016.

29 Elsig, Hürlimann, Schober, Schürch (Hg.), Auf den Spuren des Nutztiers, 2021; zur historischen Kategorie Nutztier vgl. Elsig, Hürlimann, Schober, Schürch, Auf den Spuren des Nutztiers. Editorial, 2021; Moser, Grenzen der Komplexitätsreduktion, 2021.

30 Aus dem Umfeld des Projektes Bächi (Hg.), Geschichte in Gummistiefeln, 2023.

31 Überblicksdarstellungen zu den Human-Animal-Studies gibt es viele; im Folgenden eine Auswahl: Bellanger, Hürlimann, Steinbrecher (Hg.), Tiere – eine andere Geschichte, 2008, darin besonders die Einleitung und die Beiträge von Pascal Eitler und Maren Möhring; Chimaira Arbeitskreis, Gesellschaftliche Mensch-Tier-Verhältnisse und Human-Animal Studies, 2011, 7–42; Borgards (Hg.), Tiere. Kulturwissenschaftliches Handbuch, 2016; Fudge, Writing the History of Animals, 2002; Kalof, Resl (Hg.), Cultural History of Animals, 2007; Kalof (Hg.), Oxford Handbook of Animal Studies, 2017; Nieradzik, Schmidt-Lauber (Hg.), Tiere nutzen, 2016; Nieradzik, Geschichte der Nutztiere, 2016; Rees, Animal agents, 2017; Roscher, Zwischen Wirkungsmacht und Handlungsmacht, 2016; Roscher, Krebber, Mizzele (Hg.), Handbook of Historical Animal Studies, 2021.

32 Ritvo, On the Animal Turn, 2007.

Foto 2: Mit dem von einem Pferd gezogenen Ackergerät, einem sogenannten Kartoffelpflug, werden die zuvor von Hand gesetzten Kartoffeln zugedeckt. Das in den 1930er-Jahren entstandene Foto zeigt eine Situation im schweizerischen Mittelland. Die Arbeitstiere waren durch die menschlichen Zwecke und Anordnungen determiniert, aber nicht auf diese reduzierbar. Zwischen der Frau, die das Pferd führt, und dem Pferd, das zieht, besteht eine auf der gemeinsamen Arbeit beruhende Beziehung. (Paul Senn, Sammlung Gottfried Keller-Stiftung, Winterthur, 1982.585, AfA-ID 768)

Die HAS verbinden Forschungsfragen und Konzepte der Sozialgeschichte, der Kulturwissenschaften, der Anthropologie, der Soziologie, der Philosophie, der Geografie, der Ethologie und – nur in seltenen Fällen – der Agronomie und der Veterinärmedizin. Verschiedene ihrer Ansätze sind mit Gewinn auch auf das Arbeitstierthema zu beziehen. Das gilt beispielsweise hinsichtlich der Handlungs- und Wirkmacht, der in der neueren Sozialgeschichte so genannten Agency, oder bezüglich der Formen der Mensch-Tier-Beziehungen.[33] Die Agency der Tiere wird dabei überwiegend nicht als voluntaristische Handlung, sondern in den Zusammenhängen des gemeinsamen Lebens und des geteilten Raumes als Möglichkeit gefasst, etwas auf individuelle oder artspezifische Art zu tun, wie den Tieren und den mit ihnen arbeitenden Menschen der Kopf stand oder eben die Hörner gewachsen waren. Dass dies bei den Tieren und bei ihrer Zusammenarbeit mit Menschen gegeben war, kann allein schon anhand der vielen zuschreibenden Adjektive und der zahlreichen überlieferten Details geschlossen werden, die in den Quellen erwähnt wurden und die wir in den folgenden Quellenpassagen zitieren. In diesen sind die gelehrigen, intelligenten, vernünftigen oder die blöden, die willigen, ruhigen oder die nervösen, die widerspenstigen, störrischen, unbändigen, die starken, ausdauernden, die tugendsamen oder die lasterhaften, die schönen oder die abgenützten, die misshandelten oder die beseelten arbeitenden Tiere vielfältig fassbar. Wohl waren die Arbeitstiere durch die menschlichen Zwecke und Anordnungen determiniert, sie sind aber nicht auf diese reduzierbar.[34]

Noch wenig Beachtung hat in den HAS die Tatsache gefunden, dass die gemeinsame Arbeit von Menschen und Tieren ein wichtiges Feld der Etablierung und Pflege der mensch-tierlichen Beziehung war.[35] Zu den Ausnahmen gehören das Werk von Ann Norton Greene oder die Forschungen einer Gruppe um die französische Agronomin und Soziologin Jocelyne Porcher.[36] Die seltene Thematisierung der Arbeits- und der Nutztiere in den HAS ist nicht zuletzt der in diesen oft ostentativ gepflegten respektive geforderten Verbindung von tierrechtlicher und den Tierschutz betreffender Programmatik und wissenschaftlicher Forschung geschuldet, aus der jenes «utopische Überschusspotential» erwächst,[37] das die Nutzung der Tiere zur Arbeit a priori als problematisch und selbst in historischer Betrachtung als abzulehnende Zumutung erscheinen lässt. In dieser Beziehung halten wir es mit Reinhart Koselleck, der in den

33 Schiel, Schürch, Steinbrecher, Von Sklaven, Pferden und Hunden, 2017, 19: Agency reicht «vom intentionalen, vernunftgeleiteten Handeln […] bis hin zu indirekten Formen der ‹Mitwirkung› und des ‹Effekts›»; siehe auch S. 14, Anm. 3.

34 Frei nach Johnson, On Agency, 2003.

35 Die Frage der Tierarbeit wird vor allem in Auseinandersetzung mit der sogenannten anthropologischen Differenz respektive hinsichtlich der Möglichkeit tierlicher Agency behandelt, vgl. beispielsweise Rosen, Wirth, Tier_Ökonomien, 2013.

36 Greene, Horses at Work, 2008; Porcher, Animal Work, 2017; Porcher, Travail animal, 2017; Porcher, Estebanez, Animal labor, 2019.

37 Koselleck, «Erfahrungsraum» und «Erwartungshorizont», 1979, 367.

geschichtstheoretischen Debatten um «Parteilichkeit und Objektivität» der 1970er-Jahre auf das «Vetorecht» der Quellen verwiesen hat.[38] In den Quellen sind die Tiere nun nicht nur als Opfer, sondern als integraler Teil der damaligen Arbeitswelt fassbar, in der manche Tiere, ganz wie die Menschen, besser und andere schlechter behandelt wurden. Sie zeigen die Tiere nicht nur als missbrauchte, gequälte Kreaturen und als Opfer, sondern als eigentliche mehr oder weniger wirkmächtige Akteure und Agenten und die Arbeit nicht nur als Zusammenhang der Ausbeutung, sondern auch als Möglichkeit der Ermächtigung.[39]

Ohne im Folgenden die mit Tierakteuren verbundenen geschichtsphilosophischen und tierrechtlichen Fragen klären zu wollen oder zu können, schliessen wir uns Éric Baratays forschungspraktischen Überlegungen zum Mensch-Tier-Verhältnis an. Er empfiehlt, selbstverständlich von (mit)gestaltenden Kräften der Tiere auszugehen, weil es nur so möglich sei, «gezielt danach zu suchen und zu erkennen, inwiefern die Beziehungen zwischen Mensch und Tier dadurch geprägt werden».[40]

Arbeit der Tiere – arbeitende Tiere

Die Arbeit und die Nutzung der Tiere als zu analysierender Gegenstand und Arbeitstier respektive Arbeitstiere als analytische Begriffe werden sehr unterschiedlich gedeutet und bewertet. Das reicht von der Zurückweisung der Möglichkeit, dass Tiere überhaupt Arbeit leisten, über die Identifikation der Arbeitstiere als bisher vernachlässigtes Proletariat, wie dies beispielsweise Jason Hribal fordert,[41] bis zur Gleichsetzung von Arbeit und Nutzen. Die Negierung der Wahrnehmung von Tieren als Arbeitssubjekte basierte einerseits auf der idealistisch-geschichtsphilosophischen Prämisse des Handelns und folglich auch des Arbeitens als einer exklusiv menschlichen Fähigkeit, anderseits auf einer wirtschaftswissenschaftlichen und wirtschaftsgeschichtlichen Verengung des Arbeitsbegriffs auf Industrie- und auf Lohnarbeit.[42]

Hinsichtlich der begrifflichen Fassung von Nutztieren und Arbeitstieren ist in den letzten Jahrzehnten vieles auf eine Ausweitung der Begriffe Nutzen und Arbeit und damit auf eine Ausweitung der in entsprechende Betrachtungen eingeschlossenen Tiere hinausgelaufen. So werden zuweilen auch das Milch-

38 Koselleck, Standortbestimmung und Zeitlichkeit, 1979, 177 f. und 206.

39 Moser, Wigger, Arbeitende Tiere, Videoessay, 2022, https://ruralfilms.eu/ruralfilms/video-essays/working-animals, 28. 12. 2023.

40 Baratay, Vom allein handelnden Menschen zum Tier als Akteur, 2010, 20.

41 Hribal, Animals are Part of the Working Class, 2002; Hribal, Animals, Agency, and Class, 2007. Für Hribal ist das Verhältnis zwischen Arbeitstieren und ihren Haltern ähnlich wie das zwischen Arbeitgebern und Arbeitnehmern.

42 Zum Arbeitsbegriff vgl. Conze, Arbeit, 1990; Pfister, Studer, Tanner (Hg.), Arbeit im Wandel, 1996, 9–12; zur Tierarbeit Moser, Schiedt, Arbeitstiere im langen 19. Jahrhundert, 2024.

Foto 3: Erdtransport am Wohlensee bei Bern im Jahr 1942. Das Pferd zieht die Last über eine Umlenkwelle bergab, während die Erde aufwärts transportiert wird. Eine Geschichte der Arbeitstiere erfordert auch den Einbezug der mit ihnen arbeitenden Personen. Die selbstverständliche Anwesenheit von Kindern ist in zahlreichen Fotos überliefert. Die Arbeitstiere spielten bei der Sozialisation der Kinder in die bäuerliche Arbeitswelt eine wichtige Rolle. (Eugen Thierstein, Burgerbibliothek Bern, N Eugen Thierstein 376A/10, AfA-ID 1540)

geben der Kühe, das Spinnen der Seidenraupen oder das Aufspüren von Minen durch abgerichtete Ratten als Arbeit konzeptualisiert. Noch schwieriger wird es, wenn die Funktion von Mikroben oder beispielsweise das Los von Versuchstieren als deren Arbeit erfasst wird. Und wenn sich Arbeit auch auf Aspekte des sentimentalen Empfindens in Mensch-Tier-Interaktionen bezieht, wird selbst der Kanarienvogel zum Arbeitstier. Wir werden im Folgenden den Arbeitsbegriff enger fassen und uns im Wesentlichen auf die Arbeitstiere als gesellschaftliche Bewegungsenergieressourcen und damit auf die Reit-, Zug- und Saumtiere beschränken.

Diese Einschränkung hat heuristische Konsequenzen. Die genannten Formen der Arbeit beruhen grundlegend auf der intensiven Kooperation von Tieren und Menschen. Eine in diesem Sinne eng gefasste Geschichte der Arbeitstiere bestimmt nicht nur das Spektrum der zu untersuchenden Tierarten und deren artspezifischer Besonderheiten, sondern erfordert gleichermassen eine Berücksichtigung der im Arbeitsprozess mit ihnen interagierenden menschlichen Akteur:innen. Mit den Arbeitstieren geraten die Bauern und Bäuerinnen, ihre Kinder, die Mägde, die Stallknechte und Fuhrleute, die Viehhändler oder Züchter:innen in den Fokus, die bisher in der neueren Tiergeschichte kaum auf Beachtung und auf Interesse stiessen.

Die Quellenbegriffe Arbeits-, Nutz- und Haustier

Mit unserer Einschränkung auf die Trag- und Zugarbeit der Tiere bewegen wir uns nahe bei der Quellenbegrifflichkeit. Gegen Ende des 19. Jahrhunderts, das heisst in jenem Zeitraum, als in unseren Breitengraden die vielfältigsten Formen der Verwendung der Tiere zur Arbeit nebeneinander bestanden, machte der Agronom und ETH-Professor Adolf Kraemer im Kapitel «Das Arbeitsvieh» seines Lehrbuchs «Die Grundlagen und die Einrichtung des landwirtschaftlichen Betriebes» folgende Unterscheidung: «Hinsichtlich ihrer Verwendung lassen sich die landwirtschaftlichen Haustiere in zwei Kategorien unterscheiden. Die eine umfasst die Arbeitstiere, welche zur Erzeugung von Kraft, bezw. zur Arbeitsleistung, die anderen die eigentlichen Nutztiere (Nutztiere i. e. S.), welche zur Erzeugung von tierischen Stoffen verwendet werden. Diese Bezeichnungen gehören dem herrschenden Sprachgebrauch an, sind aber strenge genommen nicht ganz zutreffend, da auch das Arbeitstier Nutzen abwirft.»[43]

In Kraemers kurzer Umschreibung bestand die Arbeit der Tiere relativ eng gefasst in der «Erzeugung von Kraft». In dieser und in ihren weiteren Funktionen waren die Arbeitstiere Nutztiere und diese wiederum gehörten zu den landwirtschaftlichen Haustieren, was auch nichtlandwirtschaftliche Haustiere impliziert. Das waren gegen Ende des 19. Jahrhunderts die aus den Kontexten der Landwirtschaft und der Tiernutzung direkt hervorgegangenen Quellenbegriffe und, wie Kraemer betonte, «herrschender Sprachgebrauch». Die Begriffe bildeten keine Gegensatzpaare wie beispielsweise Wildtier und Haustier oder wie später Heimtier[44] und Nutztier, sondern sich gegenseitig verortende asymmetrische Begriffspaare mit je beträchtlichen inhaltlichen Schnittmengen. Nutzen und Arbeit überlagerten sich im und um das Haus, wobei sich das Bestimmungswort «Haus» des Kompositums Haustier einerseits auf die Tatsache der Domestikation, anderseits nicht nur auf ein Gebäude, sondern immer noch auf den engeren Lebens-, Produktions- und Reproduktionszusammen-

43 Kraemer, Die Grundlagen und die Einrichtung des landwirtschaftlichen Betriebes, 1890, 51–388, Kap. bb: Viehstand – Lebendes Inventar, §§ 112 und 113: Das Arbeitsvieh, 230–236, hier 230.

44 Der Begriff Heimtier wurde erst in der zweiten Hälfte des 20. Jahrhunderts geläufig. Er bezieht sich nicht nur auf die bisherigen nichtlandwirtschaftlich genutzten Haustiere, sondern auch auf die in Haus und Familie gehaltenen Wildtiere. Beim Heimtier ist nicht mehr die Tatsache der Domestikation entscheidend, sondern der Umstand, dass mit seiner Haltung keine direkten wirtschaftlichen Motive verbunden sind.

hang bezog.[45] Auch in Kraemers agrarischer Definition klang im überkommenen weiten Sinne die gesellschaftliche Einheit um den erweiterten Familienverband an, der noch in der ersten Hälfte des 20. Jahrhunderts den häufigsten Kontext der landwirtschaftlichen Arbeitstierhaltung bildete.[46] Obwohl in der historischen Fachliteratur nur selten und am Rande explizit erwähnt wird, dass zum Haus in der älteren, umfassenderen Bedeutung auch Tiere gehören konnten, sind die Quellen zahlreich, die belegen, dass genau das der Fall war. Es ist denn auch kein Zufall, dass der Haustierbegriff in der zweiten Hälfte des 18. Jahrhunderts geläufig wurde, als die landwirtschaftlich genutzten Tiere in Zusammenhängen der ersten Agrarrevolution näher zu den Menschen und näher zum Haus rückten und auch vermehrt zur Arbeit herangezogen werden konnten.[47] Er hatte um 1820 einen ersten und zu Beginn des 20. Jahrhunderts einen zweiten Höhepunkt. Die Begriffe Arbeitstier und Nutztier fanden zeitverschoben ab dem zweiten Viertel des 19. Jahrhunderts ihre erste Verbreitung.[48]

Üblich war es zunächst, konkrete Tätigkeiten von Tieren mit dem Substantiv «Arbeit» respektive mit dem Verb «arbeiten» zu umschreiben. Ein anderes, in älteren Quellen häufig verwendetes Wort für die Arbeit der Tiere war «Dienst», bei dem noch die feudale Arbeitsverpflichtung im Rahmen der alten Agrarverfassung mitschwang. Häufiger als von Arbeitstieren wurde bis Ende des 19. Jahrhunderts von Arbeitsvieh geschrieben. Dieser Ausdruck bezog sich fast ausschliesslich auf Rinder. Der Begriff Arbeitspferd wies bezüglich der Häufigkeit und der zahlenmässigen Entwicklung im 19. Jahrhundert einen ähnlichen Verlauf auf wie der Begriff Arbeitstier. Das Schreiben und Sprechen von der Arbeit der Tiere war im agronomischen und agroökonomischen Fachdiskurs häufiger als im allgemeinen Sprachgebrauch. In landwirtschaftlichen Kreisen und im Transportgewerbe wurden mit Arbeit überwiegend die konkreten Tätigkeiten von Tieren für Transporte und für andere Zug- und Tragleistungen bezeichnet. So kommt denn auch der Begriff Zugtier im betrachteten Zeitraum häufiger vor als der Begriff Arbeitstier. Von etwa 1840 bis 1940 nahm nun einerseits die Häufigkeit des Begriffs Arbeitstier um rund das Zehnfache zu, was allerdings auch jene Fälle einschliesst, in denen übermässig viel arbeitende Menschen metaphorisch als Arbeitstiere bezeichnet werden. Anderseits bezog sich das Bestimmungswort Arbeit zunehmend auch auf allgemeine res-

45 Koselleck, Die Auflösung des Hauses, 1981; dazu auch Eibach, Das Haus in der Moderne, 2015.

46 Howald, Brugger, Agrarverfassung, 1936, 38–47.

47 Siehe dazu das Kapitel «Entwicklungen und Konstellationen – Thesen zu den arbeitenden Rindern», S. 249–253.

48 Diese und die folgenden Angaben zur Begriffsverbreitung basieren auf: Digitales Wörterbuch der deutschen Sprache DWDS, www.dwds.de, und Google Ngram, https://books.google.com/ngrams, 1. 11. 2023, Wortverlaufskurven, 1750–2019, für Arbeitst(h)ier(e), Arbeitsvieh, Arbeitspferd, Zugt(h)ier(e), Nutzt(h)ier(e). Zur Verwendung von korpuslinguistischen Instrumenten in der Geschichtswissenschaft vgl. Haefeli, Wörter statt Autos zählen, 2019.

pektive auf abstraktere Begriffsinhalte, wenn es beispielsweise darum ging, die verschiedenen Nutzen der Tiere zu unterscheiden.[49]

Hinsichtlich der Konzeption der Tierhaltung entstanden unter dem Einfluss aufkommender industrieller und bürgerlicher Verhältnisse neue, konkurrierende Erfahrungszusammenhänge und andere Erwartungshaltungen.[50] Auf der einen Seite wurde die industriekapitalistische Wirtschaftsordnung zum Interpretations- und Bewertungsrahmen auch der Tierarbeit, obwohl diese noch lange Jahrzehnte in der grossen Mehrheit aus familienwirtschaftlichen Zusammenhängen heraus geleistet wurde.[51] Auf der anderen Seite brachte der mit der Industrialisierung und der Urbanisierung sich etablierende neue bürgerliche Lebensstil Bewegung in die gesellschaftlichen Konnotationen des Haustierbegriffs. Maren Möhring hat darüber eine anregende Studie verfasst. Einer ihrer Hauptbefunde betrifft die «Verbürgerlichung [...] des Haustiers» und damit verbunden die Eingemeindung der «Vergnügungs-» und «Geselligkeitstiere», das heisst der frei von direkten wirtschaftlichen Nutzungsmotiven gehaltenen Tiere, unter die Haustiere.[52] Mit diesem von den Städten und dem städtischen Bürgertum ausgehenden Bedeutungswandel korrelierte die räumliche Segregation der Nutztier- und der bürgerlichen Haustierwelten. Während sich das Bürgerhaus vom Arbeitsort absetzte, etablierte sich in der bürgerlich dominierten Tierbegrifflichkeit – im Gegensatz zum landwirtschaftlichen Verständnis – eine Oppositionsstellung von Haustieren und Arbeits- respektive Nutztieren.

Die im 19. Jahrhundert aufkommende einerseits bürgerliche, anderseits industriell-kapitalistische Konnotation der Begriffe um die Tierhaltung dominiert bis zum heutigen Tag in einer Weise, dass selbst in zahlreichen historischen Betrachtungen im problematischen Rückschluss unterstellt wird, die landwirtschaftliche Konzeption der Haustierhaltung sei damals schon einer bürgerlichen Heimtierhaltung und einer industriellen Tiernutzung gewichen.[53] Wie die tatsächlichen Verhältnisse um die Tierarbeit, verlief der auf diese bezogene Begriffswandel aber nicht als Substitution der älteren agrarisch geprägten durch die jüngere bürgerliche respektive industrielle Deutungslinie, sondern in auseinandertretenden, nebeneinander bestehenden, sich oft konkurrierenden Diskursen[54] und Leitbildern und – in Worten von Reinhart Koselleck, dem Altmeister der modernen Begriffsgeschichte – in den «verschiedenen Verände-

49 Als Beispiel Kraemer, Statistik des Viehstandes in der Schweiz, 1886, explizit S. 156. Passage aus Moser, Schiedt, Arbeitstiere im langen 19. Jahrhundert, 2024.

50 Zur Begriffsbildung im Spannungsfeld zwischen Erfahrung und Erwartung vgl. Koselleck, «Erfahrungsraum» und «Erwartungshorizont», 1989, 354 f.

51 Howald, Brugger, Agrarverfassung, 1936, 38–47.

52 Möhring, Das Haustier: Vom Nutztier zum Familientier, 2015, 389 und 394.

53 Maren Möhring (2015, 399) datiert diesen Prozess der Verdrängung der Nutztiere aus den Stadträumen mit «im Laufe des 19. Jahrhunderts» unserer Ansicht nach zu ungenau und für die kontinentaleuropäischen Verhältnisse zu früh. Trotz der einsetzenden räumlichen Segregation der landwirtschaftlichen und der bürgerlichen Lebenswelten lebten zu keiner Zeit mehr Arbeitstiere in den Städten als gegen Ende des 19. Jahrhunderts.

54 Zum Diskursbegriff siehe S. 18, Anm. 19.

rungsgeschwindigkeiten der politischen, der sozialen, der ökonomischen, der sprachlichen und eben der rechtlichen Geschichte».[55]

Tier- und Maschinenmetaphorik

Die Notwendigkeit und die besondere Attraktivität von Analogien, Metaphern und Vergleichen lagen in der Gleichzeitigkeit der Nutzung unterschiedlicher Bewegungsenergieressourcen, die sich in engen, synergetischen Bezügen zueinander entwickelten. In dieser Koevolution liegt denn auch ein besonderer Grund für die häufige komparative oder metaphorische Erfassung der einen durch die anderen. Pferde wurden als Maschinen und Motoren erfasst, ihre Hebel und ihr Hubraum wurden vermessen, während die Maschinen und Motoren Arme, Beine, zuweilen sogar ein Hirn hatten. Auch waren diese immer wieder einmal launisch oder gar hinterhältig. Selbst der Futurist Filippo Tommaso Marinetti beschrieb 1909 die Autos als «schnaufende Bestien», während später der Deux-Chevaux oder der Ford Mustang auf die grosse Bedeutung der Pferde verweisen, nun allerdings – in Worten des Kulturwissenschaftlers Martin Scharfe – «als verbale Beschwörung» des verschwindenden oder «des verschwundenen Tiers».[56]

Im langen Zeitraum wurden Tiere und im Besonderen Arbeitstiere immer wieder als Maschinen und später auch als Motoren bezeichnet, so Ersteres schon in der Frühen Neuzeit beispielsweise von René Descartes, dem Philosophen des «cogito ergo sum», der damit nicht nur mechanistisch argumentierte, sondern den Tieren Seele, Geist und Vernunft absprach. Vor dem Hintergrund der Erfahrung der Industrialisierung, Mechanisierung und Technisierung der Lebensumstände stiegen die Maschinenmetaphorik und das Sprechen von den Tieren als Material und als Ware zu einem dominanten gesellschaftlichen Erklärungszusammenhang auf. Gleichzeitig wurden sie zu einem Ausdruck der Versachlichung des Lebenden in kapitalistischen Eigentums- und Produktionsverhältnissen.

Der Vergleich zwischen Tierkraft und Dampf- respektive Motorenkraft wurde zu einer Schlüsseldichotomie in einer zunehmend maschinen- und motorenfixierten, aber gleichzeitig hochgradig von der Tierarbeit abhängigen Gesellschaft. Seit der Mitte des 19. Jahrhunderts bildeten die Dampfmaschinen und später die Verbrennungsmotoren den komparativen Rahmen, in welchem sich die Erwartungen an Kraft, Geschwindigkeit und Ausdauer fundamental veränderten und die Tierarbeit zunehmend als etwas zu Überwindendes wahrgenommen wurde. Das physikalische Erfassen und das mechanistische Verständnis der Bewegung erweiterten sich dabei noch um die damals neu erkannten thermodynamischen und biochemischen Zusammenhänge der

55 Koselleck, Geschichte, Recht und Gerechtigkeit, 2003, 358.
56 Scharfe, Pferdekutscher und Automobilist, 1991, 143 f. Vgl. Berger, Warum sehen wir Tiere an?, 2015, 22.

Physiologie.[57] Dies hatte auch Auswirkungen auf die Maschinenmetaphorik, indem nun sowohl Lebewesen als auch Motoren in den Begriffen der Energie erfasst und verglichen werden konnten: auf der einen Seite die biotischen, durch die physiologischen Bedingungen des Stoffwechsels und durch die Verhältnisse der Reproduktion beschränkten Energieressourcen der eigenwilligen Arbeitstiere, auf der andern Seite die kontinuierlichen, gleichförmigen, regelgesteuerten, beherrschbaren Potenziale der Maschinen und Motoren.[58]

Seit dem Ende des 19. Jahrhunderts implizieren die meisten auf Arbeitstiere bezogenen Maschinenmetaphern die Vision der Überwindung der physiologischen Grenzen tierlicher Bewegungsenergieressourcen. Dabei stellte sich vor allem die agrarische Realität als schwieriges, widerspenstiges Feld für Motorenapplikationen heraus. Kein Motor der Zeit war den hierzulande ständig wechselnden Bedingungen von Wetter, Gelände oder Jahreszeiten gewachsen und in diesen sinnvoll zu betreiben. In der Landwirtschaft wurden die wenigen grossen, schweren, teuren und pannenanfälligen Landmaschinen noch in der Zwischenkriegszeit mit zahlreichen Pferden und Rindern von Einsatzort zu Einsatzort gefahren. Ganz entgegen dem gesellschaftlichen Maschinen- und Motorenversprechen erwiesen sich die gelehrigen, anpassungsfähigen, vielseitigen Arbeitstiere besonders in den klein- und mittelbäuerlichen Verhältnissen der Schweiz noch fast ein halbes Jahrhundert als unverzichtbar, ja sie gaben wiederum den Motorenentwicklern die Anschauung, wie ein motorisierter Antrieb in der Landwirtschaft zu sein hatte: robust, multifunktional, mobil, wendig, ausdauernd, zu kurzzeitigen Höchstleistungen fähig und zahlbar.[59]

Verschiedene Spuren

Die Pferde, Maultiere, Esel, Hunde und Rinder und bei Letzteren die Kühe, Stiere und Ochsen hinterliessen nicht die gleichen Spuren und sie führten auch nicht in die gleichen gesellschaftlichen Zusammenhänge. Sie führen in Kulturen, Regionen und Wirtschaftsverhältnisse. Dabei erfuhren die Tiere durchaus unterschiedliche Beachtung. Über die Pferde gibt es im Unterschied zu den Maultieren, Eseln und Hunden unzählige Quellen, während die arbeitenden Rinder bedeutend zahlreicher waren als die Pferde, was ausserhalb der Landwirtschaftskreise, in denen sie gehalten wurden, kaum je die gebührende Aufmerksamkeit fand. Dies schlägt sich in der Struktur des Textes nieder: Wir folgen den Geschichten dieser Tiere getrennt und nehmen die Bezüge zu den je anderen Arbeitstieren überall dort auf, wo entweder die zeitgenössischen

57 Für viele andere Marey, La machine animale, 1873; Thurston, Der thierische Körper als Kraftmaschine, 1895. Vgl. auch Auderset, Schiedt, Vermessung des animalischen Motors, 2023, 76–79.

58 Auderset, Animal Machine, 2022.

59 Siehe Moser, Von «Umformungsprozessoren» und «Überpferden», 2016.

Akteur:innen vor der Wahl für die einen oder gegen die anderen standen oder wo das allgemeine Phänomen arbeitender Tiere in den Vordergrund rückt.

Die auf einen weiteren einleitenden Text zu Kulturen und Raumordnungen der Arbeitstiere folgenden Texte zu den einzelnen Arbeitstierarten sind ähnlich aufgebaut. Sie können, aber sie müssen nicht in der präsentierten Reihenfolge gelesen werden. Alle Texte enthalten einleitende Bemerkungen, die die Hauptthesen in Bezug auf die jeweiligen Arbeitstiere reformulieren, sowie Information zu den Quellen und zur Literatur. Die Hauptteile beginnen wir je mit Skizzen wichtiger Kontexte und Entwicklungen. Spezielle Unterkapitel widmen sich den quantitativen Aspekten der Verbreitung. Dann folgen wir den Tieren in ihre jeweiligen Arbeitskontexte, die wir je nach Quellenlage in unterschiedlicher Tiefe und für unterschiedliche soziale Zusammenhänge nachzeichnen. Immer wieder werden wir Quellenstellen ausführlicher zitieren, um damit nicht nur deren Inhalte, sondern auch die Art und Weise des zeitgenössischen Schreibens über die Arbeitstiere zum Ausdruck zu bringen. Die teilweise längeren Zitate haben für uns auch illustrativen Charakter, ähnlich wie die Fotografien. Die Tonalität der Argumente oder die miterwähnten Nebenthemen können entscheidend sein, wenn es darum geht, die mensch-tierlichen Interaktionen zu erfassen.

Wer sich auf die Geschichte der arbeitenden Tiere einlässt, muss sich bis zu einem gewissen Grad treiben lassen und Fragestellungen der aktuellen Forschung dort aufgreifen und abhandeln, wo entsprechende Verhältnisse in der menschlichen Quellenproduktion besonders reflektiert und dadurch direkt oder indirekt fassbar werden. Das ergibt mehr eine Collage als eine einheitliche, ausgewogene Sicht. So wird etwa das Geschlagenwerden der Tiere in Quellen besonders häufig im Zusammenhang mit Eseln thematisiert, während züchterische Fantasien bei Pferden und bei Maultieren und Mensch-Tier-Beziehungen auffallend häufig und gut bei Rindern greifbar werden. Transportgewerbliche Aspekte sind selbstverständlich am besten und ausführlichsten anhand der Pferde zu beschreiben. Eine spezielle Beachtung fanden die Hunde als jene Mischwesen, deren Existenz als Haus- und Nutztiere oft mit den Interessen und Wertungen derer kollidierte, die Hunde als Heimtiere hielten oder als Rassentiere züchteten.

Auf den folgenden Seiten haben wir kein anderes Ziel, als nachzuweisen, dass die Gesellschaft ohne die Arbeitstiere eine andere gewesen und eine andere geworden wäre und dass es viele Gründe gibt, diese Geschichte aufzuarbeiten.

Raumordnungen, Raumkonstellationen und Kulturen der Arbeitstiere

Arbeitstiere waren bis in die erste Hälfte des 20. Jahrhunderts die wichtigsten bewegenden Kräfte der Landwirtschaft und grundlegend für die gesellschaftlich notwendigen Transporte von Menschen und Gütern, bezüglich Letzterer zunächst im Landtransport ganz allgemein und seit dem Bau der Eisenbahnen vor allem hinsichtlich der lokalen Erschliessung der Fläche und weiterhin allgemein in jenen Regionen, die nicht an die Eisenbahn angeschlossen waren. Es drängt sich deshalb auf, die Tierarbeit in ihren Bezügen zur Raumordnung, dem Ensemble von Topografie, Siedlungs-, Nutzungs- und Verkehrsstrukturen, in den Blick zu nehmen, die gleichzeitig Voraussetzung und Folge der Tierarbeit war. Wir betrachten diese einerseits als etwas Vorhandenes, Prägendes, andererseits als etwas Gewordenes, Geprägtes und Gestaltetes.[1] Die Nutzung der Tiere zur Arbeit entwickelte sich sowohl unter den Bedingungen der Raumordnung als auch im Rahmen von eigentlichen Arbeitstierkulturen.

Der Ordnungsbegriff impliziert sinnhafte, funktionale Bezüge, Ursache-Wirkungs-Zusammenhänge, während der Begriff der Konstellation diese tendenziell offenlässt und das Phänomen ins Zentrum rückt.[2] Der diesen Betrachtungen zugrunde liegende Kulturbegriff ist uns nicht einfach eine Residualkategorie für alle nicht topografisch, ökonomisch oder sozial erklärbaren Möglichkeiten. Wir fassen ihn auch nicht in der mittlerweile fast beliebig gewordenen Breite, sondern als konkrete Formen der Alltagsbewältigung und der Daseinsgestaltung. Und noch eine Klärung drängt sich hier auf; der Historiker Jon Mathieu hat darauf hingewiesen. Mit der Betonung der Kultur soll nicht ein weiteres Mal ein Natur-Kultur-Gegensatz und kein Gegensatz zwischen Kultur und wirtschaftlicher Rationalität impliziert werden.[3] In der Arbeit der Tiere waren diese Sphären unauflöslich verbunden.

1 Dazu grundlegend die Historiker der Annales, namentlich Lucien Febvre und Fernand Braudel; siehe auch Koselleck, Raum und Geschichte, 2000, sowie Schlögel, Im Raume lesen wir die Zeit, 2003.

2 Karl Schlögel (2003) hat die Fruchtbarkeit des phänomenologischen Zugangs für Fragestellungen der Raumgeschichte betont und mit seinen Schriften nachgewiesen.

3 Mathieu, Agrargeschichte der inneren Alpen, 1992, 15 f.

Einfluss der räumlichen Verhältnisse

Die Topografie, das Klima, die Wirtschafts- und Siedlungsstrukturen hatten einen grossen Einfluss auf die Bedingungen und Möglichkeiten der Raumüberwindung, auf den Entscheid für bestimmte Arbeitstiere – Pferde, Maultiere, Esel, Rinder oder Hunde – und für bestimmte Arten des Transports. Um die Zucht und die Verwendung von Arbeitstieren entstand in der Longue durée eine eigentliche Raumordnung, und auch im Lokalen und Regionalen leiteten sich manche Verhältnisse aus den Reichweiten und Kapazitäten der Arbeitstiere ab. Die zeitgenössischen Beobachter:innen waren zudem bis in die zweite Hälfte des 19. Jahrhunderts mehrheitlich überzeugt, dass die Unterschiedlichkeit der Rinder- und Pferdeschläge – man sprach von Schlägen und noch nicht von Rassen – eine Emanation von Raum, Klima und Boden waren, wobei mit Letzterem auch die agrarischen Verhältnisse impliziert wurden. Die verschiedenen Schläge wurden in bestimmten Regionen gezüchtet und überwiegend dort verwendet und sie wurden meistens nach diesen benannt: die kleinen Walliser, Toggenburger, Fricktaler oder die grösseren Berner oder Schwyzer Rinder oder die Erlenbacher, Schwyzer respektive Einsiedler, Freiberger, die süddeutschen Pferde oder die sogenannten Gebirgspferde der Kantone Graubünden und Wallis, bei den Hunden die Appenzeller oder etwa die Dürrbächler.

Die topografischen Verhältnisse stellten in direkter Weise besondere Anforderungen an die Arbeitstiere. Gebirgsverhältnisse machten die Trittsicherheit der Tiere – diese Eigenschaft besassen die Esel, die Maultiere und die an steiles Gelände gewohnten Rinder – und im Falle des Fehlens von Fahrstrassen die Eignung der Tiere zum Säumen zu wichtigen Voraussetzungen. Die Gebirgsverhältnisse wirkten aber auch in indirekter Weise, etwa über landwirtschaftliche Strukturen, die der Gebirgssituation angepasst waren, beispielsweise in der Alpwirtschaft oder in anderen Betriebsformen, die auf vielen Ortswechseln und der Überwindung bedeutender Höhendifferenzen beruhten. Im Mittelland und allgemein in flacheren Regionen waren wohl die Möglichkeiten der Raumüberwindung theoretisch zahlreicher und vielfältiger. Hier waren aber die konkurrierenden Nutzungen der Areale und die vielen eigentumsrechtlichen Ausschliesslichkeiten oft undurchdringlicher als manche Situation im Gebirge.[4] Zwischen Gebirge und Ebene bestand der grosse Unterschied vor allem in den Effekten der Tierarbeit und in den Transportkapazitäten der Arbeitstiere.

Es gibt hinsichtlich der Bewältigung der Bewegungs- oder der Transportaufkommen keinen eigentlichen Raumdeterminismus, weder im Mittelland noch im Hochgebirge. Die grossen Einflüsse der topografischen und der raumwirtschaftlichen Verhältnisse reichen nicht aus, um beispielsweise die unterschiedliche räumliche Verteilung der Arbeitstiere oder die Vielfalt der lokal und

4 Siehe Schiedt, Weg, 2014.

Foto 4: Gebirgsverhältnisse: Visperterminen (VS) im Jahr 1938. Ein Bauer ackert mit einem Maultier, das einen Hakenpflug zieht. Aus der Gebirgstopografie ergaben sich Arbeitsbedingungen, in denen sich die beweglichen und trittsicheren Maultiere besonders gut eigneten. Und sie bestimmte in hohem Masse die möglichen Flächenleistungen. Beträchtliche Kräfte von Menschen und Tieren wurden allein durch die Überwindung der Steilheit absorbiert. (© Theo Frey, Fotostiftung Schweiz, 2006.50.014, AfA-ID 788)

regional verbreiteten Transportlösungen zu erklären. Weder die raumstrukturellen Verhältnisse selbst noch die bekannten wirtschaftsgeografischen, wirtschaftshistorischen oder volkskundlichen Zoneneinteilungen[5] lassen sich eindeutig in der räumlichen Verteilung beispielsweise der Pferdebestände und der Verteilung der anderen Arbeitstiere wiedererkennen. Und auch über die räumlich-soziale Strukturierung der Gesellschaft ergab sich hinsichtlich

5 Zu diesen vgl. Mathieu, Zur inneralpinen Agrarlandschaft der frühen Neuzeit, 1989; Mathieu, Agrargeschichte der inneren Alpen, Zürich 1992, 19–42.

Foto 5: Pflügen im Mittelland, Ochsen im Vierergespann. Die Flächenleistung pro Arbeitstier war in der Ebene bedeutend grösser als im Gebirge. Die Strafanstalt Witzwil (BE) führte mit ihren Häftlingen den grössten Landwirtschaftsbetrieb der Schweiz, was auch in der Anzahl der Zugtiere und der Gespanne zum Ausdruck kommt. Nach Ansicht des fotografierenden Direktors eigneten sich die Ochsen besser für die Arbeit mit den Sträflingen als die «nervöseren» Pferde. (Archiv für Agrargeschichte, Glasdia-Sammlung der Anstalten Witzwil, 0156, AfA-ID 73)

der verschiedenen Arbeitstiere und Transportarten offensichtlich keine ausschliessliche, determinante Entscheidungs- und Handlungsvorgabe. So lässt sich keine klare Übereinstimmung zwischen den von Howald und Brugger in den 1930er-Jahren als Zonenkarten dargestellten sozialen und betriebswirtschaftlichen landwirtschaftlichen Verhältnissen – nach Hofgrössen, nach Betriebsflächen, nach Parzellierung, nach Eigentum an Boden, nach Verhältnissen der Familienwirtschaft oder anderen Formen der Hofwirtschaft – und der räumlichen Verteilung der unterschiedlichen Arbeitstiere feststellen.[6] Die

6 Howald, Brugger, Agrarverfassung, 1936.

Raumbezüge bildeten sich vielmehr als Wechselwirkung zwischen den topografischen und den weiteren raumstrukturellen Bedingungen, den vorhandenen Transportmöglichkeiten und den lokal oder regional unterschiedlichen Transportusancen und -kulturen aus.

In dieser Wechselwirkung (aber natürlich nicht nur ausschliesslich aufgrund von dieser) entwickelte sich die Raumordnung im betrachteten Zeitraum ausgesprochen dynamisch: allgemein mit der seit der zweiten Hälfte des 18. Jahrhunderts feststellbaren Intensivierung des Austauschs und der Marktbezüge, der ersten und der zweiten Agrarrevolution, der Industrialisierung, der Urbanisierung und der Entwicklung des Weltmarktes respektive der Globalisierung. Dabei ergaben sich verschiedene, teilweise sich überlagernde De- und Reterritorialisierungen, räumliche Neu- oder Umdefinitionen hinsichtlich der Nutztierhaltung allgemein und der Arbeitstierhaltung im Speziellen. Während beispielsweise bei den Pferden die alten Schläge, die Erlenbacher, Einsiedler oder die sogenannten Gebirgspferde, verschwanden und die Freiberger zu eigentlichen Bundes- oder Nationalpferden avancierten, kam es bei den Rindern zur weitgehenden Reduktion auf die beiden räumlich ziemlich eindeutig lokalisierbaren Fleck- und Braunviehrassen.[7]

Handlungs- und Entscheidungsspielräume

Nur in wenigen Fällen gaben die raumstrukturellen Verhältnisse ein alternativloses Handeln vor. Es gab fast immer und fast überall verschiedene Arten oder Möglichkeiten, den Raum zu bearbeiten und Raumhindernisse zu überwinden. Es gab sowohl für Individuen als auch für Gesellschaften immer wirtschaftliche, soziale oder kulturelle Gründe der Alltagsbewältigung und der Daseinsgestaltung, sich für oder gegen etwas zu entscheiden, etwas zu tun oder es lassen zu müssen. Der Blick auf die in der Zeit vorhandenen Alternativen wird nun aber verstellt durch retrospektiv konstruierte Finalitäten, in unserem Falle durch Substitutionsnarrative, von der fortschrittslogischen Abfolge bestimmter Arbeitstiere und Transportarten bis hin zu deren Ersetzung durch Eisenbahn und Automobil oder Traktor. Es gab jedoch keine ökonomisch oder technisch determinierte Fortschrittslogik vom Menschen über die Rinder zu den Pferden als bewegende Kräfte. Unter bestimmten betrieblichen Umständen konnte es ökonomisch rational sein, eine Last selbst zu tragen, statt diese einem Arbeitstier zu überbürden, wenn man bedenkt, dass aus der Haltung eines Tieres selbst ein relativ grosses Transportaufkommen erwuchs. Ebenfalls konnte es ökonomisch sinnvoll sein, zu säumen statt zu fahren, mit Kühen statt mit Pferden zu arbeiten. Diese Einsicht ergibt eine Vielzahl von Alternativen und möglichen

7 Bächi, «Muni-Krieg», 2014.

Foto 6: Der Postbote von Horgen, Adrian Sennhauser, trägt zu Beginn des 20. Jahrhunderts die Post in einem von einem Rind gezogenen Karren aus. Es gab immer Handlungs- und Entscheidungsspielräume, wer mit welchen Arbeitstieren arbeitete. Oft entschied sich das unter den Bedingungen der sogenannten Pluriaktivität. Es ist wahrscheinlich, dass dieser Briefträger auch noch haupt- oder nebengewerblicher Bauer war. (Ortsbildarchiv der Gemeinde Horgen, G_8653, AfA-ID 16)

Kombinationen und Lösungen, mit denen wir zu rechnen haben und die tatsächlich nebeneinander vorkamen.

Die Entscheide für die einen oder gegen die anderen Arbeitstiere und die Tatsache, dass sich diese Entscheide zu regionalen Mustern verdichten, zu eigentlichen Arbeitstier-, Maultier-, Pferde- oder Rinderkulturen, die sich räumlich verorten lassen, sind weder aus den geografischen Gegebenheiten noch ausschliesslich aus der besonderen Eignung der Tiere zur Arbeit allein abzuleiten. Wichtig und in manchen Fällen ausschlaggebend dafür waren die weiteren Nutzungen der Tiere und damit die betrieblichen Verhältnisse und Zielsetzungen der Tierhalter:innen. Der Einsatz der Arbeitstiere in der Landwirtschaft und im als landwirtschaftliches Nebengewerbe ausgeführten Transportwesen war tendenziell von einer multifunktionalen Nutzungslogik geleitet. Die Tiere wurden zur Nachzucht verwendet, leisteten Arbeit, ergaben Fleisch und gaben im Falle der Kühe erst noch Milch, zu schweigen von der weiteren Verwertungskette rund um die Tiere. So konnte beispielsweise der Entscheid, statt mit Pferden mit Kühen als Zugkräften zu arbeiten, eine direkte Folge der Konzentration auf die Vieh- und Milchwirtschaft sein.

Foto 7: Winterarbeit in der bäuerlichen Pluriaktivität: Forstarbeiten und Holztransport im Münstertal (GR) im Jahr 1939. Im Winter wurden die Zugtiere und die menschlichen Arbeitskräfte in der Hofwirtschaft weniger intensiv beansprucht. Das setzte die Gespanne unter anderem für Forstarbeiten frei, die entweder im eigenen Betrieb anfielen oder in den Gemeinden und Korporationen, im Gemeinwerk oder im Auftrag ausgeführt wurden. (© Theo Frey, Fotostiftung Schweiz, 2010.27.008, AfA-ID 795)

Die Mehrfachtätigkeit war ein weiterer Zusammenhang, in welchem sich die Arbeitstierhaltung entschied: Was wir bisher als Nebengewerbe angesichts einer prekären landwirtschaftlichen Existenz interpretiert haben, wird seit den 1980er-Jahren – von Frankreich herkommend – überzeugend auch als «pluriactivité»[8] konzeptualisiert. Diese wird nun gleichzeitig als Normalfall und als spezifische, angepasste Wirtschaftsstrategie der Akteur:innen in mehr oder weniger dynamischen Kontexten erfasst. In der Mehrfachtätigkeit überlagerten sich Subsistenzaspekte und Marktbezüge vielfältig. Die möglichen Kombinationen waren dabei zahlreich: von der Verbindung der Landwirtschaft mit

8 Hubscher, Pluriactivité, 1984, 75; Mesliande, La double activité, Paris 1984; Mayaud, De la pluriactivité paysanne, 1999; Geschichte der Alpen 25, 2020, Editorial des Themenheftes «Pluriactivité – Pluriattività – Pluriaktivität».

Foto 8: Winterarbeit in der bäuerlichen und transportgewerblichen Pluriaktivität am Sihlsee (SZ): Eisgewinnung und Eistransport für die Brauereien und für die städtischen Kühlschränke. In der «Schweizerischen Landwirtschaftlichen Zeitschrift» war 1913, 73, über die «Eiskampagne» im Klöntal (GL) zu lesen: «Dem Vernehmen nach fängt die diesjährige Eiskampagne an in verstärkter Weise einzusetzen. Von auswärts treffen tagtäglich fremde Fuhrleute ein. [...] Es erhalten daher viele Fuhrleute und Taglöhner in dieser schlimmsten Zeit einen schönen Verdienst.» (© Rob Gnant, Fotostiftung Schweiz, 2003.52.168, AfA-ID 781)

handwerklichen Tätigkeiten oder der Arbeit eines Familienmitglieds in der Fabrikindustrie über die Nutzung der Waldressourcen bis hin zum Gastgewerbe, dem Kleinhandel, dem Transportwesen oder den sogenannten Gemeindearbeiten (Schneebruch, Weg- und Wuhrunterhalt oder Abfallentsorgung). So war es selbst in einem kleinen milchwirtschaftlichen Betrieb möglich, ein Pferd oder ein Maultier zu halten, wenn mit diesem noch andere Geschäfte realisiert werden konnten.

Mit diesen Fragen rücken weitere betriebliche Verhältnisse, die Betriebsgrössen, die Produktionsschwerpunkte, die Arbeitsorganisation und weitere betriebswirtschaftliche Bedingungen in den Blick. Die betrieblichen Verhältnisse reichten dabei von der lohnarbeitslosen Familienwirtschaft, wie sie Alexander Tschajanow als Idealtypus beschrieben hat und wie sie in den schweizerischen kleinbäuerlichen Verhältnissen in mehr oder weniger abgeschwächten Formen noch häufig vorkam,[9] bis zum kapitalistischen landwirtschaftlichen oder gewerblichen Betrieb, der auf eine möglichst umfassende und effiziente Nutzung der Produktionsfaktoren und namentlich auf einen schnellen Kapitalumsatz zielte und in dem die Arbeitstiere vor allem auch als Sachkapital zu Buche schlugen.

Aus der Eingebundenheit der Arbeitstiere in die lohnarbeitslose Familienwirtschaft und aus deren prinzipieller ökonomischer Andersartigkeit im Vergleich zur kapitalistischen respektive zur vollgewerblichen Betriebsorganisation resultierten je besondere Bedingungen für die Haltung von Arbeitstieren. Es ergaben sich sowohl andere Präferenzen hinsichtlich des Entscheides für die einen respektive gegen die anderen Arbeitstiere als auch ein tendenziell unterschiedlicher Umgang mit diesen, so eine Nutzungs- oder Kooperationslogik im Ersteren und eine Verbrauchslogik im kapitalistisch-vollgewerblichen Fall. Während familienwirtschaftliche Verhältnisse neben den Pferden die Arbeit mit Maultieren, Eseln, Kühen oder Hunden begünstigten, setzte die kapitalistische Verwertungslogik stark auf Pferde, im Falle grosser Hofwirtschaften auch auf Ochsen.

Wenn es kaum Evidenz für ausschliesslich geografisch, wirtschaftlich oder sozial zwingende Gründe gibt und wenn monokausale Erklärungen die Verteilung der Arbeitstiere nicht befriedigend zu erklären vermögen, lohnt es sich, einmal von den üblichen Raumeinteilungen und Zonenmodellen abzurücken, um offenere kulturräumliche Konstellationen der Tierarbeit und die von den Arbeitstieren selbst ausgehende Prägung dieser Raumkonstellationen zu thematisieren.

Raumkonstellationen arbeitender Tiere

Die Art und die Möglichkeit der Raumüberwindung und die konkreten Lösungen der Transportprobleme prägten die Räume im Kleineren und im Grossen. Ein Beispiel für regional identifizierbare Kulturen der Arbeitstiernutzung bieten die Verhältnisse beidseits der Berner Alpen. Während sich im Wallis eine eigentliche Maultierkultur etablierte, bestand auf der anderen Seite des Gebirgskamms im Simmental zunächst eine Pferde- und ab der zweiten Hälfte des 19. Jahrhunderts eine ausgesprochene Rinderkultur mit je einer bedeutenden Zucht, die sich mit dem Namen der Region verband, zunächst den Simmentaler Pferden und dann den Simmentaler Rindern. Hier zeigt sich jedoch eine Problematik der räumlichen Zuordnung, da die Simmentaler Pferde und später die Rinder nicht nur im Simmental, sondern in einer viel weiteren, grossregionalen Ausbreitung gezüchtet, gehalten und genutzt wurden. Ein ähnliches Phä-

9 Tschajanow, Lehre von der bäuerlichen Wirtschaft, 1923; Howald, Brugger, Agrarverfassung, 1936, 38–47.

nomen einer solchen Deterritorialisierung oder einer räumlichen Ausweitung, bei der sich zugleich in mancher Hinsicht die räumlichen Konturen verwischten, ergab sich im 18. Jahrhundert bei den sogenannten Schwyzer oder Einsiedler Pferden und gegen Ende des 19. Jahrhunderts bei den Freiberger Pferden.

Charakteristische Arbeitstierkonstellationen bestanden um die Höfe, die Siedlungen, um Märkte oder entlang von Verkehrswegen. Die individuellen und die gesellschaftlichen Bewegungs- und Transporterfordernisse und die diesbezüglichen Lösungen wurden bisher hauptsächlich in der Ethnologie und in der Volkskunde thematisiert und in Letzterer hinsichtlich ihrer räumlichen Verbreitung erfasst. Einen guten Überblick darüber gibt ein Artikel von Robert Kruker,[10] der allerdings für unser Thema ein Defizit aufweist, das auch allgemein auf volkskundliche Approaches zutrifft: Sie beziehen sich stark auf die sogenannte Sachkultur, auf Siedlungstypen, Behausungen, Geräte und Transportmittel und weniger auf die Arbeitstiere als bewegende Kräfte (während die Trag- und Zugarbeit der Menschen durchaus behandelt wird).[11] Im Gegensatz dazu haben die ethnologische Transportforschung und namentlich das Schrifttum der Entwicklungszusammenarbeit auch die Arbeitstiere thematisiert.[12] Allerdings sind die historischen Bezüge in Letzterem zu oft geprägt von platten reduktionistischen Annahmen zu Entwicklungsabfolgen vom Tragen (der Menschen, dann der Tiere) zum Ziehen (zuerst zum Schleifen, dann zum Transportieren mit Radfahrzeugen) und bezüglich der bewegenden Kräfte vom Menschen zu den Rindern und zu den Pferden. Zudem machen die meisten Historiker:innen ihre interdisziplinären Anleihen in der impliziten und expliziten Überzeugung, dass es sich dabei um vormoderne Zusammenhänge handle.

Als erste raumtypologische Unterscheidung teilen wir die Tierarbeit in die Grundzusammenhänge der Bearbeitung der Fläche und der Erschliessung der Fläche ein. Mit der Ersteren rücken zunächst die Landwirtschaftsbetriebe, deren Grössen, Produktionsverhältnisse und Produktionsschwerpunkte ins Zentrum und im Weiteren natürlich auch wieder die Regionen, etwa Zuchtregionen, Anbaugebiete, Einzugs- oder Absatzgebiete. Weiter zu den Phänomenen der Bearbeitung der Fläche gehörten die Forstarbeiten und die räumlichen Anordnungen um die Reproduktion der Tiere. Diese reichten von den Arealen des Futterbaus bis zu den Zucht- und Aufzuchtregionen bestimmter Arbeitstiere. Die Bearbeitung der Fläche stellte einen wichtigen Unterschied zwischen der landwirtschaftlichen und der gewerblichen sowie der industriellen Produktion dar. Neben der Zyklizität und der Saisonalität der landwirtschaftlichen Produktion und Reproduktion im Allgemeinen sowie der Tier-

10 Kruker, Inneralpine Transportprobleme und kulturelle Lösungsmuster, 1979.

11 Vgl. beispielsweise Jacobeit, Quietzsch, Bäuerliche Arbeit und Wirtschaft, 1965, 61–68: «Gliederung für eine systematische Dokumentation zum Gesamtbereich der bäuerlichen Arbeit und Wirtschaft».

12 Unter anderem Starkey, Teklu, Goe, Animal Traction, 1991; den Hertog, van Huis (Hg.), The Role of Draught Animal Technology, 1992; darin: Checklist on draught animal technology development, 207–216.

Foto 9: Besondere Konstellation der Tierarbeit in einer Aufnahme aus dem Jahr 1911: Beim Hotel Bodenhaus in Splügen trafen Pass- und Postverkehr und Tourismus aufeinander. Rechts im Bild ist ein beladenes Gepäckfuhrwerk abgestellt, dessen ausgespannte Pferde ganz links im Bild weggeführt werden. In der Bildmitte macht eine vierspännige Postkutsche Etappenhalt, und dazwischen stehen fünf Privat- oder Lohnkutschen. Die Passagier:innen, die Hotelgäste und die Fuhrleute, die Kutscher und die Kondukteure und auch das Hotelpersonal sind nach Haltung, Kleidung und nach den im Bild fassbaren mensch-tierlichen Bezügen leicht zu unterscheiden. (Rudolf Zinggeler, Schweizerische Nationalbibliothek, Eidgenössisches Archiv für Denkmalpflege, EAD-ZING-15132, AfA-ID 1007)

haltung im Speziellen waren die Bewältigung der im landwirtschaftlichen Betrieb mehr oder weniger langen Wege und die in Feld, Wiese und Wald in Bewegung ausgeführten Arbeiten unmittelbare Zusammenhänge der Produktion selbst.[13] Felder zu bestellen, Ernte einzufahren, Mist auszufahren

13 Beispielsweise Strebel, Grundstücks-Entfernung, 1909, oder Tschajanow, Betriebsgrössen in der Landwirtschaft, 1930. Strebel stützt sich stark auf Heinrich von Thünens «isolierten Staat», Tschajanow stützt sich auf Strebel und auf von Thünen.

oder Heu und Streue einzubringen, beruhten bis in die Zwischenkriegszeit zu grossen und immer grösseren Teilen auf tierlichen Zugkräften. Die Mechanisierung der agrarischen Arbeiten war dabei ein wichtiger Treiber sowohl des Wachstums der Arbeitstierbestände, speziell des Pferdebestandes, als auch der Zucht grösserer und stärkerer Tiere.[14]

Als Ausgangspunkt für die Funktion der Erschliessung der Fläche dient uns Heinrich von Thünens grundlegende Modellannahme,[15] dass jedes Arbeitstier und damit jedes Gut seine bestimmte Reichweite hat. Von Thünen leitete die Reichweite der Güter in Bezug auf den zentralen regionalen Markt direkt von der Transportleistung der Pferde und der Rinder und von den damit verbundenen Transportkosten ab. Das Modell hatte unter Agronom:innen und Agrarökonom:innen grosse Attraktivität und ein grosses Erklärungspotenzial. Nun war aber die Reichweite keine bestimmte Konstante. Sie war unterschiedlich je nach Gattung der Arbeitstiere und Transportart, je nach der individuellen und artbezogenen Konstitution der Tiere. Sie war aber auch unterschiedlich je nach Betriebsform und Wirtschaftsweise, je nach Anbindung an Eisenbahn- oder Dampfschifffahrtslinien.

Arbeitstiere waren auf den Strassen, in den Siedlungen, in der Umgebung omnipräsent. Sie prägten durch ihre Funktionen, ihre Kapazitäten und ihre Reichweiten, sie prägten durch ihre Rhythmen und durch ihre Emmissionen, sie prägten durch die räumlichen und gesetzlichen Anordnungen rund um diese. Besondere Arbeitstierkonstellationen ergaben sich in und um die Städte. Diese wiesen die grösste Arbeitstierdichte überhaupt auf.[16] Eine weitere räumliche Konstellation ergab sich im Gebirge innerhalb der agrarischen Gesellschaften und entlang der grösseren Passrouten mit den spezifischen Formen der kollektiven Bewältigung grosser Transportaufkommen. Ein Beispiel dafür waren die Portenorganisationen entlang der alpinen Transitrouten.[17] Aber auch im Mittelland bestand, vor allem zwischen den Städten, eine ähnlich funktionierende Institution, die «Kehr»,[18] in der lokale Fuhrleute in einer bestimmten Reihenfolge an den Transporten auf einer bestimmten Hauptroute partizipierten.

Wir verbinden diese Reichweiten und Institutionen nun noch mit Éric Baratays Befund, dass sich aus der räumlichen Überlagerung der unterschiedlichen Aktionsfelder der Arbeitstiere und allgemein aufgrund der vielseitigen Nutzung und der Präsenz der Tiere eigentliche kleinere und grössere Tierlandschaften oder – in unserer eingangs etablierten offeneren Begrifflichkeit – Tier-

14 Auderset, Schiedt, Arbeitstiere, 2021; Moser, Schiedt, Arbeitstiere im langen 19. Jahrhundert, 2024; Auderset, Schiedt, Vermessung des animalischen Motors, 2023.
15 Von Thünen, Der isolierte Staat, [1826], 1921, § 4: Bestimmung des Getreidepreises in den verschiedenen Gegenden des isolierten Staates; von Thünen, Unterhaltungskosten eines Gespanns Pferde, 1829.
16 Moser, Schiedt, Arbeitstiere im langen 19. Jahrhundert, 2024.
17 Zu diesen unter anderem Riedi, Porten der Unteren Strasse, 2009.
18 Frey, Fuhrwesen in Basel, 1932, 75–77, 83, 100, 103–119, 147–156.

Foto 10: «Herbstverkehr» beim «Arbeiterheim Nusshof» der Strafanstalt Witzwil im Jahr 1925: Ochsen- und Pferdefuhrwerke – im Vordergrund Doppelgespanne, im Hintergrund ein Dreiergespann – und das Verladen der Fracht auf die Eisenbahn. Das Foto zeigt als besondere Konstellation der Tierarbeit eine Schnittstelle des agrarischen Landtransports zwischen der Bearbeitung und der Erschliessung der Fläche. Auch wenn Fotos Alltags- und Arbeitssituationen dokumentieren, sind sie doch immer auch konstruierte Abbilder einer Situation. Das ist aus den auf den Fotografen ausgerichteten Blicken von Menschen und Tieren zu schliessen und manifestiert sich auch darin, dass in der Bildmitte ein Stier präsentiert wird, der in keines der Fuhrwerke eingespannt ist. (Archiv für Agrargeschichte, Glasdia-Sammlung der Anstalten Witzwil, 0153, AfA-ID 33)

konstellationen ergaben.[19] Dabei schliessen wir nicht nur die Tierleistungen für die Transporte und die anderen Zugdienste, sondern wiederum auch die Reproduktion dieser Tiere und ihre weiteren Funktionen als Nutztiere bis hin zu deren Verwertung über den Tod hinaus mit ein.

Nicht zuletzt war der Raum durch die vielen im Zusammenhang mit den Tieren stehenden Gewerbe strukturiert – eine tierbezogene Strukturierung,

19 Baratay, Bêtes de somme, 2008, 67–104.

die um 1900 ihren Höhepunkt erreichte. Die auf die Tierarbeit ausgerichteten Gewerbe, Infrastrukturen und Anordnungen bildeten in bestimmten Reihenfolgen, Distanzen und Bezügen zueinander eigentliche räumliche Cluster: von den landwirtschaftlichen Betrieben über die zunehmend spezialisierten Transportgewerbe, über die Schmieden, Sattlereien oder Wagnereien, die lokalisierten Märkte und die ambulant versorgten Quartiere bis hin zur Nutzungskette und zu den Gewerben der Verwertung der Tierkörper, den Metzgereien, Gerbereien, weiteren lederverarbeitenden Gewerben, den Polstereien oder den Leim- und Seifensiedereien, von den Bauernhöfen bis in die Städte, zu den Bahnhöfen und zu den Fabrik- und Gewerbestandorten und wieder zurück.

Bei der Betrachtung der zahlreich überlieferten Fotos solcher Konstellationen (und der dabei angestellten Überlegungen) stellt sich ein Gefühl ein, wie wenn wir einen Film ohne Ton ansehen. Wir schliessen uns deshalb Baratays Aufforderung an, die Verhältnisse um die Arbeitstiere auch als Geräusch- und Geruchslandschaften zu imaginieren. Mit der Arbeit der Tiere vermischten sich die Gerüche der Tiere, von Heu und Stroh, von Dung und Leder. In grösseren Orten und in den Städten und deren Peripherien kamen die Gerüche oder der Gestank der gewerblichen oder der industriellen Verarbeitung der Tierprodukte hinzu: der Schlachthausabfälle, der Tierkörperverwertung, der Gerbereien, der Knochen- und Fettsiedereien, der Öldestillerien, der Salpeter- und Ammoniaksiedereien, der Hornröstereien. Hinzuzudenken sind das Muhen der Rinder, das Wiehern der Pferde, Kaugeräusche, Verdauungs- und Scheissgeräusche, Schritte, die Geräusche der Hufeisen und der Räder, das Rasseln der Ketten, die Befehle der mit den Tieren arbeitenden Menschen in den Ställen, auf den Feldern, auf den Strassen und noch verstärkt auf den Märkten, neben den Bahnstationen oder bei den Schlachthäusern.[20]

20 Aufzählung nach Baratay, Bêtes de somme, 2008, Kapitel: «Odeurs, cris et bruits», 80–83.

Pferde

«C'est une tradition qui se transmet de génération en génération: le goût du cheval est héréditaire en certains pays.» (René Musset, De l'élevage du cheval en France, 1917, 90)

«Daran haben wir uns immer zu erinnern, dass kein anderes Produkt der Landwirthschaft in dem Masse abhängig ist von Liebhaberei, Mode und Vorurtheil, als das Pferd.» (Hermann von Nathusius, Pferdezucht, 1880, 286)

«Le goût du cheval»

Die Pferde stehen in der Beachtung, die ihnen zuteilgeworden ist, unter den Arbeitstieren weit oben. Auch hinsichtlich der Zuschreibungen kann sich kaum ein anderes Arbeitstier mit ihnen messen. In den seit der zweiten Hälfte des 18. Jahrhunderts entstandenen naturgeschichtlichen Hierarchien, beispielsweise in Buffons Essay «Le cheval», gilt das Pferd unter den domestizierten Tieren als das edelste.[1] Neben so vielen anderen seit Aristoteles war es aber auch Buffon, der davon ausging, dass der Mensch dann doch über allen Tieren stehe. In dieser Verbindung von Ungleichen ist das Pferd des Menschen edelste Eroberung, geschichtsrelevanter Vektor und ein Statussymbol erster Güte. Bei einer solchen Einordnung geht oft unter, dass die Pferdewelt in sich reich gegliedert war: die Zucht- und Reitpferde der fürstlichen und klösterlichen Gestüte und die Pferde der Bauern, die Zug- und Saumpferde der Transporteure, die Mietpferde, die Baustellenklepper.

In den letzten zwanzig Jahren stellte sich in neuer perspektivischer Konfiguration zwischen Anthropologie, Kultur-, Sozial- und Agrargeschichte sowie den Human-Animal-Studies so etwas wie gleiche Augenhöhe ein. Raulff spricht in seinem überaus anregenden Werk «Das letzte Jahrhundert der Pferde» von einem kentaurischen Pakt zwischen Mensch und Tier, der mit der Domestizierung begonnen und bis ins 20. Jahrhundert gedauert habe.[2] Er bezieht sich auf einen kleinen, aber einflussreichen Text von Reinhart Koselleck, der die Weltgeschichte quer zu allen gängigen Epochengliederungen in ein «Vorpferde-», ein «Pferde-» und ein «Nachpferdezeitalter» einteilt. Koselleck lässt das «Pferdezeitalter» im Ungefähren vor rund 6000 Jahren beginnen und in einem in der Mitte des 18. Jahrhunderts einsetzenden, rund 200 Jahre dauernden Prozess in

1 Buffon, Le Cheval, Histoire naturelle, 1753, 174–376, hier 174.
2 Raulff, Das letzte Jahrhundert der Pferde, 2015, 24–28.

Foto 11: Der Züchter präsentiert seine Zuchtstute. Das mit Reissnägeln an einer Türe befestigte Foto der gestellten Situation wurde von Eugène Cattin in Les Bois noch einmal fotografiert, der damit und mit zahlreichen weiteren Fotos die ausgesprochene Pferdekultur der jurassischen Freiberge festhielt. (Eugène Cattin [1866–1947], Archives cantonales jurassiennes, ArCJ - Cheval - 137 J 294 b; AfA-ID 578)

der ersten Hälfte des 20. Jahrhunderts enden.[3] Die Verhältnisse um die Pferde unterliefen «alle Abgrenzungen zwischen alter, mittlerer und neuer oder neuerer und neuster Geschichte [...]. Denn auf das Pferd als kultisch, militärisch oder agrarisch und merkantil unaustauschbares Tier hat in diesen drei Zeitaltern auf dem ganzen Globus fast keine religiöse, politische oder soziale Handlungseinheit verzichten können.» Alle bedienten sich der Pferde, «um leben und überleben zu können. Im gezähmten Pferd verbinden sich nomadische Überlebenskünste mit hochgezüchteten kulturellen Repräsentationsaufgaben. Das Pferd, unverzichtbar wie es wurde, bündelt in sich als elementarer Helfer des Menschen Jahrhunderte lange, alle Epochen und Perioden überdauernde Erfahrungen gegenseitiger menschlich-tierischer Abhängigkeit.»[4]

Das sind allgemeine Gedanken eines weltbekannten, verehrten Historikers. Für die historische Forschung mindestens so notwendig ist es nun aber, im ausgehenden «Pferdezeitalter» selbst Entwicklungen, Kontinuitäten und Brüche

3 Koselleck, Ende des Pferdezeitalters, 2003 (Zitat); Koselleck, Aufbruch in die Moderne oder das Ende des Pferdezeitalters, 2005. Der 2005 erschienene, umfangreichere Text war die Grundlage des 2003 in der «Süddeutschen Zeitung» publizierten Artikels.

4 Koselleck, Aufbruch in die Moderne oder das Ende des Pferdezeitalters, 2005, 161 und 163 f.

Abb. 1: Das Titelbild der «Fahrkunde» von Theodor Heinze bringt die unterschiedliche, selektive Beachtung einzelner Aspekte der Pferdearbeit gut zum Ausdruck. Während die den Status betonenden, repräsentativen Kutschen und die leichten Luxuswagen des Personenverkehrs im residenzstädtischen Kontext im Zentrum stehen, sind das schwere Fuhrwerk, der multifunktionale Gebrauchswagen und der Holztransport nur klein, gleichsam als Rahmung der achtspännig gezogenen herrschaftlichen Kutsche abgebildet. Oben links und rechts ins Bild gesetzt ist die Ausbildung der Pferde zum Zugdienst. (Heinze, Pferd und Fahrer, 1876)

zu identifizieren. Das ist keine leichte Aufgabe. Denn die Arbeitspferde, die uns hier besonders interessieren, hatten ihren Auftritt nicht auf den grossen Bühnen (und auf den Sockeln der unzähligen Reiterdenkmale), sondern zusammen mit den Rindern, Maultieren, Eseln und Hunden dann doch eher wenig beachtet – in Worten von Raulff – in den «Hinterhöfen» und an den «Lieferanteneingängen» der Geschichte.[5]

Aus geringerer Flughöhe zeigt sich – so unsere Hauptthese –, dass die Bedeutung der Pferde, wie allgemein der Bedarf an tierlicher Arbeit, in den von uns betrachteten zweihundert Jahren, die Koselleck und Raulff als Ende des Pferdezeitalters identifizieren, noch in verschiedener Hinsicht zunahm. Auch in diesen zeitlichen und thematischen Bezügen erweist es sich, dass die Arbeitstier- und speziell auch die Pferdegeschichte gängigen wirtschafts- und technikgeschichtlichen Narrativen und Epocheneinordnungen entgegenlaufen. Die arbeitenden Pferde waren dabei keine Phänomene der Vormoderne, wie das Koselleck noch angenommen hat, sondern der Modernisierung selbst.[6]

Ein überzeugendes Dokument über die Pferde als Akteure und Faktoren der Modernisierung wurde im Jahr 1872 in der New Yorker Zeitschrift «The Nation» unter dem Titel «The Position of the Horse in Modern Society» publiziert. Unmittelbarer Anlass des Artikels war eine sich abzeichnende epidemische Pferdekrankheit, die Pferdegrippe, die nicht tödlich verlief, aber doch viele Pferde am Arbeiten hinderte. Wegen der wichtigen Stellung der Pferde in der Gesellschaft, die allerdings mit der Fixierung auf die grossen technischen Errungenschaften der Dampfmaschinen, der Eisenbahnen, der Dampfschiffe und der Telegrafie aus den Augen geraten sei, fürchtete man weitreichende Auswirkungen der Tierkrankheit: «Our talk has been for so many years of the railroad and steamboat and telegraph, as the great ‹agents of progress›, that we have come almost totally to overlook the fact that our dependence on the horse has grown almost pari passu with our dependence on steam. We have opened up great lines of steam communication all over the country, but they have to be fed with goods and passengers by horses. We have covered the ocean with great steamers, but they can neither load nor discharge their cargoes without horses. We have collected at the mouths of our great rivers and the intersections of our railroads vast bodies of people, covering miles on miles of area with their dwellings and factories, but have left them wholly dependent for their intramural travel and for their regular supplies of food and clothing on horses. [...] The increase of our industrial and commercial dependence on the horse has, however, been so gradual, so quiet, and has issued so naturally from the state of things prior to introduction of steam, and has so completely overshadowed by the great applications of science to industry and locomotion, that little or no

5 Raulff, Das letzte Jahrhundert der Pferde, 2015, 16.

6 Koselleck, Aufbruch in die Moderne oder das Ende des Pferdezeitalters, 2005, 160 f.; Edgerton, The Shock of the Old, [2006] 2019, 34; Auderset, Schiedt, Arbeitstiere, 2021.

thought has been bestowed on its dangers. Indeed, most of us have well-nigh forgotten that the horse was an animal like ourselves – liable to pains and aches and death. We have come to think of him as a machine, on whose endurance we could calculate as on that of an engine, and for whose mortality we could make ample allowance in our business under the head of ‹wear and tear›. We really ought, therefore, to be thankful that the present epidemic has brought us face with the startling fact, that the sudden loss of horse labor would totally disorganize our industry and our commerce, and would plunge social life into disorder […]. We now see that they are […] wheels in our great social machine, the stoppage of which means widespread injury to all classes and conditions of persons, injury to commerce, to agriculture, to trade, to social life […].»[7]

Mit dem in den 1870er-Jahren erschienenen Artikel umreissen der unbekannte Autor und die Historikerin Ann Norton Greene, die den Artikel an den Anfang ihres lesenswerten Werks «Horses at Work» stellt,[8] den Rahmen einer modernen Pferdegeschichte, die eigentlich eine Gesellschaftsgeschichte ist und agrar-, wirtschafts-, umwelt-, energie-, sozial- und verkehrsgeschichtliche Aspekte verbindet. Greene ist in ihrem Werk unserer Fragestellung und unserer These, Arbeitstiere seien Akteure und Faktoren der Modernisierung, am nächsten. Über sie hinaus gehen wir mit unserer Betonung der landwirtschaftlichen Basis der Tierarbeit und mit einer differenzierteren Sicht auf die Industrialisierung, die die Landwirtschaft nicht gleichzeitig und in gleicher Weise wie die anderen Wirtschaftssektoren erfasste.[9]

Informationen zu arbeitenden Pferden

Anders als bei Hunden, Eseln und Maultieren sind wir bei den Pferden nicht mit einer Knappheit der Quellen und auch nicht mit fehlender wissenschaftlicher Beachtung konfrontiert. Die Quellen und die Literatur sind kaum zu überblicken.[10] Einen Eindruck der Fülle gewährt die Website «La bibliothèque mondiale du cheval», die auf rund 15 000 Titel von rund 10 000 Autor:innen verweist. Sie bietet einen guten, anregenden Einstieg, ist aber keineswegs vollständig.[11] Eine Gewissheit stellt sich dabei sofort ein: Hier stellt sich das Problem der Auswahl und der thematischen Einschränkung. Wir konzentrieren uns im Folgenden auf die Funktion der Pferde als Arbeitstiere. Wichtige Aspekte der

7 The Nation, Bd. 15, 31. 10. 1872, 277 f.
8 Greene, Horses at Work, 2008, 1–3.
9 Vgl. Auderset, Moser, Agrarfrage in der Industriegesellschaft, 2018.
10 Vgl. die Bibliografien, von denen die, die auch historische Werke verzeichnen, allerdings alle schon mehr als hundert Jahre alt sind: Musset, De l'élevage du cheval en France, 1917; Mennessier de La Lance, Essai de bibliographie hippique, 1915–1921; Rizzoli, Les sources de l'élevage du cheval en Suisse, 2004.
11 La bibliothèque mondiale du cheval, https://labibliothequemondialeducheval.org, 18. 12. 2023. Die Website wird von der Université Caen Normandie unterhalten.

Zucht oder auch der kulturellen Verhältnisse werden nur so weit behandelt, als es die funktionale Ausdifferenzierung in Reit-, Saum- oder Zugtiere, die Tierarbeit und die Erneuerung der Arbeitspferdebestände betrifft.

Eine weitere Einschränkung bezieht sich auf den geografischen Raum. Wir konzentrieren uns auf den schweizerischen Kontext. Damit sind wir nicht allein. Die allermeisten quellengestützten Tiergeschichten sind zu einer solchen Einschränkung gezwungen. Michael Thompson schreibt über England, Ann Norton Greene über die Vereinigten Staaten von Amerika, Éric Baratay und Daniel Roche über Frankreich. Aber nur die im Folgenden erwähnten guten Werke verlieren dabei nicht aus dem Blick, dass viele der Zusammenhänge um die Zucht- und Arbeitspferde sich ausgesprochen grenzüberschreitend entwickelten, so beispielsweise die Ausbildung regionaler Schläge oder die regional-arbeitsteilige Strukturierung in Produktions- und Aufzuchtgebiete, natürlich die Importe und Exporte sowie auch das Know-how und der Wissenstransfer um Zucht, Haltung und Nutzung der Pferde. Trotz der Notwendigkeit der Beschränkung muss eine Geschichte der Pferdezucht und -haltung multiperspektivisch und transnational angelegt bleiben.

Quellen

Über Pferde und namentlich über deren Zucht wurde viel geschrieben. Es ist eine kaum überblickbare Fülle an Quellen überliefert. Die wirtschaftliche und gesellschaftliche Bedeutung der Pferde machte diese zum Objekt unterschiedlicher Akteur:innen, von Bauern und Bäuerinnen, Ingenieuren, Hufschmieden, Pferdedoktoren, Kutschen- und Postpferdehalter:innen, Armeeoffizieren oder Staatsverwaltern. Das Arbeiten mit Pferden erforderte Kenntnisse und Einfühlungsvermögen gegenüber dem allgemeinen und dem individuellen Verhalten und den Fähigkeiten der Tiere, ohne die die mensch-tierliche Zusammenarbeit nicht gelingen konnte. Es erforderte Kenntnisse über die Fütterung, den Metabolismus, über den Futteranbau, über das Manövrieren der Tiere und der Zuggeräte, über das Geschirr oder über das Laden der Fracht.

▸ Abb. 2: Pferdewissen: Hauptbestandtheile und Benennung der Train-Pferdegeschirre nach Eidgenössischer Ordonanz, Luzern, um 1830. Die wichtigsten Elemente sind: Halfter oder Zaumzeug, Kummet und Vordergeschirr, Reit- oder Packsattel sowie Hintergeschirr. Die Tatsache, dass in der obersten Abbildung das Geschirr sowohl Reit- als auch Zugelemente enthält, erklärt sich aus dem Umstand, dass im militärischen Gespann und bis in die zweite Hälfte des 19. Jahrhunderts oft auch in der Anspannung grosser Fuhrwerke eines der Pferde (hinten links) als sogenanntes Sattelpferd verwendet wurde, das heisst gleichzeitig als Reit- und als Zugtier diente, von dem aus die anderen Pferde (Handpferde) geführt wurden.

Tab. I.

Tab. II.

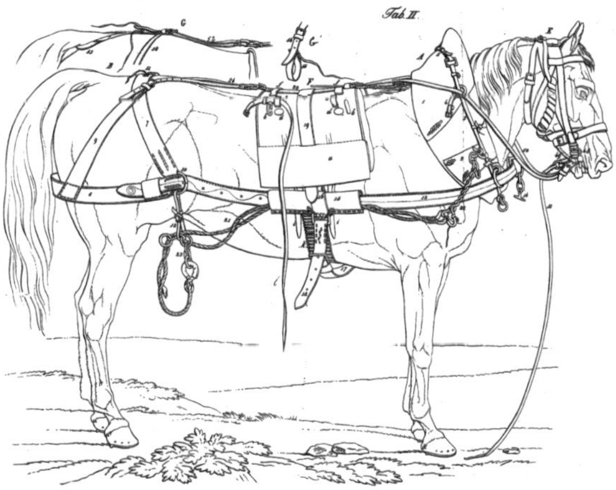

Tab. III.

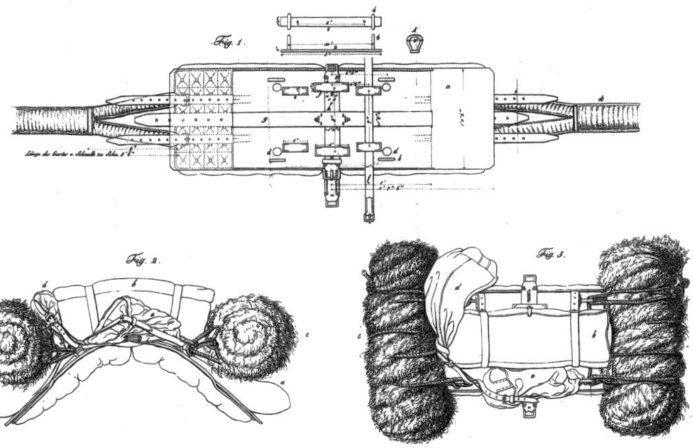

Das Pferdewissen entwickelte sich als Erfahrungswissen in agrarischen, transportgewerblichen und militärischen Kontexten und in den aus der ökonomischen Aufklärung hervorgehenden sogenannten nützlichen Künsten, den «useful arts».[12] Als nützliche Künste umfasste das Pferdewissen sowohl die Methoden der Zucht, der Erziehung und der Haltung als auch der Anspannung, der Beschläge, der Zuggeräte und der Maschinen. In wissenschaftlicher Hinsicht befassten sich die Agronomie, die Biologie und die Zoologie, die Veterinärmedizin, die Physiologie und die polytechnischen Wissenschaften mit Pferden. Wichtige Quellengruppen sind die Lehrbücher zur Zucht, zur Haltung, zur Erziehung und zur Verwendung von Pferden, die zeitgenössischen wissenschaftlichen Studien, die allgemeine, die populäre oder die betriebswirtschaftliche landwirtschaftliche Literatur, die Rechenschaftsberichte und andere Schriften der Vereine, Versicherungen, Genossenschaften oder Verbände. Im Weiteren sind die Pferde in militärischen Quellen, in Publikationen des Transportgewerbes oder des Tierschutzes, in Verwaltungsquellen der Kantone und des Bundes und in Statistiken unterschiedlicher Reichweite Thema. Bibliografische Zugänge zu den publizierten schweizerischen Quellen bieten Zusammenstellungen von Felix und Ernst Anderegg (1892) sowie von Anne Rizzoli (2004).[13]

Für die Erfassung der Tierkörper und der Arbeitszusammenhänge sind Bildillustrationen, Fotos und Filme grundlegend.[14] Einzelne Aspekte wie beispielsweise die durch Arbeit konstituierten Mensch-Tier-Verhältnisse lassen sich ohne visuelle Quellen kaum adäquat erfassen. Die Website des Archivs für Agrargeschichte bietet über ein Film- und ein Fotoportal Zugang zu zahlreichen Fotos und Filmen zu Arbeitstieren.[15] Mit den ab dem letzten Viertel des 19. Jahrhunderts möglichen fotografischen Momentaufnahmen wurden die Bildquellen inhaltlich vielschichtiger und ergiebiger.[16]

Es ist ein besonderer Umstand des Nebeneinanders von alten und neuen Kulturtechniken – in diesem Fall die Zucht und die Nutzung von Pferden und das Aufkommen von motorisierten Antrieben –, dass die überkommenen Verhältnisse in dem Moment neu oder anders und in vielen Fällen genauer durchdrungen wurden, als sich Alternativen abzuzeichnen begannen. So war es hinsichtlich der Landtransporte, die nie genauer untersucht wurden als in den frühen Jahrzehnten des Eisenbahnbaus, und so war es hinsichtlich der Zucht und der Arbeit von Pferden und Rindern, die in Landwirtschaftskreisen wohl

12 Greene, Horses at Work, 2008, 4. «Nützliche Künste»: technische Fähigkeiten und Kenntnisse in Handwerk und Gewerbe vor dem Aufkommen der Begriffe Technik und Technologie. Zur ökonomischen Aufklärung vgl. Popplow, Ökonomische Aufklärung, 2010.

13 Anderegg, Anderegg, Tierhaltung, 1895; Rizzoli, Les sources de l'élevage du cheval en Suisse, 2004.

14 Vgl. Becker, Tierfotografien in der bäuerlichen Bildkultur, 1995.

15 Archiv für Agrargeschichte, Bilder von Arbeitstieren, https://images-histoirerurale.ch, 7. 12. 2023; Archiv für Agrargeschichte und European Rural History Film Association, Filme zur Agrargeschichte, https://ruralfilms.eu/filmdatabaseOnline, 7. 12. 2023. Zu Filmen als Quellen zur Arbeitstiergeschichte vgl. Wigger, Bewegende Tiere auf bewegten Bildern, 2023.

16 Musset, De l'élevage du cheval en France, 1917, 1 f.

Abb. 3: «Horses. Hauling», 1881. Die fotografische serielle Momentaufnahme des Fotografen Eadweard Muybridge (1830–1904) war in den 1870er- und 1880er-Jahren eine neue Methode zur Erfassung und zur Analyse von Bewegungs- respekive Arbeitsabläufen. Zur bewegten Widergabe seiner Fotoserien benutzte er ein von Émile Reynaud entwickeltes sogenanntes «Zoopraxiscope» als Projektionsgerät. (Eadweard Muybridge, Library of Congress, lccn.loc.gov/2008680819; Muybridge, Animals in Motion, 1902, Foto 27; siehe auch Stillman, Horse in Motion, 1882)

nie ausführlicher untersucht und dokumentiert wurden als im Zeitraum zwischen den 1920er- und den 1940er-Jahren.

Diverse Linien der Historisierung begannen in den mit Pferden befassten Fachwissenschaften und Institutionen. Sie reichen von Johann Jakob Rychner[17] über Rudolf Zangger,[18] Heinrich Wehrli,[19] Franz Müller,[20] Edouard Jacky,[21] Gott-

17 Rychner, Pferde- und Rindviehzucht, 1843; Rychner, Notizen über die Pferdezucht im Kanton Bern, 1851.

18 Zangger, Pferdezucht in der Schweiz, 1865; Zangger, Pferdezucht in der Schweiz, 1873.

19 Wehrli, Hebung der schweizerischen Pferdezucht, 1876.

20 Müller, Pferdezucht, 1889; Müller, Pferdezucht, 1901.

21 Jacky, L'élevage du cheval dans le canton de Neuchâtel, 1927; Jacky, L'élevage du cheval dans le canton de Vaud, 1934; Jacky, L'agriculture dans le canton de Genève, [1938]; Jacky, L'élevage des espèces bovine, chevaline et mulassière en Valais, 1943.

fried Gräub,[22] Johann Ulrich Duerst,[23] Hans Rittmeyer,[24] Albert König,[25] Thomas Camenzind,[26] Hubert Chavannes[27] bis zu Pierre-André Poncet.[28] Deren Aussagen verfestigten sich in eigentlichen Bezugskaskaden. Das sind fruchtbare Quellen, die als Positionsbezüge von Akteuren und Akteur:innengruppen im zeitgenössischen Zuchtdiskurs interpretiert werden müssen: Zangger als oberster Tierarzt und Offizier, Jacky als Sekretär und Müller als Direktor der Abteilung für Landwirtschaft im Eidgenössischen Industrie- und Landwirtschaftsdepartement, der die Position der bestimmenden Armeereformakteure vertrat, Gräub als den Pferdezüchtern im Jura nahestehender Tierarzt oder Poncet als ehemaliger Direktor des Gestütes von Avenches. Die meisten dieser Pferdezuchtgeschichten blieben dem Widerspruch zwischen Statik und Dynamik verhaftet, der für das damalige Zuchtwissen charakteristisch ist: dem Widerspruch oder der Uneindeutigkeit zwischen der angenommenen Unveränderbarkeit der Arten und Unterarten und der erlebten Tatsache, dass die Tierkörper durch konsequente Zucht veränderbar waren. Deutlich wird dies am Rassenbegriff und beispielhaft an den Texten von Johann Ulrich Duerst, der den Wandel minutiös vermass und gleichzeitig jahrhundertelange Traditionen von Pferde- und Rindertypen und -rassen konstruierte. So konnte es durchaus vorkommen, dass der Berner Professor für Tierzucht einen Wandel dokumentierte, der ihn zu Pferden führte, die es seiner Meinung nach im 15. Jahrhundert schon gegeben habe.[29]

Literatur

Nur zu oft kommt als allgemeine Pferdegeschichte daher, was im Grunde nur einen Aspekt beschreibt oder aus einer bestimmten Motivation heraus geschrieben wurde. Das trifft auf viele der Texte zu, die zwischen den 1860er- und den 1950er-Jahren über die Pferdezucht erschienen und die dann auch zur Grundlage für die späteren Pferdezuchtgeschichten wurden. Die grössten daraus resultierenden Lücken betreffen den landwirtschaftlichen Zusammenhang der Pferdehaltung und der Pferdezucht, das Ausblenden der Zuchtverhältnisse bei anderen Nutztieren, namentlich der Schaf- und der Rinderzucht, von

22 Gräub, Pferdezucht in der Schweiz, 1944.
23 Duerst, Entwicklung der schweizerischen Pferdezucht, 1911.
24 Rittmeyer, Geschichte des schweizerischen Zugpferdes, 1926.
25 König, Hebung der Pferdezucht durch den Bund, 1931.
26 Camenzind (Hg.), Handbuch der Pferdezucht und -Pflege, 1945.
27 Chavannes, Schweizerische Pferdezucht, 1945.
28 Poncet, Geschichtlicher Abriss der Schweizer Pferdezucht, 2004; Poncet, Le cheval des Franches-Montagnes, 2009.
29 Vgl. Duerst, Entwicklung der schweizerischen Pferdezucht, 1911, beispielsweise auf S. 8 die abenteuerliche Herleitung der Herkunft der schweren Pferde über die Burgunderbeute im 15. Jahrhundert; ähnlich bei Rittmeyer, Geschichte des schweizerischen Zugpferdes, 1926, 12–24.

denen wichtige Impulse auf die Pferdezucht ausgingen,[30] sowie für den langen Zeitraum von der zweiten Hälfte des 18. bis in die erste Hälfte des 20. Jahrhunderts die Tatsache der massiven züchterischen Veränderungen der Tierkörper.[31] Und schliesslich droht die Fokussierung auf eine einzelne Spezies die Sicht darauf zu verstellen, dass neben Pferden auch andere Arbeitstiere – Rinder, Esel, Maultiere oder Hunde – verwendet wurden. Dass das Pferd ein besonderes (Arbeits-)Tier sei, sollte keine implizite oder explizite Grundannahme sein, sondern muss sich vor allem aus einer vergleichenden Perspektive ergeben.

Ein weiteres methodisches Defizit besteht bei vielen Texten zur Pferdegeschichte darin, dass die regionale oder nationale Beschränkung oft mit einer Ignoranz der historisch-wissenschaftlichen Leistungen einhergeht, die sich auf andere Regionen, Länder oder Sprachräume beziehen. In nur wenigen Werken werden Sprachbarrieren durchbrochen. Dabei ist es doch immer wieder bemerkenswert, wie viele Parallelen trotz durchaus vorhandenen nationalen und regionalen Mustern bestanden, oder in Worten von Eugène Gayot (1808–1891), dem französischen «inspecteur général et directeur général des Haras»: «L'histoire de l'une quelconque de nos anciennes races est l'histoire de toutes. Elles ont eu mêmes phases dans le même temps et, puis-je dire, même destin. Elles commencent toujours par appartenir de plus ou moins près au type léger, et graduellement s'avancent vers le gros et le très gros, s'efforçant par là de répondre aux besoins changeants des diverses évolutions de la civilisation.»[32]

Von den älteren Werken verdient es das Werk von René Musset «De l'élevage du cheval en France» als ein gutes Beispiel einer Geschichte der Pferdezucht und wegen des Umstands hervorgehoben zu werden, dass die schweizerischen Verhältnisse und namentlich die Pferdezucht im Jura sich grenzüberschreitend entwickelten, was in der schweizerischen Pferdeliteratur zu wenig Beachtung fand.[33] Nach Musset war es vor allem die sich verändernde Nachfrage, die Art der Verwendung der Pferde, die letztlich bestimmte, welche Pferde gezüchtet wurden. Dabei behandelt er die Pferdezucht nicht als in sich abgeschlossen, sondern als verflochten mit der Zucht der anderen landwirtschaftlichen Nutztiere und allgemein mit den grossen landwirtschaftlichen Entwicklungen. Er betont etwa die prioritären Einflüsse der Verhältnisse in der Viehzucht, die für die Art und die Entwicklungsperspektiven der Pferdezucht mitentscheidend waren. Musset beschreibt zudem verschiedene weitere Zusammenhänge, die auch auf schweizerische Verhältnisse zutreffen, so die Phänomene der Überlagerung von Persistenzen und dynamischen Entwicklungen, der regionalen Spezialisierung in Zucht- und Aufzuchtgebiete

30 Vgl. Derry, Horses in Society, 2006, 3–25; Derry, Theory and Method, 2020.
31 Vgl. Auderset, Schiedt, Vermessung des animalischen Motors, 2023.
32 Gayot, Chevaux de trait français, 1887, 276.
33 Musset, De l'élevage du cheval en France, 1917.

sowie die Tendenz zur Zucht grösserer, schwererer und stärkerer Tiere und deren funktionale Ausdifferenzierung.[34]

Aus der Fülle der neueren Literatur ragen die Werke von Michael Thompson, Frédérique Audoin-Rouzeau, Daniel Roche, Ann Norton Greene, Margaret E. Derry und Ulrich Raulff hervor.[35] Neuere Werke, die sich schwergewichtig auf den schweizerischen Zusammenhang beziehen, haben Markus Jedele-Schudel,[36] Pierre André Poncet[37] und Andreas Furger[38] vorgelegt. Anne Rizzoli[39] und Grégoire Gonin[40] verfassten universitäre Abschlussarbeiten zu den Themen der Pferdezucht in der zweiten Hälfte des 19. Jahrhunderts und zur bundespolitischen Förderung der Pferdezucht von den 1860er-Jahren bis zum Ersten Weltkrieg, Moritz Gemperli[41] zum auf Pferden beruhenden Transportwesen im Kanton Uri zur Zeit des Gotthardbahnbaus und der ersten Jahrzehnte des Bahnbetriebs, Svenja Mülhauser[42] zu den Pferden im Postbetrieb und Isabel Vollmer[43] zur Geschichte des städtischen Droschkenwesens.

Einflüsse und Entwicklungen – Thesen zu den Arbeitspferden

Alle Arbeitstiere sind multifunktionale, polyvalente Wesen. Bei keinem Arbeitstier stand jedoch die Arbeit (im eng gefassten Wortsinn)[44] so stark im Zentrum wie bei den Maultieren und den Pferden. Die Geschichte der Arbeitspferde kann nicht als eine hermetische Zuchtgeschichte geschrieben werden. Das wird schnell deutlich, wenn man sich die Arbeitskontexte um die Pferde vergegenwärtigt: Pferde arbeiteten in der Landwirtschaft, im Transportgewerbe, in der Industrie, im Bergbau, im Militär oder in den Gemeinde- und Stadtverwaltungen. Sie arbeiteten an Karren, Wagen, Schlitten, an Pflügen, Maschinen, in Göpeln und Tretmühlen, sie zogen landwirtschaftliche Geräte, Strassen-, Wasser- und Schienenfahrzeuge. Sie transportierten Rohmaterialien und Fertigprodukte, Nahrungsmittel für die Menschen, aber auch Futter für sich und die anderen Tiere. Eine Reihe von Gewerben und Berufen war direkt mit den Pferden verbunden: die Bauern und Bäuerinnen, die Pferde hielten, züchteten und zur Arbeit ausbildeten, die Rosser oder Karrer, die Schmiede,

34 Vgl. auch Auderset, Schiedt, Vermessung des animalischen Motors, 2023.
35 Siehe dazu das Kapitel «Arbeitstiere als Gegenstand historischer Forschung», S. 16–23.
36 Jedele-Schudel, Kutschen, Fuhrwerke und Schlitten, 2006; Jedele-Schudel, Arbeitstiere und Tierhaltung im Postbetrieb, 2015.
37 Poncet, Le cheval des Franches-Montagnes, 2009.
38 Furger, Pferdezucht in der Schweiz, 2014.
39 Rizzoli, Les débats de l'élevage chevalin en Suisse, 2001.
40 Gonin, La Société pour l'amélioration de la race chevaline en Suisse romande, 2003.
41 Gemperli, Von Lasttieren, Fuhrtierhaltern und Lokführern, 2022.
42 Mülhauser, Pferde als Arbeitstiere im Schweizer Postbetrieb, 2022.
43 Vollmer, Droschken(un)ordnung, 2022.
44 Siehe das Kapitel «Arbeit der Tiere – arbeitende Tiere», S. 23 f.

Foto 12: Situation im Emmental in der ersten Hälfte des 20. Jahrhunderts: Pferd am Göpel, einer Drehvorrichtung für Zugtiere, über die eine Dreschmaschine angetrieben wurde. In Göpeln oder auch in Tretmühlen trieben die mobilen Arbeitstiere stationäre Maschinen an. (Albert Stumpf, Burgerbibliothek Bern, FN.G.B.318; AfA-ID 1505)

Hufschmiede, Droschkenkutscher, Stallhalter, Fuhrleute, Pferdehändler, Tierärzte, Abdecker und Metzger, Gerber, Polsterer, Wagner oder Sattler. Die Pferde wurden genutzt zur Arbeit, in der Freizeit und im Sport, wenngleich dies vom Tier aus gesehen wohl kein prinzipieller Unterschied ist.[45]

In der Literatur haben sich das in mehreren Quellen fassbare auf die Vergangenheit und Gegenwart bezogene Niedergangsnarrativ der Pferdezucht und der als Zukunftsversprechen geführte Maschinen- und Motorendiskurs zu einem wirkmächtigen technikgeschichtlichen Fortschritts- und Substitutionsnarrativ verbunden. Demnach war die Tierarbeit vormodern und zunehmend anachronistisch, die Zeit der Pferde mit der Erfindung der Dampfmaschine, der Eisenbahn und spätestens der Automobile abgelaufen.[46] Dem widersprechen allein schon die Bestandszahlen – der Pferdebestand nahm bis in die 1940er-Jahre zu – sowie vor allem die Funktionen der Pferde in der gesellschaftlichen und insbesondere in der agrarischen Modernisierung. Die Geschichte der Pferde

45 Aufzählung unter anderem anhand von Greene, Horses at Work, 2008, 170 und 175 f.; zur besonderen Geschichte der Rennpferde anregend Derix, Rennpferd, 2014.

46 Als ein Beispiel dafür Tann, Horse Power 1780–1880, 1983.

ist für den langen Zeitraum nicht in erster Linie eine Substitutionsgeschichte, sondern ein synergetisches koevolutives, in Zusammenhängen der Modernisierung selbst stehendes Nebeneinander mit anderen Formen der Bewegungsenergie.[47]

Die Pferde, ihre Reproduktion, ihre Nutzung und schliesslich auch ihre Substitution standen in den zwei Jahrhunderten von 1750 bis 1950 in grundlegenden Kontexten: der ersten und der zweiten Agrarrevolution,[48] des Chaussee- und Kunststrassenbaus,[49] der napoleonischen Kriege,[50] der Industrialisierung[51] und der Urbanisierung.[52] Das waren nun aber keine einförmigen Ursache-Wirkungs-Zusammenhänge. Pferde waren bewegende Kräfte – «prime mover» – des sich seit dem 18. Jahrhundert intensivierenden Austauschs und der räumlichen Arbeitsteilung. Sie waren bewegende Kräfte vielfältiger funktionaler Verkettungen von Landwirtschaft, Gewerbe und Industrie. Ohne die Arbeit der Pferde und der anderen Arbeitstiere hätten sich die Verhältnisse des langen 19. Jahrhunderts grundlegend anders entwickelt.[53] Ann Norton Greene stellt diese kontrafaktische Überlegung an den Anfang ihres Werks «Horses at Work». Noch zu Beginn der 1920er-Jahre war eine Welt ohne Pferde unvorstellbar.

Pferde waren allgegenwärtig, auf dem Land und in den Städten. Allgemein nahm die Zahl der Pferde über den langen Zeitraum zu; die Pferde waren dabei regional sehr unterschiedlich verteilt. Im Gegensatz dazu nahm die Pferdezucht in der Schweiz im Laufe des 19. Jahrhunderts ab. Die Schweiz entwickelte sich vom Pferdeexport- zum Pferdeimportland.[54] Dabei traten Pferdezucht und Pferdehaltung tendenziell auseinander. Diese Entwicklung war untrennbar mit der stark intensivierten Viehzucht verbunden. Die Arbeitspferde wurden vermehrt über Pferdehändler oder über Pferdemärkte beschafft, deren Einzugsgebiete sich mit den neuen Transportmöglichkeiten, die die Eisenbahnen boten, entscheidend ausweiteten.

Über die Arbeitspferde waren Landwirtschaft und Transportgewerbe vielfach miteinander verbunden. In der Schweiz waren die Formen der Haltung und der Reproduktion der Pferdebestände vorherrschend «Kleinbesitz» und

47 Siehe Edgerton, The Shock of the Old, [2006] 2019; Auderset, Schiedt, Arbeitstiere, 2021.

48 Vgl. Bairoch, Les trois révolutions agricoles, 1989; Moser, Varley, State and Agricultural Modernisation, 2013, 14–20.

49 Arbellot, La grande mutation des routes de France, 1973; Schiedt, Entwicklung der Strasseninfrastruktur in der Schweiz, 2007.

50 In den napoleonischen Kriegen wurden die alten Zuchtstrukturen durch die Requisitionen und neue Grundeigentumsformen erschüttert, wenn nicht gar zerstört und die Pferdebestände stark beeinträchtigt. Der dadurch erzwungene Neubeginn der Zucht dynamisierte die züchterische Veränderung der Tierkörper (Musset, De l'élevage du cheval en France, 1917, 91).

51 Siegenthaler, Industrielle Revolution, 1977.

52 Vgl. Bairoch, La baisse des coûts des transports et le développement économique, 1965.

53 Greene, Horses at Work, 2008, XII und 6.

54 Müller, Pferdezucht, 1911.

Foto 13: Schwere, von sechs und von vier Pferden gezogene Überlandfuhrwerke bei Lausanne, um 1860. Die grossen, schweren Strassentransporte waren neben den schnellen Kutschen die wichtigen Elemente einer durch die Chausseen und Kunststrassen in der zweiten Hälfte des 18. Jahrhunderts eingeleiteten Verkehrsrevolution. Die grossen Eisenbahnlinien eröffneten im Zeitraum, als das Foto entstand. Es ist denkbar, dass der Fotograf solche Fuhrwerke noch einmal festhalten wollte, bevor diese dann mindestens im Verkehr über grosse Distanzen von den Strassen verschwanden. (Constant Delessert, Sammlung Fotostiftung Schweiz, AfA-ID 797)

«kleine Zucht».[55] Die Zucht erfolgte in landwirtschaftlichen Betrieben und nicht in grossen Zuchtgestüten. Im landwirtschaftlichen Kontext blieb die Pferdearbeit – wenn auch nicht so ausschliesslich wie die Arbeit der Rinder – in den agrarischen Rhythmen von Produktion und Reproduktion.

Wichtige Impulse zur Veränderung der Pferdezucht und der qualitativen Zusammensetzung der Pferdebestände gingen von der Nachfrageseite aus.[56] In der Landwirtschaft waren es die Konsequenzen der ersten und der zweiten Agrarrevolution, die sich verändernden Grundeigentumsverhältnisse, die Intensivierung des Ackerbaus und der Viehhaltung, die vermehrte Stallfütterung, mit der sich eine grössere Nähe von Menschen und Tieren ergab, und schliesslich die Verwendung von Maschinen in der landwirtschaftlichen Bodenbearbeitung, die die Pferdezucht und allgemein die Bedingungen der Pferdehaltung beeinflussten.

Weitere wichtige frühe Impulse zur Veränderung der Nachfrage nach Pferden gab der Ausbau der Verkehrs- und der Transportinfrastrukturen, der in der Mitte des 18. Jahrhunderts begonnen hatte und in der ersten Hälfte des 19. Jahrhunderts forciert fortgesetzt wurde.[57] Die Konstruktion der neuen Chausseen oder Kunststrassen war grundlegend auf die Zugarbeit von Pferden ausgerichtet und begünstigte neue Pferdetypen. Diese Tatsache wurde bisher in der Verkehrs-, Agrar- und Wirtschaftsgeschichte zu wenig gewürdigt. Auf den neuen Strassen verbesserte sich das Kraft-Leistungs-Verhältnis der Tiere um das Drei- bis Sechsfache. Zudem konnten sie das ganze Jahr und nun auch nachts mit schweren Fuhrwerken oder Kutschen befahren werden.[58] In der Folge geriet die Nachfrage nach Reitpferden in eine Krise, die über das ganze 19. Jahrhundert und noch zu Beginn des 20. Jahrhunderts andauerte, während sich die Nachfrage nach Saumtieren auf Gebirgsregionen beschränkte und als Gegenentwicklung dazu die Nachfrage von verschiedenen Typen von Zugpferden stark zunahm.

Die Zugpferde differenzierten sich in einen schweren, starken und in einen leichteren, schnelleren Typus aus, von denen Letzterer aber ebenfalls schwerer und grösser war als die Pferde des 18. Jahrhunderts. Die schweren Pferde wurden für die grossen Fuhrwerke und für wenig eilige Waren sowie für den Zug landwirtschaftlicher Maschinen und Geräte im Schritt, die leichteren Pferde für eilige Waren und Reisende im Trab verwendet; die ersten galten als Fuhr- und

55 Viehzählung 1896, 20*. Der Pferdebesitz ist «vorherrschend Kleinbesitz», 1866 durchschnittlich 1,8 Tiere und 1896 1,9 Tiere pro Pferdebesitzer. Das differiert nun aber regional relativ stark: «Während in Baselstadt ein Fünftel sämtlicher Pferdebesitzer je 3–4 Stück und ein weiteres fünftel, oder doch nahezu, je wenigstens fünf Stücke besitzt […].» (Ebd.)

56 Das ist eine Hauptthese von Musset, De l'élevage du cheval en France, 1917.

57 Zu diesem Schiedt, Entwicklung der Strasseninfrastruktur in der Schweiz, 2007; zur durch die Strassenverbesserungen veränderten Nachfrage vgl. Musset, De l'élevage du cheval en France, 1917, 105–107.

58 Vgl. Gerhold, Productivity change in road transport before and after turnpiking, 1690–1840, 1996; Schiedt, Langsamverkehr, 2009, 46.

Foto 14: Pferde, Kutscher, Kutschen und Omnibusse sowie erste Fahrgäste vor dem Bahnhof Göschenen zu Beginn des 20. Jahrhunderts. Es sind in der gezeigten Situation rund fünfzig Pferde sichtbar oder verdeckt präsent. Das entsprach rund einem Fünftel aller im Kanton Uri gezählten Pferde, die im dokumentierten Moment in einem Zusammenhang mit der Eisenbahn und dem Tourismus standen. (Schweizerische Nationalbibliothek, Eidgenössisches Archiv für Denkmalpflege, Archiv Photoglob-Wehrli, EAD-WEHR-12059-B; AfA-ID 928)

als Landwirtschaftspferde, die zweiten als Postkutschen- oder schnelle Wagenpferde.[59]

Das Aufkommen der Eisenbahnen in Europa seit den 1830er- und in der Schweiz seit den 1850er-Jahren markierte zweifellos die grösste Zäsur im Transport- und Verkehrswesen der in den Blick genommenen zwei Jahrhunderte. In deren Folge wurde die Arbeit der Pferde und der anderen Arbeitstiere aber nicht obsolet. Anders als viele zeitgenössische Akteure befürchteten, führte der Bau von Eisenbahnen nicht zu einem allgemeinen Rückgang der Nachfrage nach Pferden, im Gegenteil. Von der Neukonfiguration der Verkehrs- und Transportverhältnisse infolge der Eisenbahnen gingen noch einmal

59 Nach Musset, De l'élevage du cheval en France, 1917, 114 f.

starke Impulse zur weiteren Ausdifferenzierung der Pferdetypen aus. Wohl gingen die Transporte über grössere Distanzen von den Fuhrwerken und den Kutschen auf die Bahnen über. Im Gegenzug erwuchsen in den stark intensivierten Austauschbeziehungen sowie mit den Transportvolumina der Industrien und der Städte qualitativ neue und alles in allem auch grössere und regelmässigere Nachfragen nach tierlichen Leistungen im Verkehr. In den Städten wurden die Droschken, die Omnibusse und die Pferdetrams oder die Ver- und Entsorgungstransporte der Stadt- und Gemeindewerke jene neuen Phänomene des Umstands, dass die Tierleistungen nicht in einem schnellen Prozess durch motorengetriebene Maschinenleistungen substituiert wurden, sondern sich mit diesen weiterentwickelten.

Im 19. und in der ersten Hälfte des 20. Jahrhunderts entwickelte sich die Nutzung der Pferde als vielseitige Antriebskräfte wesentlich koevolutiv mit den neuen Antrieben, zunächst den Dampfmaschinen, dann den elektrischen Antrieben und schliesslich auch den benzinbasierten Explosionsmotoren. Erst das Zusammenwirken der neuen Energiesysteme und die Entwicklung preislich konkurrenzfähiger, hochmobiler motorisierter Antriebsaggregate führten zur Substitution der Pferde. Ab der Mitte des 19. Jahrhunderts verloren diese in mehr oder weniger langen, friktionsreichen Prozessen bestimmte Funktionen: zunächst in den Überlandtransporten, ab der Wende vom 19. zum 20. Jahrhundert im Stadtverkehr, im Laufe der Zwischenkriegszeit allgemein im Strassenverkehr, während gleichzeitig die Zahl der Pferde noch bis Mitte des 20. Jahrhunderts zunahm. Nach der Mitte des 20. Jahrhunderts verloren die Pferde ihre Bedeutung als bis dahin unersetzliche bewegende Kräfte auch in der Landwirtschaft und im Militär.[60] Das betraf allerdings nur die Länder, die von der Massenmotorisierung erfasst wurden.

Entwicklung der Pferdebestände

Die Anfänge der Pferde- und der Viehstatistik reichen ins 18. Jahrhundert zurück. Dynamischer Kontext war – im 18. und im 19. Jahrhundert – der tief greifende gesellschaftliche und wirtschaftliche Wandel, zu dessen Verständnis und Steuerung die Kenntnisse der quantitativen Verhältnisse der Nutztierzucht und -haltung beitragen sollten.[61] Die frühen Statistiken waren gleichzeitig Instrumente im Auf- und Ausbau einer modernen Staatsverwaltung und aufklärerischer Wissensbestand der gelehrten Gesellschaften.[62] In Bezug auf

60 Vgl. Edgerton, The Shock of the Old, [2006] 2019; Greene, Horses at Work, 2008, 6–9; Moser, Von «Umformungsprozessoren» und «Überpferden», 2016.

61 Die folgenden Ausführungen basieren auf Moser, Schiedt, Arbeitstiere im langen 19. Jahrhundert, 2024.

62 Zur Geschichte der Statistik in der Schweiz vgl. Jost, Von Zahlen, Politik und Macht, 2016, 11–53; zu den topografischen Beschreibungen vgl. Gerber-Visser, Die Ressourcen des Landes, 2012; zur bernischen Entwicklung vgl. Pfister, Im Strom der Modernisierung, 1995, 54–58.

die entstehende Staatsverwaltung dominierten hinsichtlich der Pferdezucht fiskalische und militärische Interessen sowie Motive der merkantilistisch oder kameralistisch motivierten Staatswirtschaft.[63] Die Viehstatistik war eine Mischung zwischen Demografie und Produktionsstatistik. Die Erhebung der Bestände und der Potenziale der Reproduktion ist mit der Bevölkerungszählung vergleichbar. Gezählt wurden die Totale und bei den Pferden die Zuchtstuten, die Zuchthengste und die Fohlen und bei den Rindern die Kühe, die Stiere, die Ochsen und die Kälber. Andere Erhebungen bezogen sich auf die Pferdezucht und -haltung als wirtschaftliche Tätigkeit, auf den Besitzstand, den Verbrauch, die Ein- und die Ausfuhren.

Das Einsetzen der eidgenössischen Viehzählung im Jahr 1866 erfolgte im internationalen Vergleich spät, nicht aber im Vergleich zu den anderen Bereichen der schweizerischen Statistik.[64] Die Exporte und die Importe wurden in der separat geführten Statistik des Aussenhandels erhoben, deren Anfänge in die ersten Jahre des Bundesstaates zurückreichen. In den folgenden Viehzählungen kamen noch weitere Erhebungen hinzu, die nicht nur die Stellung der Landwirtschaft und der Viehzucht im grossen Ganzen, sondern auch die Verhältnisse in der Landwirtschaft selbst erfassten, beispielsweise die Erhebungen über die Hofgrössen, die Tierbestände pro Betrieb oder die Tierhalter:innen nach Beruf. Nicht direkt erhoben wurde die Tatsache, dass die Tiere Arbeit leisteten. So blieben beispielsweise die Verhältnisse im Transportgewerbe zunächst ausserhalb der Statistik. Eine spezielle, neue Perspektive eröffneten schliesslich die eidgenössischen Betriebszählungen, von denen die erste 1905 und die zweite 1929 stattfanden. In diesen wurden ein erstes Mal auch die Transportgewerbe erfasst.

Seit dem Ende des 19. Jahrhunderts waren zudem das landwirtschaftliche Genossenschafts- und Verbandswesen und namentlich das 1897 gegründete Schweizerische Bauernsekretariat und deren Rechenschaftsberichte weitere fruchtbare Zusammenhänge für statistische Erhebungen unterschiedlichster Themenkreise und räumlicher Bezüge. Sie reichen von detaillierteren Bestandszahlen über volks- und betriebswirtschaftliche Verhältnisse bis hin zu Krankheits- und zu Todesursachen von Pferden.[65]

63 Zum Merkantilismus, der nicht nur auf positive Aussenhandelsbilanzen, sondern auch auf die Steigerung der volkswirtschaftlichen Produktivität zielte, vgl. immer noch Sombart, Der moderne Kapitalismus, [1916, 1927] 1987, hier besonders Bd. 2.1, 229–418, 391, und Bd. 2.2, 924–942.

64 Fracheboud, Land- und Forstwirtschaft, 2000, 244; Ritzmann-Blickenstorfer, Historische Statistik der Schweiz, 2000, 57–88.

65 Beispielsweise Statistische Erhebungen und Schätzungen auf dem Gebiete der Landwirtschaft, Brugg 1922–1960, oder die verschiedenen Jahresberichte der zahlreichen Pferdeversicherungen.

Ancien Régime und Helvetische Republik

Erste Zählungen sind aus dem letzten Viertel des 18. Jahrhunderts für einzelne Stände des Ancien Régime überliefert.[66] Seit den 1780er-Jahren wurden Pferde und andere Nutztiere beispielsweise im grossen Gebiet Berns gezählt, das von der Genfer Grenze bis nach Zurzach und Baden reichte. Für den Vergleich mit späteren Zahlen besonders wichtig ist die Zählung von 1787, in der die Bevölkerungszahlen mitnotiert wurden. Sie weist mit rund 90 Pferden auf 1000 Einwohner:innen über den langen ins Auge gefassten Zeitraum die grösste Pferdedichte pro Kopf der Bevölkerung überhaupt aus.[67] Das seitherige tendenzielle Sinken dieses Verhältniswertes war nicht zwingend eine Folge kleiner werdender Pferdebestände, sondern in vielen Fällen des noch grösseren Bevölkerungswachstums (fast 50 Prozent in der ersten Hälfte des 19. Jahrhunderts).[68]

Um 1800 stellten die napoleonischen Kriege und die Umwälzungen der Helvetik eine tief greifende Zäsur sowohl hinsichtlich der Pferdezucht als auch hinsichtlich der Möglichkeit dar, die bernischen statistischen Erhebungen fortzusetzen und auf das ganze Gebiet der Helvetischen Republik auszudehnen. Die staatliche Zählung der Arbeitstiere war ein Politikum und ein Problem. Damit verbunden waren neben Massnahmen in der Pferde- und der Viehzucht bis ungefähr in die Mitte des 19. Jahrhunderts auch Fron-, Gemeinwerks- oder naturale Steuerleistungen und weiterhin immer wieder militärische Requisitionen. Das erforderte einen stärkeren verwaltungsstaatlichen Zugriff, als ihn die helvetische Regierung in den turbulenten Kriegs- und Revolutionszeiten an der Wende vom 18. zum 19. Jahrhundert aufzubringen vermochte. Wohl bat der Kriegs- den Innenminister im Jahr 1800, er möchte doch die Zählung der Zugtiere veranlassen. Albrecht Rengger, der Innenminister, gab jedoch ablehnend zu bedenken, man bekomme in solchen Verhältnissen keine Antworten oder es würden zu geringe Werte gemeldet.[69]

Kantonale Zählungen des 19. Jahrhunderts

Aus der ersten Hälfte des 19. Jahrhunderts sind für einige Kantone Angaben zu den Pferdebeständen überliefert. Aufgrund uneinheitlicher Erhebungsgrundsätze sind sie untereinander aber kaum im Detail vergleichbar. Trotzdem legen

66 Beispielsweise in Bern und in Solothurn; zu den solothurnischen Zählungen vgl. B. R. Ueber die Viehzucht im Kanton Solothurn, Landwirthschaftliche Zeitung, 1864, 18.

67 Generaltabellen über die Viehbestände aller Arten im ganzen Land, Staatsarchiv des Kantons Bern, B VI 480 (1787–1797) und B VI 481 (1787–1796).

68 Schluchter, Bevölkerung der Schweiz um 1800, 1988, 78 f.; Schweizer, Volkszählungen in der Schweiz, 2023, 115–125; Moser, Schiedt, Arbeitstiere im langen 19. Jahrhundert, 2024.

69 Schweizerisches Bundesarchiv, B/3150, fol. 43.

Diagramm 1: Pferde im Kanton Bern

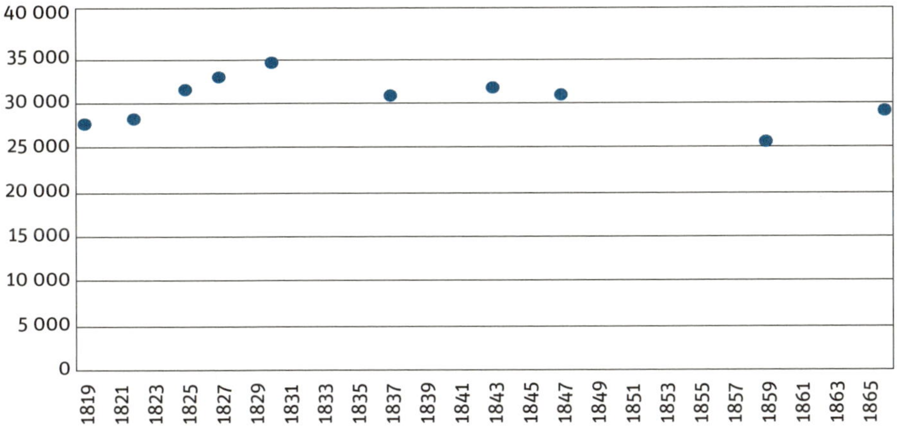

Im Kanton Bern erreichte der Pferdebestand um 1830 einen Höhepunkt. Danach sank er bis in die 1860er-Jahre aufgrund des Rückgangs der Pferdezucht und infolge der forcierten Viehzucht.

Quelle: Ergebnisse kantonaler Viehzählungen seit dem Anfange des Laufenden Jahrhunderts, in: Eidgenössische Viehzählung, 1896, 257–283.

Diagramm 2: Pferde im Kanton Waadt

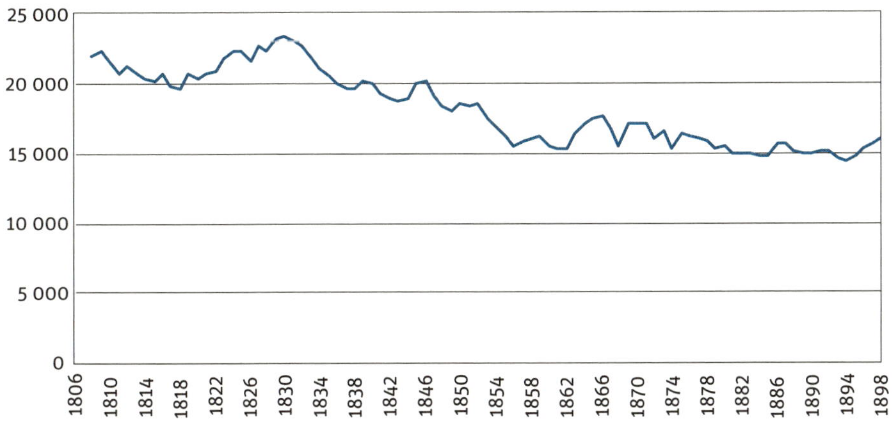

Jährliche kantonale Erhebungen des Pferdebestandes dokumentieren im Kanton Waadt für das 19. Jahrhundert einen Höhepunkt des Pferdebestandes um 1830. Danach sank die Zahl der Pferde bis in die 1890er-Jahre und stieg, nur als Anfang der Entwicklung im Diagramm erfasst, seit den 1890er-Jahren wieder markant an. Die Entwicklungen der Kantone Bern und Waadt verliefen ähnlich.

Quelle: Ergebnisse kantonaler Viehzählungen seit dem Anfange des Laufenden Jahrhunderts, in: Eidgenössische Viehzählung, 1896, 257–283.

Diagramm 3: Pferde im Kanton Aargau

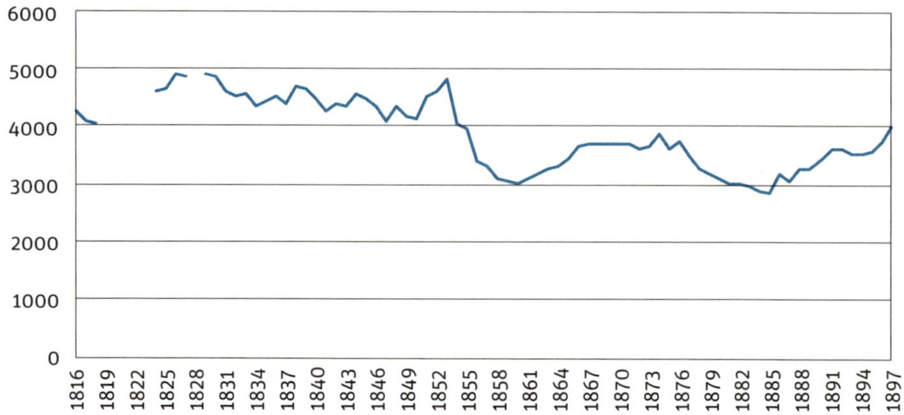

In den 1850er-Jahren kam es im Kanton Aargau zu einem Einbruch und ab den 1880er-Jahren zu einer bemerkenswerten Erhöhung des Pferdebestandes.

Quelle: Ergebnisse kantonaler Viehzählungen seit dem Anfange des Laufenden Jahrhunderts, in: Eidgenössische Viehzählung, 1896, 257–283.

Diagramm 4: Pferde im Kanton Genf

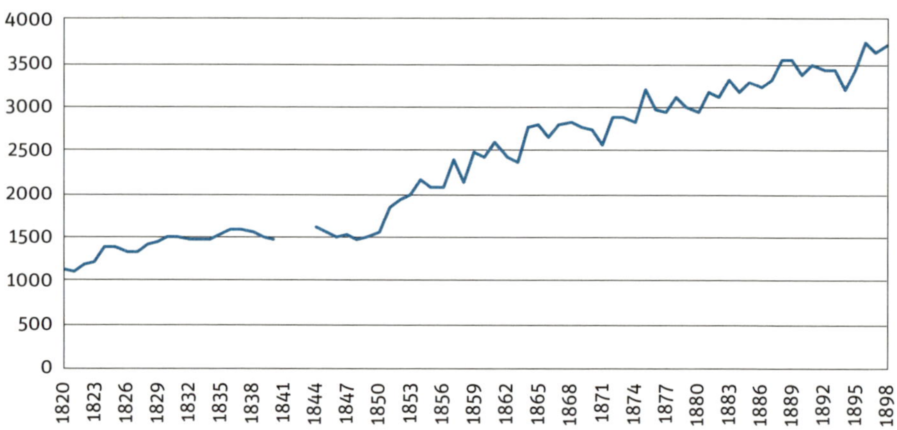

Besonders deutlich war das Wachstum des Pferdebestandes als Folge der Stadtentwicklung und des in den Städten grösseren Bedarfs nach Zugkräften im Kanton Genf, in welchem die Stadt gegenüber der Landschaft ein grösseres Gewicht hatte als beispielsweise im Kanton Zürich.

Quelle: Ergebnisse kantonaler Viehzählungen seit dem Anfange des Laufenden Jahrhunderts, in: Eidgenössische Viehzählung, 1896, 257–283.

die kantonalen Zählungen je regional unterschiedliche Entwicklungstendenzen nahe.[70]

Die Kantone, die im 18. Jahrhundert eine bedeutende exportorientierte Pferdezucht aufgewiesen hatten, waren seit dem zweiten Viertel des 19. Jahrhunderts mit einem Rückgang der Zucht konfrontiert, der sich mehr oder weniger direkt in tendenziell sinkenden Bestandszahlen niederschlug. Das traf beispielsweise auf die Kantone Bern, Waadt und Freiburg zu. In diesen und in weiteren Kantonen, etwa im Kanton Aargau, war der zeitweise Rückgang der absoluten Pferdebestände aber auch eine Folge der forcierten Viehzucht.

In zwei Fällen sind für die erste Hälfte des 19. Jahrhunderts kontinuierlich steigende Bestandszahlen überliefert. Es handelt sich mit Genf und Zürich um Kantone, in denen sich die Städte dynamisch entwickelten.

Eidgenössische Zählungen ab 1866

Ab 1866 wurden die Pferde im Rahmen der eidgenössischen Viehzählungen systematisch und regelmässig erhoben, bis 1896 in Zehnjahres- und ab 1896 in Fünfjahresabständen. Diese Bestandsaufnahmen enthalten Werte für die Gemeinden, die Bezirke, die Kantone und den Bund. Mit den Viehzählungen verbunden waren agrarpolitische, volkswirtschaftliche und, bezogen auf die Pferde, auch militärische Motivationen des Bundesstaates. Bei den frühen Viehstatistiken handelte es sich in erster Linie um Bestandserhebungen. Die Variablen waren bei den Pferden und bei den Rindern auf die Erfassung der Verhältnisse der Nachzucht hin angelegt: detailliert nach Stuten und Kühen, Hengsten und Stieren, Fohlen und Kälbern/Rindern. Ab der zweiten Zählung 1876 erfasste man neben den Tierbeständen auch die Vieh- und die Pferdebesitzer:innen.

Während die Zahl der Pferde zwischen 1866 und 1886 relativ konstant blieb, stieg sie vor allem im Zeitraum zwischen den 1880er-Jahren und dem Ersten Weltkrieg stark an. Nach einem Rückgang im Ersten Weltkrieg nahm der Bestand dann wieder leicht zu und erreichte in der Zeit des Zweiten Weltkriegs einen absoluten Höhepunkt. Danach sank die Zahl der Pferde bis in die 1970er-Jahre auf rund 45 000. Heute liegt sie wieder bei rund 100 000.[71]

Die Möglichkeiten eines internationalen Vergleichs ergeben sich über die Verhältnisse von Bevölkerungszahl und Zahl der Pferde. Der Vergleich zeigt, dass die Schweiz ein ausgesprochen pferdearmes Land war. Den 1876 erhobenen 39 Pferden pro 1000 Einwohner:innen standen in Frankreich 88, in

70 Archiv für schweizerische Statistik, 1860 und 1861; Ergebnisse kantonaler Viehzählungen seit dem Anfange des laufenden Jahrhunderts, in: Eidgenössische Viehzählung, 1896, 257–283.

71 Agroscope, Kennzahlen der Schweizer Pferdebranche, [2020], 13.

Diagramm 5: Pferde und Arbeitspferde in der Schweiz

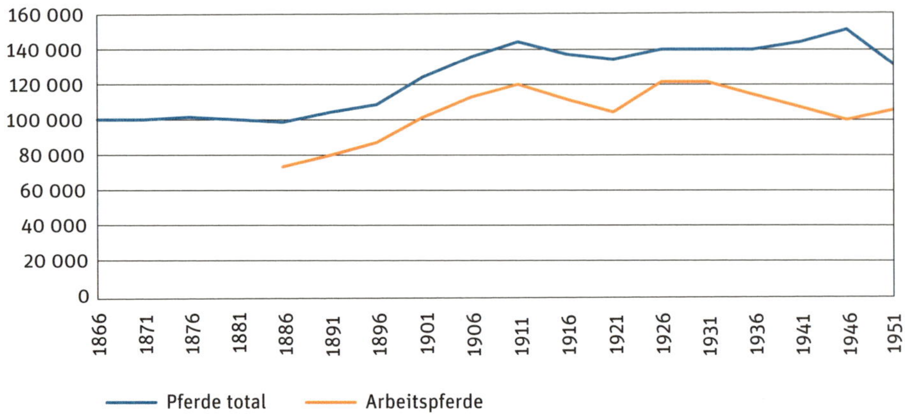

Höchststände wurden vor dem Ersten und nach dem Zweiten Weltkrieg erreicht. Die Arbeitspferde wurden in der eidgenössischen Viehstatistik nicht direkt gezählt, sondern aus dem erhobenen Gesamttotal abzüglich der erhobenen unter vier Jahre alten Pferde und abzüglich der für die Zucht verwendeten Stuten und Hengste abgeleitet. Damit ist jedoch der Bestand der Arbeitspferde tendenziell um wenige Prozent zu gering ausgewiesen, wurden doch in der Schweiz auch noch nicht vierjährige Jungpferde und die zur Zucht verwendeten Stuten zu leichteren Arbeiten verwendet. Da die Erhebungen bis 1896 nur alle zehn und danach alle fünf Jahre durchgeführt wurden, haben wir, um eine unterschiedliche Zeitskalierung zu vermeiden, die Werte für 1871, 1881 und 1891 linear extrapoliert.

Quellen: Eidgenössische Viehzählungen, 1866–1951.

Preussen 92 und in Dänemark sogar 176 Pferde gegenüber.[72] Allerdings gab es in der Schweiz auch Regionen (beispielsweise den Kanton Freiburg oder grosse Teile des Kantons Bern), die ähnlich hohe Werte wie Preussen oder Frankreich erreichten. Die Viehzählung des Jahres 1901 bezog noch weitere Länder in einen internationalen Vergleich der Equiden[73] ein. In diesem standen den 39 Equiden pro 1000 Einwohner:innen in der Schweiz 57 in Italien, 74 in Deutschland, 89 in Frankreich, 183 in Dänemark, 205 im europäischen Teil von Russland und 325 in den Vereinigten Staaten von Amerika gegenüber. Weniger ausgeprägt waren die Unterschiede, wenn die Zahl der Pferde in Beziehung zur land- und alpwirtschaftlich genutzten Fläche gesetzt wird. Dieser Wert betrug 1901 in der Schweiz 56 Pferde pro Quadratkilometer, in Italien 41, in Frankreich 55 und in Deutschland 120 Pferde pro Quadratkilometer.[74]

72 Schweizerische Viehzählung, 1876, 112.
73 Pferde, Esel und Maultiere.
74 Eidgenössische Viehzählung, 1901, Bd. 1, 164–166.

Wohl interessierte auch der Anteil der Arbeitspferde. Man erhob diese seit 1886 allerdings nicht direkt, sondern aus dem Total der Pferde abzüglich der Zuchtstuten, der Zuchthengste und der Fohlen (Diagramm 5).[75] Dabei ist zu bedenken, dass auch die zur Zucht verwendeten Stuten sowie die jungen, drei- und vierjährigen Pferde in den jeweiligen Zuchtbetrieben in angepasster Weise zur Arbeit herangezogen wurden. Die in der Statistik ausgewiesenen Arbeitspferdebestände waren demnach zu niedrig angesetzt. Realistischer sind die diesbezüglichen Angaben aus den Kreisen der Landwirtschaft. Nach diesen betrug um die Mitte des 19. Jahrhunderts der Anteil der Arbeitspferde am Gesamtbestand der Pferde auf das Gebiet der Schweiz bezogen rund 80 Prozent, in ausgesprochenen Zuchtgebieten dagegen nur 50 bis 70 Prozent. Bis um 1900 nahm der Anteil auf gegen 85 Prozent zu; im Kanton Aargau erreichte er 95 Prozent.[76] Die in der Statistik sich manifestierende Tendenz zu einem grösseren Anteil an Arbeitspferden stand für den quantitativen Niedergang der schweizerischen Pferdezucht. Er wurde in den Weltkriegen unterbrochen. Da die tragenden und säugenden Stuten von der militärischen Requisition ausgenommen waren, wurde die Zucht als Möglichkeit genutzt, Pferde vor der Einziehung durch das Militär zu bewahren.

Regionale Bestände und ihre unterschiedliche Entwicklung

Die absoluten auf die Schweiz bezogenen Bestände sind nur von beschränkter Aussagekraft für die Interpretation kleinräumiger Zusammenhänge. Es ist deshalb notwendig, auch die regional sehr unterschiedlichen Entwicklungen zu erfassen.[77] Eine verbreitete, in eidgenössischen Viehzählungen selbst praktizierte Möglichkeit des Vergleichs ist es, die Tierbestände entweder auf die Grösse der Bevölkerung oder auf Arealeinheiten zu beziehen. Solche Verhältniswerte relativieren das Wachstum der absoluten Bestände in einer wichtigen Hinsicht. Bezogen auf das noch stärkere demografische Wachstum ging das Verhältnis der Equiden[78] zur Bevölkerung in der Schweiz zwischen den 1860er- und den 1930er-Jahren um fast ein Viertel zurück, auch wenn absolut die Bestandszahlen bis 1945 zunahmen. Zugleich akzentuierten sich die Unterschiede zwischen den Kantonen. Während die Pferde auch im Verhältnis zur Bevölkerung in den Kantonen Bern, Luzern, Aargau, Thurgau und Neuenburg noch zunahmen, entwickelten sich die Verhältnisse in den Gebirgs- oder in den Stadtkantonen vor allem in der ersten Hälfte des 20. Jahrhunderts gegenläufig.

75 Eidgenössische Viehzählung, 1926, 33*.

76 Statistische Erhebungen und Schätzungen auf dem Gebiete der Landwirtschaft, Brugg 1922–1960, 15. Heft, 40; Brugger, Geschichte der aargauischen Landwirtschaft, 1948, 126 f.; Brugger, Schweizerische Landwirtschaft 1850 bis 1914, 1978, 185 f.; vgl. auch Schiedt, Langsamverkehr, 2009, 32.

77 Vgl. Wirth, Verbreitung der schweizerischen Viehwirtschaft, 1942, 48–92.

78 Pferde, Esel und Maultiere.

Tab. 1: Equiden pro 1000 Einwohner:innen

	1866	1876	1886	1896	1906	1916	1926	1936	1946
Zürich	17	19	16	21	20	20	19	16	15
Bern	60	55	55	53	60	60	61	61	66
Luzern	37	39	34	39	50	51	49	45	42
Uri	27	25	9	12	12	15	5	2	2
Schwyz	27	24	20	20	22	17	18	16	14
Obwalden	31	24	27	20	24	20	27	22	19
Nidwalden	33	34	27	29	31	26	27	22	16
Glarus	11	12	10	11	13	11	11	10	8
Zug	25	23	25	32	32	29	26	22	18
Freiburg	85	79	71	67	74	67	72	72	81
Solothurn	41	38	34	33	37	37	35	35	38
Basel-Stadt	25	21	19	19	18	11	7	3	2
Basel-Landschaft	37	37	33	35	38	36	34	35	35
Schaffhausen	36	27	23	24	24	22	26	27	27
Appenzell Ausserrhoden	16	15	15	13	17	12	11	9	8
Appenzell Innerrhoden	22	14	10	9	12	8	7	8	8
St. Gallen	30	26	26	25	28	23	23	21	19
Graubünden	35	37	36	40	42	34	32	31	26
Aargau	19	19	17	19	24	25	29	32	30
Thurgau	34	31	31	35	44	48	57	58	53
Tessin	16	17	15	17	21	18	15	12	7
Waadt	79	70	64	58	60	59	56	52	54
Wallis	59	51	52	47	49	40	36	31	24
Neuenburg	27	32	30	29	31	29	30	30	35
Genf	35	34	33	31	28	23	15	12	11
Schweiz	44	39	37	35	39	37	36	34	34

In der Tabelle sind die Maultiere und die Esel mit einbezogen, um eine Vergleichbarkeit aller Kantone zu ermöglichen. Die Verhältniszahlen ändern sich damit nur für die Kantone Wallis und Tessin, in denen rund 90 Prozent aller Maultiere und 60 Prozent aller Esel gehalten wurden. Mit Ausnahme der Jahre 1896 bis 1901 wuchs die Bevölkerung der Schweiz stärker als der Pferdebestand, was sich trotz des Bestandswachstums in tendenziell sinkenden Werten niederschlägt.

Quellen: Eidgenössische Viehzählungen, 1866–1951.

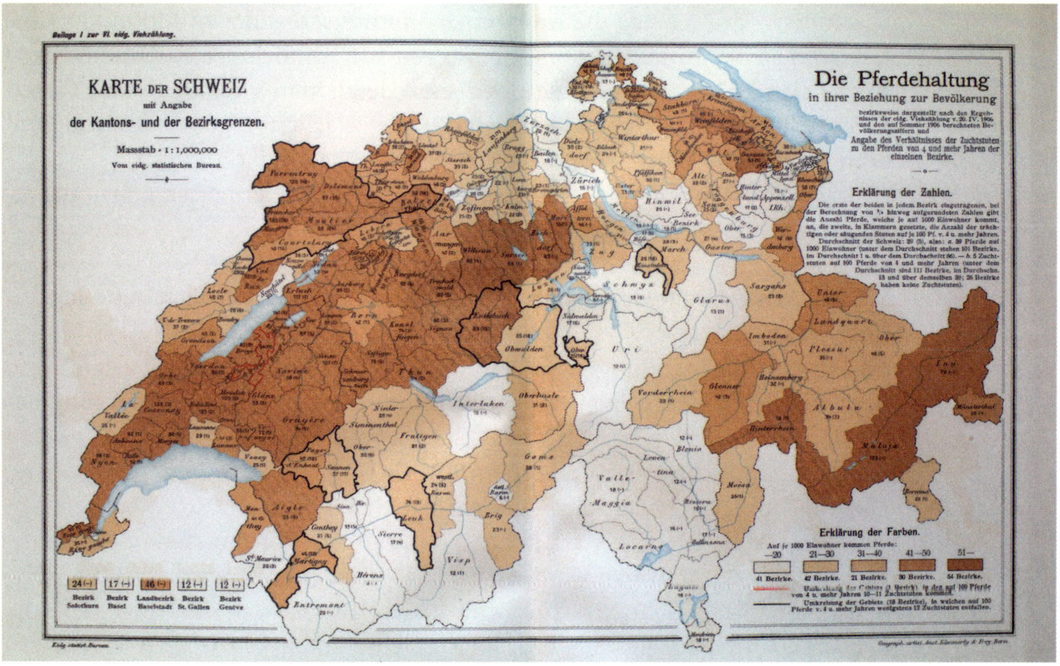

Karte 1: «Die Pferdehaltung in Beziehung zur Bevölkerung»
Beilage zur Publikation der Resultate der eidgenössischen Viehzählung des Jahres 1906. Die für das Wallis ausgewiesenen niedrigen Bestände verzeichnen die Situation insofern, als die Maultiere und Esel in den südlichen Gebirgsregionen zahlreich, im Wallis zusammen sogar zahlreicher waren als die Pferde.

Der Vergleich der kantonalen bevölkerungsbezogenen Equidendichte ergibt eine bemerkenswert regionale Ausprägung der quantitativen Verhältnisse und Entwicklungen. Diese folgten aus so unterschiedlichen und doch miteinander verbundenen Einflüssen wie Topografie, Klima, Wirtschaftsweise und Wirtschaftsstruktur, aber auch aus unterschiedlichen Alltagskulturen. Zwischen der bezogen auf die Bevölkerung höchsten Equidendichte im Kanton Freiburg und der geringsten im Kanton Glarus bestand 1866 ein Verhältnis von 8 zu 1. Noch viel ausgeprägter waren die Unterschiede in den 1930er-Jahren, als zwischen den Kantonen Freiburg und Uri Verhältnisse von 32 zu 1 und zwischen Freiburg und Basel-Stadt von 24 zu 1 festgestellt werden konnten.

Die (land)wirtschaftlichen, topografischen und siedlungsstrukturellen Verhältnisse reichen nicht aus, um alle Unterschiede in den Beständen und deren Entwicklungen zu erklären. Auffallend ist beispielsweise die Tatsache, dass ein pferdearmer Streifen die Pferdeschweiz in zwei ungleich grosse Teile trennt. Bezüglich der erwähnten Ausnahmen – Graubünden und das Wallis mit hohen und die zürcherischen und ein Teil der aargauischen Bezirke mit niedrigen

Beständen – drängt sich die Annahme von unterschiedlichen Mobilitätsmustern und auch von kulturellen Differenzen auf. Ähnlich grosse Unterschiede zeigen sich im Vergleich der Equidenbestände kleinerer Regionen und Täler.[79] Offensichtlich gab es für die Befriedigung der Nachfrage nach Bewegungsenergie eigentliche Pferde-, Maultier- und Esel- sowie Rinderkulturen.

In der grossen regionalen Unterschiedlichkeit der Pferdebestände und -entwicklungen lassen sich drei Muster identifizieren.

a) Entwicklung des Pferdebestands in Regionen mit intensiver marktorientierter Landwirtschaft

Die Bestandsentwicklungen in Kantonen, deren Gebiet im Mittelland und in angrenzenden Hügelzonen liegt, kommen der Kurve der Entwicklung des schweizerischen Pferdebestandes (siehe Diagramm 5, S. 68, und 6, S. 74) am nächsten. Ähnliche Verläufe können für die Kantone Bern, Freiburg, Waadt, Luzern, Thurgau, Zürich, Solothurn, Aargau, Neuenburg und Schaffhausen festgestellt werden. Die sich stark auf den Kanton Bern konzentrierenden Pferdezuchtgebiete wirkten sich weniger auf den Verlauf der Kurve als auf die Höhe der Bestände aus. Charakteristisch für diese Kantone war, dass allgemein die Arbeitstier- und im Besonderen die Pferdebestände vom letzten Viertel des 19. Jahrhunderts bis mindestens in die 1930er-Jahre zunahmen. Alle diese Kantone wiesen in der Zwischenkriegszeit Pferdebestände auf, die über dem schweizerischen Durchschnitt lagen. Dabei war das unterschiedliche Gewicht von Ackerbau und Viehwirtschaft weniger wichtig als der Umstand, dass verschiedene mechanisierte oder neu hinzukommende Landarbeiten zusätzliche und stärkere Pferde erforderten.

b) Städtische Entwicklung des Pferdebestands

Städte produzierten keine Pferde, sie verbrauchten sie. Charakteristisch für die Städte waren das starke Ansteigen der Pferdebestände in der zweiten Hälfte des 19. Jahrhunderts, der Höchststand in den ersten Jahren des 20. Jahrhunderts und der noch vor dem Ersten Weltkrieg einsetzende starke Rückgang. Letzterer war eine Folge der von den Städten ausgehenden Motorisierung des Strassenverkehrs.[80] Das Beispiel des Kantons Basel-Stadt zeigt die urbane Entwicklung am reinsten, da sich das Stadtgebiet fast über den ganzen Kanton erstreckt. Ein ähnlicher Verlauf ist im Kanton Genf zu beobachten. In den anderen Kantonen muss für den Nachweis der Evidenz des städtischen Entwicklungsmusters auf Bestandswerte der einzelnen Kommunen zurückgegriffen werden, die für die grösseren Städte – beispielsweise für das Jahr 1906: Zürich 2482, Basel 2082, Bern 2036, Genf rund 2000 oder Lausanne 1205 Pferde – die grössten Pferde-

79 Vgl. Mathieu, Agrargeschichte der inneren Alpen, 1992, vor allem 117–162.

80 Vgl. Merki, Der holprige Siegeszug des Automobils, 2002.

Foto 15: Bahnhofplatz Zürich gegen Ende des 19. Jahrhunderts. Die Städte wiesen bezogen auf die Fläche die grösste Pferdedichte auf. Im Vordergrund zu sehen sind zwei schwere Fuhrwerke, ein Vierspänner und ein Dreispänner, zwei Zweispänner, ein Einspänner, eine einspännig gefahrene Droschke und ein Pferdetram. Bei den Fahrzeugen des Personentransports handelt es sich um frühe Formen des städtischen öffentlichen Verkehrs und bei den mit Säcken beladenen Fuhrwerken um Nahrungsmittellieferungen aus dem stadtnahen Umland. (ETH-Bibliothek Zürich, Bildarchiv online, Baugeschichtliches Archiv der Stadt Zürich, BAZ_098187, AfA-ID 53)

dichten pro Arealeinheit überhaupt aufweisen. Erst durch das Auseinandertreten der unter a) und b) skizzierten Entwicklungen wurde die Tierarbeit in der Zwischenkriegszeit zu einem primär ländlichen und noch stärker zu einem landwirtschaftlichen Phänomen. Allerdings darf das starke Sinken des Pferdebestands in der Zwischenkriegszeit nicht darüber hinwegtäuschen, dass die Städte in Relation zu ihrer Fläche noch um die Mitte des 20. Jahrhunderts eine Pferdedichte aufwiesen, die über dem schweizerischen Durchschnitt lag.

Diagramm 6: Entwicklungskontext intensive marktorientierte Landwirtschaft am Beispiel des Kantons Luzern

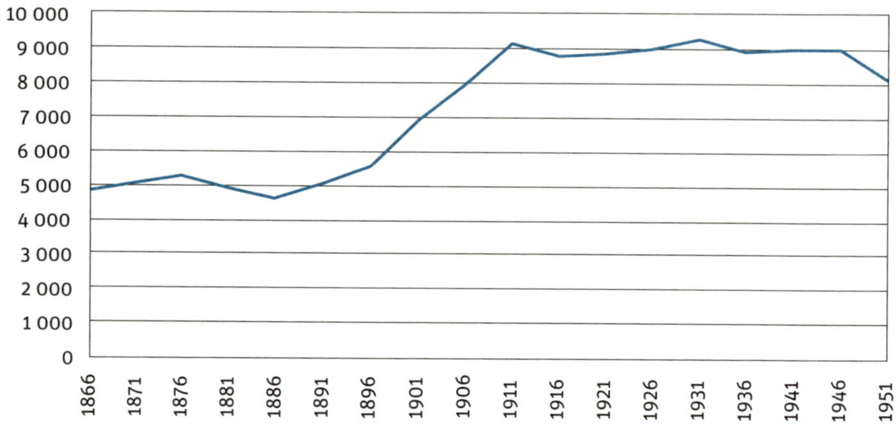

Quellen: Eidgenössische Viehzählungen, 1866–1951. Die Werte für 1871, 1881 und 1891 sind linear extrapoliert.

Diagramm 7: Entwicklungskontext Stadt am Beispiel des Kantons Basel-Stadt

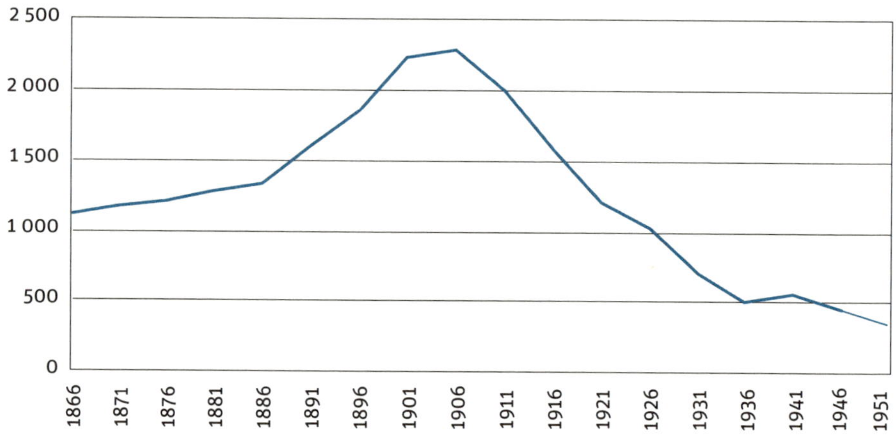

Quellen: Eidgenössische Viehzählungen, 1866–1951. Die Werte für 1871, 1881 und 1891 sind linear extrapoliert.

Foto 16: Pferdefuhrwerk mit Koffern in St. Moritz (GR) zu Beginn des 20. Jahrhunderts. Der Tourismus generierte vor allem im Gebirge eine grosse Nachfrage nach Pferdearbeit und war ein wichtiger Kontext der bäuerlichen Pluriaktivität. (Rudolf Zinggeler, Schweizerische Nationalbibliothek, Eidgenössisches Archiv für Denkmalpflege, EAD-ZING-16185, AfA-ID 1010)

c) Entwicklung des Equidenbestands in Gebirgsregionen

Die Gebiete der Alpen und Voralpen wiesen sowohl bezogen auf die Fläche als auch hinsichtlich der Bevölkerung unterdurchschnittliche Pferdedichten auf. Ausnahme bildeten einzelne Regionen des Kantons Graubünden (Engadin, Hinterrhein und Oberland). Trotz bemerkenswerter lokaler und kleinregionaler Unterschiedlichkeit der Pferdebestände sind in den Gebirgskantonen Graubünden, St. Gallen, Appenzell Ausserrhoden und Innerrhoden, Glarus, Schwyz, Nidwalden, Obwalden, Wallis und Tessin[81] ähnliche Bestandsentwicklungen festzustellen: Zunahmen bis nach der Jahrhundertwende und seit den 1910er-Jahren mehr oder weniger ausgeprägte Rückgänge. Den Anstieg um die Wende vom 19. zum 20. Jahrhundert interpretieren wir als eine Folge der agrarischen Entwicklung, der Intensivierung des lokalen und regionalen Austauschs und der touristischen Konjunktur. Als Ursachen der vergleichsweise höheren Pferdebestände im Kanton Graubünden und der Equidenbestände

81 In den Kantonen Wallis und Tessin inklusive der Maultiere und Esel.

Diagramm 8: Entwicklungskontext Gebirgsregion am Beispiel des Kantons Graubünden

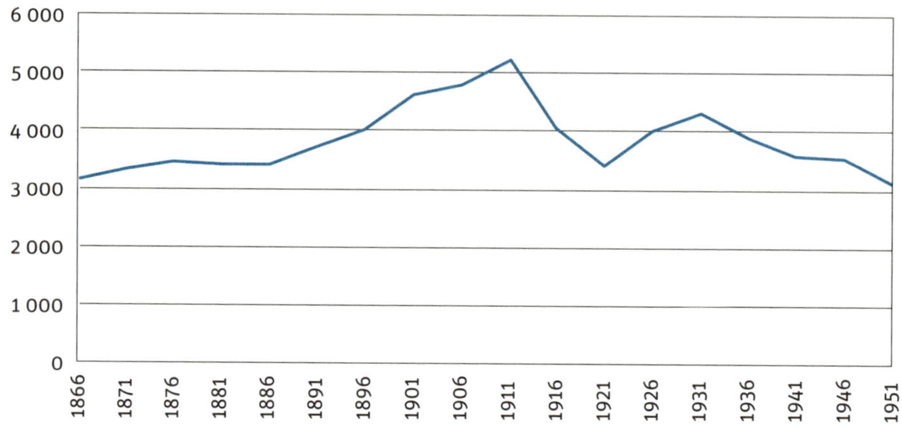

Quellen: Eidgenössische Viehzählungen, 1866–1951. Die Werte für 1871, 1881 und 1891 sind linear extrapoliert.

(Pferde, Maultiere und Esel) im Kanton Wallis sehen wir die Erfordernisse der Transporte auf den bis in die ersten Jahre des 20. Jahrhunderts forciert gebauten Gebirgsstrassen. Der Rückgang nach der Jahrhundertwende resultierte aus der Konkurrenzierung der Strassentransporte durch die Gebirgseisenbahnen, der wachsenden Verbreitung der Lastautomobile und der Autobusse und aus der Tatsache, dass die Gebirgslandwirtschaft kaum einen sich positiv auf die Pferdebestände auswirkenden Mechanisierungsschub erlebte, wie dies im Mittelland der Fall war.

Anders, als man vielleicht erwarten würde, schlug sich die (Fabrik-)Industrialisierung nicht in einem besonderen Muster nieder. Eine nicht direkt auf eine erhöhte Nachfrage nach Tierarbeit sich auswirkende Fabrikindustrialisierung liegt mit den Beispielen des Kantons Glarus und des Zürcher Oberlands vor. Diese Regionen wiesen weit unterdurchschnittliche Pferdedichten auf. Der Grund ist im Umstand zu vermuten, dass die meisten Fabrikstandorte und -regionen zum Zeitpunkt der eidgenössischen Viehzählung im Jahr 1866 ans Eisenbahnnetz angeschlossen waren und dass sich die Effekte der Industrialisierung auf die Tierarbeit ortsverschoben hauptsächlich von den Bahnhöfen der grösseren Orte her ergaben, die für die Industriegüterdistribution wichtig waren.

Pferde- und Haferimporte

Die Pferdezucht und der Pferdehandel, aber auch die Produktion der Futtermittel und die Angebote an Landwirtschaftsmaschinen entwickelten sich seit dem letzten Drittel des 19. Jahrhunderts in engen Bezügen zur Ausweitung der Märkte als Folge des Eisenbahnbaus und der Entwicklung der Dampfschifffahrt. In militärischer, volkswirtschaftlicher und landwirtschaftspolitischer Hinsicht interessierten im besonderen Masse die Importe und Exporte von Pferden und deren Verhältnis zueinander. Sie wurden seit 1855 als Teil der Aussenhandelsstatistik erhoben.

Um die Mitte des 19. Jahrhunderts hielten sich die Ein- und Ausfuhren von Pferden noch die Waage. Das heisst, dass die damals in der Schweiz gezüchteten Pferde die Erhaltung des Bestandes ungefähr gesichert hätten. Ein letztes Mal überwogen die Ausfuhren als Folge des Deutsch-Französischen Krieges 1870/71. Nach diesem nahmen die Einfuhren bis vor den Ersten Weltkrieg stark zu. Die ab den späten 1860er-Jahren einsetzende Bundesförderung der schweizerischen Pferdezucht vermochte den Trend der zunehmenden Importe nicht zu brechen. Um 1910 wurde nur noch knapp ein Drittel der Pferde, die zur Erneuerung und Entwicklung des Bestandes notwendig waren, in der Schweiz gezüchtet. Mehr als zwei Drittel wurden importiert.[82] Sie stammten bis nach der Jahrhundertwende vor allem aus Deutschland, Frankreich, Österreich, Italien, Belgien oder England.[83] In der Zwischenkriegszeit waren Jugoslawien, Polen und Irland die wichtigsten Herkunftsländer der Importe.[84] Um die Jahrhundertwende waren die importierten Pferde in den Städten besonders zahlreich.[85] Bei den Einfuhren handelte es sich vor allem um Pferde für den sogenannten schweren Zug.[86] Die eingeführten Fohlen stammten überwiegend aus Frankreich.[87] Sie waren Teil der grenzübergreifenden räumlich-funktionalen Arbeitsteilung der Pferdezucht im Jura. Die während der Weltkriege einbrechenden Importzahlen und die in der Zwischenkriegszeit nicht mehr erreichte Höhe der Importe der unmittelbaren Vorkriegszeit gingen auf bundespolitische Importrestriktionen, auf die ab den 1910er-Jahren Wirkung zeigende Umorientierung der Bundesförderung in Richtung Arbeitspferdezucht und auf einen wieder

82 Importtotal der Pferde minus importierte Schlachttiere. Militärische Bedarfsberechnungen beruhten auf der Annahme, dass jährlich rund 10 Prozent des Bestandes erneuert werden mussten, um diesen zu halten. Bei einem Gesamtbestand von 145 000 Pferden im Jahr 1910 war demnach eine Erneuerung des Bestandes um 12 000 bis 15 000 Pferde notwendig. Rund 10 000 Tiere wurden importiert. Vgl. auch Viehzählung 1896, 18*: «[...] dass gegenwärtig der inländische Nachwuchs von Pferden bei weitem nicht hinreicht, auch nur die Hälfte des Landesbedarfes zu befriedigen, dass somit der letztere zu seinem grössern Teile durch Einfuhr aus dem Auslande gedeckt wird.»

83 Müller, Pferdezucht, 1901, Tab. 2. In der Zwischenkriegszeit waren Jugoslawien, Polen und Irland die wichtigsten Herkunftsländer der Importe.

84 Ziegler, Landespferdezucht, 1935, 224.

85 Ehrhardt, Schweizerische Haustierzucht, 1920, 320.

86 Müller, Pferdezucht, 1889, 123.

87 Müller, Pferdezucht, 1901, Tab. 3.

Diagramm 9: Aus- und Einfuhren von Pferden, 1851–1950

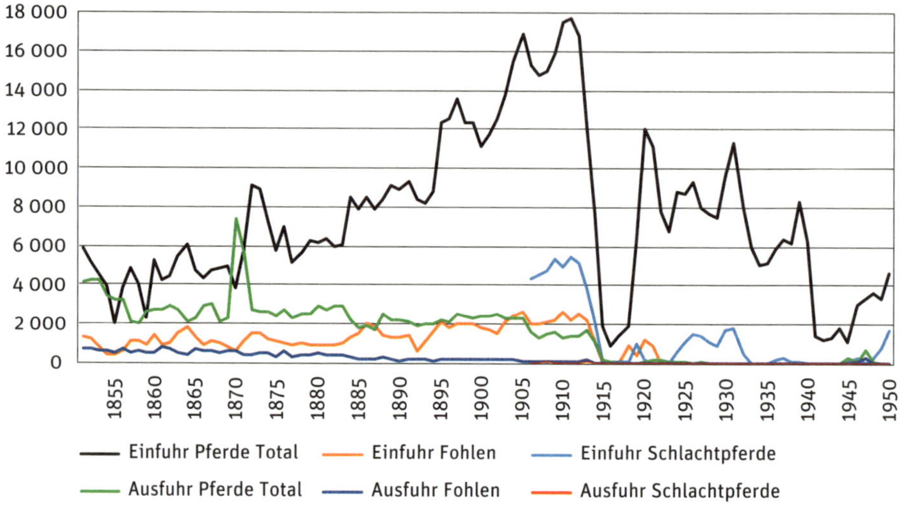

Die Fohlen und die Schlachtpferde wurden separat ausgewiesen, Letztere jedoch erst seit 1906. Die seit der Jahrhundertwende dokumentierten Schlachtpferde lassen auf einen im Vergleich mit dem benachbarten Ausland in der Schweiz attraktiver werdenden Pferdefleischmarkt schliessen. Es handelte sich um ausgemusterte Arbeitspferde. Mit dem vermehrten Konsum von Pferdefleisch war die Möglichkeit verbunden, den Pferdebestand zu verjüngen.

Quellen: Statistik des schweizerischen Waarenverkehrs 1851–1884, 1887, 36 und 38; Schweizerische Handelsstatistik, Aussenhandel 1886–1912, o. J.; Brugger, Statistisches Handbuch der schweizerischen Landwirtschaft, 1968, 272–283. Zu den importierten Schlachtpferden vgl. Kern, Vorschläge zur Verhütung von Tierquälerei, 1910.

grösser werdenden Anteil der schweizerischen Zucht an der Erneuerung des Bestandes zurück.

Ein wichtiger Aspekt der Pferdehaltung war schliesslich der Anbau der Futtermittel, namentlich des Hafers als wichtigstes Futtergetreide.[88] Der zwischen den 1830er- und den frühen 1870er-Jahren ansteigende Anbau von Hafer korrelierte stark und direkt mit einem Anstieg der landwirtschaftlichen und gewerblichen Nutzung von Arbeitspferden. In diesem Zeitraum der noch relativ abgeschlossenen regionalen Futtermittel- und Getreidemärkte kompromittierte die Pferdehaltung die Tendenz zur Ausdehnung und zur Intensivierung der Viehzucht. Mit den Eisenbahnen und den dadurch erleichterten Massen-

88 Neben dem wichtigsten Futtergetreide Hafer erhielten die Pferde als «Kraftfutter» auch Mais, sogenannten Ölkuchen (Johannisbrot), Malzkeime, Kleie, Müllereiabfälle und auch geringe Mengen anderer Getreidearten.

Diagramm 10: Anbau und Einfuhr von Hafer, 1837–1950

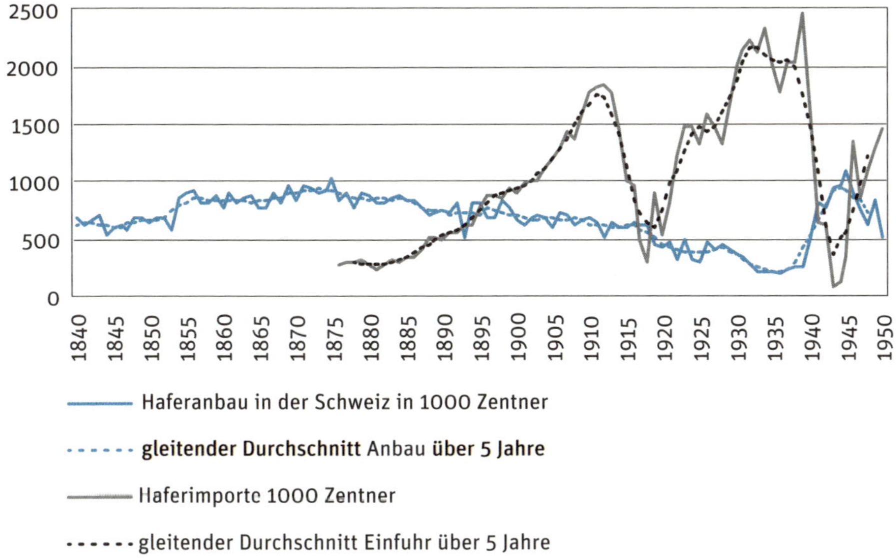

Nicht aller Hafer wurde als Futtergetreide verwendet. Ab 1936 wurden die Hafereinfuhren nach «Mahl-», «Saat-» und «Futterhafer» unterschieden. Damals machte der Futterhafer gut drei Viertel der gesamten Haferimporte aus.

Quellen: Haferanbau in der Schweiz: Historische Statistik, HSSO I.21a; Haferimporte: Brugger, Statistisches Handbuch der schweizerischen Landwirtschaft, 1968, 47–50.

transporten kam es zu einer sowohl die Pferdehaltung als auch die Viehzucht stark dynamisierenden Entkoppelung dieses Verhältnisses.

Mitte der 1870er-Jahre setzten die Importe von Hafer ein, die, von den Weltkriegen durchbrochen, den parallel dazu erfolgenden Einbruch des schweizerischen Haferanbaus mehr als kompensierten. Während die Zahl der Pferde von den 1880er-Jahren bis in die Zwischenkriegszeit anstieg, nahm der Anbau von Hafer im gleichen Zeitraum um fast 80 Prozent ab. Dieses Auseinandertreten bildet erstens die Internationalisierung respektive die räumlich starke Erweiterung der Getreidemärkte, zweitens, damit verbunden, die schweizerische Gewichtsverschiebung hin zur Vieh- und zur Milchwirtschaft sowie, drittens, die tendenzielle Loslösung der Pferdehaltung von der lokalen, betriebseigenen Futterproduktion ab.[89] Die Pferdearbeit beruhte immer stärker auf der Einfuhr

89 Zur Erweiterung des Getreidemarktes und zur Intensivierung der schweizerischen Viehwirtschaft vgl. Frey, Strukturwandel der schweizerischen Landwirtschaft, 2008, 32–39.

des wichtigen Futtergetreides, was auch die Futterbasis eines vollgewerblichen, von der direkten landwirtschaftlichen Subsistenz losgelösten Transportwesens entscheidend erweiterte. Erst während des Zweiten Weltkriegs, als nur geringe Mengen Hafer importiert werden konnten, nahm der Anbau des Futtergetreides noch einmal stark zu. Der hauptsächliche Grund, wieso kein ähnlicher Anstieg zur Zeit des Ersten Weltkriegs zu verzeichnen war, lag in der gleichzeitigen allgemeinen Ernährungskrise, die zu einem forcierten Brotgetreideanbau zwang.

Verhältnisse der Pferdezucht

Der Zuchtdiskurs reflektiert in besonderer Weise das Denken des späten 19. Jahrhunderts über gesellschaftliche Verhältnisse. Das Rassenkonzept hatte dabei eine besondere Attraktivität. Gesellschaftliche Ordnung und Pferdewelt wurden als durchaus verwandte Phänomene betrachtet, einerseits die sozialen Eliten und die reingezüchteten Tiere, anderseits die Arbeiterklasse und all die Gebrauchskreuzungen.[90]

Das Thema der Pferdezucht kann mit Fokussierung auf die Arbeitstiere unmöglich erschöpfend behandelt werden. Zu viele sich überlagernde Fragen wären zu klären: a) die kulturelle Sonderstellung der Pferde, b) die Rassenkonzeption, die zu Beginn des betrachteten Zeitraums erst aufkam und sich dann stark veränderte, von den naturgeschichtlichen Positionen Buffons über Darwin bis zur modernen Genetik und natürlich auch bis zu all den rassenbezogenen Abgründen, c) die mehr oder weniger konstruierten Deszendenzen und Aszendenzen, d) das praktische und das wissenschaftliche Zuchtwissen, e) die individuellen und die institutionellen Akteur:innenpositionen in Landwirtschaft, Militär, Gewerbe, in Genossenschaften, Vereinen, Verbänden, Kantonen und ab den 1860er-Jahren auch beim Bund. Und doch kann eine Arbeitstiergeschichte den Diskurs über die Zucht der Tiere nicht ignorieren. Hinsichtlich der Arbeitspferde stellt sich aber auch manches einfacher und offener dar.

Schläge, Typen, Rassen

Über die Pferdezucht wurde massgeblich im Jargon der Rassenzucht geschrieben.[91] Das trifft auch für eine Zeit zu, in der die alten «Schläge» noch bestanden. Wenn diesbezüglich züchterische Zielsetzungen zur Sprache kamen, betraf das in den meisten Fällen keine Rassen, sondern Pferdetypen; das waren hauptsächlich

90 Derry, Horses in Society, 2006, 3–25.

91 Ebd., 24; Greene, Horses at Work, 2008, 117 f.; als schweizerisches Beispiel Ziegler, Landespferdezucht, 1935.

nachfrageorientierte, nutzungsbezogene Unterscheidungen. Und weiterhin differenzierte man nach regionalen Populationen und Zuchten, die bestimmte funktionale Eigenschaften am deutlichsten verkörperten. Erst gegen Ende des 19. Jahrhunderts wurden auch schwere Zugpferde als eigentliche Rassen gezüchtet.[92] Dabei handelte es sich beispielsweise um die englischen Shires, die schottischen Clydesdales oder die französischen Percherons, um sogenannte Kaltblutrassen also. In der Schweiz fanden diese als Arbeitspferde und als Zuchtpferde zur Kreuzung mit den Freibergern nur geringe Verbreitung. Hierzulande wandelte sich die Zucht der Freiberger nach der Wende zum 20. Jahrhundert von einer relativ breiten typenbezogenen Arbeitspferde- in Richtung einer Rassenzucht.[93]

«Schlag» oder «Schläge» sind Quellenbegriffe sowohl der damals mit Tieren befassten Wissenschaften als auch der Tierzucht, der Pferdehalter:innen und des Vieh- und Pferdemarktes. Mit diesem Begriff wurden im 18. und in der ersten Hälfte des 19. Jahrhunderts die geografischen Varietäten bezeichnet.[94] Man sah in ihnen den besonderen Ausdruck von Topografie, Klima, Boden- und Wirtschaftsverhältnissen. Für Hermann von Nathusius, einen international bekannten deutschen Pferdezuchtexperten und Zoologen, waren Schläge eigentliche «Naturrassen» – im Gegensatz zu den Kulturrassen.[95]

Auch «Race» oder «Rasse» sind Quellenbegriffe, die sich einerseits wie die Schläge auf die Varietäten bezogen, die nun allerdings für biologische, erbliche Grundtatsachen gehalten wurden. In der taxonomischen natur- oder evolutionsgeschichtlichen Abfolge von Art und Unterarten bezeichnete die Rasse oft Letztere. Anderseits aber beinhaltete der Rassebegriff im Zusammenhang mit der Tierzucht auch die Gestaltbarkeit: Eine Rasse konnte durch entsprechende Zuchtverfahren – der In-, der Rein- oder der Vollblutzucht –[96] geschaffen werden. Davon war man in schweizerischen Züchterkreisen überzeugt; man ging davon aus, «dass es 20 bis 30 Jahre Zeit braucht, um eine Pferderasse neu zu gestalten».[97]

Die allermeisten Arbeitspferde waren jedoch keine Rassentiere und seit dem 19. Jahrhundert auch keine «reinen» Vertreter der ursprünglichen Schläge

92 Derry, Horses in Society, 2006, 3–25, 48–78.

93 Gubler, Hengstfamilien der schweizerischen Jura-Pferdezucht, 1938, 11 f. 1916 Eröffnung eines Zuchtbuchs für den Kanton Bern durch den Verband der bernischen Pferdezuchtgenossenschaften, 1924 dessen Erweiterung zum schweizerischen Stammzuchtbuch. Eröffnung des Stammzuchtbuchs für das Zugpferd respektive die Freiberger. Vgl. auch Poncet, Geschichtlicher Abriss der Schweizer Pferdezucht, 2004, 44: 1925 offizielle Anerkennung der Freiberger als Rasse.

94 Zum Begriff der geografischen Varietät vgl. Mayr, Entwicklung der biologischen Gedankenwelt [1982], 2002, 546 f.

95 Von Nathusius, Pferdezucht, 1880, 323–325. Von Nathusius verwendet den Begriff Kulturrasse nicht, beschreibt den Übergang von Schlägen zu Rassen jedoch als eine Folge der «Steigerung der Kultur».

96 Inzucht als Paarung von nahe verwandten Tieren, Reinzucht als Zucht innerhalb einer als Rasse erkannten und dokumentierten homogenen Zuchtpopulation, Vollblutzucht als genealogische Linienzucht, die in ihrer Deszendenz auf einige wenige hervorragende, in England gezüchtete arabische und englische Pferde zurückführt und in ihrer Aszendenz auch Praktiken der Rein- und der Inzucht mit einschliesst.

97 Markwalder, Schweizerische Pferdezucht, 1910, 78.

mehr. Vielmehr gingen diese aus einer Typenzucht hervor, in der die besondere Eignung der Tiere für bestimmte Arbeiten zentral war. Die Zucht nach Typen liess auch Einkreuzungen sowie die nur typenbezogene Auswahl der Zuchttiere zu; sie wich damit wesentlich von den Prinzipien der Rassen- und der Vollblutzucht ab. In der Typenzucht und deren Verbindung mit der funktionalen Verwendung der Tiere zur Arbeit waren die eigentlichen Zuchtaspekte und die weiteren Belange der Aufzucht, etwa die Ernährung oder die Erziehung und die Ausbildung der Tiere, besonders eng miteinander verbunden. Die Typenzucht – als eigentliches drittes Prinzip – war auf jeden Fall schon älter als die Rassenkonzepte der Vollblut- und der Reinzucht.[98] Was als Typ galt, war einem steten Wandel unterworfen; nicht selten wurden Typen selbst als Rassen bezeichnet. Das lässt sich beispielhaft an den Freibergern nachvollziehen.

Bezüglich der züchterischen Leitbilder zeigt sich in historischer Betrachtung eine chronologische Abfolge von den Schlägen zu den Rassen. Das Konzept der Schläge dominierte bis in die erste Hälfte des 19. Jahrhunderts, verlor aber im Laufe des 19. Jahrhunderts an Relevanz und Plausibilität. Die für die Schläge grundlegende regionale Abgeschlossenheit der Zuchtverhältnisse brach aufgrund der räumlich sich ausweitenden Märkte und in der Dynamik der sich verändernden Nachfrage auf. Die Einzugs- und Absatzgebiete weiteten sich mit den neuen Transportmöglichkeiten aus. Das begann nicht erst mit den Dampfschiffen und Eisenbahnen, sondern bereits mit dem Kunststrassenbau. Als Folge davon wurde im Laufe des 19. Jahrhunderts auch in der Pferdezucht die Idee, dass die Körper, Charakter und Fähigkeiten der Tiere Ausdruck der unterschiedlichen Natur- respektive Umweltbedingungen seien, zugunsten der Annahme und der Erfahrung der züchterischen Wandelbarkeit der Tierkörper mindestens teilweise aufgegeben. Während die Schläge wesentlich ein statisches Konzept darstellten, waren mit den neuen Zuchtverfahren Ziele und Fantasien der Veränderung der Tiere in Bezug auf Grösse, Kraft und Geschwindigkeit, Temperament und Erscheinung verbunden.[99]

Dieser eigentliche Paradigmenwandel wurde in England im 17. und 18. Jahrhundert durch die sogenannte Vollblutzucht eingeleitet.[100] Entscheidend war in der Folge aber die zunehmende Verbreitung der Praktiken der Inzucht und der Reinzucht.[101] In der Pferdezucht blieben Differenzen zwischen der Vollblut- und der Reinzucht bestehen, allerdings bei zunehmender Überlagerung und Durchdringung. So basierten beide Verfahren auf der sorgfältigen Auswahl der Elterntiere beider Geschlechter und der Prüfung der Nachkommen. Eine wich-

98 Derry, Horses in Society, 2006, 3–25. Die kanadische Historikerin begründet diesen dritten Weg in überzeugender Weise.

99 Greene, Horses at Work, 2008, 4; Derry, Horses in Society, 2006, 159.

100 Greene, Horses at Work, 2008, 93.

101 Die Reinzucht unterschied sich von der Inzucht dadurch, dass sie auch verwandtschaftlich weniger nah verwandte Tiere paarte, die aber immer noch aus derselben Linie stammten, während die Vollblutzucht sich über die Institution des Stutebook, das heisst rein genealogisch, definierte.

tige Referenz wurde der englische Agrarreformer Robert Bakewell (1725–1795), der in der Rinder-, der Schaf- und der Pferdezucht demonstriert hatte, dass es möglich war, die Tierkörper mit durchdachten und intensiven Verfahren der Inzucht und der Reinzucht nach Wünschen zu ändern und diese Änderungen innert einiger Generationen zu konsolidieren.[102] Bakewell argumentierte gegen die Gewohnheit, die besten Tiere zu verkaufen und für die Zucht den übrigbleibenden Rest und namentlich die Tiere zu verwenden, die nicht mehr zur Arbeit gebraucht wurden. Diese Praxis war auch in der schweizerischen Pferdezucht verbreitet, was die Manuale der bernischen Pferdezuchtkommission und die Vieh- und Pferdebücher des Klosters Einsiedeln für die zweite Hälfte des 18. und Rudolf Zangger für die erste Hälfte des 19. Jahrhunderts bedauernd konstatierten.[103] Bakewell propagierte das Prinzip, mit den jeweils besten Tieren zu züchten, und die Überzeugung, dass sowohl die männlichen als auch die weiblichen Tiere für die Qualität der Nachkommen verantwortlich seien (eine Einsicht, die den klösterlichen Statthaltern von Einsiedeln im 18. Jahrhundert und so manchen Züchtern bis ins 20. Jahrhundert fehlte).[104] Bakewells Zuchtreform beruhte auf einer exakten Protokollierung der Zuchtpaarungen und der Qualität der Nachkommen; dabei handelte es sich jedoch um keine eigentlichen Stamm- oder Rassenzuchtbücher. Er paarte seine Tiere nicht wie bei der Vollblutzucht anhand von genealogischen Abfolgen, sondern aufgrund der geprüften Eigenschaften und bestimmter angestrebter Zuchtziele.[105]

Paradoxerweise begann das Rassenparadigma in der Pferdezucht ausserhalb von England erst zu einem Zeitpunkt zum dominanten Leitbild zu werden, als Darwin und andere Naturforscher dessen materielle, biologische Grundlage infrage zu stellen begannen.[106] Nach der allgemeinen Überzeugung der Züchter wurde (und wird) Rasse weiterhin auf eine Gruppe von Tieren bezogen, die sich von anderen durch biologische Eigenarten unterscheidet. Im Übrigen aber wurde der Begriff auch und gerade bei den Pferdezüchtern sehr undeutlich und uneinheitlich benutzt: Das reicht von der Identität von Rasse und Zucht als Definition eines am Phänotypus orientierten Standards[107] bis hin zur Annahme eines verschütteten ursprünglichen Ideals, das durch die Paarung der richtigen Tiere wieder rekonstruiert werden könnte und sollte. Letzteres bezeichnete Hermann von Nathusius als «Phantom der uralten, reinen Rassen», das immer noch umgehe.[108]

102 Derry, Horses in Society, 2006, 3–25.

103 Müller, Beda. Viehbuch, Folio Band, [1775]; Moser, Isidor [1782–1792]. [Pferdebuch], 1902, 29–45. Moser stützt sich auf die Notizen von Müller, in zahlreichen Passagen wörtlich, ist aber oft anderer Meinung als sein Vorgänger als Statthalter. Manual der Pferdezuchtkommission, Bände 1758–1776 und 1776–1797, Staatsarchiv des Kantons Bern, B VI 418 und 419.

104 Ritvo, The Platypus and the Mermaid, 1997, 106 f.

105 Greene, Horses at Work, 2008, 89–91.

106 Ebd., 94.

107 Als Beispiel dafür vgl. Sciuchetti, Zuchttypus des schweizerischen Braunviehes, 1933, 3–6.

108 Von Nathusius, Pferdezucht, 1880, 324.

Nicht selten waren im Sprechen über Rassen sowohl solche vorwärts- als auch rückwärtsgewandte Begriffsbedeutungen implizit. Die Züchter:innen des 19. Jahrhunderts adaptierten Bakewells Prinzipien als Mittel, einen schnellen Wandel zu erzielen, Eigenschaften zu schärfen, Zuchteffekte vorherzusagen und die Zucht zu konsolidieren, nur unvollständig. Sie kombinierten Errungenschaften der Zootechnik weiterhin mit überkommenem Zuchtwissen. Beispielsweise übernahmen sie seine von Darwin geteilte Auffassung nicht oder nur teilweise, die Entwicklung der Tiere sei im Grunde ein Prozess, den man durch Zuchtauswahl wohl beeinflussen, nicht aber anhalten könne. Vielmehr trachteten sie einerseits danach, diesen an dem Punkt zu stoppen, an dem sie eine Zucht als «rein» erachteten, anderseits hielten sich in Züchter:innenkreisen auch die Ansicht und der Gestus, das Züchten sei ein kreativer Akt.[109] Dieser Widerspruch zwischen der Dynamik der Veränderbarkeit der Tierkörper und dem Wunsch nach optimierter Statik zeichnet die allermeisten Zuchtaktivitäten und im Besonderen die Rassenkonzeptionen bis auf den heutigen Tag aus. Daraus resultierte in der Tierzucht die bekannte Doppelgesichtigkeit der Rasse als zu erreichendes Ziel und als essenzielle Kategorie der Natur.[110]

Schläge, Typen und Rassen in der Schweiz

In mehreren Regionen der Schweiz wurden im 18. Jahrhundert Pferde für den eigenen Bedarf und darüber hinaus auch für die Ausfuhr gezüchtet. In den Quellen werden ein regelmässiger Absatz der Tiere in Frankreich und in Italien, ausserordentliche Massenverkäufe aufgrund von militärischen oder agrarischen Krisen und die in die Pferdezucht hineinwirkenden Belange der Rindviehzucht greifbar.[111] Besonders die Massenausfuhren und die vorherrschende «kleine Zucht» machten eine auf längerfristige Zuchtziele hin angelegte Pferdezucht unmöglich.

Ein in den Quellen häufig wiederkehrendes Narrativ geht von einem Niedergang der schweizerischen Pferdezucht aus. Die bernische Pferdezuchtkommission im 18. Jahrhundert, Zangger im 19. und Duerst im 20. Jahrhundert konstatierten einen Verfall. Auch verschiedene historische Studien sprechen vom

109 Derry, Horses in Society, 2006, 19; Derix, Rennpferd, 2014, 409–416.

110 Vgl. Greene, Horses at Work, 2008, 93 f.; Derix, Rennpferd, 2014, 406–421; Bächi, «Muni-Krieg», 2014, 78: «An dieser Stelle ist es wichtig festzuhalten, dass das mit dem Begriff ‹reine Rasse› angegebene Zuchtziel zwar die Herstellung beziehungsweise Wiederherstellung eines einst ‹natürlichen› Zustands suggerierte und noch immer suggeriert, die Vorstellung einer ‹reinen Rasse› jedoch als die Definition und Konstruktion eines neuen Standards verstanden werden muss.»

111 So dargestellt in der «Beantwortung der Preisfrage der Ökonomischen Gesellschaft des Kantons Bern nach den Gründen des Mangels und der hohen Preise des Butters und den Möglichkeiten der Abhilfe», die in Albrecht Höpfners «Magazin für Naturkunde Helvetiens», Bd. III, 281–332, im Jahr 1788 publiziert wurde. Vgl. auch Rittmeyer, Geschichte des schweizerischen Zugpferdes, 1926, 64–98.

Foto 17: Junger Pferdezüchter zu Beginn des 20. Jahrhunderts. Die Pferdezucht war in der Schweiz vorherrschend «kleine Zucht». Ohne dass der Anlass der Entstehung bekannt ist, vermittelt das Foto den Eindruck einer engen mensch-tierlichen Beziehung, der Freundschaft zwischen dem Mann, der Stute und dem Fohlen und des Stolzes des Züchters auf seine Pferde. (Alfred Lindenmann, Museum für Kommunikation, LIN_003548, AfA-ID 867)

Niedergang oder gar von Niedergängen.[112] Das spiegelt öfters und in stärkerem Masse eine Veränderung der Ansprüche als eine Verschlechterung der Zucht. Tatsächlich – und das ist keine Frage der Perspektive – nahm die Bedeutung der Pferdezucht mindestens hinsichtlich der Deckung des schweizerischen Bedarfs tendenziell ab, was ab der Mitte des 19. Jahrhunderts aus dem Verhältnis von stark zunehmenden Importen und rückläufigen Exporten deutlich wird (siehe Diagramm 9).

Der Präsident der Gesellschaft schweizerischer Tierärzte und «eidgenössischer Oberpferdearzt» Rudolf Zangger[113] zählte 1865 und 1873 auf das 18. und die erste Hälfte des 19. Jahrhunderts zurückblickend fünf schweizerische Pferdeschläge auf: die Freiberger,[114] die Erlenbacher, die Schwyzer, die süddeut-

112 Manual der Pferdezuchtkommission, Bd. 1758–1776 und Bd. 1776–1797, Staatsarchiv des Kantons Bern, B VI 418 und 419; Zangger, Pferdezucht in der Schweiz, 1865 und 1873; Müller, Pferdezucht, 1901, 9–11; Duerst, Entwicklung der schweizerischen Pferdezucht, 1911; Furger, Pferdezucht in der Schweiz, 2014.

113 Zu Rudolf Zangger (1826–1882) siehe AfA-Portal Personen und Institutionen, DB3888, 7. 12. 2023.

114 Vonseiten des Eidgenössischen Verbands des reinrassigen Freibergerpferdes wird die erstmalige Bezeichnung «Freiberger» einem Dr. Marek zugeschrieben, der diesen in seiner 1898 publizierten Dissertation verwendet habe (www.rrfb.ch/rasse, 27. 12. 2023). Allerdings sprach schon Zangger (1873, 2 und 4) von den «Freiberger Pferden», die er auch verkürzt als «Freiberger» bezeichnete.

schen und die Gebirgspferde der Alpenregionen. Die Freiberger wurden auf den Jurahöhen gezüchtet. Ihr Zentrum war Delsberg. Die Erlenbacher waren im Berner Oberland, aber auch im Mittelland, im Emmental und im Kanton Solothurn anzutreffen. Das Schwyzer Pferd fand sich in einem Gebiet, das vom Emmental über die Zentralschweiz bis ins Rheintal reichte; ihr altes Zentrum war bis Ende des 18. Jahrhunderts das Kloster Einsiedeln. In den Kantonen Thurgau, Schaffhausen und Baselland züchtete man mit aus Süddeutschland eingeführten Pferden. Die kleinen Gebirgspferde verortete Zangger in den Kantonen Graubünden und Wallis. Wo diese Gebiete aneinanderstiessen, vermischten sich die Schläge.[115]

Im Einzelnen anders und differenzierter beschrieb der Direktor des zoologischen und veterinärmedizinischen Instituts der Universität Bern Johann Ulrich Duerst in der Zwischenkriegszeit, jedoch mit Blick auf das 19. Jahrhundert die in der Schweiz vorkommenden Schläge. Dabei erwähnte er teilweise auch deren besondere Eignungen zur Arbeit:

- den «grossemmentalischen Schlag», der mehr als Kutschenpferd, als Reit- oder als leichtes Zugpferd diente,
- den Erlenbacher oder Simmentaler Schlag, schwarze Reit- oder Kutschenpferde, der auch in die «Lokalschläge» «Längenberger», «Schwarzenberger» oder «leichte Oberaargauer» unterschieden wurde,
- den Einsiedler oder Schwyzer Schlag, dessen meist hellbraune Tiere als «Karossier, Einspänner oder Reitpferd» verwendet wurden,
- den mit diesem eng verwandten St.-Galler-Oberländer Schlag als Kutschen-, Arbeits- und Saumpferde,
- den ebenfalls mit dem Schwyzer Schlag verwandten Maienfelder Schlag, dessen Pferde hauptsächlich zum Säumen benutzt wurden,
- den Bündner-Oberländer Schlag als kleines, leichtes, starkes Gebirgspferd und schliesslich
- die «Jurarasse» als herausragende Zugpferde, die nach Duerst in mehrere Unterschläge eingeteilt werden konnten:
- den Delsberger oder Kleintalschlag,
- den Freiberger Schlag,
- den Pruntruter oder Ajoieschlag,
- den Seelandschlag,
- den Freiburger Schlag,
- den Wilfisburger Schlag,
- den Burgdorfer Schlag, eine erst ab Ende des 19. Jahrhunderts aus Freibergern und Ardennern entstandene Kreuzung.[116]

115 Zangger, Pferdezucht in der Schweiz, 1865 und 1873.

116 Duerst, Schweiz, 1930, 240–242; zur geografischen Verbreitung der Schläge und Zuchtgebiete vgl. Wirth, Verbreitung der schweizerischen Viehwirtschaft, 1942, 48–92. Zu Johann Ulrich Duerst (1876–1950) siehe AfA-Portal Personen und Institutionen, DB867, 7. 12. 2023.

Im Jahr 1865, als die erste schweizerische Pferdeausstellung in Aarau stattfand, die nach Ansicht der tonangebenden Kommentatoren überzeugend nachwies, dass die schweizerische Pferdezucht nicht (mehr) den Anforderungen der Zeit genüge, waren von den von Zangger und Duerst aufgezählten Schlägen nur noch der Jura-, der Erlenbacher und der Schwyzer Schlag als bestimmt gezüchtete Populationen vorhanden. Allerdings hatten sich mittlerweile auch diese mehr oder weniger stark gewandelt, waren durch Einkreuzungen destabilisiert und – wie manche sagten – degeneriert. Die Schwyzer und die Erlenbacher verschwanden noch vor der Wende zum 20. Jahrhundert, während der Burgdorfer Schlag neu hinzukam.[117] Exemplare der kleinen Schläge waren allenfalls noch in abgeschiedenen Rückzugsgebieten im Gebirge zu finden.[118] Im Übrigen entsprach Zanggers Einschätzung der mangelnden Qualität auch dem allgemeinen, auf Frankreich und andere Länder bezogenen Befund, wonach von den alten Schlägen nur noch Trümmer übrig geblieben seien.[119]

In der Schweiz wurden die Rein- und die Inzucht von Pferden ab der Mitte des 19. Jahrhunderts handlungsleitend.[120] Diese wurde von den Emissären der Berner Regierung, Gustav von Herrenschwand und Johann Jakob Karlen, in ihren Eindrücken von der Pariser Weltausstellung anhand der Rinderzucht erklärt und empfohlen: «Um eine Race zu bilden und rein zu erhalten, ist reine Innzucht, das heisst Paarung von nächsten Verwandten mit möglichst in jeder Hinsicht ähnlichen Thieren, der einzige Weg. Die besten Beweise hiefür sind die auf diesem Wege in England erreichten staunenerregenden Resultate.»[121] Trotzdem die «Anglomanie» umging,[122] blickte man in der schweizerischen Pferdezucht dann doch nicht ausschliesslich nach England, sondern auch nach Nordwestfrankreich, auf die Ardennen, nach Norddeutschland und Dänemark sowie nach Irland. Das lässt sich aus den Provenienzen der über die Zeit eingeführten Zuchthengste ablesen, bei deren Zucht allerdings ebenfalls englische Einflüsse mehr oder weniger massgebend waren.[123]

Die Elemente der Zuchtreform in Richtung Reinzucht waren auch hierzulande nicht neu: Die Prinzipien von Einkreuzung und Reinzucht, die Zuchtauswahl nach definierten Zuchtzielen und die Führung von Zuchtbüchern waren in der Schweiz schon spätestens seit dem ausgehenden 18. Jahrhundert bekannt. Davon zeugen die Einsiedler Pferdebücher der Jahre 1775 bis 1792.[124] Und mit Prämierungen, staatlichen Hengst- und (seltener) Stutenimporten, Sprunggeld-

117 Rittmeyer, Geschichte des schweizerischen Zugpferdes, 1926.

118 Baudement, Principes de zootechnie, 1869, 161: «Les chevaux légers du midi de l'Europe et du centre de la France tendent de plus en plus à disparaître.»

119 Musset, De l'élevage du cheval en France, 1917, 125.

120 Vgl. Schweizerische Landesausstellung 1883, Bericht über Gruppe 26: Landwirthschaft, Bd. 1, Zürich 1884, Berichte von C. Mallet, Ch. Gross und H. Wehrli.

121 Herrenschwand, Karlen, Bericht über die in Paris stattgehabte Viehausstellung, 1855, 12.

122 Musset, De l'élevage du cheval en France, 1917, 93 f.; Baudement, Principes de zootechnie, 1869.

123 Vgl. Ehrhardt, Schweizerische Haustierzucht, 1920, 320; Graub, Pferdezucht in der Schweiz, 1944.

124 Müller, Beda, Viehbuch, Folio Band, [1775]; Moser, Isidor [1782–1792], [Pferdebuch], 1902, 29–45.

ern, Pferdeschauen und -prüfungen oder Exportbeschränkungen der Zuchttiere waren im Einzelnen auch einschlägige Förderungs- oder Kontrollinstrumente bekannt, wie dies die Manuale der bernischen Pferdezuchtkommission der Jahre 1758 bis 1797 belegen.[125] Ein Mittel der forcierten züchterischen Anpassung an die neuen, veränderten Marktverhältnisse sah man immer wieder im Import von Zuchthengsten und in der Einkreuzung.

Bedeutend und neu war es nun aber, dass sich die genannten Elemente zu einem institutionalisierten Zuchtsystem verbanden. In der Schweiz war das in einem diskontinuierlichen Prozess von Anfängen um die frühstaatliche Berner und die klösterliche Einsiedler Zucht in der zweiten Hälfte des 18. Jahrhunderts über Ansätze zur staatlichen Regelung der Verfahren und Institutionen der Pferdezucht in einzelnen Kantonen in der ersten Hälfte des 19. Jahrhunderts, namentlich wiederum im Kanton Bern und im Kanton Waadt, und konsequenter erst über die bundespolitische Moderation und Subventionierung der Pferdezucht seit der Wende zum 20. Jahrhundert der Fall.

Die «kleine Zucht»[126] in überwiegend kleinen Betrieben stand anfänglich der konsequenteren Rein- und Rassenzucht entgegen. Sie war kostengünstig, weil die Zuchtstuten und die jungen Pferde auch für die eigenen landwirtschaftlichen Tätigkeiten verwendet wurden. Allerdings waren in einer kleinen Zucht zwei Voraussetzungen der Rein- und Rassenzucht nur schwer zu erreichen: die Bildung von genügend grossen Zuchtpopulationen und eine konsequente Verfolgung respektive Durchsetzung der Zuchtziele. Diesbezüglich spielten die zahlreichen ab den 1890er-Jahren entstandenen Pferdezuchtvereine und -genossenschaften und in deren hierarchischer Zusammenfassung die Zuchtverbände eine zentrale Rolle. In diesen verband sich die in der Schweiz wesentlich kleinbetriebliche Pferdehaltung und Pferdezucht zu kollektiven Akteurschaften, die von der Formulierung der Zuchtziele über die Anschaffung von Pferde- und Fohlenweiden, die Organisation von Ausstellungen und Prüfungen bis hin zur Versicherung der Risiken der Pferdehaltung und der Redaktion von Publikationen reichte.[127]

Die Entwicklung von den Schlägen zu den Rassen brachte neue regionalräumliche Konstellationen, die sowohl als Re- als auch als Deterritorialisierungen erfolgten. In der Schweiz wurden die Freiberger seit dem ausgehenden 19. Jahrhundert vor allem in den Regionen des Jura gezüchtet. Sie waren ursprünglich aus zwei oder drei jurassischen Schlägen hervorgegangen[128] und durch Einkreuzung von englischen Huntern oder französischen Percherons, Anglonormännern und Ardennern zu einem leichten bis mittelschweren Zugpferdetyp

125 Manual der Pferdezuchtkommission, Bd. 1758–1776 und Bd. 1776–1797, Staatsarchiv des Kantons Bern, B VI 418 und 419; Rittmeyer, Geschichte des schweizerischen Zugpferdes, 1926.

126 Viehzählung 1896, 20*.

127 Brugger, Die land- und forstwirtschaftlichen Vereinigungen der Schweiz, 1943, 122–127; Rittmeyer, Geschichte des schweizerischen Zugpferdes, 1926, 101 f.

128 Laborde, Notice sur les chevaux comtois, 1843, 563 f.

Foto 18: Zwei Stuten mit ihren Fohlen am Brunnen: Pferdezüchter in Damvant, Haute-Ajoie (JU) zu Beginn des 20. Jahrhunderts. Die mit dem Züchter und seinen Pferden im Vordergrund mit im Bild befindlichen Kinder vermitteln den Eindruck der besonderen Pferdekultur und einer gegenseitigen, fast familiären mensch-tierlichen Vertrautheit. (Albert Stumpf, Burgerbibliothek Bern, FN.G.B.278, AfA-ID 1624)

verändert und dann konsolidiert worden. Spätestens seit der Zwischenkriegszeit wurden die Freiberger selbst zur Rasse, was einherging mit der retrospektiven Konstruktion einer jahrhundertealten Tradition als eigentliche Nationalpferde. Weitere Zuchtgebiete gab es in den Bezirken Saanen und Pays-d'Enhaut, in Obwalden und im Entlebuch, im Bezirk Leuk und im Bezirk Einsiedeln.[129] Mit einer solchen in der eidgenössischen Viehzählung 1906 (siehe Karte 1) dokumentierten Identifizierung der Zuchtgebiete wurden allerdings nur die Regionen erfasst, in denen die Fohlen geboren wurden. Nun weist aber Musset beispielsweise für die Franche-Comté und die angrenzenden Gebiete des schweizerischen Juras auf den Umstand hin, dass die Pferdezucht geografisch arbeitsteilig strukturiert sein konnte, in Regionen, in denen die Fohlen geboren und die ersten Monate gehalten wurden, und in Regionen, die sich mit der

129 Eidgenössische Viehzählung 1906, Beilage I: Die Pferdehaltung in ihrer Beziehung zur Bevölkerung. Als Zuchtgebiete wurden die Regionen identifiziert, in denen auf 100 mindestens vierjährige Pferde zwölf Zuchtstuten erhoben werden konnten.

Foto 19: In den jurassischen Freibergen war Anfang des 20. Jahrhunderts auch der Pfarrer mit dem Pferd unterwegs. Der Fotograf dokumentiert eine Strassenszene. Die Situation ist gestellt: der Mann mit Schürze beim Pferd und der Geistliche zur Kindergruppe hingewendet. Allerdings spielen nur der Pfarrer und sein Pferd ihre Rollen, während die Blicke des Mannes und der Kinder auf den Fotografen und die Kamera bezogen bleiben. (Eugène Cattin [1866–1947], Archives cantonales jurassiennes, ArCJ_-_Groupe_-_137J_2480_a, AfA-ID 602)

weiteren Aufzucht und schliesslich auch mit der Ausbildung der Pferde befassten. Musset nennt Erstere «régions de production» und deren Züchter:innen «naisseurs» und Letztere «régions d'élevage» respektive «éleveurs». In den räumlich-funktionalen Arbeitsteilungen innerhalb der Zucht gab es relativ viel Bewegung, die Musset als Ausdruck des landwirtschaftlichen Trends zur Spezialisierung und räumlichen Arbeitsteilung interpretiert.[130] Auch in der Schweiz kann man zu verschiedenen Zeiten solche regional-funktionalen Ausdifferenzierungen feststellen, so etwa im Zusammenhang mit der Maultierzucht im Wallis oder hinsichtlich der Zucht der Freiberger. Der Bericht des Tierarztes Müller aus Tramelan aus dem Jahr 1873 dokumentiert solche grenzüberschreitenden Verhältnisse im «bernischen Jura, diesem Mittelpunkt der schweizerischen Pferdezucht». «Soweit die Erinnerungen des Berichterstatters zurückreichen, verkauft man die Fohlen halb- oder anderthalbjährig, und die Züchter, welche ihre Interessen am besten verstehen, begeben sich sogleich nach Frankreich auf die Märkte des Departements des Doubs, besonders nach Maiche,

130 Musset, De l'élevage du cheval en France, 1917, 54–70.

Foto 20: Auf dem Weg zum Fohlenmarkt, Kanton Freiburg, im Jahr 1949: Transport des Fohlens zur Bahnstation. Das Fohlen verlässt die «région de production». Mit der weiteren Ausbildung zum Arbeitspferd steht der nächste Lebensabschnitt in der «région d'élevage» an. (Jacques Thévoz, Bibliothèque cantonale et universitaire, Fribourg, JATH_39219, AfA-ID 1949)

und kaufen dort Fohlen eines grossen Schlages mit höherem Widerrist und ebenem Kreuz. In der Schweiz auf unseren Weiden aufgezogen, werden sie im Alter von anderthalb bis 2 oder 3 Jahren als gute Landespferde wieder verkauft. Immerhin bleiben im Lande einige dieser eingeführten Pferde zurück, die zur Zucht bestimmt werden. Es sind dies – die Tatsache ist unzweifelhaft – unsere besten Beschäler, wenn gleich sie selber ein Kreuzungsprodukt sind.»[131] Eine weitere, später entstandene regionale Arbeitsteilung ergab sich in der ersten Hälfte des 20. Jahrhunderts «zwischen dem Aufzuchtgebiet des Juras, den Ausbildungsstätten des Emmentals und dem Verbrauchsgebiet des Mittellandes. Die 18 Monate alten Freibergerfohlen wurden jeweils auf den Märkten von Chaindon [Reconvilier] und Montfaucon von den bernischen Bauern gekauft.

131 Zitiert nach Müller, Pferdezucht, 1901, 10.

Die ausgewachsenen Arbeitspferde erschienen an den Februarmärkten in Aarberg und Burgdorf.»[132]

Zuchtziel Arbeit

Bei der Typenzucht der Pferde waren die Zuchtziele stark auf bestimmte Arbeiten und Arbeitskontexte bezogen. Das begann schon im 18. und in der ersten Hälfte des 19. Jahrhunderts mit der Unterscheidung von Reit-, Saum- und Zugpferden sowie von kleinen und grossen Pferden.[133] Ribbe unterschied in den 1820er-Jahren zwischen Landwirtschafts-, Fracht- und Postpferden, Militär- und Vergnügungs- oder Luxuspferden.[134] Beaudement schlug in den 1860er-Jahren in seinen «Principes de zootechnie» die Unterscheidung dreier Grundtypen vor: a) «le cheval de vitesse», b) «le cheval de gros trait», c) «le cheval de luxe». Die Ausdifferenzierung in Typen skizzierte er als einen Prozess, an dessen Anfang ein mitteleuropäisches leichtes Pferd stand, das nun durch die auf die verschiedenen Bedürfnisse hin entwickelten Typen und Rassen verdrängt worden sei und noch verdrängt werde.[135] Ab der zweiten Hälfte des 19. Jahrhunderts werden einerseits eine weitere Ausdifferenzierung funktionaler Zuchtziele, anderseits eine allgemeine Tendenz zur Zucht grösserer, schnellerer und/oder stärkerer Tiere fassbar. Musset brachte dies auf den Punkt: «Toutes les races ou variétés de trait, en effet, tendent à l'heure actuelle à se confondre, et à se confondre en se grossissant; la plupart atteignent aujourd'hui la taille et le poids qu'avait seul, autrefois, le boulonnais.»[136]

In der Schweiz sind für das letzte Viertel des 19. Jahrhunderts, den Zeitraum der grössten Diversität der Arbeitspferde, verschiedenste Typen überliefert: Reit-, Saum-, Zugpferde, Chaisen-, Kutschen-, Post-, Militär- oder Landwirtschaftspferde. Die Diskussionen über den besten Weg, um zu passenden Pferden zu kommen, über die eigene Zucht oder über die international gewordenen Märkte, wurden breit und kontrovers geführt. Dabei traten verschiedene Interessengruppen mehr oder weniger deutlich hervor: das Militär, zunächst dominant, die Kreise der Landwirtschaft und nur undeutlich die professionellen Transportgewerbe. In der Landwirtschaft favorisierte man weder die spezialisierten leichten noch die schweren massiven Zuchten, sondern ein sogenanntes Allzweckpferd (Greene bezeichnet das Allzweckpferd als den grossen Wieder-

132 Kipfer, Pferdezucht im Kanton Bern, [1980], 23.
133 Ringholz, Pferdezucht im Stifte Einsiedeln, 1902.
134 Ribbe, Über das Quälen und Misshandeln der Thiere, 1821.
135 Baudement, Principes de zootechnie, 1869, 151 und 161.
136 Musset, De l'élevage du cheval en France, 1917, 130: «Alle Zugtierrassen oder -varietäten tendieren heutzutage dazu, sich zu vermischen, und zwar indem sie sich vergrössern: Die meisten erreichen heute die Grösse und das Gewicht, die früher nur die [...] damals schwersten Pferde erreichten.»

gänger im Pferdediskurs),[137] während im Militär körperlich und nach Fähigkeiten und Eigenschaften unterschiedliche Kavallerie-, Artillerie-, Train- und Offizierspferde gefragt waren. Die landwirtschaftlichen und militärischen Kreise führten von den 1860er-Jahren bis in die Zwischenkriegszeit eine Debatte um die entsprechenden Zuchtziele und um deren Durchsetzungshoheit. Während man in Ersteren mindestens für das Hügel- und Mittelland Pferde benötigte, die die zunehmend verbreiteten landwirtschaftlichen Maschinen zu ziehen in der Lage waren, zeichneten sich die militärischen Zuchtziele durch grössere, aber keineswegs durch absolute jeweilige Ausschliesslichkeit aus. Am kontroversesten verliefen die Diskussionen um die Zucht von Kavalleriepferden.[138] Eine Vermischung oder Angleichung dieser Positionen ergab sich in mehreren Linien über die agrarische Realität der Zucht und Aufzucht sowie durch die Tatsache, dass die meisten Militärpferde über das Jahr in der Landwirtschaft arbeiteten. Solche undeutlichen Grenzen gab es nicht nur zwischen Militär und Landwirtschaft, sondern vielfältig auch zwischen dieser und den Gewerben. Eine dritte Linie der Annäherung ergab sich über die Verschiebung der bundespolitischen Zielsetzungen in der Pferdezucht. Diese waren von den 1860er-Jahren bis gegen Ende des 19. Jahrhunderts prioritär auf die militärische Bestandsergänzung, auf die sogenannte Remontierung des Bedarfs an Kavallerie- und Artilleriepferden, ausgerichtet. Hier brachte die Übernahme der Unterstützung eines leichten bis mittelschweren Zugpferdes als zweites Zuchtziel um die Jahrhundertwende eine wichtige Neuausrichtung der schweizerischen Pferdezucht in Richtung landwirtschaftlicher Zielsetzungen und Zwecke.[139] Und schliesslich entspannen sich die Diskussionen um die Zuchtziele nicht zuletzt infolge des Wegbrechens einzelner Nachfragen, indem die elektrischen Trams, die Fahrräder und die motorisierten Strassenfahrzeuge den Markt für leichte und für spezialisierte Zugpferde seit der Jahrhundertwende einbrechen liessen.

Eidgenössische Pferdepolitik bis zur Jahrhundertwende

Nach der Mitte des 19. Jahrhunderts begannen sich die neuen staatlichen Verhältnisse der Schweiz auch auf die Pferdezucht auszuwirken. Die frühen tastenden Schritte waren zunächst hauptsächlich militärisch motiviert und zugleich ein erstes landwirtschaftspolitisches Engagement des noch jungen Bundesstaates. Trotz manchen Unterschieden überschnitten sich militärische und landwirtschaftliche Positionen in einem wichtigen Punkt: Es handelte sich unter den Bedingungen der Milizarmee im Wesentlichen um die gleichen Pferde,

137 Greene, Horses at Work, 2008, 112.

138 Vgl. Wille, Remontirung, 1885. Der Begriff Remontierung oder Remonte bezeichnete die jährliche Ersetzung des Bestands.

139 Rittmeyer, Geschichte des schweizerischen Zugpferdes, 1926, 94–97.

auf die sie sich bezogen. Der Zeitraum von den 1860er-Jahren bis zur Mitte des 20. Jahrhunderts lässt sich in zwei Phasen einteilen: in eine erste Phase bis zur Jahrhundertwende, in der das militärische Zuchtziel eines Reitpferdes dominierte und der Bund zum starken Akteur wurde, und in eine zweite Phase, in der das Zuchtziel eines in der Landwirtschaft brauchbaren Zugpferdes dominierte und die Freiberger zu eigentlichen Landespferden aufstiegen. Die zweite Phase war durch die Gründung zahlreicher Pferdezuchtgenossenschaften geprägt.

Ab der Mitte des 19. Jahrhunderts wurde in der Schweiz eine breite Diskussion um die Pferdezucht, um Zuchtziele und Zuchtstrategien geführt. Eine grosse Zahl von Artikeln und Denkschriften dokumentiert die Tendenz hin zu einer aktiveren Rolle des Bundes. Neben vielen in der Pferdezucht selbst liegenden (sich nicht selten widersprechenden) Gründen – die Probleme der überkommenen Pferdezucht, die militärischen Bedürfnisse nach einem Kavalleriepferd oder die sich mit der landwirtschaftlichen Mechanisierung verändernden Erfordernisse – gab es einen äusseren, in der Entwicklung des schweizerischen Bundesstaates liegenden Anlass für den Aufbruch in den 1860er-Jahren. Der Bund verfügte zum ersten Mal überhaupt über ein Budget zur eigenen finanziellen Gestaltung der Verhältnisse. Er stützte sich dazu im Wesentlichen auf seine engen verfassungsmässigen Kompetenzen im Bereich der übergeordneten Militärorganisation. Die anfängliche Dominanz der militärischen Belange in der Bundesförderung der Pferdezucht mochte auch darin begründet sein. Parallele Vorhaben betrafen damals die Beschaffung von Karabinern sowie die Alpen- oder Militärstrassenfrage.[140]

Gegen Ende des 19. Jahrhunderts wurde die frühe Pferdepolitik des Bundes zum Gegenstand der Auseinandersetzung um die Armeekonzeption zwischen der «Neuen Richtung» und der sich gegen diese formierenden «Nationalen Richtung».[141] Der spätere General Ulrich Wille, der ab 1892 Waffenchef der sich als Elitetruppe verstehenden Kavallerie wurde, war wichtiger Protagonist der «Neuen Richtung». Er vertrat die Ansicht, das Pferd sei, wie der Karabiner für den Infanteristen, die «Waffe der Cavalleristen».[142] Dagegen betonten die Vertreter der «Nationalen Richtung» die Bedingungen der Milizarmee, in der die Pferde nicht nur Waffen, sondern auch die Zugkräfte der Landwirtschaft seien.

Vier Quellen gewähren einen besonderen Einblick in die Anfänge der bundespolitischen Einflussnahme. Der Bericht des Bundesrates «betreffend Hebung der schweizerischen Pferdezucht» des Jahres 1867 und der vom langjährigen Abteilungschef des Eidgenössischen Industrie- und Landwirtschaftsdepartements Franz Müller[143] verfasste Bericht «Unsere Pferdezucht» aus

140 Schiedt, Alpenstrassenfrage, 2002.

141 Vgl. Jaun, Preussen vor Augen, 1999, 161–232; Gonin, La Société pour l'amélioration de la race chevaline en Suisse romande, 2003.

142 Wille, Remontirung, 1885.

143 Zu Franz Müller (1845–1934) siehe AfA-Portal Personen und Institutionen, DB2472, 7. 12. 2023.

dem Jahr 1901 entstanden direkt im Zusammenhang der Parlamentsdebatten um die Rolle des Bundes.[144] Der 1867er-Bericht betraf die bundespolitischen Anfänge und die bis dahin bestehenden kantonalen Regelungen, während der 1901er-Bericht die ersten vierzig Jahre der Bundespolitik bilanzierte. Auch dieser Bericht enthält Reminiszenzen an die Entwicklung des 18. und der ersten Hälfte des 19. Jahrhunderts, mit denen er das stereotype Sprechen vom Verfall der Pferdezucht respektive von der besseren Vergangenheit als diskursives Mittel zur negativen Apostrophierung der Gegenwart entlarvte. Ebenfalls mit den bundespolitischen Anfängen befasste sich eine Publikation von Gottfried Gräub, in welcher die Anliegen der jurassischen Pferdezucht und die gegen Ende des 19. Jahrhunderts einsetzende agrarpolitisch motivierte Umorientierung in Richtung der Förderung der Zugpferdezucht fassbar werden. Und schliesslich behandelt ein 1931 publizierter Artikel über «die Pferdezucht in der Schweiz seit dem Einsetzen der Massnahmen des Bundes» von Albert König, dem Vizedirektor der Abteilung Landwirtschaft im Volkswirtschaftsdepartement, auch die ersten Jahrzehnte des 20. Jahrhunderts.[145]

Am Anfang des Bundesengagements in der Pferdezucht standen zwei Eingaben an den Bundesrat und mehrere Motionen. Das erste «Gesuch» wurde am 22. Januar 1862 vom «Verein schweizerischer Landwirthe», dem nachmaligen Schweizerischen landwirtschaftlichen Verein,[146] eingereicht. Dieser regte die Bildung einer Kommission an, die das Ziel hätte, sich mit den Möglichkeiten der Verbesserung der Pferdezucht zu befassen. Das sei notwendig wegen der zunehmenden Dominanz der Viehzucht, wegen der Eisenbahnen sowie wegen der bedeutenden Fortschritte der Pferdezucht im Ausland und einer entsprechend grösseren Konkurrenz ausländischer Tiere auf den Pferdemärkten. Neben dem quantitativen Rückgang verwies die Eingabe des Landwirtschaftsvereins auf eine in den letzten Jahrzehnten eingetretene qualitative Verschlechterung der Zucht. Man sei darum nicht mehr in der Lage, den militärischen Bedarf an Kavallerie-, Offiziers- und Artilleriepferden zu decken.

Unter anderem auf diese Eingabe hin setzte der Bundesrat am 23. November 1863 eine Kommission ein, die im Folgenden als «militärische Kommission» firmierte und den Auftrag hatte, sich nicht nur mit der militärischen, sondern auch mit der «nationalökonomischen und landwirtschaftlichen Seite der Frage» zu befassen. Sie gelangte 1867 mit dem Vorschlag an den Bundesrat, der Bund solle sich aus militärischen *und* aus landwirtschaftlichen Gründen bei der Anschaffung von Zuchtpferden engagieren. «Arbeit ersparende Maschinen und Geräthe, […] z. B. die Pferdehake, der Pferderechen, die Mähmaschine,

144 Bericht des Bundesrathes, 1867, 105–119; Müller, Pferdezucht, 1901; noch detaillierter über die militärisch motivierte Pferdezuchtpolitik und deren Scheitern Markwalder, Schweizerische Pferdezucht, 1910.

145 Gräub, Pferdezucht in der Schweiz, 1944; König, Hebung der Pferdezucht durch den Bund, 1931. Zu Albert König (1869–1957) siehe AfA-Portal Personen und Institutionen, DB1985, 7. 12. 2023.

146 Zum Schweizerischen landwirtschaftlichen Verein siehe AfA-Portal Personen und Institutionen, AfA315, 7. 12. 2023.

die Dreschmaschine, die Wiesenegge u. s. w.» erforderten mehr und stärkere Pferde. «Auch für den Transport von Bausteinen, wenn der Bau rasch vor sich gehen soll, lässt sich das Pferd nicht leicht ersetzen. Für den Dienst der Post in jenen Gegenden, wohin keine Eisenbahnen reichen, ist dasselbe so unentbehrlich, dass auch seine öffentliche und staatswirthschaftliche Bedeutung nicht zu verkennen ist. Noch mehr tritt diese beim Militärwesen hervor. Kein Heer kann im Felde ohne Pferde bestehen.»[147]

Mittlerweile hatte man im Departement Akten über die bisherigen Verhältnisse der Pferdezucht zusammengetragen. Eine Umfrage ergab, dass die Pferdezucht bereits in mehreren Kantonen unterstützt wurde, so mit gesetzlicher Grundlage im Aargau, in Basel-Stadt, Bern, Freiburg, Graubünden, Solothurn, Schaffhausen, Zürich, St. Gallen, Uri, Wallis und Waadt. Es handelte sich in erster Linie um Regelungen der Auswahl von Zuchttieren, um Prämierungen und – weniger häufig – auch schon um den Import eines oder mehrerer Zuchthengste. Zudem habe man in den Kantonen Waadt und Schaffhausen mit dem Ziel der Reinzucht die Führung eines Zuchtbuchs begonnen, «die für das Gedeihen der Pferdezucht von unschätzbarem Werthe ist. [...] Darin ist Vater und Mutter des Füllens sammt den erblichen Eigenschaften angegeben. Dieses in England seit beinahe einem Jahrhundert mit dem besten Erfolge angewendete Verfahren dürfte das beste Mittel sein, in der schweizerischen Pferdezucht zu richtiger Erkenntnis und zu einem gehörigen System zu gelangen.»[148]

In den Beratungen kam die Kommission zum Schluss, die Pferdezucht «zum weit grösseren Theile» mit der «Herbeischaffung von Zuchtthieren» zu heben, bei denen es sich um «kräftige, gängige Pferde» handeln müsse, «wie solche sowohl der Krieg, als die Verwendung im Frieden à deux mains, an der Carrosse u. s. f. erfordert». Ein grösseres Problem sah man allerdings im Umstand, dass sich die «eleganteren einheimischen Racen, des Simmenthals und der Zentral- und Ostschweiz [...] leider bereits zu weit vom Ideal eines guten Pferdes entfernt» hätten. Im Übrigen müssten «die Fuhr- und Ackerbaupferde der westlichen Schweiz, so wie auch die Saumpferde im Gebirge» in die Verbesserungen einbezogen werden.[149] Ein zweiter Bericht aus dem Jahr 1868 stellte klar, dass in dieser Sache ein doppelter Zweck verfolgt würde, der sowohl auf die «allmähliche Herstellung eines neuen, für unsere Verhältnisse geeigneten Pferdeschlages» als auch auf die «Verbesserung der einheimischen Racen durch Kreuzung» zielte.[150] Auf einen entsprechenden Vorschlag des Bundesrates beschloss die Bundesversammlung am 1. Juli 1868, Zuchttiere im Ausland – vorzugsweise englische Halbblutpferde – zu beschaffen und diese den Kantonen unter der

147 Bericht des Bundesrathes, 1867, 105–107.
148 Ebd., 110–112.
149 Ebd., 115 f.
150 Bericht des Bundesrathes, 1868, 850.

Bedingung der Mitfinanzierung zur Verfügung zu stellen.[151] Über die Bestimmung der zu importierenden Halbblutpferde war nun klar, dass sich der Bund zunächst hauptsächlich hinsichtlich der vom Militär geforderten Reitpferde engagieren würde.

Die nächsten drei Jahrzehnte sind unter anderem im Rechenschaftsbericht des Abteilungschefs des Eidgenössischen Industrie- und Landwirtschaftsdepartements dokumentiert, der zuletzt in leitender Funktion die Massnahmen des Bundes zu verantworten hatte. Müller identifizierte in diesem Zeitraum drei Phasen,[152] die je mit der Einfuhr bestimmter Zuchtpferde und weiteren Massnahmen zusammenfielen. In eine erste Phase, die von 1868 bis 1880 dauerte, fiel die Einfuhr englischer Halbblutpferde, sogenannter Hunters, und 1874 die Gründung eines Hengstfohlenhofs in Thun, in dem die reingezüchteten Zuchthengste aufgezogen werden sollten; er wurde 1881 wieder geschlossen.[153] In die zweite, von 1880 bis 1890 dauernde Phase fiel der Import von sogenannten Anglonormännern aus der französischen Normandie, die auch bei der Zucht der Holsteiner, Oldenburger und Württemberger Pferde eingekreuzt wurden, sowie im Jahr 1884 der erste Bundesbeschluss zur Förderung der Landwirtschaft.[154] Die dritte Phase war schliesslich gekennzeichnet von einer noch weiter gehenden Betonung des Offiziers- und Kavalleriepferdeziels durch den Import englischer Vollblutpferde und der Gründung des eidgenössischen Hengst- und Fohlendepots in Avenches, das 1927 zum eigentlichen Gestüt erweitert werden sollte.[155] Das 1893 erlassene Bundesgesetz zur Förderung der Landwirtschaft und die Vollzugsverordnung von 1894 legten aber auch die gesetzliche Basis, die in den folgenden Jahrzehnten einen verstärkten Einbezug landwirtschaftlicher Forderungen ermöglichte. Dabei griffen die Bundesverantwortlichen auf Instrumente zurück, die vorher schon in einzelnen Kantonen angewandt worden waren, so die Prämierung von Zuchttieren oder von Pferdeweiden und neu auch die Unterstützung von Genossenschaften.[156]

Während der ganzen Zeit des bundespolitischen Aufbruchs in der Pferdezucht wurden kontroverse Diskussionen über die Effekte und Nebeneffekte der Massnahmen geführt, die mindestens von bäuerlicher Seite her auch die Erfahrung der Mitte der 1870er- bis Anfang der 1890er-Jahre dauernden wirtschaftlichen Depression und des landwirtschaftlichen Strukturwandels reflektierten.[157] Dabei waren die Bilanzierungen meistens von kollektiven Akteurinteressen geprägt. Als eine nicht intendierte Folge der Bundesaktivitäten

151 Beschlussentwurf: Schweizerisches Bundesblatt, Bd. 2, Heft 33, 1868, 860.

152 Während wir in der Entwicklung im Zeitraum von den 1860er-Jahren bis Mitte des 20. Jahrhunderts zwei Phasen erkennen, unterteilten die damaligen Akteure kleinteiliger, indem sie in unserer ersten Phase noch einmal drei Phasen identifizierten.

153 Müller, Pferdezucht, 1901, 11–13.

154 Bundesbeschluss betreffend die Förderung der Landwirtschaft, 1884.

155 Müller, Pferdezucht, 1901, 18–23; Rieder, Das Schweizer Nationalgestüt in Avenches, 2015, 8–14, hier 9.

156 Bundesgesetz betreffend die Förderung der Landwirtschaft (1893), 1894.

157 Frey, Landwirtschaft, 2001.

wurde die Tatsache gewertet, dass mit Ausnahme der Kantone Bern, Freiburg, Neuenburg und St. Gallen alle anderen Kantone ihre je eigene kantonale Unterstützung der Pferdezucht aufgegeben hatten.[158] Einig war man sich, dass das Ziel der Zucht eines militärtauglichen Reitpferdes in der zweiten Hälfte des 19. Jahrhunderts gescheitert sei. Diese Ansicht wurde selbst in Militärkreisen geteilt.[159] Ein Kritikpunkt betraf die zu grossen körperlichen Unterschiede zwischen den eingeführten Hengsten und den in der Schweiz vorhandenen Stuten, einem «Mischmasch, des jahrhundertelang vernachlässigten Pferdebestandes».[160] Weitere Kritik bezog sich auf den zu kurzen zeitlichen Horizont der Massnahmen, der keine Konsolidierung der durch Einkreuzung angestrebten Effekte zugelassen habe, und auf die Tatsache, dass das Militär wohl das Zuchtziel vorgegeben, sich aber weiterhin vorwiegend im Ausland remontiert habe, während die gezüchteten Pferde für die Landwirtschaft zu leicht, zu fein und zu klein, zu «hoch-» und zu «spitzbeinig» geworden seien. Gegen diese Vorwürfe hielt der Landwirtschaftsverantwortliche in der Bundesverwaltung den Züchtern vor, die von ihnen beklagte Konstitution der Tiere sei mehr eine Folge der mangelhaften Ernährung, von zu wenig Bewegung und zu früher Arbeit als ein Resultat der Einkreuzungen.[161]

Ein grosses, häufig konstatiertes Manko betraf den Umstand, dass die bisherigen Bundesmassnahmen keinen besonderen Bezug auf die Zuchtverhältnisse im Jura und auf die allgemeine Nachfrage nach Zugpferden genommen hatten. Die jurassische Pferdezucht habe, so Oberst Ziegler, der spätere Direktor der militärischen Eidgenössischen Pferderegieanstalt in Thun, nicht wegen, sondern trotz «unglücklichster Kreuzungsversuche» überlebt.[162] Das war nicht zuletzt eine Folge des Umstands, dass der Kanton Bern nach dem Einsetzen der Bundesmassnahmen weiterhin in konfliktreicher Gegensätzlichkeit zu den Bundesinstanzen die Zucht von Zugpferden und damit die Freiberger gefördert hatte und sich die Freibergerzucht weiterhin in informeller Verbindung zur Pferdezucht in der Franche-Comté entwickelte.[163] In der Westschweiz züchtete man nach wie vor jenen «Pferdetypus», «welchen der Markt am meisten begehrt und der infolgedessen auch am zahlreichsten importiert wird [...] und es bot sich z. B. im bernischen Jura das Schauspiel, dass der arme wie der gut situierte Züchter mit seiner Stute neben der mit edlen Halbbluthengsten besetzten eidgenössischen Beschälstation vorbei zum privaten, nur kantonal anerkannten Hengste mit gemeineren Formen fuhr [...]. Was war denn das Motiv zu diesem auffälligen Vorgehen? Nichts anderes als die Gewissheit,

158 Für viele Gräub, Pferdezucht in der Schweiz, 1944, 6 und 19–21.
159 Markwalder, Schweizerische Pferdezucht, 1910, unter anderem 127 f.
160 Gräub, Pferdezucht in der Schweiz, 1944, 21.
161 Müller, Pferdezucht, 1901, 31.
162 Ziegler, Landespferdezucht, 1935, 219.
163 Poncet, Geschichtlicher Abriss der Schweizer Pferdezucht, 2004, 41; Poncet, Le cheval des Franches-Montagnes, 2009, 92.

Tab. 2: Militärische Pferdezählungen, 1877–1900

Jahr der Zählung	Reitpferde					Zugpferde			Untaugliche
	Offizierspferde			Unteroffizierspferde		Für fahrende Batterien	Für Trainbatterien und Linientrain	Im Notfalle brauchbare	
	Von eingeteilten Offizieren	Zugerittene	Zum Zureiten tauglich	Zugerittene	Zum Zureiten tauglich				
1877	506	1 114	375	1 307	2 442	20 962	16 147	9 346	27 809
1890	862	2 434	1 374	1 421	3 041	22 654	25 619	10 140	14 005
1900	838	2 348	1 603	1 792	3 625	23 897	29 719	18 456	18 313

Quelle: Müller, Pferdezucht, 1901, 30.

dass er bei der Zucht eines schwereren – wenn auch gemeineren – Pferdes das Produkt mit Sicherheit als halb- oder $1^1/_2$jährig an den Mann bringen und mit dem Erlös seinen zeitlich begrenzten finanziellen Verbindlichkeiten nachkommen kann!»[164] Der dies schreibende Tierarzt Gottfried Gräub, der den jurassischen Pferdezuchtkreisen nahestand, sah im Jura aber auch positive Effekte der frühen Bundesmassnahmen: Die Einkreuzung der Anglonormannen-Hengste habe dort verbesserte Zugpferde für «das leichte Fuhrwerk» und geländegängige Pferde für die Artillerie gebracht.[165]

Der militärische Bedarf an Pferden

Die militärischen Bestände waren in der Armeereform des Jahres 1874 festgelegt. Mit dieser ging die Beschaffung der Pferde an die Armee über.[166] Die Zahlenverhältnisse des militärischen Bedarfs an den unterschiedlichen Pferdetypen gehen aus besonderen militärischen Pferdezählungen der Jahre 1877, 1890 und 1900 hervor.[167] Darin wurden die im Kriegsfall tauglichen Pferde erhoben und nach ihrer militärischen Eignung eingeteilt.

Die Totale beliefen sich inklusive der untauglichen Pferde auf rund 80 000 Pferde im Jahr 1870, das heisst auf vier Fünftel des gesamten Pferdebestandes, auf rund 82 000 im Jahr 1890 und auf rund 101 000 Pferde im Jahr 1900. Das lag nur leicht unter den Schätzungen des Bestands der Arbeitspferde in den eidgenössischen Viehzählungen (siehe Diagramm 5). Ohne die militärisch untauglichen Pferde entsprachen die militärtauglichen Pferde rund der Hälfte

164 Gräub, Pferdezucht in der Schweiz, 1944, 18; Baumann, Gegebenheiten in unserer Pferdezucht, 1951, 155 f.
165 Gräub, Pferdezucht in der Schweiz, 1944, 7.
166 Militärorganisation der schweizerischen Eidgenossenschaft, 1874, 421–509: XI. Pferdestellung: 468–472.
167 Eine weitere militärische Pferdezählung fand 1908 statt.

Foto 21: Militärische Verwendung von Pferden: Säumen oder Basten (Traglasttransporte) zur Zeit des Zweiten Weltkriegs, 1940. Bevorzugt dienten Maultiere und Pferde aus der Gebirgslandwirtschaft als Saumtiere. Aber auch im Zivilen als Zugtiere genutzte Pferde wurden im Militär zu Saumtransporten verwendet. (Schweizerisches Sozialarchiv, F Fb-0024-13, AfA-ID 1122)

des in den Viehzählungen ermittelten Gesamtbestandes im Jahr 1870 und zwei Dritteln der Gesamtbestände in den Jahren 1890 und 1900.

Die Zahl der erhobenen militärtauglichen Pferde überstieg den direkten militärischen Bedarf bei weitem. So erforderte die bestehende Militärorganisation für den Mobilisierungsfall gemäss Militärorganisation von 1874 rund 30 000 Pferde, davon 13 000 Reitpferde,[168] und im Jahr 1900 rund 36 000 Pferde, davon rund 9000 Reit-, 1000 Saum- und 26 000 Zugpferde.[169] In den militäri-

168 Müller, Pferdezucht, 1889, 122.
169 Eidgenössische Viehzählung 1901, Bd. 1, 18*.

Foto 22: Kavallerie in den 1930er-Jahren: Kavalleriepferde erforderten besondere körperliche und durch Ausbildung anerzogene Eigenschaften. Es handelte sich um robuste Reittiere, die im Gelände in den verschiedenen Gangarten geritten werden konnten und die an Hektik und Lärm im Gedränge gewohnt waren. Die frühen Massnahmen des Bundes zielten hauptsächlich auf die Zucht von Kavalleriepferden. (© Gotthard Schuh, Fotostiftung Schweiz, 2000.07.088, AfA-ID 779)

schen Einsatzszenarien ging man überdies davon aus, dass ein allfälliger weiterer Bedarf an Transportleistungen durch Requisitionen gedeckt würde.

Obwohl die Zahl der gemäss Militärordnung notwendigen Reitpferde bedeutend geringer war als die in der Gesellschaft vorhandenen Arbeitspferde, beschränkten sich die bundespolitischen Massnahmen der zweiten Hälfte des 19. Jahrhunderts vor allem auf die Reittiere für die Kavallerie und die Offiziere. Die Tatsache, dass das frühe Bundesengagement in der Pferdezucht eine so eingeschränkte Zielsetzung für einen so eingeschränkt nutzbaren Bestand verfolgte – die Zucht eines militärtauglichen warmblütigen Reitpferdes –, erklärt sich einerseits aus der allgemeinen Krise der Reitpferdezucht, anderseits aus dem hohen gesellschaftlichen Ansehen der Dragoner und dem Einfluss der Offiziere unter den politischen Akteuren der Bundesebene.[170]

170 Vgl. Vollenweider, Von «Eidgenossen», 2020.

Pferdepolitik: Vom Militär- zum Landwirtschaftspferd

Um die Jahrhundertwende, zum Zeitpunkt, als das Eidgenössische Industrie- und Landwirtschaftsdepartement den Rechenschaftsbericht Müllers publizierte, zeichnete sich insofern eine wichtige Bewegung in der Frage ab, als die Bundesinstanzen in mehreren Schritten vom alleinigen Zuchtziel eines «Dragoner- und Artillerie-Reitpferdes (Galoppierpferd)» abrückten und zusätzlich zu diesem die Unterstützung der Zucht eines «Zugpferdes mit Masse und Gang» ins Auge fassten.[171] Eine solche Umorientierung wurde von breiten Kreisen der Landwirtschaft, vom Kanton Bern und im Besonderen von der 1894 gegründeten Pferdezuchtgenossenschaft Burgdorf gefordert.[172] Deren Position vertrat im Jahr 1902 der Agronom Hans Conrad Schellenberg in einem Artikel zu den «Bestrebungen der Pferdezucht»: «Ein eigenartiges Bild bietet uns heute ein Blick auf die verschiedenen Bestrebungen in der Pferdezucht. Auf der einen Seite der Staat, der im Anglo-Normänner und im Englisch-Vollblut den Schwerpunkt für die Verbesserung unserer einheimischen Pferde sucht; auf der andern die Pferdezüchtervereine, die dieser Richtung nicht besonders hold sind und durch bewährte Kaltblutschläge ihre Ziele zu erreichen suchen. Mehr als früher werden die Stimmen laut, die sich gegen das gegenwärtig vom Bunde zu erstrebende Zuchtziel in der Landwirtschaft wenden. Das Interesse an der Pferdezucht selbst ist im Zunehmen begriffen; der Pferdestand auf dem Lande ist bedeutend gestiegen. [...] Der Staat stellt die Interessen der Landesverteidigung allen andern voran. Für ihn handelt es sich darum, dem Militär genügend Reit- und Zugpferde zur Verfügung zu stellen. Das Mittel dazu kann aber nur die Landwirtschaft sein. Wie der Mann nicht das ganze Jahr sein Militärkleid trägt, sondern den grössten Teil desselben im Zivilleben zubringt, so steht es auch mit dem Pferdematerial. Es muss den Bedürfnissen des Zivillebens dienen, und nachher kommt das Militär. Dem Pferdemangel im Militär kann dauernd und sicher nur abgeholfen werden, wenn der Pferdebestand auf dem Lande gehoben wird, und das kann wiederum nur geschehen, wenn den Bedürfnissen des täglichen Lebens Rechnung getragen wird. Es muss das Pferd Militär- und Bauernpferd zugleich sein. [...] Es bleibt nun noch die Frage, ob diese Pferde-

171 Ebd., 21–35; Rittmeyer, Geschichte des schweizerischen Zugpferdes, 1926, 96 f. Für dieses Abrücken vom alleinigen militärischen und die Formulierung eines zweiten, landwirtschaftlichen Zuchtziels gab es keinen eigentlichen Bundesbeschluss. Vielmehr wurde dies 1901 auf einer vom Landwirtschaftsdepartement einberufenen Konferenz empfohlen: «a) die Produktion eines mittelgrossen, möglichst starken Pferdes für den Reit- und Wagendienst (Pferd à deux mains) entsprechend den bisherigen Zuchtbestrebungen. b) die Produktion eines Pferdes für den Zugdienst, wobei die Zweckbestimmung als Artillerie-(Zug)-Pferd in erster Linie ins Auge zu fassen ist.» Die 1901 eingesetzte neue eidgenössische Pferdezuchtkommission umschrieb 1904 die Zuchtziele mit a) «Dragoner- und Artillerie-Reitpferd» und mit b) «Zugpferd mit Masse und Gang» (König, Hebung der Pferdezucht durch den Bund, 1931, 786).

172 Rittmeyer, Geschichte des schweizerischen Zugpferdes, 1926, 96: Kommissionsentscheid 1901, zweites Zuchtziel 1903.

zuchtbestrebungen, die in erster Linie auf Züchtung von Arbeitspferden abzielen, nicht auch der Bundesunterstützung würdig sind. Wir glauben ja.»[173]

In der verwaltungssprachlichen bundespolitischen Ausformulierung der Situation um die Jahrhundertwende hiess dies, in impliziter Abkehr von der bisherigen Praxis: «Die Landwirtschaft, als weitaus grösster Pferdeverbraucher unseres Landes verlangt ein gängiges Zugpferd, das auch den Bedürfnissen der Armee zu dienen vermag.»[174] Der im Jahr 1909 gefällte Entscheid des Bundesrates, zukünftig vom Bund aus auf die Bezeichnung der zur Zucht zugelassenen Hengste zu verzichten und dieses Recht den Kantonen zu überlassen, stellte einen weiteren Schritt der Neuausrichtung dar.[175] Im Gegensatz zur bisherigen Bundespolitik liefen die neuen Grundsätze auf einen positiven Einbezug der schweizerischen Hauptpferdezuchtgebiete in der Westschweiz hinaus, wo man sich bisher den bundespolitischen Massnahmen unter Verzicht der Teilhabe an den verschiedenen Unterstützungen mehr oder weniger verweigert hatte.[176]

Diese zweite Phase war durch eine Welle von Gründungen von Pferdezuchtgenossenschaften und -vereinen geprägt, die sich im Weiteren zu kantonalen, regionalen und nationalen Verbänden zusammenschlossen.[177] Sie orientierten sich dabei an den früher erfolgten allgemeinen Landwirtschafts-, im Besonderen an den Viehzuchtzusammenschlüssen und wahrscheinlich auch an Pferdezuchtvereinen, wie sie in der Franche-Comté schon in den 1830er- und 1840er-Jahren entstanden waren.[178] Sie bildeten unter den Bedingungen der «kleinen Zucht» und im tief greifenden agrarischen Strukturwandel jene «Wissens- und Handlungsräume», um kollektive Aufgaben um die Zucht, die Haltung und den Absatz der Tiere zu organisieren und durchzuführen, beispielsweise die gemeinsame Anschaffung und Haltung von Zuchthengsten, die Auswahl der Zuchtstuten, die Führung eines Zuchtbuches oder die Schaffung von Fohlenweiden.[179] Durch diese konnten Zuchtpopulationen gebildet werden, die gross genug zur Reinzucht waren. Die Vereine, Genossenschaften und Verbände wurden in der Folge zu wichtigen intermediären Instanzen zwischen dem Bund und den Züchter:innen, die sich in ihnen zu sehr effektiven kollektiven Akteurschaften verbanden. Die freiwilligen sowohl regionalen als auch branchenspezifischen Zusammenschlüsse erlaubten es einerseits, dem

173 Schellenberg, Bestrebungen in der Pferdezucht, 1902. Zu Hans Conrad Schellenberg (1872–1923) siehe AfA-Personenportal, siehe AfA-Portal Personen und Institutionen, DB3073, 7. 12. 2023.

174 Zitiert nach König, Hebung der Pferdezucht durch den Bund, 1931, 785.

175 Gloor, Entwicklung der Schweizerischen Pferdezucht, 1939, XXVIIf.

176 Vgl. Baumann, Gegebenheiten in unserer Pferdezucht, 1951, 155 f.

177 Erhebungen über den Stand des landwirtschaftlichen Vereins- und Genossenschaftswesens, 1912, 65 f., 75–77; Brugger, Die land- und forstwirtschaftlichen Vereinigungen der Schweiz, 1943, 122–127: 1908 gegründeter Verband schweizerischer Halbblut-Pferdezüchter und 1909 gegründeter Schweizerischer Zuchtverband für das Zugpferd.

178 Laborde, Notice sur les chevaux comtois, 1843, 567; Kraemer, Landwirtschaft im 19. Jahrhundert, [1901] 1902, 28.

179 Auderset, Moser, Agrarfrage in der Industriegesellschaft, 2018, 36; Aufzählung der Aufgaben nach Erhebungen über den Stand des landwirtschaftlichen Vereins- und Genossenschaftswesens, 1912, 65.

Bund gegenüber zuchtpolitische Positionen zu erarbeiten und wirkungsvoller zu vertreten, anderseits ermöglichten sie es dem Bund, mit der finanziellen Unterstützung der Genossenschaften steuernd auf die Zuchtverhältnisse einzuwirken.

Wie gross der Druck zur Gleichbehandlung der landwirtschaftlichen Zielsetzungen um die Jahrhundertwende gewesen war, lässt sich aus der Zahl der seit dem ausgehenden 19. Jahrhundert gegründeten Genossenschaften, die sich mit der Zucht von Zugpferden befassten, und aus dem Verhältnis der Reit- und der Zugpferdegenossenschaften schliessen. Während die Zahl der Reitpferdezuchtgenossenschaften von 21 im Jahr 1910 auf 8 im Jahr 1930 zurückging, stieg die Zahl der Zugpferdezuchtgenossenschaften von 32 im Jahr 1910 auf 58 im Jahr 1930 an. Die in Ersteren zusammengefassten «Zuchtbuchtiere» nahmen von 1259 im Jahr 1910 auf nur noch 237 im Jahr 1930 ab, und die Zahl der in den Zugpferdezuchtgenossenschaften zusammengefassten Zuchttiere stieg von 2345 auf 5874 und bis 1940 auf 12 636 an.[180]

Parallel zu diesen Entwicklungen wandelte sich die gesellschaftliche Wahrnehmung der Freiberger nach der Jahrhundertwende fundamental. Man sprach im Anschwellen des nationalen Diskurses vor und nach dem Ersten Weltkrieg nicht mehr von den «bidets de Porrentruy»,[181] sondern von den «Landespferden» und von der «Landespferdezucht». Die Historikerin Janine Vollenweider hat diesen Wandel nachgezeichnet.[182] Im «patriotisch instrumentalisierten Deutungsmuster» der schweizerischen Selbstvergewisserung durchliefen die Freiberger eine durchaus ähnliche Karriere wie die Sennenhunde, die zwischen dem Ende des 19. Jahrhunderts und der Zwischenkriegszeit von arbeitenden Bauernkötern zu Nationalhunden avancierten.[183] Die Beschreibung der Eigenschaften der Pferde, der «treuesten Eidgenossen» (Bundesrat Karl Scheurer, 1929) – Temperament, Energie, Ausdauer, Genügsamkeit, Widerstandskraft –, wurde gleichzeitig zur nationalen Formel der Beschwörung der Landeseigenschaften.[184]

Unter den gewandelten Vorzeichen erwiesen sich die in den Jahrzehnten des ausgehenden 19. Jahrhunderts entstandenen Elemente der bundespolitischen

180 Poncet, Geschichtlicher Abriss der Schweizer Pferdezucht, 2004, 43: «Rund 15 Zuchtgenossenschaften wurden schon im 19. Jahrhundert ohne Hilfe des Bundes gegründet». Brugger, Die land- und forstwirtschaftlichen Vereinigungen der Schweiz, 1943, 122–127, hier 122. Ab 1905 kam es unter der Federführung des Bundesamtes für Landwirtschaft zu einer Vereinheitlichung der Statuten und über die Bestimmung, dass eine Genossenschaft nur eines der beiden Ziele verfolgen dürfe, zur institutionellen Trennung von Warmblut- und Zugpferdezucht. Ab 1918 wurde die Mitgliedschaft in einer Genossenschaft in der Pferdezucht zur Voraussetzung, um überhaupt Bundessubventionen zu erhalten. Am Ende der Zwischenkriegszeit gab es in der Schweiz keine nennenswerte ausserhalb des landwirtschaftlichen Genossenschaftswesens und ausserhalb der Bundesbestimmungen und der Bundessubventionierung stehende Pferdezucht mehr.

181 Zehn Pferdeschauen im Kanton Bern, Allgemeine Schweizer-Bauernzeitung, Nr. 29, 28. 7. 1854, 112.

182 Vollenweider, Von «Eidgenossen», 2020.

183 Schiedt, Albert Heim, 2021, 8.

184 Vollenweider, Von «Eidgenossen», 2020, 157, mit Verweis auf Meier, Freiberger- oder Jurassierpferd, 1928; Ziegler, Landespferdezucht, 1935, 218.

Einflussnahme – die gesetzlichen Grundlagen, die finanzielle Unterstützung der Zuchttierhaltung und der Zuchtinfrastruktur sowie das Zusammenspiel der Vereine, der Genossenschaften, der Verbände und des Bundes – besonders in der Zugpferdezucht als tragfähig. Neu hinzu kamen in der Zwischenkriegszeit noch Restriktionen für den Import ausländischer Pferde. Als Antwort auf die stark überwiegende Zugpferdezucht wurde schliesslich im Bundesbeschluss zur Hebung der Pferdezucht des Jahres 1931 auf das Zuchtziel Reitpferd ganz verzichtet. Das alleinige Zuchtziel lautete neu ganz dem Typus der Freiberger entsprechend: «Der Bund unterstützt die Züchtung eines gedrungenen, tief gewachsenen, gängigen, leichten bis mittelschweren Zugpferdes, inbegriffen schweres Halbblut, mit guter oberer Linie, guten Gliedmassen, korrektem Gang und guten Hufen, das sowohl den Zwecken der Landwirtschaft als denjenigen der Armee zu dienen imstande ist.»[185]

Das war nun allerdings keine finalistische Kulmination der schweizerischen Pferdzucht in den Freibergern, auch wenn dies oft und gerne so dargestellt wurde und wird,[186] sondern mindestens so stark eine Folge des sukzessiven Wegfallens der Nachfrage nach anderen Pferdetypen. Von einer solchen Entwicklung waren nach der Mitte des 20. Jahrhunderts auch die Freiberger selbst betroffen, indem die Pferde in der Landwirtschaft und im Militär durch motorisierte Antriebe ersetzt wurden und die Pferdezucht dadurch in eine lange anhaltende Krise geriet.[187] Die Züchter:innen sahen ihre Zukunftschancen vor allem noch in leichteren, sportlichen «warmblütigen» Pferden, was wiederum, wie schon in der bisherigen Zuchtgeschichte, entweder durch Einkreuzung oder durch auf Selektion beruhender Reinzucht erreicht werden konnte. In den 1960er- und 1970er-Jahren verlegte man sich einmal mehr auf den Import von Zuchthengsten und auf das forcierte Einkreuzen.[188]

Pferdestärken und Hafermotoren

Die grosse gesellschaftliche Bedeutung der Arbeit von Pferden und von anderen Arbeitstieren inspirierte in verschiedenen Kontexten und zu verschiedenen Zeiten zur Erforschung der Bewegung und zum Messen der dabei erbrachten Leistungen. Das reichte von Leistungsprüfungen bis hin zu physiologischen Experimenten, von Kulturen und Techniken des Augenmasses bis zur numerischen Erfassung der Tierkörper und der Tierarbeit. Es interessierten die Leistungen der Pferde sowohl für sich als auch als Vergleiche etwa mit Menschen,

185 König, Hebung der Pferdezucht durch den Bund, 1931, 791; allgemein zur Geschichte der Freiberger in der ersten Hälfte des 20. Jahrhunderts Poncet, Le cheval des Franches-Montagnes, 2009, 95–244.

186 Vgl. Baumann, Gegebenheiten in unserer Pferdezucht, 1951, 155–160.

187 Poncet, Geschichtlicher Abriss der Schweizer Pferdezucht, 2004, 46–54.

188 Vgl. Eidgenössischer Verband des reinrassigen Freibergerpferdes. Rasse und Herkunft des Ur-Freibergers oder Jurapferd, www.rrfb.ch/rasse, 27. 12. 2023; Poncet, Le cheval des Franches-Montagnes, 2009, 247–280.

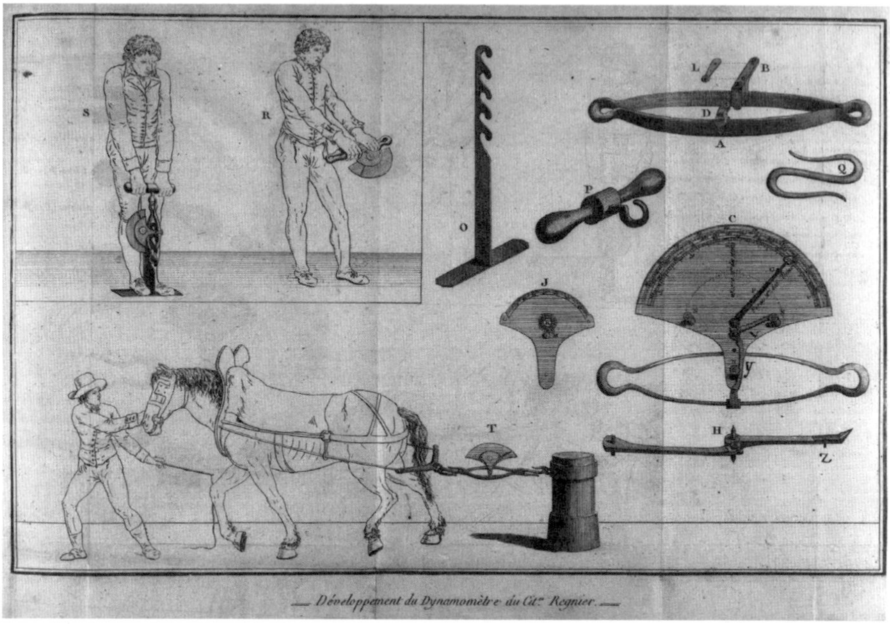

Abb. 4: Einfache Zugwaagen als frühe Instrumente zur Zugkraftmessung: der gegen Ende des 18. Jahrhunderts konstruierte Dynamometer von Edme Régnier. Der Dynamometer wurde zu einem wichtigen Instrument der rationalen, polytechnischen Erfassung der physikalischen Kraft, der Arbeit und der Leistung der Zugtiere. (Considérations sur la force musculaire, suivies de la description et de l'exposition chalcographique d'un nouvel instrument pour mesurer cette force, Paris 1807)

anderen Pferdetypen, anderen Arbeitstieren und vor allem mit Maschinen und Motoren.[189]

Merkwürdigerweise bleibt der physikalische Begriff Arbeit aus den bisherigen historischen Betrachtungen sowohl des allgemeinen als auch des tierbezogenen Arbeitsbegriffs weitgehend ausgeblendet. Dabei entstanden die physikalische Begriffstrias Kraft/Arbeit/Leistung und die Methoden, sie im Alltag zu messen, durchaus nahe bei den Arbeitstieren. Das kommt beispielsweise in der gegen Ende des 18. Jahrhunderts aufkommenden Leistungseinheit Pferdestärke (PS) oder mit Arthur Morins zahlreichen Versuchsreihen mit Zugpferden und dem von ihm entwickelten Dynamometer in den 1830er-Jahren zum Ausdruck, mit denen er sich in unmittelbarer Nähe zum Entstehungskontext der physikalischen Definition der mechanischen Arbeit bewegte.[190]

189 Auderset, Schiedt, Vermessung des animalischen Motors, 2023.

190 Im Wirkungskreis beispielsweise von Jean-Victor Poncelet (1788–1867); vgl. dazu Chatzis, Les cours de mécanique appliquée de Jean-Victor Poncelet, 2008; ders., Dupuit, Morin et la question du frottement de roulement, 2011.

Die Kraft der Arbeitstiere wurde gewöhnlich in Kilogramm respektive in Pfund gemessen. Als Kraft mass man den in einer Gespannsituation am Geschirr anfallenden Druck respektive den Zug, den die Tiere aufwenden mussten, um sich selbst und die Last in Bewegung zu setzen und in Bewegung zu halten. Diese wurde mit besonderen, zwischen den Tieren und den zu bewegenden Zuglasten angebrachten Messgeräten erhoben. Der physikalische Arbeitsbegriff setzte die aufgewendete Kraft ins Verhältnis zum zurückgelegten Weg (Kilogramm mal Meter), während die mechanische Leistung den Zeitraum misst, in welchem die Arbeit geleistet wurde (Kilogramm mal Meter durch Sekunden). Der Leistungsbegriff bezog sich in den historischen Zugkraftmessungen auf zwei verschiedene Zusammenhänge: erstens auf die eng gefasste Interaktion zwischen Tier und Trag- respektive Zuglast und zweitens auf die Effekte der Zugkräfte in den unterschiedlichen Anspannungen, mit den unterschiedlichen Transportgeräten, auf den unterschiedlichen Oberflächen. In letzterer Hinsicht kommen noch andere Mess- und Kalkulationsgrössen ins Spiel, so die Reibungen am Fuhrwerk oder als wichtigste Faktoren der Widerstand der verschiedenen Wegoberflächen und die Steigungsverhältnisse. Die Widerstände der Wegoberflächen wurden in den historischen Messungen als Koeffizient ausgedrückt: Für einen nicht besonders befestigten Feldweg eruierten die Polytechniker einen solchen von ungefähr 1/5 oder 0,2 und für eine gut unterhaltene, eingefahrene Chaussee einen solchen von 1/30 oder 0,033. Das kann wie folgt gelesen werden: Die Zugkraft 1 würde auf dem Feldweg die Last 5 und auf der Chaussee die Last 30 bewegen oder, im konkreten Beispiel: Ein mit ausdauernder Kraft von 60 Kilogramm ziehendes Pferd würde über einen durchschnittlichen Arbeitstag auf ebenem Feldweg eine Last von 300 Kilogramm (oder das Fünffache der aufgewendeten Kraft) bewegen, während es auf einer ebenen Chaussee mit gleicher Kraft eine Last (Wagen und Fracht zusammen) von 1,8 Tonnen bewegen könnte.[191]

Ein wirkmächtiger früher Tier-Maschinen-Vergleich liegt dem physikalischen Mass für kinetische Leistung Pferdestärke (PS) – horsepower (HP) oder cheval-vapeur (CV) – selbst zugrunde. Der englische Ingenieur James Watt (1736–1819) hatte den Begriff der Pferdestärke in den 1780er-Jahren als Verkaufsargument für die von ihm entwickelte und von Matthew Boulton produzierte Dampfmaschine aufgebracht. Diese würde an einer bisher im Göpel angetriebenen Wasserpumpe eines Bergwerks zwei starke Pferde ersetzen. Dabei ging er von einer Tagesleistung eines Pferdes aus, das während acht Stunden ungefähr 75 Kilogramm pro Sekunde einen Meter (1 PS = 75 kg·m/sec) anhebt. Es lag in der Anschaulichkeit – Pferde waren allgegenwärtig –, dass sich Watts Pferdestärke und nicht die viel einfacheren, aber weniger sinnlichen Kilogramm-Meter pro Sekunde (kg·m/sec) der französischen Physiker und

191 Schiedt, Kapazitäten des Fuhrwerkverkehrs, 2010, 123–129.

Polytechniker als Masseinheit für Maschinenleistung durchsetzten. Die Pferdestärke wurde wohl im Laufe des 19. und der ersten Hälfte des 20. Jahrhunderts durch das Leistungsmass Watt (1 W = 1 kg · m/sec) sukzessive abgelöst,[192] hielt sich aber paradoxerweise im Zusammenhang mit Automobilen, Lokomotiven und Schiffsmotoren am längsten.

Am meisten Verwirrung stifteten die Pferdestärken in der Pferdewelt selbst, war es doch die alltägliche Erfahrung auf dem Bauernhof, in der Fuhrhalterei oder auf der Baustelle, dass Pferde grössere Leistungen als die einer einzigen Pferdestärke erbringen konnten – und diese nicht nur von der körperlichen Stärke, sondern auch von einer Vielzahl härterer und weicherer Faktoren abhängig war. Der Agronom Walter Brunner hat darauf in seiner «Untersuchung über die Arbeitsleistung des schweizerischen Zugpferdes (Jurapferd)» verwiesen. So waren die Leistungen der Pferde abhängig von der Grösse, dem Alter, den Distanzen, der Witterung, der Ausbildung der Pferde, den mit ihnen zusammenarbeitenden Menschen, dem Gebrauch der Peitsche, dem Stalldrang der Tiere (und der Menschen) oder der Anspannung. Das alles einbeziehend oder ausschliessend kam er in einem Vergleich zum Schluss, dass die Freiberger über eine Distanz von 1,2 Kilometern eine Durchschnittsleistung von rund 1,8 PS und eine kurzzeitige Höchstleistung von über 5 PS erreichten, die Kühe dagegen über eine Strecke von 400 Metern eine Leistung von rund 1 PS erbrachten.[193] Gleichzeitig waren sich die Fachleute aber auch einig, dass Watts Annahme für eine über einen ganzen Arbeitstag erbrachte Leistung von 1 PS für ein Pferd eher zu hoch angesetzt war.[194] Kurz: Die Pferdestärke war und blieb ein Mass für die Motorenleistung; sie eignete sich am wenigsten für die Erfassung der Stärke und der Leistung der Pferde.

Alle, die mit Pferden arbeiteten und sich für deren Leistungen interessierten, bewegten sich weiterhin im Ungefähren. In den 1830er-Jahren beschrieb der amerikanische Ingenieur Ellwood Morris den unbefriedigenden Stand solcher Messungen: «There are perhaps but few subjects concerning which writers on practical mechanics differ more essentially than in stating the mean tractive force capable of being maintained by horses in common working hours from day to day. Practical men seeking to apply horse power to various purposes, find upon resorting to books, such discrepancies as shake their confidence in the statements, even of the most respectable authorities, and induce them rather to assume for themselves an empirical standard. [...] A nearer examination, however, developes difficulties growing out of the variety in muscular strength, to be noticed among horses even of the same weight, the difference in the capacity of

192 Bairoch, Les mesures de conversion des énergies primaires, 1986.

193 Brunner, Arbeitsleistung des schweizerischen Zugpferdes, 1942. Hinsichtlich der Leistungen der Kühe stützte sich Brunner auf die Dissertation von Hans Wenger. Untersuchungen über die Arbeitsleistung von Schweizer Rindern, Bern 1939. Collins und Caine (Testing Draft Horses, 1926) stellten noch grössere kurzzeitige Leistungen fest.

194 Beispielsweise Buhle, Das Zugpferd und seine Leistungen, 1923, 28.

prolonging exertion or keeping up a given pull for stated periods, which may be found amongst those of equal momentary strength, and the difficulty in experiments of registering the direct draught, owing to the traction being effected by impulses, ‹or strokes of the animals' shoulder against the collar›, as aptly stated by an eminent writer. Another source of difference, much to be regretted, is that our authors do not always tell us, whether or not the tractive force given by them is the effective draught clear of friction.»[195] Die unterschiedlichen Arbeitskontexte bestimmten letztlich sowohl Messstandards, Messanordnungen als auch die Messresultate selbst.

Eine Grösse, die Polytechniker und Ingenieure zu Kalkulationszwecken interessierte, war die maximale durchschnittliche Tagesleistung, die nur zu erreichen war, wenn die Muskeln der Tiere nicht zu stark beansprucht wurden. Diese wurde unter anderen von Franz Johann Maschek in seiner «Theorie der menschlichen und thierischen Kräfte» entwickelt.[196] Er folgte dabei einer verbreiteten Grundannahme, dass die Pferde in ausdauernder Zugarbeit im gewöhnlichen, nicht forcierten Schritt hauptsächlich mit ihrem Gewicht zogen. Wie man sich das vorzustellen hat, geht aus einer von Hering übersetzten Passage aus Youatts grundlegendem Werk «The Horse; with a Treatise on Draught» aus dem Jahr 1831 hervor: «Sowohl beim Menschen als beim Pferd wird das Ziehen dadurch hervorgebracht, dass der Körper über die Füsse hinaus, welche den Ruhepunkt bilden, gebracht wird, wodurch das Gewicht des Körpers, durch seine Neigung, sich zu senken, auf den wagerecht angebrachten Widerstand wirkt und ihn vorwärts zieht; wie der Widerstand nachgibt, werden die Füsse vorwärts gestellt und der Akt erneut oder vielmehr fortgesetzt. [...] Die Wirkung wächst folglich mit dem Gewicht des Körpers und der Grösse seiner Neigung über die Füsse hinaus.»[197]

Eine in der ersten Hälfte des 19. Jahrhunderts verbreitete Faustregel ging davon aus, dass aus der von Youatt beschriebenen Zugbewegung bei Rindern und Pferden eine Zugkraft von ungefähr einem Fünftel ihres Gewichtes resultierte. Das heisst, dass ein 300 Kilogramm schweres Tier in ausdauernder Arbeit mit durchschnittlich ungefähr 60 Kilogramm (= 0,8 PS) zog, während die Tragfähigkeit der Saumpferde mit einem Viertel bis einem Drittel des Körpergewichts angenommen wurde.[198]

Aus der immer wieder festgestellten Korrelation von Gewicht der Arbeitstiere und ihrer Zug- und Tragekraft erklärt sich die grosse Bedeutung, die der

195 Morris, On Tractive Power of the Horse, 1839, 79.

196 Maschek, Theorie der menschlichen und thierischen Kräfte, 1842; Krüger, Arbeitsfähigkeit bei Pferd und Rind, 1957.

197 Youatt, Das Pferd, 1837, 478 f.; in der englischen Ausgabe von 1831, 410: «The action of pulling is effected in either case by throwing the body forward beyond the feet, which from the fulcrum, and allowing the weight of the body, in its tendency to descend, to act against the resistance applied horizontally, and drag it forward; as the resistance yields, the feet are carried forward, and the action renewed, or rather continued.»

198 Schiedt, Kapazitäten des Fuhrwerkverkehrs, 2010, 123 f.

Grösse und dem Gewicht dieser Tiere zugemessen wurde. Laut der Archäozoologin Frédérique Audoin-Rouzeau hatten noch in der zweiten Hälfte des 18. Jahrhunderts die leichteren, kleineren Tiere und die kleineren «Schläge» überwogen. Bei Pferden konnte sie grossmehrheitlich Widerristhöhen[199] von 135 bis 145 Zentimetern feststellen – solche Pferde gelten heute als Ponys. Zwischen der Wende vom 18. zum 19. Jahrhundert und der Mitte des 20. Jahrhunderts verdoppelten sich die durchschnittlichen Gewichte der Pferde beinahe, während die Widerristhöhen je nach Region um 10 bis 25 Prozent zunahmen.[200] Neuere Annahmen, die sich auf schwerere Pferde bezogen, gingen nun allerdings nicht mehr davon aus, dass die ausdauernde Zugkraft einem Fünftel, sondern einem Sechstel bis einem Zehntel des Körpergewichts entspreche, was einerseits dem Umstand geschuldet war, dass die schwereren, grösseren Tiere tatsächlich ein schlechteres Verhältnis von Körpergewicht und Zugkraft aufwiesen. Anderseits mag das auch schon ein Ausdruck des in der zweiten Hälfte des 19. Jahrhunderts aufkommenden Tierschutzes gewesen sein.[201]

Die ausgedehntesten Versuchsreihen mit Pferden führte der französische Physiker, Polytechniker und Militär Arthur Morin (1795–1880) in den 1830er- und 1840er-Jahren durch.[202] Für seine Messungen entwickelte er den sogenannten Dynamometer weiter, der im 19. Jahrhundert zu einem allgemeinen Messinstrument für bewegende Kräfte wurde.[203] In seinen mehr als tausend Versuchsreihen hätten Pferde die Befunde buchstäblich mit ihrem Schweiss zu Papier gebracht. Damit bezog sich Morin auf den Aufschreibemechanismus des Dynamometers. Die Resultate der Versuche sollten Grundlagen zur möglichst genauen Schätzung des Bedarfs an Pferden für die Festungs- und Artillerieabteilungen des Militärs sowie für den staatswirtschaftlichen Infrastrukturbau liefern. Morin ging es nicht um das Vermessen der Tiere hinsichtlich ihrer Höchst- oder Durchschnittskräfte. Vielmehr interessierten ihn die Effekte der Tierarbeit in unterschiedlicher Anspannung, die Kraftäusserung am Ackergerät, im Fuhrwerk, in Kutschen und auf unterschiedlichen Oberflächen und Strassenkonstruktionen. Er vermass die Kraftübertragungs- und Reibungsbedingungen zwischen Rädern und Strassenoberfläche und zwischen Rad und Achse. Unter anderem ergaben seine Versuche, dass Pferde oder andere Arbeitstiere auf einer gut unterhaltenen Chaussee ein drei- bis sechsmal höheres Gewicht zu ziehen in der Lage waren als auf einem Feldweg, womit er einen

199 Widerristhöhe oder Stockmass: Der Widerrist ist der durch die langen Dornfortsätze der ersten Brustwirbel gebildete, hervortretende Übergang zwischen Rücken und Hals. Er dient als Messpunkt für die Bestimmung der Grösse der Pferde und der Rinder.

200 Audoin-Rouzeau, Les éléments nouveaux de l'élevage, 1997; Auderset, Schiedt, Vermessung des animalischen Motors, 2023.

201 Schiedt, Kapazitäten des Fuhrwerkverkehrs, 2010, 124; Schulz, Kutschpferde, 2000, 26. Zum Aufkommen des Tierschutzes vgl. Lüthi, Geschichte der schweizerischen Tierschutzbewegung, [1991].

202 Morin, Sur le frottement, 1832; Morin, Sur le tirage des voitures, 1839; Morin, Sur le tirage des voitures, 1842.

203 Morin, Deux appareils dynamométriques, 1837; Morin, Zwei dynamometrische Apparate zum Messen der Kraft, 1837; Jervis-Smith, Dynamometers, 1915.

der zentralen Sachverhalte der ersten Verkehrsrevolution (um 1750–1850)[204] als ein einfaches, aber entscheidendes quantitatives Verhältnis erfasste. Man konnte auf den neuen Strassen ein Drei- bis Sechsfaches dessen transportieren, was auf den alten Strassen und Wegen möglich war.[205]

Zur gleichen Zeit, als Morin seine ausgedehnten polytechnischen Versuche über die Leistungen der Pferdegespanne auf unterschiedlichen Oberflächen durchführte,[206] studierten andere französische Ingenieure die Strassentransporte anhand von Beobachtungen an wichtigen Strassenzügen und in topografisch unterschiedlichen Verhältnissen. In Ansätzen wird, noch ganz im Sinne der ökonomischen Aufklärung, das in verschiedenen Ländern und auch in einigen Kantonen der Schweiz verfolgte Ziel einer staatlichen Regie im Transportwesen greifbar, für die die optimalen Transportbedingungen evaluiert wurden.[207]

Die Ingenieure kamen zu einem erstaunlichen Resultat: Nicht die grossen, mehrspännigen Fuhrwerke der vollgewerblichen Transporteure mit ihren robusten (und entsprechend schweren) Wagen mit eisernen Achsen erwiesen sich in wirtschaftlicher Hinsicht als die günstigsten, sondern die in den Juragebieten verbreiteten Bauernwagen (Abb. 5). Es ist dies ein weiteres Beispiel gegen technikfinalistische Kurzschlüsse und dafür, dass das Festhalten am Bestehenden auch zur Zeit von Patentachsen und Radbremsen ökonomisch sinnvoll sein konnte.

Nach Corrèze und Manès stellten sich die Gefährte und die Transportorganisation der Franche-Comté als besonders günstig heraus. Es handelte sich um einspännig in Gabeldeichseln gefahrene leichte Bauerngefährte mit Holzachsen, grossen Rädern und schmalen Felgen. Die Wagen wogen weniger als 400 Kilogramm und konnten mit Lasten von 1100 bis 1200 Kilogramm beladen werden. Im Vergleich mit allen anderen Fuhrwerken wiesen sie mit 74 Prozent das beste Verhältnis zwischen Wagen- und Frachtgewicht, das heisst den besten Nutzeffekt, auf.[208] Als Alternative zu den grossen, mehrspännigen Fuhrwerken wurde denn auch auf bedeutenden Routen mit solchen einspännigen «voitures franc-comtoises» transportiert. Auf der Strasse zwischen Paris und Le Havre verkehrten beispielsweise in den 1820er-Jahren rund hundert einspännige Fuhrwerke in Gruppen zusammengefasst und von nur 22 Fuhrleuten geführt.[209] Das war wohl zeitraubender, aber doch unerreicht kostengünstig, sodass die Ingenieure zum Schluss kamen: «Sous tous ces rapports, les voi-

204 Arbellot, La grande mutation des routes de France, 1973.

205 Schiedt, Kapazitäten des Fuhrwerkverkehrs, 2010, 128.

206 Morin, Sur le frottement, 1832; Morin, Sur le tirage des voitures, 1839; Morin, Sur le tirage des voitures, 1842.

207 Morin 1842; Corrèze, Manès, Sur les routes et sur le roulage, 1832; Schwilgué, Sur les routes et sur le roulage, 1832. Zum Ziel eines staatlich moderierten Transportwesens Schremmer, Strukturwandel im Transportgewerbe 1969.

208 Brix, Über die Reibung und den Widerstand der Fuhrwerke, 1850, 177.

209 Schwilgué, Sur les routes et sur le roulage, 1832, 215.

Abb. 5: «Attelage Franc-Comtois»: einspänniges Fuhrwerk aus der Franche-Comté. Die am Geschirr angebrachten herunterhängenden Fransen dienten dem Schutz der Pferde vor Bremsen und Stechfliegen. Diese Bauernfuhrwerke wiesen, so die französischen Ingenieure Corrèze und Manès, ein besonders günstiges Verhältnis zwischen dem Wagengewicht, der Zuglast und der zu deren Bewegung notwendigen Zugkraft auf. (Atlas statistique de la production des chevaux en France, 1850, [ohne Seitenzahl], Lithografie François Hippolyte Lalaisse)

tures franc-comtoises sont de beaucoup plus avantageuses que les voitures ordinaires, ce sont donc elles qui devraient devenir le moyen ordinaire de tous nos transports.»[210] Allerdings konnten sich Corrèze und Manès bei den vollgewerblichen Transporteuren nicht durchsetzen, die weiterhin mehrspännig (in der Mehrheit zwei- bis vierspännig) und mit schweren Frachtwagen arbeiteten, während die vielen nebengewerblichen Bauernfuhrleute, auch ohne von den Ratschlägen der Ingenieure zu wissen, mit ihren leichten jurassischen oder anderen Fuhrwerken konkurrenzlos billig transportierten.

Auch in der Schweiz «bedienten sich gewisse Fuhrleute eines leicht gebauten vierrädrigen einspännigen Wagens – [...] Comtoiswagen genannt, da er aus der Franche Comté stammte». Diese Information findet sich im Werk des Historikers Robert Frey über «das Fuhrwesen in Basel von 1682 bis 1848», das die Aussagen von Corrèze, Manès und Schwilgué und unsere Interpretation des Kontextes im Wesentlichen bestätigt. Über die Zweckmässigkeit seien «die

210 Corrèze, Manès, Sur les routes et sur le roulage, 1832, 198.

Meinungen allerdings sehr geteilt». «Ein wesentlicher Vorteil dieses Fahrzeugs waren die im Verhältnis zu den schweren Frachtwagen niedern Gestehungskosten; ausserdem fiel dank seiner leichten Bauart die Reibung kaum in Betracht, die Zugtiere mussten weniger leiden und die Strassen und Brücken wurden geschont. Zudem konnte sich die Anzahl der Wagen nach dem vorhandenen Frachtgut richten, sodass die Pferdezahl stets im richtigen Verhältnis zur Ladung blieb, was den weitern, wenigstens teilweisen Vorteil des Wegfalls fremder Vorspannpferde in sich schloss. Der Fuhrmann bediente sich nämlich seiner eigenen auf die verschiedenen Wagen verteilten Pferde als Vorspann und gelangte derart mit einem Fuhrwerk nach dem andern auf die zu überwindende Höhe, wodurch sich zwar einerseits eine erhebliche Ersparnis an Transportkosten, anderseits aber ein grosser Zeitverlust ergab. Einige Fuhrleute waren der Ansicht, dass sich das erwähnte Fahrzeug infolge starker Abnützung des Geschirrs, allzu strenger Inanspruchnahme der Pferde und der Unmöglichkeit, die Waren genügend vor Diebstahl zu schützen, was bei gut geladenen grossen Wagen leichter möglich war, überhaupt nicht bewähre. Wie dem auch sei, dieser Wagentypus vermochte sich auf die Dauer in der Schweiz nicht einzubürgern; vorherrschend blieb der schwere vierrädrige Lastwagen.»[211]

Die Resultate der polytechnischen Versuche und Beobachtungen gingen als Faustregeln und Kalkulationsgrundlagen selbstverständlich in die Lehrbücher der Polytechniker und Ingenieure ein.[212] In bäuerlichen und transportgewerblichen Kreisen pflegte man dagegen weiterhin die Praktiken des Augenmasses, während unter Pferdezüchter:innen das exakte Vermessen der Pferde noch verbreitet als entwürdigend galt.[213] Diesbezüglich gab es nun jedoch von mehreren Seiten her Bewegung in Richtung quantitativer Erfassung der Pferdearbeit: von der Physiologie als Interesse am metabolischen Zusammenhang zwischen Nahrungsaufnahme und tierlicher Bewegungsenergie respektive zwischen Stoffwechsel und Arbeitsleistung, von bäuerlicher und transportgewerblicher Seite als Grundlage zur Rationalisierung der Betriebsökonomie, von der Pferdezucht für die Definition von Leistungsstandards und für die Auswahl der Zuchttiere und schliesslich im Zusammenhang mit dem Aufkommen der motorisierten Antriebe als Grundlage zum Vergleich der jeweiligen Vorzüge und Nachteile der Arbeitstiere und der Motoren.[214]

In letzterer Hinsicht regte eine in den 1920er-Jahren entstandene Studie der amerikanischen Agronomen E. V. Collins und A. B. Caine[215] auch in der Schweiz wieder zu experimentellen Messungen von Pferdekräften und Pferdeleistun-

211 Frey, Fuhrwesen in Basel, 1932, 52.

212 Beispielsweise in Brix, Über die Reibung und den Widerstand der Fuhrwerke, 1850, 11–114; Kaven, Wegebau, 1862, 18 und 28.

213 Von Nathusius, Messungen an Stuten, Hengsten und Gebrauchspferden, 1905, 44 f.; Helm, Geschichte der Beurteilung des Pferdes, 1927; Magerl, Über Leistungsbeurteilung des Pferdes, 1936.

214 Auderset, Schiedt, Vermessung des animalischen Motors, 2023.

215 Collins, Caine, Testing Draft Horses, 1926.

gen an, so den Agronomen Walter Brunner in seiner Untersuchung über die Zugarbeit der Freiberger Pferde.[216] Collins' und Caines Untersuchung wurde eine wichtige Bezugsgrösse, nicht weil sie konsequentere und stringentere Versuchsanordnungen verfolgt hätten – da blieben Morins Untersuchungen noch immer unerreicht –, sondern in erster Linie aufgrund des wachsenden Interesses an der nordamerikanischen Landwirtschaft und der nordamerikanischen agronomischen Forschung auch in Europa. Ihre Messreihen waren, unter Einbezug physiologischer Fragestellungen, einerseits auf die landwirtschaftliche und transportgewerbliche Praxis bezogen, anderseits stark von einem komparativen Erkenntnisinteresse geleitet, das auf die jeweiligen Vorzüge oder Nachteile von Zugtieren und motorisierten Zugmaschinen zielte. Daraus erklärt sich nicht zuletzt der Umstand, dass neben mittleren und längeren Distanzen zur Eruierung von durchschnittlichen ausdauernden Leistungen nun auch die maximalen Kräfte über kürzeste Distanzen besondere Aufmerksamkeit erhielten. Bei der kurzzeitigen Maximalleistung stellten sich neben dem Gewicht das Training der Tiere, ein richtig sitzendes Geschirr und eine auf die geforderte Leistung abgestimmte Ernährung als wichtige Voraussetzungen heraus. Collins und Caine kamen zum Schluss, dass Pferde kurzzeitig ein bis Zehnfaches ihrer ausdauernden Kräfte erbringen konnten, während sie über lange Distanzen über einen ganzen Arbeitstag mit durchschnittlich einem Achtel bis einem Zehntel ihres Gewichtes zu ziehen in der Lage seien. Aufgrund ihrer hohen Maximalleistungen, das heisst ihrer Fähigkeit, kurzzeitig grosse zusätzliche Kräfte zu mobilisieren, seien die Pferde den noch schwach motorisierten Traktoren vor allem unter den Bedingungen der Landwirtschaft überlegen: «The reserve strength of horses is of inestimable value in all kinds of work to users of horses. It is useful for drawing loads over uneven and un-uniform roads, in all kinds of field work where the soil varies a great deal and all kinds of work in the cities.»[217]

Haltung und Nutzung von Arbeitspferden

Die Figur des Pferdehändlers

Es gab verschiedene Arten, zu einem Arbeitspferd zu kommen: Man zog mit den als Arbeitspferden genutzten Stuten selbst Fohlen nach oder man kaufte bei Bauern oder Bäuerinnen direkt ein Pferd. In Stadtnähe gab es Landwirtschaftsbetriebe, die im Nebenerwerb auf die Ausbildung von Pferden zum Weiterverkauf spezialisiert waren. Andere Möglichkeiten boten sich über den

216 Wenger, Arbeitsleistung von Schweizer Rindern, 1939; Brunner, Arbeitsleistung des schweizerischen Zugpferdes, 1942.

217 Collins, Caine, Testing Draft Horses, 1926, 195, 223 (Zitat).

Abb. 6: Ratschläge, wie ein Pferd gehalten und genutzt werden sollte: Illustration aus der «Schweizerischen Pferde-Zeitung» (Nr. 3, 1. September 1907). Die Zeitung erschien als «Offizielles Organ der schweizerischen Pferdeschutz-Vereinigung und Fachblatt für Pferdeliebhaber». Viele Publikationen über Pferde waren stark normativ. Aus dem dargestellten Ideal geht auch die Tatsache hervor, dass die Zustände oft anders waren.

Abb. 7 und 8: Verkaufs- und Versteigerungsinserate aus der «Schweizerischen Fuhrhalter-Zeitung» des Jahres 1918 (Nr. 48, S. 188). Die Inserate der landwirtschaftlichen und transportgewerblichen Periodika vermitteln vielfältige Informationen über den Pferdemarkt und die Pferdewelt.

zunehmend verbreiteten Annoncenmarkt oder über Versteigerungen. In den letzten beiden Fällen wechselten meistens ältere Pferde ein erstes oder ein weiteres Mal die Hand.

Mit dem räumlichen Auseinandertreten der Zucht- und Nutzungsgebiete und mit dem starken Überwiegen der Importe gegenüber der inländischen Pferdezucht ging kaum noch etwas ohne die Pferdemärkte und die Pferdehändler, die nicht nur junge, oft neu importierte Pferde, sondern auch gebrauchte Pferde vermittelten. In der älteren Pferdeliteratur wurde zwischen städtischen, ländlichen und mobilen Händlern unterschieden.[218] Anders als es die stereotype Gruppenzuordnung suggeriert, war der Pferdehandel häufig aus bäuerlicher respektive pferdezüchterischer Pluriaktivität heraus entstanden.[219] Die Pferdehändler waren vielfach auch im Handel von Vieh und von Anspannungsteilen tätig.

Es gab in der Pferdewelt kaum eine Figur, die ambivalenter konnotiert gewesen wäre als der Pferdehändler, negativ als «Rosstäuscher» – ein Begriff, bei dem gleichermassen das Tauschen und das Täuschen anklangen –[220] und zugleich als notwendige intermediäre Instanz, ja in manchen Fällen als eigentliche Vertrauensperson.[221] Pferdehändler traten als Praktiker auf, die in der Lage waren, die durch Moden, Lehrmeinungen und Vorurteile verstellten Qualitäten der Pferde und die Marktchancen für Kauf und Verkauf zu erkennen.[222] Die Ambivalenz ergab sich hauptsächlich aus den asymmetrischen Informationen

218 Tichy, Pferdehandel und Rosstäuscherpraktiken, 1995, 40–52.

219 Zur Pluriaktivität siehe das Kapitel «Handlungs- und Entscheidungsspielräume», S. 35–39.

220 Rosstauscher, Rosstäuscher, in: Deutsches Wörterbuch von Jacob und Wilhelm Grimm, 7. Lieferung, Bd. VIII, 1893, Sp. 1276; Tichy, Pferdehandel und Rosstäuscherpraktiken, 1995, 40.

221 Tichy, Pferdehandel und Rosstäuscherpraktiken, 1995; zu Letzterem vgl. Baumgartner, Le Dernier des Six, 2020, 58.

222 Vgl. Mortier, Geheimnisse des Pferdehandels, 1884.

und Interessen um den Pferdehandel, in deren Zusammenhang die Händler im besseren Fall als umsichtig und geschäftstüchtig und im schlechteren Fall als rücksichtslos und nicht selten als betrügerisch wahrgenommen wurden.[223] Letzteres entwickelte sich zu einem eigentlichen, oft antisemitisch gewendeten Stereotyp.[224] Der sprichwörtlich gewordene Ruf der Pferdehändler als Rosstäuscher machte diese zu potenziell Verdächtigen oder Schuldigen für viele Schwierigkeiten und Probleme, die sich in der auf einen Kauf folgenden mensch-tierlichen Arbeitspartnerschaft ergaben.

Den Händlern gegenüber standen einerseits die Züchter, die wie der verantwortliche Statthalter der klösterlichen Pferdezucht von Einsiedeln, Pater Isidor, darüber klagten, dass die Händler nicht oder nur «nach langem Markten und vielem Zureden» um das Geringste von ihren Preisvorstellungen abrückten, die nur zu oft weit unter ihren eigenen lagen. Aus seiner folgenden Bemerkung geht aber auch hervor, dass er die Geschäfte dann doch immer mit den gleichen zwei Händlern abwickelte: mit Fridolin Ackli von Luzern, der die besseren Pferde kaufte, und Anton Schuler von der Altmatt, der die anderen kaufte.[225] Anderseits galt es als ein besonderes Know-how der Pferde- und Viehhändler gegenüber potenziellen Käufer:innen, ihre Tiere mit Tricks, Kniffen und vielen Worten grösser, stärker, glänzender, jünger, gesunder und wertvoller erscheinen zu lassen, als sie tatsächlich waren.[226] Der Käufer oder die Käuferin befanden sich gegenüber den Händlern diesbezüglich in einer problematischen Position, da ihnen die Routine, über die Letztere verfügten, fehlte in einer Sache, die im Falle der Übervorteilung ihren Arbeitsalltag und ihre Betriebsziele massiv und für lange Zeit beeinträchtigen konnte. Darauf wies ein Einsender in einem Artikel in der «Schweizerischen Landwirtschaftlichen Zeitschrift» hin, der gleichzeitig skizzierte, was beim Kauf eines Arbeitspferdes hinsichtlich der Qualität des Tieres und gegenüber den Pferdehändlern zu beachten sei, und damit beiläufig auch umriss, worauf es bei einem landwirtschaftlich genutzten Arbeitspferd ankam: «Es gibt nun eine Menge Momente im Pferdhandel und Pferdewesen, die der Landwirt tagtäglich beachten sollte. Die Pferdehändler haben sich durch langjährige Praxis eine gewisse Routine erworben, welche dem Landwirt gewöhnlich fehlt, so dass der Käufer in der Regel den Kürzeren zieht. [...]

Betritt man den Stall eines Pferdehändlers, um ein Pferd zu kaufen, so hat man, um sich vor Täuschungen und Übervorteilungen zu hüten, auf Verschiedenes zu achten. Schon die Anlage der Stallung ist vielfach geeignet, Täuschungen bezüglich Grösse der Tiere herbeizuführen. Man verbitte sich, sowohl von

223 Meyer, Rosstäuscherei, 2002.
224 Tichy, Pferdehandel und Rosstäuscherpraktiken, 1995, 47–49.
225 Moser, Isidor [1782–1792]. [Pferdebuch], Transkription und Publikation in Ringholz, Pferdezucht im Stifte Einsiedeln, 1902, 29–45, 44 f., Punkt IV.3.
226 Günther, Günther, Beurtheilungslehre des Pferdes, 1859, 106 f.; Hoffmann, Exterieur des Pferdes, 1887, 87–89; Tichy, Pferdehandel und Rosstäuscherpraktiken, 1995, 85–180.

Seite des Händlers, als auch seiner Knechte, jeden Lärm und starkes Geräusch, weil dadurch die Pferde ein anderes, lebhafteres Aussehen bekommen und man in seinen Beobachtungen leicht getäuscht wird. Wir können hier auf die vielfach angewandten Kunstkniffe und Betrügereien seitens schwindelhafter Händler nicht näher eintreten. Der Landwirt soll sich möglichst hüten, mit solchen in Unterhaltung zu treten. Die Prüfung und Untersuchung der Augen vollzieht sich am besten im Halbdunkel, unter der Stalltüre [...]. Ausbruch, Wechsel, Abnutzung, Form und Stellung der Zähne geben uns bis zu gewissen Jahren sichere Anhaltspunkte für die Altersbestimmung. Kopper haben ungleichmässige Zähne.[227]

Ausserhalb des Stalles untersuche man zunächst die Atmung, die Bewegungen der Flanke (des Bauches); man verlangt, dass diese Bewegungen regelmässig seien. Man überblicke die Konstitution, den Aufbau des Körpers, achte darauf, dass sämtliche Körperteile, Knochen, Muskeln, Sehnen, Haut, Kopf, Rumpf und Beine im richtigen Verhältnis zueinander stehen. In erster Linie achte man auf schöne, gute Hufe und gesunde, ‹trockene›, nicht wulstige Beine, speziell beschaue man den Huf auch von unten. Die Fesseln sollen regelmässig sein, ohne Verdickungen und dergleichen, ebenso die Schienbeine. Der Vorarm sei kräftig bemuskelt und stehe senkrecht zum Erdboden, das Schulterblatt sei möglichst lang und schräg gestellt. Die Brust sei lang, breit und tief mit starker Rippenwölbung. Der Hals soll bei genügender Länge mit kräftiger Muskulatur ausgestattet sein.

Man besichtige ferner die Stellung des Pferdes von vorne, von der Seite und von hinten. Auch lasse man die Füsse aufheben, um zu sehen, ob das Pferd beim Beschlagen gut steht. Man prüfe und beobachte die Gangart des Tieres im Schritt, im Trab und Zug, und ist hierbei zunächst auf einen ausgiebigen Schritt, dann auf Leichtigkeit und Gleichmässigkeit der Bewegung zu achten. Beim Anschirren, Anspannen und Anfahren achte man, ob sich die Tiere die Manipulation willig gefallen lassen. Man untersuche die Atmung auch nach dem Trab. Wenn die schnelle Atmung nicht bald zur Ruhe kommt, so ist die Sache zweifelhaft.»[228]

Das 1911 für den Viehhandel erlassene «Gewährleistungs-» oder «Währschaftsrecht» sollte die möglichen Konsequenzen für den Käufer oder die Käuferin insofern entschärfen, als der Verkäufer oder die Verkäuferin oder der Händler noch für einige Tage über den Verkaufsakt hinaus für nicht unmittelbar sichtbare Fehler der Pferde haftete.[229] Allerdings musste die Gewährleistung in einem schriftlichen Vertrag ausdrücklich vereinbart werden, in einer Sache,

227 Koppen: Verhaltensstörung der Pferde aufgrund von Langeweile oder nicht tiergerechter Fütterung.

228 Schweizerische Landwirtschaftliche Zeitschrift, 1914, 235 f.

229 Schweizerisches Obligationenrecht, 27., überarbeitete Auflage, Zürich 1987, Artikel 202–209. Bei Gewährleistung wegen eines belegten Mangels konnte der/die Käufer:in nach Anzeige allfälliger Mängel innert neun Tagen entweder den Kauf rückgängig machen (Wandelung) oder eine Herabsetzung des Kaufpreises (Minderung) erwirken.

in welcher der Tauschhandel und der Handschlag gängige Praxis waren und offensichtlich auch blieben.[230] Am besten sei es auf jeden Fall, so lauten zahlreiche Ratschläge, Pferdehändlern und ihren Knechten nicht allein, sondern von einer fachkundigen, möglichst veterinärmedizinisch geschulten Vertrauensperson begleitet gegenüberzutreten.

Karrieren der Arbeitspferde[231]

Bauernregel: «6 Jahre junges, 6 Jahre gutes und 6 Jahre altes Pferd.»[232]

Die Pferde waren so manches gleichzeitig und so Unterschiedliches nacheinander. Das begann mit den Jahren ihrer Aufzucht und Erziehung zur Arbeit, die bei den Pferden frühestens im dritten, gewöhnlich aber erst im vierten oder fünften Jahr abgeschlossen war. Dabei handelte es sich nicht um ein «Brechen» der Tiere, sondern um Prozesse der Ausbildung und Angewöhnung. Den Abschluss bildete besonders im Falle der Kutschen-, der Reit- und der Militärpferde die Angewöhnung an den anhaltenden Trab auf den Landstrassen, an die Hektik und den Lärm der Städte oder im Militär an den Geschützlärm und das Gedränge.[233]

Bei den Pferden konnten Arbeitskontexte und Besitzer relativ häufig wechseln. Neben der mehr oder weniger klaren Abfolge längerer Arbeitsphasen in bestimmten Arbeitsverhältnissen ergaben sich vielfältige andere Formen und Kombinationen nebeneinander bestehender Nutzungen, so in den Säumergesellschaften entlang der grossen Passrouten, in denen die Gebirgslandwirtschaft eng mit Transportleistungen und dem Weg- und Strassendienst verbunden war,[234] und im Sommer im Postdienst auf den Gebirgsstrassen, im Herbst, Winter und Frühjahr in der Landwirtschaft des Mittellands, in Mühlenbetrieben oder in Brauereien,[235] im Winter in der Forstwirtschaft, im Strassendienst oder in weiteren Transporten.

Viele Pferde wurden auch bei nachlassenden Kräften und über diese hinaus weiterhin zur Arbeit eingesetzt.[236] Ein Grund dafür sah man im Umstand, dass das Fleisch der Pferde wohl auch genutzt, aber in vielen Gebieten und Kulturen wenig geschätzt wurde und nur zu tiefen Preisen zu verkaufen war. Davon sprach der Tierarzt Johann Christian Ribbe in einem um 1820 gehaltenen Refe-

230 Willi, Gewährleistung im Viehhandel, [1915]; Tichy, Pferdehandel und Rosstäuscherpraktiken, 1995, 61.
231 Aus Moser, Schiedt, Arbeitstiere im langen 19. Jahrhundert, 2024.
232 Brunner, Arbeitsleistung des schweizerischen Zugpferdes, 1942, 91.
233 Müller, Pferdezucht, 1889, 123.
234 Vgl. von Tscharner, Transitwesen von Graubünden, 1807.
235 Balzer, Posthalterei vor 40 Jahren, 1943, 66.
236 Ribbe, Über das Quälen und Misshandeln der Thiere, 1821; Mayor, Sur l'hippophagie en Suisse, 1838; Schweizerische Pferdezeitung, Durchsicht der Jährgange 1907–1917; Kern, Vorschläge zur Verhütung von Tierquälerei, 1910.

rat «Über das Quälen und Misshandeln der Thiere» und davon sprach der Lausanner Arzt Matthias Mayor in einem 1838 gehaltenen Referat «Sur l'hippophagie en Suisse». Auch in den städtischen Tierschutzkreisen sah man in der zweiten Hälfte des 19. Jahrhunderts in dieser Tatsache einen Grund für das oftmals harte Ende der Pferde, gegen das man den vermehrten Konsum von Pferdefleisch als einen möglichen Ausweg aus dieser Situation propagierte.[237] Ribbe betonte, die Pferde seien diesbezüglich misslicher dran als die Ochsen, deren Ende als Arbeitstiere früher, das heisst zu einem Zeitpunkt komme, an dem diese noch für den Metzger gemästet werden könnten. Einen solchen Zeitpunkt gab es für die Pferde offensichtlich nicht. Die Nutzungen teilte er in vier Kontexte ein, die sich im Leben eines Pferdes auch folgen konnten: «Man kann die Pferde, in Betracht ihres Gebrauchs, füglich in vier besondere oder Hauptabtheilungen bringen: und diese sind: 1. die landwirthschaftlichen, 2. die Fracht-, Post- und sonstigen gemeinen Zugpferde, 3. die Militärpferde, und 4. die, welche bloss zum Vergnügen und Luxus gehalten werden.» Ribbe beschreibt die übliche Praxis, dass die Pferde, die in gewerblichen, aber auch zu Luxuszwecken gehalten wurden, in andere Zusammenhänge verkauft wurden. Am übelsten sei das Los jener Pferde, die «auf dem Weg des Handels» als Miet-, als Baustellenklepper und als Gäule von Lumpensammlern endeten. Ein solches Los, eine Karriere «von Stufe zu Stufe in eine leidensvollere Sphäre», könne durchaus auch Pferde ereilen, die einst Fürsten und Generäle getragen und Kutschen gezogen hätten.[238]

Ein besonderer Ausdruck der verschiedenen Karrieren respektive des unterschiedlichen Loses der Tiere ist das für sie in der damaligen Fachliteratur angenommene Durchschnittsalter. Während ein Pferd auf einem Bauernhof in der Regel über zwanzig, in seltenen Fällen gar über dreissig Jahre alt wurde, ging man in den militärisch motivierten Nachzuchtzielen des Bundes von einem Durchschnittsalter von 12 bis 15 Jahren und in Amortisationsberechnungen des Transportgewerbes von einer ab dem vierten oder fünften Altersjahr beginnenden Nutzungsdauer von 7 bis 10 Jahren aus. Im Postkutschen- und im städtischen Omnibus- und Trambetrieb betrug die durchschnittliche Dauer der Nutzung der Pferde 5 bis 6 Jahre, bevor diese dann oft wieder in die Landwirtschaft oder in einen weniger intensiven gewerblichen Zusammenhang weiterverkauft wurden. In diesen Grössenordnungen bewegen sich auch die Annahmen des Tierhistorikers Éric Baratay: «[...] dix ans dans les mines, cinq dans les transports, trois en batellerie, alors que la durée moyenne de vie d'un cheval est de vingt-cinq à trente ans. L'animal est traité comme un sous-prolétaire sur lequel est construit l'essor économique. Les travaux des champs sont moins

237 Schweizerische Thierschutzblätter, Nr. 3, 1868, 17; Lüthi, Geschichte der schweizerischen Tierschutzbewegung, [1991], 41.

238 Ribbe, Über das Quälen und Misshandeln der Thiere, 1821, 93–98.

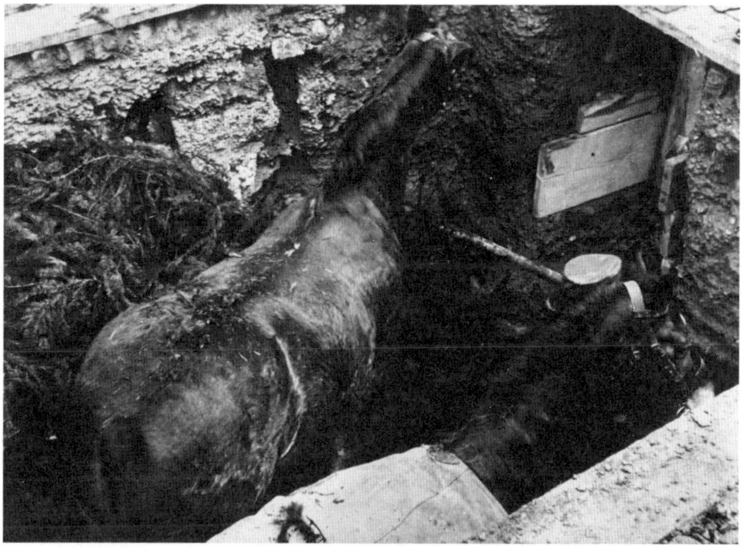

Foto 23: Pferde auf einer Baustelle. Das Los der Baustellenpferde galt als unterste Stufe eines Pferdelebens: «Es ist allgemein bekannt, dass die Pferde auf Bauplätzen die grössten Martern zu erdulden haben.» (Schweizerische Fuhrhalter-Zeitung, 1910, 118; Museum für Kommunikation, FFF_02569, AfA-ID 987)

Foto 24: Zwei einspännige Pferdefuhrwerke auf der ins Safiental führenden Strasse. Eines der Pferde ist bemerkenswert mager. Die prekäre Ernährung ist ein nur nebenbei zu fassender, aber in der Nutz- und Arbeitstierhaltung immer wieder latenter Zusammenhang. (Gemeindebibliothek Safien Platz, AfA-ID 41)

durs, et nombre de réformés de l'industrie ou des transports font une seconde carrière dans l'agriculture.»[239]

Der Tierarzt der aargauischen Pferdeversicherung identifizierte um die Wende vom 19. zum 20. Jahrhundert in den vollgewerblichen Betriebszwängen eine eigentliche Verbrauchskultur: «Heute hält man die Pferde meistens der Dienstleistung und des Gewinnes wegen. Man stellt übermässige Anforderungen an dieselben. Namentlich ist dies der Fall bei Fuhrleuten, bei welchen die Pferde die Hauptemährungsquelle des Hauses bilden und daher die sich bietende Gelegenheit zur Vermehrung der Einnahmen um jeden Preis bereitwilligst und eifrigst, wenn es nur einigermassen ausführbar ist, benützt wird. Den Pferden werden dabei Lasten zugemutet, welche zu bewältigen man nicht für möglich hält. Die Pferde müssen ihr Blut daran setzen; sie werden angesehen als Maschinen, die leisten sollen, was und noch mehr als ihnen möglich ist, ganz unbekümmert um die Erhaltung des Gesundheitszustandes derselben. Nur der momentane Gewinn kommt in Betracht. Ähnlich geht es den Reit- und Luxuspferden [...]. Gerade so verhält es sich mit den Pferden der Fiaker, der Post, der Reisenden u. [...]. Übermässige Anstrengung und zu rasche Bewegung sind aber die Ursachen der vorzeitigen Abnützung und Unbrauchbarkeit und des frühen Todes der Pferde.»[240]

Die verschiedenen Durchschnittsalter sind nicht zuletzt als eine Folge der Arbeit der Tiere in den unterschiedlichen Betriebsverhältnissen zu interpretieren. Während die Tierarbeit in der Landwirtschaft und im Besonderen in der prioritär auf Selbstversorgung hin ausgelegten Familienwirtschaft von einer Nutzungslogik geleitet war, in der sich Phasen intensiver, auch schwerster Acker- und Waldarbeit mit Phasen weniger grosser und intensiver Arbeit, die auch Erholungsmöglichkeit boten, im saisonalen Rhythmus abwechselten und in der sich mindestens im Falle der Nachzucht die Tierarbeit und die tierliche Reproduktion überlagerten, war die Tierarbeit in der kapitalistischen Betriebsverfassung und namentlich im Transportgewerbe tendenziell von einer Verbrauchslogik geprägt.

Soziale Verhältnisse der Pferdehaltung und -nutzung

Einen besonderen Einblick in die wirtschaftlichen und sozialen Kontexte der Tierarbeit bietet die berufsstatistische Erhebung der Viehzählung des Jahres 1901, welche die «Erwerbsstellung» der Equidenbesitzer:innen, der Besitzer:innen von Pferden, Maultieren und Eseln, dokumentierte.[241] Die Zuordnung der Tiere stützte sich auf das Berufsgliederungsschema der Volkszählung des Jahres

239 Baratay, Bêtes de somme, 2008, 30.

240 Meyer, Gebrauchspferde, 1905, 1 f.

241 Eidgenössische Viehzählung, 1901, Bd. II, Tabelle: Der Tierbesitz auf 19. April 1901 nach Erwerbsstellung der Besitzer zusammengestellt, 2–31.

1888. Dem Kommentarteil nach waren viele der Besitzer:innen und auch mancher Erhebungsbeamte sowohl von der Länge der Liste als auch von der Schwierigkeit überfordert, sich selbst und die Nutzung der Tiere eindeutig einem einzigen Hauptberuf und bestimmten Nebenberufen zuzuordnen,[242] was dazu führte, dass man in den folgenden Viehzählungen auf diese Erhebung wieder verzichtete. Trotz der methodischen Mängel vermitteln die Resultate einen Eindruck der sozialen und wirtschaftlichen Verhältnisse, in denen die Pferde arbeiteten, in denen Arbeits- und Nutztiere alltäglich und allgegenwärtig waren. Neben der Landwirtschaft sind insbesondere die Erwerbszweige vertreten, die die Verteil- und die Transportstrukturen der regionalen agrarischen, gewerblichen und industriellen Produktion bildeten. In Letzteren lag die Zahl der Tiere pro Besitzer:in höher als in den landwirtschaftlichen Betrieben.

Tab. 3: «Tierbesitz nach Erwerbsstellung der Besitzer» im Jahr 1901

«Erwerbsstellung»/Beruf	Anzahl Besitzer	Zahl der Pferde	ausschliesslich in der bezeichneten Erwerbsstellung
Total Schweiz	68 799	124 896	120 353
Landwirtschaftsbetriebe für sich	40 124	63 808	63 808
Fuhr-, Postpferde, Reitpferde-, Stallhalterei	4 923	16 669	14 925
Wirtschaftswesen, Hotellerie	4 494	8 482	6 023
Müllerei	1 222	3 532	3 172
Handlung	2 233	3 441	3 016
Metzgerei	1 632	2 263	1 760
Holzhandel	726	1 718	1 389
Privatiere (Rentner, etc.)	1 242	1 716	1 716
Bauunternehmung; Baumaterialienherstellung	559	1 611	1 530
Bierbrauerei	258	1 591	1 497
Bäckerei	1 260	1 584	1 106
Gemeinden, gemeindeähnliche Korporationen, Kantone, Bund	17	1 501	1 501
Pferdehandel	168	1 220	913
Viehhandel	610	1 082	952
Sägerei	437	961	653
Käserei	600	918	799
Wein-, Most-, Spirituosenhändler	462	910	700
Milchhandel	543	852	750
Fabrikanten, Hausindustrielle, Gewerbetreibende	356	821	793
Uhrenmacherei, inkl. sämtliche Spezialbranchen	443	792	767
Ziegelei	255	752	710
Post-, Telegraphen-, Telephonpersonal	304	563	444

242 Eidgenössische Viehzählung, 1901, Bd. I, XVII–XIX.

«Erwerbsstellung»/Beruf	Anzahl Besitzer	Zahl der Pferde	ausschliesslich in der bezeichneten Erwerbsstellung
Aerzte	396	546	536
Zimmerei	311	449	428
Tierärzte	200	354	279
Schreinerei	249	307	264
Gärtnerei	278	290	259
Botenwesen	141	273	259
Gemeindebeamte, -Arbeiter	162	273	223
Stickerei, inkl. Hilfsgewerbe	203	264	248
Bierhandel	127	261	193
Brennmaterialhandel	110	260	197
Schmiederei	175	246	220
Spezereihandel	156	242	168
Schweinehandel	149	231	185
Käse-, Butter-, Ziegerhandel	141	227	208
Gemüse-, Obst-, Südfrüchten-, Blumenhandel	196	222	191
Wagnerei	149	208	197
Seidenindustrie	79	188	184
Armen-, Verpflegungsanstalten	58	172	172
Getreide-, Mehlhandel	96	170	127
Forstpersonal (oberes u. unt.)	126	167	165
Bankwesen	80	166	164
Maurerei	176	166	148
Consumations-, Produktionsgenossenschaft, Consumvereine	24	162	162
Eisenindustrie, Giesserei	52	162	159
Limonaden-, Siphon-, Mineralwasserfabrikation	104	161	147
Schumacherei	129	159	148
Brennerei, Destillation	73	158	123
Geistliche Stifte (Klöster etc.)	32	153	153
Hufschmiederei	104	136	132
Straf-, Korrektions-, Zwangsarbeits-Anstalten	22	127	127
Advokatur	83	125	114
Gerberei	86	123	118
Waisen-, Armenerziehungs-, Zwangserziehungsanstalten	52	123	123
Bleicherei	35	111	103

Aus den 275 «Erwerbsstellungen» haben wir die Berufszweige ausgewählt, in denen um die Jahrhundertwende mindestens 100 Pferde gehalten wurden. In unserer Liste sind sie nach der Anzahl der Tiere rangiert aufgelistet. Die Schreibweise der «Erwerbsstellungen» haben wir unverändert übernommen.

Quelle: Eidgenössische Viehzählung, 1901, Bd. II, Tabelle: Der Tierbesitz auf 19. April 1901 nach Erwerbsstellung der Besitzer zusammengestellt, 2–31.

Die Landwirtschaft war der quantitativ wichtigste Erwerbszweig. Die Transporte zur Be- und Versorgung der Landwirtschaft und zur Belieferung der Märkte mit agrarischen Gütern gehörten zu den grössten gesellschaftlichen Transportaufkommen überhaupt. Aber auch manche andere «Erwerbsstellung» stand in nahen Bezügen zur Landwirtschaft, so die Mühlen, der Getreide- und Mehlhandel, der Obst- und Gemüsehandel, die Käsereien, die Metzgereien, die Schmieden und die Tierärzte. Mehr oder weniger eigenständige grosse Berufszusammenhänge bildeten die Transport-, Gast- und Tourismusgewerbe, der Detailhandel, die Baugewerbe und die Industrien.

Landwirtschaftlicher Kontext

Die schweizerischen Statistiker versuchten, den landwirtschaftlichen Kontext der Pferdehaltung in mehreren Erhebungen zu erfassen: mit der Erfassung der wirtschaftssektoriellen Ausrichtung der Pferdebetriebe, mit dem Anteil der Pferdebetriebe am Gesamttotal der Landwirtschaftsbetriebe, mit der flächenbezogenen Grösse der landwirtschaftlichen Pferdebetriebe und in der 1876er-Zählung auch einmal mit der direkten Erhebung der «nicht Landwirtschaft treibenden» Pferdebetriebe.

In der zweiten Hälfte des 19. Jahrhunderts wurden zwei Drittel aller Pferde der Schweiz in Landwirtschaftsbetrieben gehalten. Aber nur in einem Fünftel aller viehbesitzenden Landwirtschaftsbetriebe besass man Pferde (Tab. 4).[243] Alle anderen Betriebe mussten entweder ohne Pferde auskommen, solche mieten oder – häufiger – Pferdeleistungen durch Arbeitsleistungen von Menschen oder anderen Arbeitstieren eintauschen.

Die Viehzählung von 1906 ermittelte für 51 Prozent aller Pferde einen ausschliesslichen und für 27 Prozent einen teilweisen landwirtschaftlichen Zusammenhang, während 5 Prozent der Pferde ausschliesslich und 10 Prozent teilweise in «Industrie und Gewerbe» und 13 Prozent ausschliesslich und 20 Prozent teilweise in «Handel und Verkehr» arbeiteten. Nur wenige Pferde wurden allein zum persönlichen Vergnügen gehalten.[244]

243 Viehzählung 1906, 182–193; Eidgenössische Betriebszählung 1905, Bd. 2, Betriebe der Urproduktion, Bern 1910, 46*. Zwischen den Bestandserhebungen der Viehzählung und der eidgenössischen Betriebszählung gibt es eine statistische Unschärfe, je nachdem ob die Haltung oder die Nutzung im Zentrum stand. Während aufgrund der Bestandserhebungen der landwirtschaftliche Zusammenhang der Haltung in rund drei Vierteln gegeben war, wurde in den auf die Nutzung fokussierten Betriebszählungen der landwirtschaftliche Zusammenhang auf zwei Drittel geschätzt.

244 Eidgenössische Viehzählung 1906, 182–193. Die Prozentwerte sind jeweils auf den Gesamtbestand bezogen; bei den Werten der teilweisen Nutzung handelt es sich um Doppel- und um wenige Dreifachzuordnungen.

Tab. 4: Landwirtschaftsbetriebe mit Pferden im Jahr 1905

	Gesamtzahl der Landwirtschaftsbetriebe	Pferdebetriebe	In % aller Betriebe der betreffenden Grössenklassen	Zahl der Pferde	Pferde pro 100 Betriebe
0,5–3 ha	100 390	4 819	4,8	6 044	6,0
3,1–10 ha	101 529	23 306	22,9	31 197	30,7
10,1–15 ha	19 763	11 649	58,9	19 695	99,6
15,1–30 ha	14 744	10 648	72,2	16 812	114,0
30,1–70 ha	4 620	3 025	65,5	8 601	186,2
über 70 ha	2 664	730	27,4	2 678	100,5
Zusammen	243 710	54 177	22,2	85 027	34,9
Landwirtschaftliche Spezialzweige ohne Grund und Boden	8 786	96	1,1	218	2,5
Total	252 496	54 273	21,5	85 245	33,8

Die 85 245 in Landwirtschaftsbetrieben erhobenen Pferde standen gemäss Viehzählung von 1906 einem Total von 135 372 in der Schweiz gehaltenen Pferden gegenüber. Der Anteil der in landwirtschaftlichen Betrieben gehaltenen Pferde betrug demnach knapp zwei Drittel aller Pferde.

Quelle: Ergebnisse der eidgenössischen Betriebszählung vom 9. August 1905, Bd. 2: Die Betriebe der Urproduktion, Reihe: Schweizerische Statistik, 168. Lieferung, Bern 1910, 46*.

Bis Mitte des 19. Jahrhunderts wurde ein grosser und auch danach ein immer noch beträchtlicher Teil der Transportleistungen als landwirtschaftliches Nebengewerbe ausgeführt. Der überwiegend landwirtschaftliche Kontext und die über den langen Zeitraum nur wenig sich ändernde stark überwiegende Haltung von einem oder zwei Pferden dürfen nicht darüber hinwegtäuschen, dass die betrieblichen Formen der Haltung und Verwendung der Tiere sehr unterschiedlich sein konnten. Das war einerseits in der Landwirtschaft selbst und in der angesprochenen Pluriaktivität angelegt, anderseits war es eine Folge davon, dass manches regelmässige oder ausserordentliche gesellschaftliche Transportaufkommen eine grössere Zahl von Arbeitstieren erforderte, als in den allermeisten Betrieben vorhanden waren.

Aus agronomischer Sicht war klar: Auch die gewerbliche und industrielle Nutzung von Pferden war Landwirtschaft. Dieser Ansicht war beispielsweise Ernst Laur: «Die Fuhrhalterei, die ja so oft mit Bodenbewirtschaftung verbunden ist, gehört auch ohne solche zur Landwirtschaft, so lange das Schwergewicht des Betriebes in den Tieren ruht.»[245] Dagegen gingen die Statistiker der eidge-

245 Laur, Grundlagen und Methoden, 1911, 3.

nössischen Viehzählungen in den 1870er-Jahren davon aus, dass es auch eine «nicht Landwirtschaft treibende» Pferdehaltung gab.[246] Von den 56 933 Pferde besitzenden Betrieben der Schweiz traf das im Jahr 1876 auf 7028 Betriebe zu, von denen 4258 ausschliesslich Pferde hielten. Damit war allerdings noch nicht bestimmt, ob es sich um vollgewerbliche Transportunternehmen oder um Gewerbe- und Industriebetriebe handelte, die ihre Transporttiere selbst hielten. Vielmehr wurde allein die Tatsache erfasst, dass in diesen Betrieben das Futter nicht selbst produziert und die zur Arbeit verwendeten Tiere nicht selbst gezüchtet wurden. Das war überproportional häufig in Betrieben der Fall, die viele Pferde hielten. Von 266 Betrieben in der Schweiz, die im Jahr 1876 mehr als 10 Pferde hielten, wurden 146, das heisst mehr als die Hälfte, ohne landwirtschaftliche Futterbasis betrieben. Die folgenden Erhebungen weisen bis um die Jahrhundertwende sowohl eine Tendenz der grossen Transportunternehmen zu noch grösseren Pferdebeständen – 1896 besassen 370 Betriebe mehr als 10 Pferde – als auch deren Konzentration auf die Städte und deren Umland nach.[247] Nach der Eidgenossenschaft als grösster Pferdebesitzerin waren die nächstgrössten Pferdebetriebe in den letzten beiden Jahrzehnten des 19. Jahrhunderts die Pferdetramgesellschaften in Zürich mit 175 Pferden und in Genf mit 125 Pferden, das Kloster Einsiedeln mit 82 Pferden, drei baselstädtische Transportunternehmungen mit 62, 60 und 55 Pferden sowie Unternehmungen entlang der grossen bündnerischen Transportrouten in Chur mit 56 Pferden und im Engadin mit 53 Pferden.[248]

Die Frage, ob Fuhrhalterei Landwirtschaft sei und wo eine allfällige Grenze zwischen Transportgewerbe und Landwirtschaft zu ziehen wäre, konnte über den ganzen, langen Zeitraum nicht exakt beantwortet werden, auch wenn evident war, dass die gewerblichen Fuhrhaltereien und die Unternehmen des Personentransports seit der Mitte des 19. Jahrhunderts zahlreicher wurden. Allerdings wurde eine Klärung dieses Sachverhalts dringlich, als es darum ging, ob die im neuen Gesamtarbeitsvertrag für das Fuhrhaltereipersonal festgelegten Bestimmungen auch für die von Landwirtschaftsbetrieben ausgeführten Transporte gelten sollten. Die öffentlich geführte diesbezügliche Diskussion brachte weder Klarheit noch Eindeutigkeit. Ein zweifellos gut informierter «Einsender» umriss die Verhältnisse in der «Schweizerischen Fuhrhalter-Zeitung» in beispielhafter Weise, indem er seiner Skizze auch eine historische Entwicklung einschrieb:

«Fuhrhalterei und Landwirtschaft. (Eingesandt.)

Der Art ihres Betriebes entsprechend, hängt die Fuhrhalterei mehr oder weniger mit der Landwirtschaft zusammen. Beide Gewerbe greifen ineinander ein und verwischen sich manchmal so, dass man nicht mit Bestimmtheit sagen

246 Eidgenössische Viehzählung, 1876, Bd. 2, 18 f.
247 Eidgenössische Viehzählung, 1896, 178–189.
248 Ebd., 19*.

kann, ob es sich um einen landwirtschaftlichen oder um einen Fuhrhalterei-Betrieb handelt.

Zuerst war die Landwirtschaft. Der Landwirt verdingte in Zeiten, da er nicht stark beschäftigt war, seine Pferde für Lohnfuhren oder führte diese selbst aus. Mit dem zunehmenden Verkehr und Gütertransport, den vermehrten Leistungen für das Bauwesen usw. trat die Spezialisierung ein. Die primitive Art der Fuhrleistungen genügte nicht mehr; sie vermochte den Anforderungen der Zeitverhältnisse nicht mehr zu entsprechen. Es entstanden die Fuhrhaltereien, die sich speziell mit der Beförderung von Gütern und Waren befassten und Lohnfuhren jeder Art übernahmen. Aber die meisten von ihnen betätigten sich doch noch in der Landwirtschaft. Es war das auch ganz gegeben; denn die Fuhrhalter bedurften für ihre Pferde Stallungen und Futter, und um die Rendite des Betriebes zu erhöhen, hielten sie sich auch noch anderes Nutzvieh und suchten soviel wie möglich, die Futtermittel für die Pferde selbst zu bauen.

Noch heute treffen wir solche Fuhrhaltereien auf dem Lande. Manchmal betreiben solche Landfuhrhalter auch noch Gastwirtschaften. Da ist es nun sehr schwierig, zu bestimmen, ob der Betrieb eine Fuhrhalterei sei, welche auch Landwirtschaft nebenher betreibe oder ein landwirtschaftlicher Betrieb mit gelegentlichen oder berufsmässigen Fuhrhaltereiarbeiten.

An und für sich hätte die genaue Scheidung in landwirtschaftliche und Fuhrhalterei-Betriebe nichts zu bedeuten; aber die sozialen und wirtschaftlichen Verhältnisse haben sich so verändert und zugespitzt, dass z. B. mit Bezug auf die *Unfallversicherung* und den *Gesamtarbeitsvertrag* eine Scheidung in landwirtschaftliche und Fuhrhaltereibetriebe vorgenommen werden muss, um das Mass der Verpflichtungen feststellen zu können, welche einem Betrieb zu überbinden sind.

Nach unserer Anschauung gilt jener Betrieb als eine Fuhrhalterei, der gewerbsmässig Lohnfuhren für Drittpersonen übernimmt und ausführt, auch dann, wenn damit ein grösserer landwirtschaftlicher Betrieb verbunden ist. Solche Fuhrhaltereien sind den städtischen Fuhrhaltereien gleichzustellen, um so mehr, als manche solcher Fuhrhaltereien, namentlich jene, welche sich in nächster Nähe der Städte befinden, auch Lohnfuhren für Unternehmungen in denselben übernehmen und ausführen, also mit den städtischen Fuhrhaltereibetrieben in Konkurrenz treten. [...]

Nicht in diese Kategorie gehören jene Betriebe, die nur gelegentliche Fuhrleistungen übernehmen, sich sonst aber mit Landwirtschaft befassen. [...] Für solche Betriebe kann der Gesamtarbeitsvertrag wohl kaum in Anwendung kommen, wohl aber die Unfallversicherung für die Fuhrleute, für Arbeiten, die ins Gebiet der Fuhrhalterei fallen. Wenn übrigens die Fuhrleute jener Betriebe, welche gewerbsmässig Lohnfuhren übernehmen und nebenbei noch Landwirtschaft betreiben, sei es zur Selbstversorgung oder für den Verkauf, einmal in der Landwirtschaft aushelfen, so schadet ihnen das nichts und es kann da nicht starr am Wortlaute des Gesamtarbeitsvertrages gehalten werden, wie ja eben Landwirtschaft und Fuhrhalterei vielfach ineinander verschwimmen.

Einfacher gestaltet sich die Scheidung in den Fuhrhaltereibetrieben der Städte. Hier kann diese viel sicherer und konsequenter durchgeführt werden, als auf dem Lande. Die Fuhrhaltereien der Städte sind gewerbliche Betriebe und nicht landwirtschaftliche. Manche derselben haben allerdings auch noch landwirtschaftliche Betriebe im Besitz, welche die Entwicklung der modernen Fuhrhalterei aus der Landwirtschaft bestätigen. Manche aber besitzen keine landwirtschaftlichen Betriebe, sondern kaufen ihre gesamten Futtermittel für die Pferde.»[249]

Der Redaktor verwies abschliessend auf den ausgesprochen «formalistischen Standpunkt» des «Einsenders», womit er die sozialpolitische Brisanz der Frage kaschierte, die man in Zeiten zahlreicher Arbeitskämpfe auch im Transportwesen vonseiten der Unternehmer:innen gerne noch unentschieden liess.[250] Damit war die Grundlage weiterer in der Zeitung geführter Diskussionen geschaffen.

Betriebliche Verhältnisse der Pferdenutzung

Die betrieblichen Verhältnisse der Pferdehaltung und -nutzung waren sehr unterschiedlich. Sie können im abgesteckten Rahmen nicht in aller Tiefe durchdrungen werden. Es werden im Folgenden, möglichst nahe beim Pferdethema bleibend, einzelne Aspekte und vor allem einige Beispiele skizziert. Verschiedene Quellen gewähren Einblicke: agronomische Lehrbücher, ein Rechnungsbuch eines kleinen Fuhrhalters, das seine Geschäfte der Jahre 1854 bis 1863 festhält, ein Bericht über das «Transitwesen» entlang wichtiger Passrouten des frühen 19. Jahrhunderts, die Akten der eidgenössischen Postverwaltung, die Geschäftsberichte der Zürcher Strassenbahn-Aktiengesellschaft der Jahre 1882 bis 1898, zahlreiche Dokumente eines grossen Basler Transportunternehmens aus dem letzten Viertel des 19. und der ersten Hälfte des 20. Jahrhunderts oder die Geschäftsberichte eines der grössten Landwirtschaftsbetriebe der Schweiz aus den Jahren 1914 bis 1942, die auch die beginnende Motorisierung in der Landwirtschaft dokumentieren.

249 Schweizerische Fuhrhalter-Zeitung, 1920, 185 f.
250 Zu den zahlreichen Arbeitskämpfen: Schweizerische Fuhrhalter-Zeitung, 1910–1920.

Pferde in Landwirtschaftsbetrieben

Albert Thaer beschrieb in seinen «Grundsätzen der rationellen Landwirthschaft» die verschiedenen Zugarbeiten der grossen Hofwirtschaften: das Pflügen, das Eggen, das Walzen, «die Arbeiten des verfeinerten Landbaues», «die Ausfuhr von Dünger», die Einfuhr der Ernten, das «Verfahren» der Produkte, das Anfahren von Bau- und Brennholz, Bau- und Reparaturfuhren, «Nebenfuhren zur Einholung von allerlei Bedürfnissen aus der Stadt, zu Abholung des Gesindes und der Tagelöhner-Familien und zu manchem andern Behuf», «Nebenbetriebsfuhren» zur besseren Nutzung der Arbeitskapazitäten der Arbeitstiere und der mit ihnen arbeitenden Menschen in den Phasen, in denen die Tiere nicht oder weniger für die Hofarbeiten gebraucht wurden, sowie «Meliorationsarbeiten».[251]

Diese landwirtschaftlichen Arbeiten waren saisonal und jahreszeitlich bestimmt und zudem stark witterungsabhängig. Das kommt in den Schätzungen der Arbeitstage der verschiedenen Arbeitstiere und in den Bemühungen zum Ausdruck, den Betrieb so einzurichten, dass die Pferde trotzdem möglichst ausgelastet wurden. Arbeitsspitzen traten regelmässig im Frühjahr und im Herbst ein.[252] Die für Pferde vorausgesetzten jährlichen Arbeitstage schwankten um 260, während für Ochsen um 200 und für Kühe, die vor und nach dem Kalbern geschont werden mussten, entsprechend weniger Arbeitstage angenommen wurden.[253] Der Agronom und ETH-Professor Ernst Laur ging in seinen Grundlagen zur Kalkulation und Buchhaltung in den Landwirtschaftsbetrieben davon aus, dass die Sommerarbeitstage 1,2 bis 1,4 Winterarbeitstagen entsprachen, während sein österreichischer Kollege Guido Krafft von einem Verhältnis von 1 zu 1,4 bis 1,7 ausging.[254] Im Bestreben, die Pferde möglichst auszulasten, bestanden in zahlreichen Betrieben im Sommer und in den meisten Betrieben im Winter Kapazitäten, Tätigkeiten ausserhalb der engeren Hofwirtschaft auszuführen.

Allgemein war man sich in den agronomischen Betriebslehren einig: Der grosse Vorzug der Pferde war, dass sie zu allen erwähnten Zugarbeiten verwendet werden konnten. Sie waren schneller, ausdauernder, flexibler und in einem grösseren Rayon einsetzbar als die Rinder, die meistens in grösserer Priorisierung zur Nachzucht und zur Fleisch- und Milchproduktion gehalten wurden.[255] Ebenfalls eindeutig belegen die Quellen eine mit der Mechanisie-

251 Thaer, Grundsätze der rationellen Landwirthschaft, 1821, 63–88, hier 82–86.

252 Kraemer, Grundlagen und die Einrichtung des landwirtschaftlichen Betriebes, 1890, §§ 112 und 113: Das Arbeitsvieh, 231–236, hier 232; Westermeier, Arbeit der Gespanne, [1925], 22.

253 Thaer, Grundsätze der rationellen Landwirthschaft, 1821, 86 f.: 300 Arbeitstage für Pferde; Ebert, Landwirtschaftliche Verhältnisse, 1876, 18–30; Krafft, Lehrbuch der Landwirtschaft, 1892, 49: 260 Arbeitstage; Von der Goltz, Handbuch der landwirtschaftlichen Betriebslehre, 1912, 270 f.; Westermeier, Arbeit der Gespanne, [1925]: 250–285 Arbeitstage für Pferde.

254 Westermeier, Arbeit der Gespanne, [1925], 47, verweist auf Laur, Grundlagen und Methoden, 1911.

255 Thaer, Grundsätze der rationellen Landwirthschaft, 1821, 71; Westermeier, Arbeit der Gespanne, [1925], 15 f.

Foto 25: Zwei Pferde vor einer Getreidemähmaschine, Aufnahme aus dem Jahr 1925. In der Landwirtschaft waren die Mechanisierung und die Motorisierung zwei voneinander zu unterscheidende und zeitlich oft mehrere Jahrzehnte auseinanderliegende Prozesse. Der wachsende Bedarf an Pferden ging zu einem wichtigen Teil auf die Mechanisierung der landwirtschaftlichen Arbeiten zurück. (Archiv für Agrargeschichte, Glasdia-Sammlung der Anstalten Witzwil, 01679, AfA-ID 80)

rung der landwirtschaftlichen Arbeiten zunehmende Attraktivität der Pferde, so ein 1911 erschienener Artikel über die Verhältnisse in der Schweiz: «Seit der allgemeinen Einführung der Maschinen, namentlich der Heuerntemaschinen, hat auch die Pferdehaltung in der Landwirtschaft eine grössere Bedeutung erlangt. Manche Betriebe, die früher ausschliesslich mit Rindviehgespannen bewirtschaftet wurden, halten sich heute ein bis zwei Arbeitspferde zur Bewältigung der Zugarbeit. Auch die intensive Güllenwirtschaft unserer Graslandbetriebe, wo fast Woche für Woche mit der ‹hölzernen Kanone› (Jauchefass) gefahren wird, erfordert viel und bewegliche Zugkraft. In unsern mittlern und kleinern Landwirtschaftsbetrieben ist vielfach die Pferdehaltung von erheblichem Einfluss auf die Rendite des Gutes. Man rechnet, dass die Haltung von zwei Pferden so viel kostet, wie die von drei Ochsen.»[256] Hinsichtlich der Leis-

256 Krafft, Lehrbuch der Landwirtschaft, 1892, 51; -ch. Pferderhaltung im Landwirtschaftsbetrieb, Schweizerische Landwirtschaftliche Zeitschrift, 1911, 85 f.

tungen ging man im Vergleich von Pferden und Ochsen von einem Verhältnis von 2 zu 3 oder von 3 zu 4 und unter zusätzlichem Einbezug von Kühen von 3 zu 4 zu 7 aus. Dabei betonten die Autoren, dass solche Werte und Verhältnisse nie dazu dienen sollten, individuelle Kräfte der Tiere zu schätzen. Vielmehr seien es Grössenordnungen, um je nach Hofwirtschaft – der Grösse und der Ausdehnung des Betriebs, der Produktionsausrichtung, der Bodenqualität und der klimatischen Verhältnisse – grobe Kalkulationen über die notwendige Anzahl der Zugtiere anzustellen.[257]

Die Haltung eines Pferdes war aufwendig, relativ teuer und immer ein grösseres Risiko als die Haltung von Arbeitsrindern. Die Pferde waren in Zucht und Haltung teurer als andere Arbeitstiere, die Geschirre kosteten mehr, und die Rosser, die Pferdeknechte, verlangten einen höheren Lohn als die Karrer, die Ochsenknechte. Zudem waren die Pferde krankheitsanfälliger als alle anderen Arbeitstiere. Die Arbeit mit Pferden zwang zur Kalkulation, auch wenn zuweilen Prestigegründe den Ausschlag zur Haltung von Pferden gaben. In der bäuerlichen Presse wurden immer wieder Fälle kolportiert, in denen Bauern an den Pferden verarmten, so auch in einem Artikel der «Landwirtschaftlichen Zeitung» aus dem Jahr 1872: «Unter den Knechten eines Hofgutes befand sich einer, der früher als Eigenthümer eines schönen Bauerngutes bessere Tage gesehen hatte. Befragt, wie es komme, dass er – einst selbst Herr – jetzt als Knecht bei Fremden arbeiten müsse, gab er zur Antwort: ‹Ich habe [für Zugarbeiten] zuerst Pferde gehalten, die haben mich geschlagen; dann habe ich Ochsen gehalten, die haben mich gestossen; zuletzt habe ich Kühe gehalten, die haben Milch gegeben. Hätte ich gleich im Anfang Kühe gehalten, so wäre ich heute noch Herr meines Hofes.› In diesen Worten liegt eine Wahrheit, welche wohl beherzigt zu werden verdient, denn auch heute trifft man in manchen Bauernwirthschaften Pferde, beziehungsweise Ochsen, wo Kühe am Platz wären [...].»[258]

In solchen Vergleichen, aber auch in agrarischen Ökonomien und Betriebslehren wurden nicht alle Kosten gleich berechnet und nicht jede numerische Dimension um Zeit, Geld und Arbeit gleich gewichtet.[259] Wohl eruierte der so genau erfassende und rechnende Raumwirtschaftstheoretiker Johann Heinrich von Thünen in den 1810er- und 1820er-Jahren, «wie viele Menschen zum Haken, Mähen u. s. w. erforderlich waren». Er erhob das «Arbeitsquantum eines Arbeiters, eines Gespanns Pferde u. s. w.», die «Kosten der arbeitenden Kräfte, z. B. der Kosten einer Tagelöhnerfamilie, eines Gespanns Pferde, eines Wech-

257 Ebert, Landwirtschaftlichen Verhältnisse, 1876, 19; Krafft, Lehrbuch der Landwirtschaft, 189, 48. Diese Annahmen beziehen sich auf grosse Ackerbaubetriebe in ebenem Gelände.

258 Zum Beispiel Allgemeine Schweizer Bauernzeitung, Nr. 12, 21. 3. 1856; Nr. 13, 28. 3. 1856: «Betrachtungen über Viehstand. (Angeknüpft an die Resultate der Aargauer Viehzählungen.)»; Landwirtschaftliche Zeitung, Nr. 27, 5. 7. 1872: «Verwendung von Kühen zum Zugdienst».

259 Zu den im 19. und im frühen 20. Jahrhundert entwickelten Methoden der rechnerischen und buchhalterischen Erfassung landwirtschaftlicher Betriebsverhältnisse grundlegend Auderset, Moser, Agrarfrage in der Industriegesellschaft, 2018, 49–102.

selhakens [eines Ochsengespanns] u. s. w.»[260] und stellte dann doch fest, dass die Kosten der Rinder-, der Pferde-, ja selbst der Menschenarbeit unterschiedlich bewertet würden, je nachdem ob sie beispielsweise im Nebengewerbe respektive in bäuerlicher Pluriaktivität oder als vollgewerbliche Dienstleistung ausgeführt wurden: «Die Pferde, welche im Sommer das Feld bestellen, verfahren hier im Winter das Korn. Es brauchen also keine besonderen Pferde dazu gehalten werden, und auf das Kornverfahren kommen bloss diejenigen Kosten, welche durch die verstärkte Arbeit der Pferde selbst hervorgebracht werden, als Hufbeschlag, Abnutzung des Wagengeräts, vermehrtes Futter u. s. w.; nicht aber die Zinsen vom Kapitalwert der Pferde, und das Futter, was die Pferde im Winter zu ihrem Lebensunterhalt gebrauchen. Für weite Entfernungen müssen aber zum Kornverfahren eigene Gespanne gehalten werden, und dadurch vermehren sich die Transportkosten [...] sehr beträchtlich.»[261] Da in solcher Kalkulation die Arbeitstiere nicht amortisiert und verzinst wurden, waren die in bäuerlichen Zusammenhängen ausgeführten inner- und ausserbetrieblichen Transporte einerseits konkurrenzlos billig, anderseits standen die Arbeitstiere nur dann für Transporte ausserhalb der Hofwirtschaft zur Verfügung, wenn sie im Betrieb nicht anderweitig benötigt wurden. Von Thünen weist damit in Richtung jener Überlegungen des russischen Agrarökonomen Alexander Tschajanow, der hundert Jahre später die in der landwirtschaftlichen arbeitslohnlosen Familienwirtschaft im Vergleich zum kapitalistischen Betrieb grundlegend anderen Bedingungen identifizierte und begründete: «Dank der Art, wie die Familienwirtschaft rechnet, ergibt ihre Wirtschaftsrechnung positive Grössen noch unter Verhältnissen, wo eine kapitalistische Wirtschaft schon negative Ergebnisse (Verluste) errechnen müsste. Hieraus erklärt sich die ausserordentliche Zähigkeit und Widerstandskraft der bäuerlichen Wirtschaften. Infolge der inneren Gleichgewichtsverhältnisse kann eine Familienwirtschaft sich oft mit so niedrigen Erträgen je Arbeitseinheit abfinden, dass sie noch unter Bedingungen zu existieren vermag, welche eine kapitalistische Wirtschaft zu Verlusten und zum Aussterben verurteilen würden.»[262] Das ist ein Schlüsselzusammenhang auch hinsichtlich der von Bäuerinnen und Bauern ausgeführten Transportdienstleistungen, die lange Zeit die Entstehung vollgewerblicher, kapitalistisch organisierter Fuhrhaltereien dort behinderten oder gar verhinderten, wo keine regelmässig grossen Transportaufkommen bestanden.

Die landwirtschaftlichen Berechnungen um die Tierhaltung und im Besonderen um die Haltung und Verwendung von Arbeitstieren waren im 19. Jahrhundert, wie die allermeisten Betriebsverhältnisse selbst, alles andere als kon-

260 Von Thünen, Der isolierte Staat, [1826], 1875, erster Theil, 20; www.dwds.de/wb/dwb/wechselhaken, 28. 12. 2023; von Thünen, Unterhaltungskosten eines Gespanns Pferde, 1829.

261 Von Thünen, Der isolierte Staat, [1826], 1875, erster Theil, 9; dritter Theil, 145–149: «Folgerungen aus der Ansicht, den Menschen als Kapital zu betrachten».

262 Tschajanow, Lehre von der bäuerlichen Wirtschaft, 1923, 40 f. Zu Tschajanow und zur Aktualität von Familienwirtschaften auch in der Schweiz vgl. Baumann, Haumann, Aleksandr Čajanovs Schrift, 1997.

sequente kapitalistische Betriebslogik. Die ausserhalb der Marktbeziehungen stehende, noch weitgehend in der Familienwirtschaft erfolgende Produktion des Futters (wie die betriebseigene Nahrungsproduktion für die Familie) wurde anders bewertet als die aus Handelseinkünften finanzierten anderen Grundvoraussetzungen der Tierarbeit, so der Bau oder der Unterhalt der Stallungen, die Schmiede-, Wagner- oder Sattlerarbeiten etc.[263] Wie von Thünen unterschied auch der in der Schweiz wirkmächtige Agronom Adolf Kraemer gegen Ende des 19. Jahrhunderts die Verwendung von Nutz- und Arbeitstieren zur Deckung innerer Betriebsbedürfnisse von der Verwendung, die über die Hofwirtschaft hinausging. Im ersteren Falle bildete «der Ertrag an tierischer Kraftleistung» die um den Wert des Mistes verminderten Kosten für Futter, Stall etc. ab. Innerhalb des Betriebes sei «der wirtschaftliche Erfolg der Haltung von Arbeitsvieh [...] immer nach den Kosten relativ zum gegebenen eigenen Bedarf» anzunehmen. Bei dem ausserhalb des Betriebes, zu gewerblichen Dienstleistungen verwendeten Arbeitsvieh sei das anders: «Dieses dient dazu, einen gegebenen Futtervorrat mit Hilfe anderweitiger Aufwendungen in solche Erzeugnisse umzuformen, welche in der Hauptsache als Marktware im Tauschverkehr umgesetzt werden müssen, und von welchen in der Regel nur ein Teil – vor allem der abfallende Dünger – wieder als Produktionsmaterial in den Kreislauf der eigenen Wirtschaft eintritt oder einzutreten braucht.» Der wirtschaftliche Erfolg drücke sich in diesem Fall «in dem Überschusse der Erträge, welche dieselben vermöge ihrer Leistungsfähigkeit über die Anforderungen des in ihnen anlegten Kapitales und über die Kosten ihres pfleglichen Unterhaltes hinaus von einer Futtereinheit gewähren, d. h. in dem Grade der Futterverwertung aus. Letzteres Moment gelangt bei dem Arbeitsvieh nur soweit zur Geltung, als es sich um die Haltung zum Zwecke der Vermietung ihrer Arbeit (Lohnfuhrwerks-Dienste) handelt.»[264]

Kleine Transportbetriebe: der Fuhrmann mit einem Pferd

Konkreter werden die Umstände solcher «Lohnfuhrwerke» im Auftrags- und Rechnungsbuch eines Fuhrhalters aus Ennenda (GL). Es gewährt einen beispielhaften Einblick in das ländliche Fuhrwesen zur Zeit des Eisenbahnbaus.[265]

263 Von Thünen, Der isolierte Staat, [1826], 1875, zweiter Theil, 77. Zur bäuerlichen Familienwirtschaft vgl. Tschajanow, Lehre von der bäuerlichen Wirtschaft, 1923. Zur grossen Verbreitung der Familienwirtschaft auch in der Schweiz vgl. Howald, Brugger, Agrarverfassung, 1936, 39–41.

264 Kraemer, Grundlagen und die Einrichtung des landwirtschaftlichen Betriebes, 1890, §§ 112 und 113: Das Arbeitsvieh, 230 f. Zu Adolf Kraemer (1832–1910) siehe AfA-Personenportal, siehe AfA-Portal Personen und Institutionen, DB2000, 7. 12. 2023.

265 Das Rechnungsbuch ist im Besitz der Familie, zurzeit von Gret Alberts-Hösli, zu der der Fuhrmann wohl auch gehörte. Ein ähnliches Dokument liegt mit den Rechnungsbüchern des Fuhrmanns und Kleinbauers Fritz Blaser aus Hinterwil, Gemeinde Uerkheim im Kanton Aargau, aus den Jahren 1947–1963 vor (Archiv für Agrargeschichte, Bern).

Die Tatsache, dass der Fuhrhalter nicht an allen Werktagen Transportarbeiten für Dritte ausführte, legt die Annahme nahe, dass auch er noch einen eigenen kleinen landwirtschaftlichen Betrieb besass. Er nannte in seinen Einträgen den Auftraggeber, die Ausgangs- und Bestimmungsorte, die Transportgüter, den Preis, den er dafür verrechnete, sowie schliesslich, ob die Zahlung erfolgt sei oder – in selteneren Fällen – noch ausstehe. Die dokumentierten Geschäfte betreffen die Jahre 1854 bis 1863. Das ist insofern ein besonders interessanter Zeitraum, als 1859 die Eisenbahnlinie Rüti (ZH)–Weesen–Glarus eröffnete und der von Ennenda aus nahe gelegene Bahnhof in Glarus ein neuer Bezugsort wurde.[266] Wir gehen davon aus, dass in jeder Gemeinde ein oder mehrere solche Fuhrleute haupt- oder nebengewerblich in ähnlicher Weise die dort anfallenden Transporte ausführten und dass es sich bei den im Rechnungsbuch fassbaren lokalen und regionalen Bezügen um typische räumliche Konstellationen der Tierarbeit handelte, in denen sich die Areale der Bearbeitung und der Erschliessung der Fläche vielschichtig überlagerten.

Der Fuhrmann verrechnete seine mit einem einzelnen Pferd ausgeführten Dienstleistungen überwiegend in einem Tagesansatz (oder in Teilen eines solchen) der sogenannten Gespannarbeit, in welcher die Kosten der Pferdehaltung, die Amortisation von Tier und Wagen sowie sein Fuhrlohn zusammengefasst waren. In der Gespannarbeit hatte die mensch-tierliche Zusammenarbeit ihren buchhalterischen Ausdruck. Der Fuhrmann verrechnete pro Tag, Mann, Pferd und Wagen 5.50 Franken und für Stückguttransporte einen Preis, der sich aus dem Anteil an der Gesamtlast und am Gesamtvolumen und dem Wegaufwand zusammensetzte.

Bemerkenswert sind die zahlreichen Transporte, die der Fuhrmann für Bauern ausführte, weil damit auch die Fälle fassbar werden, in denen offensichtlich keine oder nicht genügend eigene Arbeitstiere verfügbar waren. Des Öfteren transportierte er Mist und Heu.[267] Der Fuhrmann führte Brennholz, Edelhölzer für die Möbelproduktion und Bauholz sowie andere Baumaterialien wie Steine, Sand, Lehm und «Teucheln».[268] Regelmässig transportierte er Nahrungsmittel mit offensichtlich grösseren Absatz- oder Einzugsgebieten: Butter, Kartoffeln, Mehl, Wein. Zudem führte er Dienstleistungen für die Gemeinde aus. Diese betrafen Wuhr- und Strassenarbeiten, Schutt-, Sand-, Stein- und Holztransporte sowie die periodische «Dorfbuzete» oder den Transport der Feuerwehrspritze. Er transportierte für Bauern, für Baumeister, für die Sägerei, für Metzger, für Wirte, für die Ennendaner Gewerbetreibenden und Fabrikanten. Alles in allem waren die Transporte für Bauern und die Bauholztransporte seine häufigsten Fuhren. Seine Geschäfte waren einerseits lokal auf Ennenda und die Ennendaner Alpen bezogen, die nicht nur direkt oberhalb von Ennenda,

266 Wägli, Schienennetz Schweiz, 1998, 23.

267 Bei den für andere Bauern ausgeführten Transporten waren die Mist- und Heufuhren eindeutig am häufigsten.

268 Hölzerne oder eiserne Rohre.

sondern beispielsweise auch im Klöntal lagen. Anderseits führten sie ihn regelmässig in die anderen Gemeinden des Kantons und in die Gemeinden der Linthebene. Hinsichtlich der Fahrten über das Gemeindegebiet hinaus waren die Transporte nach Weesen, zur Schnittstelle zwischen den wichtigen Land- und Wasserwegen (Walensee und Linthkanal), seine zahlreichsten Tagestouren. Das entsprach, Hin- und Rückfahrt zusammen, einer Tagesdistanz von 25 bis 30 Kilometern.

Am 20. Mai 1859 erscheint zum ersten Mal der Bahnhof Glarus als Ziel einer Lieferung; am 15. Februar 1859 war die Eisenbahn Rüti–Weesen–Glarus eröffnet worden.[269] Das tangierte allerdings die Tätigkeit des Fuhrmanns weniger, als man aufgrund der dominanten Substitutionsgeschichten annehmen würde. Weder wurde nun der Bahnhof in Glarus die wichtigste Abhol- und Ablieferungsdestination, noch verschwanden die Tagesfahrten nach Weesen aus dem Rechnungsbuch.

Rod- oder Portenorganisation im Gebirge

Die Pferde und die anderen Arbeitstiere gaben sowohl in den Transportbetrieben als auch in der agrarischen Raumordnung, von den Betriebsgrössen bis hin zur Organisation der überregionalen Transitorganisation, die möglichen Distanzen vor. Eine besondere Ausprägung erhielt die Abhängigkeit von den Möglichkeiten und Beschränkungen der Tierarbeit im sogenannten Rod- oder Portenwesen, wie es sich seit dem Mittelalter und der Frühneuzeit entlang wichtiger Passrouten etabliert hatte und noch im 19. Jahrhundert als etappenweise monopolisierter Transport durch lokale Säumergemeinschaften fortbestand. Der Begriff Rod bezeichnete Runde, Tour, Kehrordnung oder Reihenfolge[270] und im Falle des Rodwesens im Passtransit die anteilmässig festgelegte Partizipation der einzelnen Arbeitstierbesitzer:innen an den Passtransporten. Das Rodwesen beruhte wesentlich auf der in den lokalen bäuerlichen Gemeinschaften verbreiteten Pluriaktivität. Damit blieb sie in ihren Kapazitäten stark an das Landwirtschaftsjahr gebunden. Die Etappenorganisation bedingte ein häufiges Umladen, das heisst eine Übernahme des Transportgutes durch die nächste Port- oder Rodorganisation. Sie bezog sich aber nicht nur auf ein Recht oder einen Anspruch der lokalen Bevölkerung auf einen Verdienst am Verkehr. Vielmehr leitete sich ein solches Recht aus der Pflicht ab, die Wege am eigenen Rodabschnitt zu bauen, zu unterhalten und im Winter zu bahnen und zu sichern.[271] Damit erwies sich das Rodwesen bis ins 19. Jahrhundert als effiziente Organisationsform der Bewältigung überregionaler Transporte im Gebirge.

269 Wägli, Schienennetz Schweiz, 1998, 23.
270 Schweizerisches Idiotikon, Bd. VI, 1906, 589; https://digital.idiotikon.ch, 7. 12. 2023.
271 Vgl. Caroni, Bedeutung des Warentransportes, 1979.

Nur in der bäuerlichen Pluriaktivität und den besonderen Kenntnissen der lokalen Verhältnisse waren die Bedingungen gegeben, einerseits die Frachtkosten gering genug zu halten, damit sich ein Transport überhaupt lohnte, und gleichzeitig die grossen Schwankungen im überregionalen Transportaufkommen aushalten zu können.[272]

Der Bündner Staatswissenschaftler und Kaufmann Johann Friedrich von Tscharner (1780–1844) beschrieb diese Form des Transitwesens in einem im Jahr 1807 erschienenen Artikel.[273] Dabei verglich er die bündnerischen Verhältnisse an der Unteren (Splügen und Bernhardin) und Oberen Strasse (Julier oder Septimer) mit den Pässen des Grossen St. Bernhards, des Simplons und des Gotthards im Westen und des Arlbergs und des Brenners im Osten. Von Tscharner behandelte beispielsweise die Futtersituation entlang der Pässe respektive die Frage, ob entlang von diesen genügend Weiden und mähbare Wiesen für die Saumtiere bestanden. Während die Gotthardroute von den meisten Regionen der Schweiz aus kürzer als die Bündner Pässe sei, hätten Letztere bezüglich des Futters und allgemein hinsichtlich der Kosten ihre Vorteile. Zudem war der Gotthard im Winter im Gegensatz zu den Bündner Pässen oft mehrere Wochen nicht passierbar.

Von Tscharner beschrieb die «Betreibungsart» des Rodwesens als einen kollektiven landwirtschaftlich-transportgewerblichen Funktionszusammenhang, der etwa 1200 Arbeitstiere und 800 bis 900 Menschen umfasste.[274] Die «Fuhr» sei «Volkserwerb». «Die gesezlichen Einrichtungen sind einfach. Das Fuhrwesen ist völlig frei, ausser für die Speditoren.» Das war kein absolutes, aber aus der Sicht der entfernt in den Städten gelegenen Handelshäuser doch ein zwingendes Transportmonopol. «Beim Laden in den Niederlagen gilt die frühere Ankunft, für Fuhrleute und Waaren.»[275] Freie Transporteure hatten den Portengemeinschaften ein Weggeld zu entrichten, das sich mit den Aufwänden der Porten am Wegunterhalt rechtfertigte. Die Strackfuhren, wie die direkten Transporte zwischen Chur und Chiavenna oder Bellinzona genannt wurden, waren in der Regel den sogenannten Bei- und Hintersassen der anliegenden Passdörfer vorbehalten, was darauf hinweist, dass dies eine besonders prekäre Angelegenheit war.[276]

272 Schiedt, Verkehr im Gebirge, 2000.

273 Von Tscharner, Transitwesen von Graubünden, 1807; zu von Tscharner siehe von Planta, Vinzenz. Joh. Friedrich v. Tscharners Leben und Wirken nebst einer Zugabe aus dessen schriftlichem Nachlasse, Chur 1848; Simonett, Jürg. Johann Friedrich von Tscharner, Historisches Lexikon der Schweiz, https://hls-dhs-dss.ch/de/articles/005280/2012-11-20, 7. 12. 2023. Zu den bündnerischen Verhältnissen und zur Ablösung der Säumergemeinschaften als Folge des Kunststrassenbaus vgl.: Simonett, Verkehrserneuerung und Verkehrsverlagerung, 1986; Riedi, Porten der Unteren Strasse, 2009.

274 Von Tscharner, Transitwesen von Graubünden, 1807, 331–341. Die Obere Strasse über die Lenzerheide, den Julier- oder den Septimerpass ins Bergell war in vier Etappen eingeteilt: Lenz, Tinzen, Stalla und Bergell, die Untere Strasse in sechs Etappen: Imboden, Thusis, Schams, Rheinwald, Misox und St. Jakobstal; vgl. Simonett, Verkehrserneuerung und Verkehrsverlagerung, 1986, 10 f.

275 Von Tscharner, Transitwesen von Graubünden, 1807, 332.

276 Riedi, Porten der Unteren Strasse, 2009, 47 f.

Am Gotthard und über die Bündner Pässe wurde vor allem gesäumt, über die Bündner Pässe sowohl mit Pferden als auch – offensichtlich in selteneren Fällen – mit Rindern. Über die Lenzerheide und den Septimer wurden auch kleine Bauernkarren verwendet, «Wägelchen bis höchstens 40 Rupp ($6^1/_2$ Centner)».[277] Auch auf der Unteren Strasse transportierte man bis Thusis mit Fuhrwerken, während auf den Fortsetzungen über den Splügen und den San Bernardino nur Saumtiere verwendet werden konnten. Die Saumtiere wurden mit Lasten von $2^3/_4$ bis 3 Zentner beladen.[278] Im Unterschied zu den Bündner Pässen gab es über den Brenner schon eine ausgebaute Passstrasse, über die man mit grossen, bis über 50 Zentner schweren Fuhrwerken transportierte. Die dort etablierte neue Ordnung gab von Tscharner Vergleichsmöglichkeiten, anhand derer er sein einerseits aufklärerisch-physiokratisches, anderseits schon liberales Ideal des freien vollgewerblich betriebenen Handelsverkehrs entwickelte.

Die Portenorganisation hielt er in den gegebenen Verhältnissen für notwendig, aber nicht mehr für zukunftsfähig: «An jedem dieser Orte wechselt der alte Fuhrmann mit dem neuen, übergiebt diesem Waare und Frachtbriefe, und empfängt dagegen seinen Antheil am Fuhrlohn. Bekanntlich bildeten seit undenklichen Zeiten die Gemeinen jeder Strasse, unter dem Namen Porten, eine Anzahl Corporationen, welche zusammen einen eignen Fuhrmannstaat ausmachten, welcher Polizei und Gerichtsbarkeit dieses Gewerbes übte. [...] Das Wechseln der Fuhrleute an so vielen Zwischenorten, das häufige Auf- und Abladen, die ungesicherte Verwahrung in Häusern, Ställen, Scheunen und offner Strasse, (beim Übernachten zwischen den Stationen, ja auf den Stationen selbst) – die Langsamkeit dieses Transports, der zum Theil mit Ochsen betrieben wird, sind und bleiben, bei der besten Aufsicht, grosse Fehler der Einrichtung.»[279]

An anderem Ort beschrieb von Tscharner die wirtschaftlichen und sozialen Implikationen dieser Transportverhältnisse in düsteren Farben: «Das Fuhrwerk allein nährt blos kümmerlich. Nur dessen Verbindung mit andern Geschäftszweigen (Reis- Wein- Branntweinhandel) lässt sonst Wohlstehende gedeihen. Das eigentlich Fuhrtreibende Volk in den Passgemeinden zeigt eineswegs mehr meist aber weit minder Behaglichkeit, und dabei – schlechtere Sitten, als das entlegenere.»[280] Das habe den Grund in der «fehlerhaften Einrichtung» des Transits, wofür von Tscharner vier Ursachen nannte: «Der verhältnismässig sehr starke Frachtverdienst führt erstens zu eben so starken unnützen Ausgaben. Das Trinken ist eine bekannte Untugend vieler Fuhrleute. Die Langeweile veranlasst, der Vorrath gelöster Frachtgelder reizt dazu und die Mühseeligkeit, bei strenger Witterung und abmattenden Wegen, entschuldigt sie [...]. Selbst Knaben, angehende Lehrlinge des Fuhrwesens, sieht man gleich

277 Von Tscharner, Transitwesen von Graubünden, 1807, 314. Der Churer Zentner wog rund 52 Kilogramm.
278 Ebd., 331.
279 Ebd., 338 f.
280 Ebd., 343.

Foto 26: Josua Zinsli, der letzte Säumer des Safientals (GR), und sein Pferd posieren um 1880 in Safien Platz am Glaspass. Pferde konnten in ausdauernder Arbeit Lasten von einem Viertel bis einem Drittel ihres Körpergewichtes tragen. Die Saumtransporte über Gebirgspässe und die in der landwirtschaftlichen Pluriaktivität ausgeführten Transportdienste hielten sich noch lange über das Ende der eigentlichen Portenorganisation hinaus. (Gemeindebibliothek Safien Platz, AfA-ID 37)

Erwachsnen zechen. Diese Gewohnheit bleibt; es bleibt der Hang zum müssigen Hinschlendern, auch zu Hause, die Abneigung gegen die emsige Arbeit des Feldbaus. Spielsucht gesellt sich dazu. Daher die Anzahl von Wirthshäusern an allen Passorthen.»[281] Als zweiten Grund nannte von Tscharner die hohen Preise des Futters, die entweder auf den Wucher der Wirte oder auf witterungsbedingten Misswachs zurückgingen. Hinzu komme der Umstand, dass der Erwerb im Passverkehr zu einem Mangel an Arbeiter:innen in der Landwirtschaft führte.[282] Als dritten Grund nannte er die schlechteren Strassen, die für die gleichen Transportvolumina eine grössere Zahl von Tieren erforderten, und als letzten Grund die in den vorherrschenden Verhältnissen gegebene ausgeprägte Saisonalität. Letztere liege nicht nur im Umstand, dass die Menschen und die Tiere im Sommer in der Landwirtschaft gebraucht würden, sondern auch in der Tatsache, dass die Pferde zur notwendigen Erholung auf den Alpen gesömmert würden. «Das häufige Warten auf Fuhr in Chur, Cleven und Bellenz, besonders beim Zusammentreffen vieler Fuhrleute im Winter, oder bei Stokkungen durch Umstände von aussen, ist von den nähern Ursachen des verhinderten Wohlstands die vierte; wovon die entferntere in dem Missverhältnis der Anzahl unsrer Sommer- und Winterfuhrleute, und also abermals in den Fehlern der Haupteinrichtung liegt. In der schönen Jahrszeit bleibt ihrer eine Menge aus, nicht der Feldarbeit allein, häufiger der Alpensömmerung ihrer Pferde wegen, die nach Monaten der strengsten Arbeit und oft nicht reichlichen Futters, einer solchen Labung bedürfen. Dann zwingen die zurück bleibenden dem Speditor schrankenlose Frachten ab, die die Wintertaxe zuweilen bis zum Doppelten übersteigen [...]. Im Winter hingegen strömen die Fuhrleute schaarweise zusammen, und jetzt ersieht der Speditor auch seinen Vortheil, und erholt sich, durch Abbruch des Fuhrlohns bis unter das Nothdürftige, für seinen Schaden im Sommer; so dass man dann um 7, sogar um 6 Bazen ladet, und der Fuhrmann, bei den Beschwerden der Winterreise, oft nicht bestehen kann. Dennoch, dem Spieler gleich, der trotz seinem wachsenden Verlust, den verderblichen Zeitvertreib nicht lassen kann, fährt er fort Fuhr zu treiben, und achtet es nicht, zu Zeiten 5 bis 6 Tage, Mann und Ross, in Chur zu warten, wo jeder Tag ihn gegen anderhalb Gulden kostet, und mancher schon, nach verzehrtem Verdienst der Herfahrt, leer wieder abzog. Kurz, in der einen Jahrszeit versäumt er seinen Landbau, und in der andern kämpft er mühselig um einen Gewinn, der ihm unter der Hand abfliesst.»[283]

Die Unterteilung grosser Distanzen und die mehr oder weniger institutionalisierte Partizipation der lokalen und regionalen Bevölkerung an den überregionalen Transportaufkommen fand sich in der sogenannten Kehr auch entlang

281 Ebd., 344 f.
282 Ebd., 345.
283 Ebd., 347 f.

der wichtigen Routen ausserhalb der Hochalpen.[284] Und letztlich wies sogar die Post in dieser Beziehung Ähnlichkeiten mit der Rodorganisation auf, wenngleich ohne die gesellschaftlich so enge Verbindung mit den örtlichen Bauerngemeinschaften. Ihr der Rodorganisation verwandtes Transportprinzip, das seit dem 17. Jahrhundert die überregionalen und regionalen Verkehrsbeziehungen revolutionierte, indem es die grossen Distanzen in einem seriellen System von Posten organisierte und rationalisierte, basierte im Grunde genommen auf nichts anderem als auf einer idealen Etappierung, das heisst ebenfalls auf einer Lokalisierung der Bewegung.[285] Entsprechend ist die Herausbildung des Rodwesens nicht oder nicht nur als Emanzipation der lokalen Transportinteressen der Berggesellschaften oder als bäuerliche Renitenz gegen den fortschrittslogischen Zeitenlauf zu interpretieren, wie von Tscharner argumentierte und wie das in der Folge von der Verkehrsgeschichte übernommen wurde. In den damaligen Verhältnissen stellte das Portenwesen gleichzeitig auch eine Institutionalisierung und sogar eine Rationalisierung des überregionalen Verkehrs als Route dar. Erst die Kunststrassen der zweiten Hälfte des 18. und des 19. Jahrhunderts machten die Verhältnisse unterwegs so voraussehbar und sicher, dass die lokale Etappierung der Rodorganisation erfolgreich konkurrenziert und abgelöst werden konnte.

Von Tscharner sah zu Beginn des 19. Jahrhunderts das Ende dieser kollektiven Form der Transportorganisation mit den besseren Strassen gekommen. Die erste durch das Hochgebirge führende Chaussee war am Simplon im Jahr 1805 eben erst eröffnet worden. Allerdings bestanden die Porten oder später portenähnliche Gemeinschaften weiter, auch über den Bau der bündnerischen Gebirgsstrassen, über die in der Bundesverfassung von 1848 beschlossene Abschaffung aller Transportvorrechte und die explizite Aufhebung der bündnerischen Transportmonopole im Jahr 1861 hinaus.[286] Das lag einerseits in der von Tschajanow angesprochenen Zähigkeit und Widerstandskraft der bäuerlichen Familienwirtschaften, anderseits in den besonderen Bedingungen des Verkehrs im Gebirge.

Überbetriebliche und informelle Formen der Bewältigung von Transporten

Neben der Haltung der Pferde in Landwirtschaftsbetrieben, in Fuhrhaltereien, in Gewerbe und Industrie gab es mehr oder weniger formelle oder informelle intermediäre Vermittlungs- und Transportinstanzen, zum Beispiel im eben

284 Beispielsweise auf den wichtigen von Basel ausgehenden Transportrouten, vgl. Frey, Fuhrwesen in Basel, 1932, 99–152; für die Routen zwischen dem Bodensee und Chur Biedermann, Rod- und Fuhrwesen, 1999.

285 Vgl. Sombart, Der moderne Kapitalismus, [1916, 1927] 1987, hier besonders Bd. 2.1, 364–395; Behringer, Thurn und Taxis, 1990, vor allem 13–19; Schiedt, Verkehr im Gebirge, 2000, 177.

286 Riedi, Porten der Unteren Strasse, 2009, 287: Bundesbeschluss betreffend Aufhebung der Porten- und Ruttnerrechte im Kanton Graubünden vom 23. Heumonat 1861.

Foto 27: Hospiz auf dem Berninapass um 1900. Entlang wichtiger Passrouten wurden die Transporte von Bauern im Nebengewerbe ausgeführt. Sie waren ähnlich organisiert wie die Porten- oder Rodgemeinschaften und sorgten sowohl für den Unterhalt, den Schneebruch und für die Transporte. Die Aufnahme weist den Wein als wichtiges Transportgut nach. (Foto ViaStoria)

beschriebenen genossenschaftlich organisierten Portenwesen entlang wichtiger Pässe, in der von kaufmännischen Direktorien oder Berufsverbänden moderierten sogenannten Kehr entlang bedeutender Routen im Mittelland und in der Nordwestschweiz, in Tourismusdestinationen während der Hochsaison, in Speditions- und Transportunternehmen, die für bestimmte grössere Transporte mehrere Subunternehmen zusammenfassten, oder in der Post und in den Eisenbahnunternehmungen mit ihren konzessionierten Transporteuren.

Die wichtigste Vermittlungsinstanz war die Spedition. Sie entstand in der Frühneuzeit aus den besonderen Bedingungen der Bewältigung bestimmter Transportaufkommen. Wer vor 1850 eine Ware über grössere Distanzen transportieren wollte, benötigte manche Kenntnisse. Man hatte über die Kapazitäten und Leistungsfähigkeiten der örtlich vorhandenen Arbeitstiere Bescheid zu wissen. Um Güter zu transportieren, hatte man die Situation unterwegs

Foto 28: Im Jahr 1897 zogen mehr als 20 Pferde (wahrscheinlich 24) das Salondampfschiff Speer von der Firma Escher Wyss & Cie. zum See. Über so viele Pferde verfügte damals wohl die Pferdetramunternehmung, aber keine einzelne auf Schwertransporte spezialisierte Firma, auch nicht in der Stadt Zürich. Vielmehr wurden zu solchen Vorhaben gewöhnlich einzelne Fuhrleute und Landwirte der stadtnahen Umgebung zusammengefasst. Die unternehmerische Bewältigung von Schwertransporten lag in der Zusammenführung der Kapazitäten einzelner Pferdehalter:innen und im Weiteren in der Planung, Versicherung und Abwicklung des Transports. (ETH-Bibliothek Zürich, Bildarchiv online, Ans_05547-059-AL-FL)

zu kennen oder aber in verschiedener Hinsicht einzuschätzen. Die topografischen Verhältnisse erforderten bestimmte Transportarten. Nicht jede Strasse war gleich sicher: Die Vorhersehbarkeit der Weg- und Strassenzustände, die entlang der Strasse mögliche Verpflegung von Mensch und Tier, die Etappenorte, aber auch die Willkür der Wirte, der Belegschaft der Susten, der Kaufhäuser und Zollstellen sowie die Gefährdung durch Wegelagerer bestimmten die Routenwahl. Auf wichtigen Routen bestand zudem bis in die erste Hälfte des 19. Jahrhunderts für den Transport von Transit- und Fernhandelsgütern der Zwang, festgelegte Strassen zu benutzen, um nicht auf Nebenwegen die Zölle, Geleitsabgaben, Strassen- und Brückengelder zu umgehen. Auf manchen Abschnitten hatten sich Transportorganisationen etabliert, die vor allem im

Gebirge oder auf schwierigen Flussetappen eigentliche Monopole besassen. Im Gebirge waren dies die sogenannten Porten oder Rodgenossenschaften der ansässigen Bevölkerung. Auch auf wichtigen Routen im Mittelland erfolgte der Transport in einer vorbestimmten Reihenfolge der Fuhrleute. Die sogenannte Kehr wurde in der Regel von den städtischen Kaufmannschaften oder Kaufhäusern aus organisiert und von Fuhrleuten aus stadtnahen Landgemeinden getragen.[287]

Die Spedition führte die Transporte nicht selbst aus, sondern sie griff auf die vorhandenen Transportbetriebe und Transportmöglichkeiten zurück. In der arbeitsteilig gewordenen Verkehrswirtschaft war die Spedition die Vermittlungsinstanz. Werner Sombart sah in einer solchen Loslösung und Verselbständigung des Speditionswesens eines der charakteristischen «Kennzeichen der frühkapitalistischen Organisation des Warenumsatzes»: «Unter Spedition fassen wir alle diejenige Tätigkeit zusammen, die der Warenversand verursacht, soweit sie keine Transporttätigkeit ist. Es ist reine Versandtätigkeit. Sie besteht in der Besorgung einer Transportgelegenheit, in der Aufgabe und Abnahme der Güter, der Ausfertigung aller auf den Transport bezüglichen Papiere, sowie in der Erledigung aller durch diesen verursachten Förmlichkeiten (Meldungen, Wägen, Zoll- und Steuerentrichtung usw.).»[288]

Im komplexen Netz der Transportbewältigung und der Handelsbeziehungen hatte die Spedition verschiedene Ursprünge in Städten und Umschlagsplätzen, am Übergang von der Ebene zum Gebirge, von See- und Landweg.[289] Auf dem Lande übernahmen Wirte der Ausspannherbergen die Funktion von Spediteuren. Ein weiterer Ausgangspunkt waren die städtischen Boten, die Spetter, die den Begriff der Spedition schon in ihrem Namen tragen. Häufig wurden die Fuhrleute selbst zu Spediteuren. Dasselbe galt für die Auf- und Ablader sowie für die sogenannten Fergger und für die Agenten des Verlagssystems. Wichtige weitere Keimzellen bildeten die Kommissionäre, die Bankiers und die Versicherungen. Die Entstehung aus transportnahen Funktionen brachte es mit sich, dass auch die Spedition zunächst oft als Nebengewerbe ausgeübt wurde. Gewachsene Warenströme, verstetigte Verkehrsbeziehungen und akkumulierte Handelskapitalien schufen erst den Raum für ein vollgewerbliches Speditionswesen.[290]

Die Spedition und die Post erlebten ihre erste Blüte im 18. Jahrhundert. Wie die Spedition war auch die Post nicht in erster Linie selbst ein Transportunternehmen, sondern eine Sammel-, Versand- und Verteilorganisation, die sich der verschiedenen Transportinstitute und -angebote bediente. Weitere Entwicklungen der Spedition und der Post ergaben sich nicht nur aus der inneren Orga-

287 Schiedt, Entstehen der Spedition, 2009, 5 f.

288 Sombart, Der moderne Kapitalismus, [1916, 1927] 1987, Bd. 1, 334.

289 Ebd., Bd. 2.1, 582.

290 Schiedt, Entstehen der Spedition, 2009.

nisationslogik, sondern auch aus der Veränderung der Transportbedingungen und der Raumbeziehungen. Die wichtigsten Stationen waren der Bau von Chaussee- und Kunststrassennetzen und mit diesen die schweren Fuhrwerke der vollgewerblichen Transporteure sowie die Etablierung eigentlicher Fahrpostennetze seit der Mitte des 18. Jahrhunderts, der Bau der Eisenbahnen im 19. Jahrhundert und schliesslich die Durchsetzung der Automobile im Strassenverkehr im 20. Jahrhundert.

Pferde im Postbetrieb

Wie es die gewerblichen Fuhrhaltereien auch nach dem Aufkommen der Eisenbahnen in auf diese bezogenen Formen weiterhin gab, war auch die Zeit der Pferdepost nicht vorbei (obwohl auch das ein verbreitetes Masternarrativ der Verkehrsgeschichte ist). An die Stelle der früheren grossen Postkutschenrouten traten ab den 1850er-Jahren nun umso zahlreichere lokale und regionale Erschliessungen. Zudem bildete sich mit den von Pferden gezogenen «Gepäckfourgons», der pferdegestützten Gepäckspost, in und um die Städte ein neues Geschäftsfeld. In dieser Entwicklung stieg die Zahl der im Postbetrieb verwendeten Pferde noch bis zum Ersten Weltkrieg stark an.

Es war aber nicht die Post als Institution oder als Unternehmung, welche die Pferde hielt. Vielmehr waren es bei der Post konzessionierte private Postpferdehalter:innen, die mit einer Anzahl von Pferden einen oder mehrere Kurse besorgten. Das ist nicht zuletzt ein Grund dafür, dass in den Verwaltungsakten der Post weniger die Alltagsroutinen um die Pferde, sondern überwiegend Unfälle, Vorwürfe der Tierquälerei, Reklamationen, Notfälle der Futtermittelversorgung und Anstellungs- und Poststellenverhältnisse verzeichnet wurden. Im Übrigen wurden die Pferde summarisch in der Poststatistik erfasst: Im Jahr 1860 hielten die 212 Postpferdehalter:innen der Schweiz 1436 Pferde, das heisst im Durchschnitt pro Konzession 7 Pferde. Sie betrieben mit diesen die 279 Kurse des schweizerischen Postkutschennetzes. Im Jahr 1910 dagegen waren es 711 Postpferdehalter:innen mit 2473 Pferden, das heisst mit durchschnittlich 3,5 Pferden pro Konzessionär:in, für 921 Kurse der Pferdepostlinien.[291] In diesen fünfzig Jahren verdreifachten sich die Zahl der nun durchschnittlich kürzeren Kurse – 1860 war ein Kurs durchschnittlich 16,4, 1910 noch 7,4 Kilometer lang – und die Zahl der Postpferdehaltereien, während die Zahl der Postpferde und die Zahl der gefahrenen Kilometer von 5,6 Millionen auf 9,7 Millionen Kilometer um je über siebzig Prozent anstiegen.

291 Schweizerische Post-, Telegraphen- und Telephon-Statistik vom Jahr 1910, Tab. 18: Übersicht der Postkurse, der Postpferdehalter, der verwendeten Postillione, S. 47.

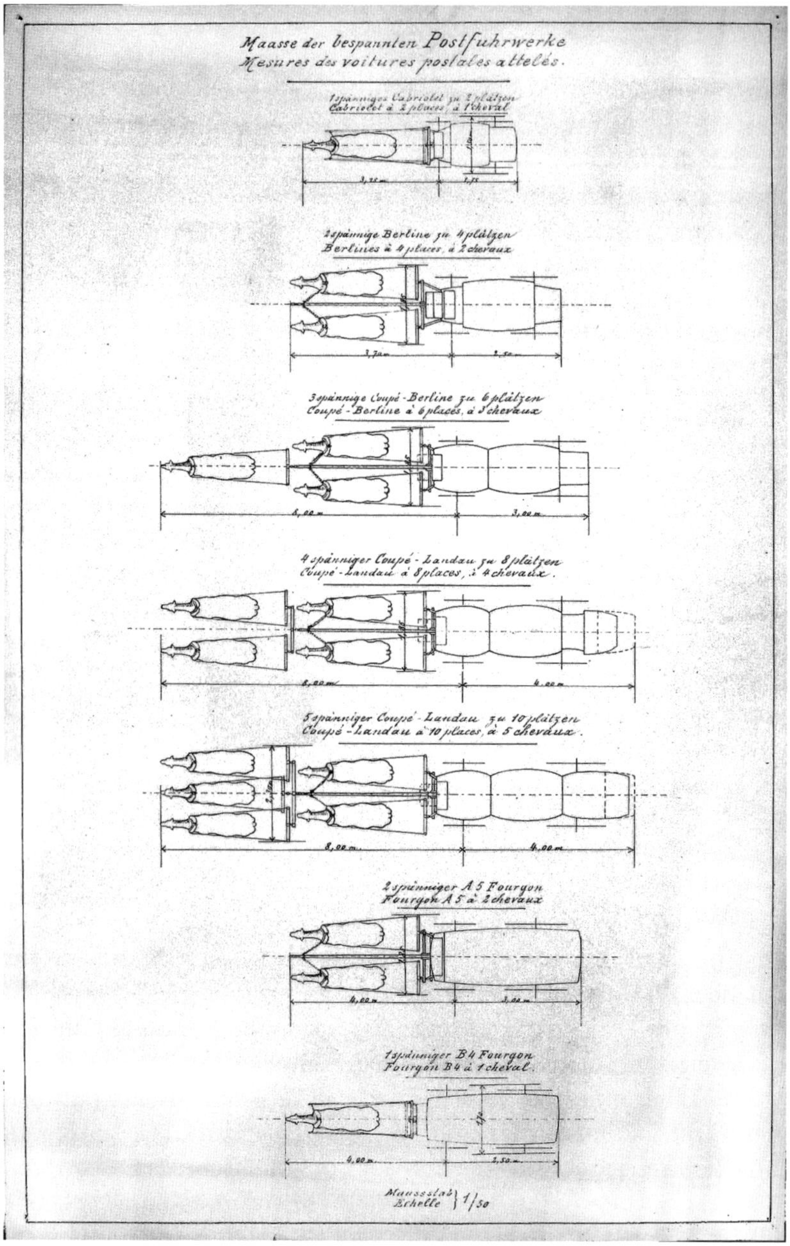

Abb. 9: Schematische Darstellung der Postfuhrwerke aus dem Jahr 1907: Cabriolet, Berline, Landauer und Fourgon und deren Bespannung. Ein Bergpostkurs für 14 Passagiere bestand aus Hauptwagen, Beiwagen und Gepäckwagen. Dafür waren elf Pferde und sechs Postillione und Kondukteure notwendig. (Museum für Kommunikation, Sammlung; Jedele-Schudel, Arbeitstiere und Tierhaltung im Postbetrieb, 2015)

Die Pflichten und Leistungen der Postpferdehalter:innen waren in Reglementen festgelegt, in denen wiederum die Pferde nur am Rande erwähnt werden, beispielsweise im Zusammenhang mit der je nach Wagenart und Platzangebot unterschiedlichen Bespannung. Zugelassen waren Kummet- oder Brustblattgeschirre. Die Pferde wurden im Auftrag der Postverwaltung auf ihre Tauglichkeit hin kontrolliert und im Übrigen der Haltung und Nutzung in den Fuhrhaltereien überlassen. Im Falle der festgestellten Untauglichkeit mussten der Pferdehalter oder die Pferdehalterin für Ersatz sorgen.[292]

Zwei Quellen – das Manuskript einer chronologischen Zusammenstellung der Betriebsentwicklung der Postpferdehalterei in der Stadt Bern für die Jahre 1885 bis 1954 und eine Erinnerung an die grosse Postpferdehalterei Mulegns/Mühlen am Julierpass – geben eine Vorstellung der Verhältnisse in zwei grösseren Postpferdehaltereien.

Postfuhrhalterei in Graubünden[293]

In seinen publizierten Erinnerungen beschreibt Hans Balzer die Postfuhrhalterei seines Grossvaters Christian Balzer in der bündnerischen Gemeinde Mulegns/Mühlen. Dieser hatte im Jahr 1887 auch eine Filiale in Tiefencastel eröffnet, die das Hauptgeschäft hinsichtlich der Anzahl der Pferde und des Personals bald übertraf. In Mulegns waren der Postpferdehalterei eine Sattlerei und eine Schmiede angegliedert, in Tiefencastel eine Wagnerei und ebenfalls eine Schmiede.

In Postfuhrhaltereien entlang der Julierpassstrasse wurden zahlreiche Pferde gehalten, in Tiefencastel im Sommer rund 130, im Winter 70, und in Mühlen/Mulegns im Sommer 90 und im Winter 20 Pferde. Bevorzugt wurden Stuten, die nach dem Ausscheiden aus dem fünf- bis sechsjährigen «Postdienst» besser zu verkaufen waren, da sie noch zur Zucht verwendet werden konnten. Andere ältere Pferde wechselten in den «Fourgondienst» der Post.

Der Postdienst erforderte starke und schnelle Zugpferde «der bayrischen und normännischen Rasse». Im Sommer hielt man aufgrund der touristischen Nachfrage auch Mietpferde, «darunter etwa 20 Stück Oberländer Pferde. [...] Es war klein von Wuchs, hatte einen breiten Kopf und tiefe Brust. Die Tiere waren zäh und bei grosser Genügsamkeit sehr leistungsfähig.» Die Postillione und die Fuhrknechte kamen vornehmlich aus dem Gebiet der Septimersäumerei, auf die die besondere Eignung der Oberhalbsteiner im Umgang mit den Pferden zurückgehe. Deren oberste Pflicht war die Einhaltung des Fahrplans; pro Minute Verspätung zahlte die Kreispostdirektion der Postpferdehalterei 15 Rappen weniger, es sei denn, die Verspätung konnte durch Schneefall, Glatteis, Tauwetter oder aufgeweichte Strassen begründet werden.

292 Instruktion für die Postpferdehalter. Vom 8. Juni 1911, PTT-Archiv, PAA 07015:02.

293 Balzer, Posthalterei vor 40 Jahren, 1943.

Foto 29: Postkurs auf dem Urnerboden am Klausenpass zu Beginn des 20. Jahrhunderts: ikonisches Bild einer Postkutsche. Wer von der Pferdepost spricht, hat gewöhnlich dieses oder ein ähnliches Bild vor Augen: eine mehrspännig gefahrene Postkutsche mit Kutscher und Kondukteur im Gebirge. Die Realität der Pferdepost war aber vielfältiger, wie die folgenden Fotos zeigen. (W. Zimmermann, Schweizerische Nationalbibliothek, Eidgenössisches Archiv für Denkmalpflege, Archiv Photoglob-Wehrli, EAD-WEHR-9756-B, AfA-ID 921)

Foto 30: Postschlittenkolonne am Flüelapass um 1900. Die Bedingungen des Wintertransports über die Gebirgspässe unterschieden sich grundlegend: gefahren wurde mit einspännigen Schlitten. (Museum für Kommunikation, FC 000601, AfA-ID 886)

Foto 31: Postkutsche vor der Post in Soglio: Die Postkutschen waren nicht nur fünfspännig unterwegs. (Andreas Pedrett, Museum für Kommunikation, FFF 02026, AfA-ID 878)

Für den viel ausgedehnteren Sommerbetrieb mussten Pferde zugemietet werden, während die im Winter überzähligen eigenen Tiere gegen ein «Futtergeld»[294] ins flachere Land, in Landwirtschafts- und Mühlebetriebe oder Brauereien gegeben wurden. Manche Fuhrleute, die im touristischen Sommer als Lohnkutscher für die Pferdehalterei arbeiteten, waren in den anderen Jahreszeiten auf eigene Rechnung Warentransporteure.

294 Dabei handelte es sich um das tägliche auswärts gebrauchte Futter, das mit der vereinbarten Mietsumme respektive mit den gewerblichen Einkünften der Mieter verrechnet wurde.

POSTA
SOGLIO

Der Futterbedarf einer solch grossen vollgewerblichen Fuhr- und Postpferdehalterei überstieg bei weitem das, was in einem eigenen Landwirtschaftsbetrieb hätte produziert werden können. Man kaufte das Futter ein, Heu von Bauern der Region und importierten Hafer von einem Händler in Chur. Für diese Futtertransporte allein wurden während des Sommers und im Winter neun Pferde benötigt.

Der Pferdepostbetrieb in der Stadt Bern[295]

Eine grosse Fuhrhalterei, die von Bern aus Postkurse betrieb, lag bei Weyermannshaus am Stadtrand; spätere Betriebsstandorte waren zudem die Villette und die Brunnmatt. Mitte der 1880er-Jahre waren die Konzessionsnehmer ein Pferdehalter namens Tritten und ab 1887 Eduard Brunner-Wyss sowie Nationalrat und Fürsprecher Wyss. Letztere waren nicht direkt Betreiber des Geschäfts. Für sie besorgte der Tierarzt Gottlieb Gräub den Betrieb. Seit 1893 führte ein aus Wyss, der Witwe des verstorbenen Brunner-Wyss und Gräub bestehendes Konsortium den Betrieb. Gräub übernahm die Postpferdehalterei später auf eigene Rechnung; nach seinem Tod im Jahr 1925 ging sie an seinen Sohn. Die Pferdehalterei betrieb mehrere von Bern aus führende Kutschenkurse, so die Linien nach Boll-Utzigen (ab 1889), nach Bolligen (1887), nach Gurnigel (Sommerkurse ab 1883), nach Riggisberg (1887), nach Schwarzenburg (1887), nach Belp (1887), nach Frieswil (1883), nach Gümenen (1887) und nach Ortschwaben-Detligen, die dann jeweils der Reihe nach durch Bahnen und ab 1906 auch durch Autokurse ersetzt wurden.

Mitte der 1880er-Jahre wurde neben dem Postkutschen- neu auch ein Paketzustelldienst mit einspännig gefahrenen Paketfourgons eingeführt, für den der Postpferdehalter Tritten und ab 1908 ebenfalls Gottlieb Gräub konzessioniert war. Der in täglich vier Touren organisierte Paketdienst entstand im direkten Zusammenhang der Transportintensivierung aufgrund der Eisenbahn. Er begann in der Stadt Bern im Jahr 1885 mit einem Einspännerfourgon und wuchs bis 1919 auf 28 Fourgons und 30 Pferde an. Den grössten Umfang hatte die Postpferdehalterei – Postkutschenkurse und Postfourgons zusammengenommen – in den Jahren nach der Jahrhundertwende mit 50 Pferden und allein für die Stadt Bern mit 35 Postillionen.

Auf dem Höchststand des Postfourgonbetriebs unmittelbar nach dem Ersten Weltkrieg stellte sich auch die Frage der Rentabilität der Pferdepost im Vergleich zu einem allfälligen Autobetrieb. Dieser Vergleich fiel zwar knapp zugunsten des Pferdebetriebs aus. Man entschied sich aber in Erwartung sinkender Benzinpreise doch für die sukzessive Ersetzung des Pferdebetriebs, dessen Bestand im Jahr 1930 noch 15 und 1950 8 Fourgons zählte. Mindestens

295 Entwicklung und Rückgang des Pferdebetriebes in Bern. Kurze Zusammenfassung, Manuskript, PTT-Archiv, Post-79, 0054.

Foto 32. Gepäckfourgon der Post, vor der alten Hauptpost der Stadt Bern im Jahr 1941. Diese Form der Paketpost entstand in den schweizerischen Städten seit den 1880er-Jahren als Folge der Transportintensivierung durch die Eisenbahnen. (Museum für Kommunikation, FFF_05655, AfA-ID 994)

in den 1920er-Jahren lief das jedoch noch nicht auf eine vollständige Substitution von Arbeitstieren durch Motorfahrzeuge hinaus. Von sechs wegfallenden Pferdefourgons wurden nur drei durch motorisierte Wagen ersetzt, während die restlichen drei durch sechs «Handwagenbezirke» abgelöst wurden.

Der Bericht endet mit persönlich gehaltenen Notizen des Chronisten: «Auf 1. Nov. 1954 alles motorisiert und damit *Ende* der Pferderomantik auf dem Platze Bern», um dann mit einer irrlichternden Reminiszenz an die sozialen Verhältnisse der Pferdearbeitswelt die romantische Anwandlung auch gleich wieder zu durchbrechen: «Entlassungen von Postillionen erfolgten in der Reihe dieser Jahre u. a. infolge Tierquälerei, Widersetzlichkeit gegenüber den Vorgesetzten, Schmuggel, falsche Fütterung der Pferde, Trunkenheit. Freiwillige Austritte erfolgten wegen zu geringen Lohnes oder z. B. Auswanderung nach Übersee usw.»

Pferdetram in der Stadt Zürich

In der Zeit des dynamischen Städtewachstums der zweiten Hälfte des 19. Jahrhunderts[296] – und gleichzeitig mit dem Aufkommen der Pferdefourgons der Post – war die Pferdearbeit zunehmend auch für den innerstädtischen Personentransport gefragt. In diesem Zusammenhang kamen die Droschken-,[297] die städtischen Omnibus- und schliesslich auch die Trambetriebe auf. Es galt, die immer ausgedehnteren Quartiere und Vorstädte mit den Stadtzentren und mit den meistens ausserhalb von diesen gelegenen Bahnhöfen zu verbinden. Die Einführung von Tramways wurde seit der Jahrhundertmitte diskutiert. Ein Pferdetram gab es in Genf schon ab 1862, während in Zürich die Gründung einer solchen Unternehmung erst in den frühen 1880er-Jahren gelang.[298] Einstweilen versuchte man es ab Ende der 1860er-Jahre mehrmals mit Omnibusbetrieben, die allerdings nicht reüssierten.[299] Nachdem ein Konzessionsgesuch im Jahr 1877 eingereicht worden war, konnte die Tramgesellschaft 1882 gegründet werden.

Anders als die meisten anderen transportgewerblichen Betriebsformen entstanden die Pferdetrams nicht aus der bäuerlichen oder der gewerblichen Pluriaktivität. Die Tramways mussten von Grund auf neu gebaut werden. Die Pferde waren dabei variables Kapital des neuen soziotechnischen Systems der infrastrukturellen Stadterweiterung. Vonseiten der Aktionär:innen und des Verwaltungsrates war kein besonderer Sachverstand in der Haltung der Pferde erforderlich. Das erste «Direktionskomite» setzte sich aus dem Präsidenten der Maschinenfabrik Örlikon, einem eidgenössischen «Generalkommissär», dem Direktor der Schweizerischen Kreditanstalt, einem Architekten, zwei Vertretern von Meston & Co. und dem Oberingenieur der Zürcher Quaibauten zusammen. Die englische Firma Meston & Co. wurde als eigentliche Generalunternehmung beauftragt. Sie baute nicht nur die Schienenanlagen und Stallungen und lieferte nicht nur die Wagen, sondern auch die 81 Pferde inklusive Beschirrung, mit denen 1882 der Betrieb aufgenommen wurde. Die Neuheit dieses Verkehrsmittels und die damit verbundene Darstellung als Massnahme des Fortschritts und der Modernität kommen beispielhaft im Rückblick der Direktion auf den Gründungsprozess zum Ausdruck: «Kompetenzkonflikte zwischen den Bundes-, Kantonal- und Gemeindebehörden über die rechtliche Stellung der Strassenbahn, dieses ganz neuen, mit allen bisherigen Gewohnheiten brechenden Verkehrsmittels, welches der Natur der Sache nach ein ausnahmsweises Vorrecht auf den öffentlichen Grund beanspruchen muss,

296 Fritzsche et al., Historischer Strukturatlas der Schweiz, 2001, 42.

297 Zu diesem Vollmer, Droschken(un)ordnung, 2022.

298 Frey, Schiedt/ViaStoria (Hg.), bahndaten.ch, Trambahnen, www.bahndaten.ch/content/trambahnen-liste/datum_betriebseroeffnung/asc, 21. 8. 2023; unter anderem Pferdeomnibusse ab 1871 in Bern, ab 1881 in Basel, Pferdetrams ab 1862 in Genf, ab 1877 in Biel, 1893 in Mürren, ab 1894 in Neuenburg.

299 Gisler, Rösslitram, [2015], 18 f.

verbunden mit einem passiven Widerstand, der in Folge mangelhafter Einsicht in das Wesen und den Nutzen dar Tramways von gewissen Seiten dieser Neuerung entgegengestellt wurde, verhinderten noch mehrere Jahre jedwede Lösung dieser für die rationelle Entwicklung von Zürich so wichtigen Frage.»[300]

Bereits zur Zeit der Diskussionen um die Einführung der Tramways in Zürich war die Pferdetraktion nicht alternativlos. So stand 1882 auch ein konkurrierendes Projekt einer Stadteisenbahn mit Dampftraktion zur Debatte. Im Jahr 1890 kam die Motorisierungsfrage mit einem Versuch eines elektrischen Antriebsaggregates der Maschinenfabrik Örlikon im Betrieb selbst an, während 1894 eine weitere Tramunternehmung, die Elektrische Strassenbahn Zürich, einen ersten elektrifizierten Kurs eröffnete.[301]

Nach der ersten grossen Eingemeindung im Jahr 1893 beschloss die Zürcher Bevölkerung im folgenden Jahr in einer Volksabstimmung die Übernahme der bestehenden Tramgesellschaften durch die Stadt und deren Zusammenführung in der Städtischen Strassenbahn Zürich (StStZ), die im Falle der Zürcher Strassenbahn-Gesellschaft auf Anfang 1897 vollzogen wurde. In dieser Gesellschaft erfolgte die Umstellung von Pferden auf elektrische Traktion im Jahr 1900.[302]

Der Betrieb eines Pferdetrams mit regelmässigen Kursen war sehr aufwendig, sowohl was die infrastrukturellen Voraussetzungen – die Geleise im Strassenraum, die Remisen und die Pferdeställe – als auch was die Anzahl der dazu notwendigen Pferde betraf. Dabei betrug die gesamte «Betriebslänge» maximal nur 8,9 Kilometer bei einer Geleiselänge von maximal 14,7 Kilometern. Der Betrieb erforderte anfänglich 76 und Ende 1896, vor der Betriebsübergabe an die Stadt, 130 Angestellte. Unter den im Jahr 1883 angestellten 107 Personen waren 2 Stallmeister, 32 Kutscher, 33 Kondukteure, 17 Stallknechte, 3 Futterscheider und 3 Hufschmiede, von denen Letztere auch für Wagenreparaturen zuständig waren. Die Zahl der Pferde stieg von 106 im Jahr 1882 auf 208 im Jahr 1898 an. Es handelte sich ausnahmslos um sogenannte Ardenner, die man vom immer gleichen Luxemburger Pferdehändler Alphonse Worms bezog, der nicht billig sei, aber die Bedürfnisse kenne und franko ab Zürich Hauptbahnhof liefere. In der Mehrheit kaufte man Stuten; etwa 30 Prozent der Pferde waren Wallache. Sie wiesen eine Risthöhe von 145 bis 155 Zentimetern auf und waren damit eher klein. Die Pferde kamen aus den Ardennen in eine neue, städtische Umgebung und in andere Fütterungs- und Haltungszusammenhänge. Das erforderte eine Akklimatisierungszeit von 5 bis 6 Monaten. Besonders geeignete Kutscher hatten die Aufgabe, die Pferde «einzufahren».[303]

300 Geschäftsbericht des Direktionskomites der Zürcher Strassenbahn-Aktiengesellschaft umfassend das Jahr 1882, Zürich 1883, 2–4.

301 Geschäftsbericht 1890, 5; Geschäftsbericht 1895, 9; Frey, Thomas; Schiedt, Hans-Ulrich/ViaStoria (Hg.), bahndaten.ch; www.bahndaten.ch, 28. 12. 2023.

302 Gisler, Rösslitram, [2015], 148–159.

303 Geschäftsbericht 1883, 9; Gisler, Rösslitram, [2015], 7 und 103.

Foto 33: Pferdetram am Limmatquai in Zürich um 1890. Das neue Transportmittel wurde im kurzen Zeitraum seiner Existenz (1882–1900) zu einem Signum des städtischen Lebens der Belle Époque. (VBZ, Archiv)

Die Zürcher Strassenbahn-Gesellschaft war ein Beispiel einer Pferdehaltung ohne eigene Futterproduktion oder, in Worten der Statistiker, ein «nicht Landwirtschaft treibender» Pferdebetrieb. Die in den Betriebsrechnungen dokumentierten Futterrationen waren reichlich. Täglich wurden zunächst ungefähr 7,5 Kilogramm Hafer als Kraft- und 5,5 Kilogramm Heu als Rohfutter verfüttert. Das änderte mit den Preissteigerungen im Jahr 1893, in deren Folge man die Hafer- und Heurationen halbierte und durch Mais oder Stroh zu ersetzen begann.[304] Das Heu kaufte man gewöhnlich bei den Bauern der Region, in Ausnahmfällen in Norditalien und den Hafer bezog man über den Händler auf dem global gewordenen Futtergetreidemarkt; er kam aus Russland, Böhmen oder gar aus den USA, während man den Torf für die Stallstreue zuerst aus Oldenburg und dann aus Holland einführte.[305]

Die Zürcher Strassenbahn-Aktiengesellschaft begann im Jahr 1882 mit 20 Wagen, die leer je 1630 Kilogramm wogen und mehr als dreissig Personen fassten (die 1889 angeschafften Wagen hatten 28 Sitzplätze).[306] Die Transport-

304 Verschiedene Geschäftsberichte.
305 Gisler, Rösslitram, [2015], 109–111.
306 Ebd., 79; Geschäftsbericht 1889, 5.

kapazität erhöhte sich bis 1898 auf 40 Wagen.[307] Im gleichen Zeitraum stiegen die gefahrenen Wagenkilometer von 670 000 auf 1 090 000 und die Zahl der pro Jahr beförderten Passagier:innen von 3 370 000 auf 5 080 000 an. Die Tagesdurchschnitte betrugen 1882 9219 und 1996 13 867 Passagier:innen.[308] Die Trams verkehrten gewöhnlich in Abständen von 6 bis 12 Minuten. Eine Fahrt innerhalb des Gebietes einer Gemeinde kostete 10 Rappen, eine Fahrt zwischen den «Ausgemeinden» und der Stadt 15 Rappen und von «Ausgemeinde» zu «Ausgemeinde» 20 Rappen. 1886 wurden ein Zonentarifsystem und ein Tarif von 5 Rappen pro Zone eingeführt; das teuerste Billett kostete 25 Rappen. Den darauf eingetretenen Rückgang der Frequenzen versuchte die Unternehmensleitung durch die Einführung von Abonnements aufzufangen. Erfolgreich war man diesbezüglich 1888 mit der Einführung einer Abonnements-Einheitstaxe von 10 Rappen pro Fahrt.[309]

Für den kürzeren der beiden Kurse benötigten die Trams 25 bis 30 Minuten. Die Pferde wurden auf dem längeren Kurs nach zwei Touren und auf dem kürzeren Kurs nach zwei Doppeltouren ausgewechselt; es konnten bei besonders starken Pferden auch einmal drei Doppeltouren sein. Die durchschnittlichen Zugleistungen der Pferde betrugen täglich 19,5 (1882) bis 22,7 (1892) Kilometer.[310] Vom Frühjahr bis Spätherbst zog gewöhnlich ein Pferd einen Wagen, während im Winter zuweilen zwei Pferde vorgespannt werden mussten. Dabei hatten die Zugpferde alle zehn Tage einen freien Tag. Diese Arbeit war überaus kräftezehrend, sodass die Pferde durchschnittlich nur sechs Jahre für den Strassenbahndienst zu gebrauchen waren.[311]

Die «ausrangierten» Pferde wurden gewöhnlich versteigert. Während die Pferde durchschnittlich zum Preis von 995 Franken eingekauft wurden, wurden sie durchschnittlich für 425 Franken wieder abgesetzt.[312] Gesamthaft arbeiteten in der Gesellschaft von der Gründung bis zur Liquidation der Aktiengesellschaft im Jahr 1896 402 Pferde, von denen 29 eingingen und geschlachtet werden mussten.[313] Während der Geschäftsbericht des Jahres 1896 die «umgestandenen» Pferde bilanzierte, sprach man im Geschäftsbericht des Jahres 1893 von im Dienst «gefallenen Pferden».[314] Sowohl die erwähnten Wendungen als auch die Begriffe und Kategorien, unter denen die Pferde in der Betriebsrechnung geführt wurden: Aktiven, Betriebsmaterial, Betriebsmittel, Amortisa-

307 Gisler, Rösslitram, [2015], 7.

308 Geschäftsbericht 1896, 13. Die beiden Linien: Tiefenbrunnen–Limmatquai–Bahnhofstrasse–Paradeplatz–Enge und Helmhaus–Münsterhof–Paradeplatz–Sihlbrücke–Friedhof Sihlfeld in Aussersihl.

309 Geschäftsbericht 1882, 17; Geschäftsbericht 1883, 8; Geschäftsbericht 1886, 6; Geschäftsbericht 1887, 5; Geschäftsbericht 1888, 5.

310 Geschäftsbericht 1883, 16.

311 Geschäftsbericht 1896, 6; für den ganzen Abschnitt: Erinnerungen an das Rösslitram, in: Neue Zürcher Zeitung, 28. 11. 1938. Ein ehemaliger Kondukteur erinnert sich.

312 Geschäftsbericht 1896, 6; Gisler, Rösslitram, [2015], 101 f.

313 Geschäftsbericht 1896, 6.

314 Ebd.; Geschäftsbericht 1893, 14, 29.

Foto 34: Städtisches Leben in der Belle Époque. Strassenszene mit Tram in Riesbach in Zürich, Ecke Seefeldstrasse/Kreuzstrasse, um 1890. (VBZ, Archiv)

tion, Neuerungsfonds oder Mobiliarassekuranz (die die Pferde mit einschloss), waren die buchhalterischen Codes einer für vollgewerbliche Transportunternehmen charakteristischen eigentlichen Verbrauchslogik, die sich in bemerkenswerter Weise von der Nutzungslogik in familienbetrieblichen landwirtschaftlichen Verhältnissen unterschied.

Grosses Transportunternehmen in der Stadt

Die Basler Fuhrhalterei Settelen war ein städtischer Grossbetrieb für Transporte aller Art. Im Jahr 1883 übernahm der junge Schneider Julius Settelen, der durch den Tod seiner Eltern zu Vermögen gekommen war, die Transportunternehmung seines künftigen Schwiegervaters Henri Imhoff. Dieser hatte als Schmid und als Inhaber eines Wagen- und Kutschenbaugewerbes sein Geschäftsfeld ins Transportwesen erweitert und war nun unter anderem mit seinem eben erst neu aufgezogenen Tram-Omnibus-Geschäft[315] in finanzielle Schwierigkei-

315 Omnibus: In baulicher Hinsicht zwischen grosser Kutsche und kleinem Eisenbahnwagen gehaltenes mehrspännig gezogenes Personengefährt, mit dem in den meisten Fällen ein Kursangebot des Personentransports verbunden war.

ten geraten. Der Betrieb hielt damals rund 60 Pferde. 1892 kaufte Julius Settelen mit seinem Bruder Ernst die grosse Fuhrhalterei der Witwe des Louis Herdener hinzu, zu der auch die «Basler Droschkenanstalt»[316] mit 20 von der Stadt gewährten Droschkenkonzessionen gehörte. Die Droschkenanstalt war 1853 von Kaufleuten, Industriellen und Bankiers als Aktiengesellschaft gegründet worden.[317] Nach der Zusammenlegung des Personentransportgeschäfts von der Davidgasse und des Gütertransportgeschäfts von der Solothurnerstrasse an der Türkheimerstrasse 17 im Jahr 1907 hielt der Betrieb 128 Pferde.[318] Damit war Settelen die grösste Fuhrhalterei der Stadt Basel und einer der grössten Pferdebetriebe der Schweiz.

Der Neubau des Unternehmenssitzes zu Beginn des 20. Jahrhunderts fiel in die Zeit, in der die Pferdebestände in den Städten ihren Höhepunkt erreichten. Die neuen Gebäulichkeiten waren auf 170 Pferde, das heisst noch einmal auf zusätzliches Wachstum hin, angelegt. Weder die Planung noch die Realisierung des grossen Bauvorhabens am Spalenring lassen erkennen, dass man bei Settelen die zukünftige Entwicklung der Automobilisierung des städtischen Verkehrs in irgendeiner Weise erahnte. Es entstand zu Beginn des 20. Jahrhunderts ein nach neuesten Erkenntnissen eingerichteter rationeller Pferdebetrieb. Das Personen- und das Gütertransportgeschäft wurden baulich getrennt um einen vorderen und einen hinteren Hof angeordnet. Die Stallungen erstreckten sich über zwei Etagen, «Normalställe» für je 20 Pferde, ein Krankenstall für 13 Pferde, ein Luxusstall für 15 Pensionspferde, verbunden mit einer durchdachten Haltungslogistik mit Streue-, Heu- und Haferlager sowie natürlich auch mit einer Mistdeponie. Zur Umbauung der Höfe gehörten zudem die Remisen für die unterschiedlichen Gefährte und im Weiteren eine Schmiede, eine Wagnerei, eine Sattlerei, eine Schneiderei, die Verwaltung und die Direktion. Und schliesslich umfasste der neue Firmensitz die Wohnräume für die nicht verheirateten Angestellten: Meister- und Knechtzimmer und Schlafsäle mit fünf bis zehn Betten.[319]

Der Betrieb der Fuhrhalterei war in vielfältiger Weise mit dem Wachstum der Stadt und mit dem Wandel der städtischen Mobilität verbunden. Die Bevölkerung Basels wuchs zwischen 1850 und 1910 von 27 000 auf 132 000 Einwohner:innen an, und die Stadt begann sich in baulicher Hinsicht über den alten, fussläufigen Stadtraum hinaus in die Landschaft auszudehnen. Entsprechend grosse Geschäftsfelder waren um 1900 neben dem Droschkengeschäft und

316 Droschkengewerbe: Angebot im städtischen Nahverkehr mit leichten ein- oder zweispännigen Kutschen, deren Halter und Standplätze obrigkeitlich konzessioniert und deren Preise tariflich festgelegt waren.

317 Diese und die folgenden Informationen zu Settelen beruhen hauptsächlich auf Archivalien des Firmenarchivs und auf Texten zur Unternehmensgeschichte, die der ehemalige Patron Peter Settelen (1931–2010) und der Archivar Mike Gosteli verfasst haben. Sie können über die Website eingesehen werden: www.settelen.ch/settelen-ag/ueber-uns/settelen-stories, 21. 12. 2023. Zum Droschken- und Omnibuswesen siehe auch Appenzeller, Basel und sein Tram, 1995, 12–31.

318 Gosteli, Settelen, Die Settelenliegenschaft Türkheimerstrasse 17, 1906–2007, 2007, 9.

319 Gosteli, Settelen, Die Settelenliegenschaft Türkheimerstrasse 17, 1906–2007, 2007.

neben den Transporten für Industrie, Gewerbe und Handel der Transport von Baumaterialien und die Möbeltransporte all der vielen Hinzu- und auch der Wegziehenden.[320] Die zahlreichen Verträge von Imhoff und von Settelen mit der Stadtverwaltung, die im firmeneigenen Archiv oder im Staatsarchiv aufbewahrt werden, betreffen Postkutschen- und Postfourgonkonzessionen, Droschken- und Tramomnibuskonzessionen, sogenannte Quartierfuhrwerke, Transporte des ordentlichen und ausserordentlichen Strassenunterhalts, die Feuerwehr-, Gefangenen-, Kehricht-, Latrinen-, Strassenreinigungs-, Desinfektions-, Kranken- oder Leichenwagen.[321] Das mochten bezüglich der letztgenannten Spezialwagen für sich zum Teil kleinere Geschäfte sein. Der zwei- oder dreispännig gefahrene Gefangenenwagen beispielsweise hatte an 305 Tagen im Jahr Häftlinge an den Ort ihres Zwangsarbeitseinsatzes im Strassenunterhalt und in der baulichen Umgestaltung der Stadt zu karren. Auf diese Weise kamen täglich 37 Kilometer und Arbeit für mindestens zwei Pferde und einen Fuhrmann zusammen.[322] Zusammen genommen aber waren sie jenes verstetigte Transportaufkommen, das für eine vollgewerbliche Transportunternehmung von eminenter betriebswirtschaftlicher Bedeutung war.

Das kapitalistisch verfasste Geschäft beruhte auf einer möglichst intensiven und steten Ausnützung der Produktionsfaktoren und auf den verschiedenen Skaleneffekten des grossen Betriebs, so beispielsweise bei der Beschaffung der Pferde und des Futters oder der Streue für diese. Ein wichtiges Element der vollgewerblichen Kalkulation war die sogenannte Selbstkostenberechnung. Bei Settelen und beim von Julius Settelen präsidierten Fuhrhalterverband hatte man solche für verschiedene Formen der ein- oder mehrspännigen Transporte. Die Einnahmen mussten die Ausgaben für die Löhne der Menschen, den Unterhalt der Pferde, die Zinsen des im Betrieb gebundenen Kapitals sowie die Amortisation und die Versicherung der Pferde, der Gebäude und der Geräte decken. Erst, was darüber hinaus blieb, war der Gewinn. Nicht arbeitende oder zu wenig ausgelastete Pferde waren gleichbedeutend mit Verlust.

Ein besonderes Dokument, das im Betrieb geführt wurde, war das Pferdealbum, in welchem die Pferde mit Foto, Nummer, Namen, Geschlecht, Grösse (Widerristhöhe), Kaufdatum, Pferdehändler, Kaufpreis, Schätzung des Wertes für die Jahre 1890 und 1891 und – falls eingetreten – Verkaufsdatum, Verkaufsgrund, Verkaufspreis und Käufer respektive Tod, Todesdatum und Todesursache verzeichnet wurden.[323] Die 81 mit Foto dokumentierten Tiere machen ausnahmslos einen gepflegten Eindruck. Das waren keine abgehalfterten Klepper, sondern leistungsfähige Arbeitspferde. In ihren Kräften nachlassende Tiere

320 Gosteli, Settelen, Tagwerk der Fuhrmänner, 2007.

321 Archiv Settelen; Staatsarchiv Basel-Stadt, Dossiers: Bau-Akten G 21, 1834–1906 und Bau-Akten G 21, 1907–1940.

322 Vergabevertrag für den Gefangenenwagen für den Zeitraum 1894–1898, Archiv Settelen, A 2.3.24, 1893–1925.

323 Pferde-Album, Archiv Settelen, P 1.3.

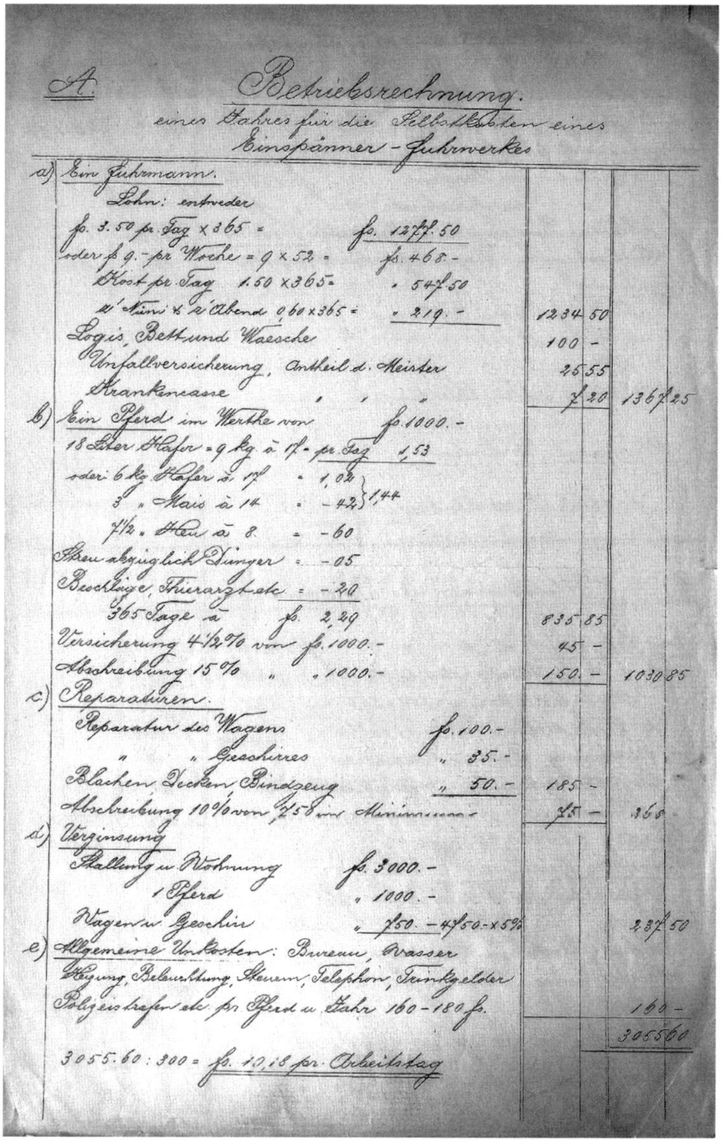
A. Betriebsrechnung.
eines Jahres für die Selbstkosten eines
Einspänner-Fuhrwerkes

a) Ein Fuhrmann.
Lohn: entweder
fr. 3.50 pr. Tag × 365 = fr. 1277.50
oder fr 9.– pr Woche = 9 × 52 = fr. 468.–
Kost pr. Tag 1.50 × 365 = " 547.50
z'Nüni & z'Abend 0,60 × 365 = " 219.– | 1234 50
Logis, Bett und Waesche | 100 –
Unfallversicherung, Antheil d. Meister | 25 55
Krankencasse " " " | 7 20 | 1367 25
b) Ein Pferd im Werthe von fr. 1000.–
18 Liter Hafer = 9 kg. à 17 – pr. Tag 1,53
oder 6 kg. Hafer à 17 = 1,02
3 " Mais à 14 = –42 } 1,44
7½ " Heu à 8 = –60
Streu abzüglich Dünger = –05
Beschläge, Thierarzt etc = –20
365 Tage à fr. 2,29 | 835 85
Versicherung 4½ % von fr. 1000.– | 45 –
Abschreibung 15 % " " 1000.– | 150 – | 1030 85
c) Reparaturen.
Reparatur des Wagens fr. 100.–
" " Geschirres " 35.–
Blachen, Decken, Bindzeug " 50.– | 185 –
Abschreibung 10 % von 750 im Minimum – | 75 – | 260
d) Verzinsung
Stallung u. Wohnung fr. 3000.–
1 Pferd " 1000.–
Wagen u. Geschirr " 750.– 4750.– × 5 % | 237 50
e) Allgemeine Unkosten: Bureau, Wasser
Heizung, Beleuchtung, Steuern, Telephon, Trinkgelder
Polizeistrafen etc. pr. Pferd u. Jahr 160–180 fr. | 160 –
| 3055 60
3055.60 : 300 = fr. 10,18 pr. Arbeitstag

Abb. 10: Selbstkostenberechnung für einen Einspänner, nicht datiert (um 1900), die der von Julius Settelen präsidierte Basler Fuhrhalter-Verband bei der Stadtverwaltung einreichte, um für die vertraglichen Fuhrleistungen höhere Ansätze zu erwirken. Die hier aufgeführten Kosten eines Einspänners beliefen sich für Fuhrmann, Pferd und Wagen auf rund 10 Franken pro Arbeitstag. Das Futter, täglich 9 Kilogramm Hafer und 7,5 Kilogramm Heu, belief sich auf ein gutes Fünftel und der Fuhrmannslohn auf ein knappes Drittel des Gesamtbetrags. (Staatsarchiv Basel-Stadt, Bau-Akten G 21, 1834–1906)

wurden verkauft. Die im Album versammelten Pferde wurden zwischen 1881 und 1891 erworben. In vier Fünfteln aller Fälle war der Basler Pferdehändler Achilles Lévy Verkäufer. Durchschnittlich zahlte Settelen gut 1000 Franken pro Pferd. Die durchschnittliche Grösse betrug 159 Zentimeter. Die jüngsten Pferde waren 1891, zum Zeitpunkt, als die Dokumentation entstand, fünf-, die ältesten sechzehnjährig.

Einen noch umfassenderen Einblick gewährt die im Betrieb geführte «Pferde-Statistik», in der für die Jahre 1881 bis 1922 gesamthaft 828 Pferde verzeichnet wurden.[324] Die Dauer, während der die Pferde im Betrieb gehalten wurden, betrug zunächst durchschnittlich 7,5 Jahre; bis zur Jahrhundertwende sank sie auf 6 Jahre. Das heisst, dass bei gleich bleibendem Bestand zunächst jährlich mindestens ein Siebtel und dann ein Sechstel der Pferde zu ersetzen war. Rund drei Viertel aller Pferde wurden nach ihrer Zeit bei Settelen wieder verkauft und kamen in eine andere Stellung. Rund ein Zehntel der Pferde ging ein. Die Pferdestatistik führt sie als «umgestanden» auf. Die nicht mehr verkäuflichen Pferde, ein weiteres Zwölftel, wurde getötet respektive geschlachtet. Bei den «Ausgangsgründen», das heisst den Gründen, die zum Tod oder zum Verkauf führten, überwogen im ersteren Fall der «Dummkoller», «schwarze Harnwinde» oder «Kreuzlämung», verschiedene andere Lahmheiten und vergleichsweise selten Unfälle. Bei den verkauften Pferden verzeichnet die Statistik als Gründe stark überwiegend motorische Beeinträchtigungen, am häufigsten das Hinken, aber auch allgemeine Abnützungen, schlechte Eigenschaften der Pferde wie «Faulheit» oder «kurzer Schritt» oder einfach die «gute Gelegenheit» eines genügend hohen Angebots, das zur Verjüngung des Bestands genutzt wurde.

Das Pferdealbum, die Pferdestatistik und das Verzeichnis der im Betrieb angestellten Fuhrleute und Knechte sind neben der Tatsache, dass sie Instrumente der rationellen Pferdehaltung waren, sozial- und kulturgeschichtlich anregende Dokumente, die auch Phänomene der Mensch-Tier-Beziehung betreffen.[325] Während beispielsweise die zahlreicheren Stuten alle mehr oder weniger einfache, geläufige Frauennamen wie Fanny, Julie oder Frieda aufwiesen, gab man den Wallachen in der Mehrheit prätentiösere Namen wie Hercules, Bismark, Moltke, Pascha oder Lord. Die im Album dokumentierten Pferde wurden für den Fotografen stereotyp in Seitenansicht präsentiert. Bei den mit den Tieren posierenden Männern und Frauen handelt es sich um Mitglieder der Familien Settelen und Imhoff sowie um das Personal des Transportunternehmens, vom Fuhrmann bis zum Droschkier und vom Meisterknecht bis zum Stallburschen. Die einzelnen Fotos lassen in verschiedener Hinsicht Stolz, manchmal Freundschaft und in einem Falle auch Brutalität gegenüber den Tieren durchscheinen.

324 Pferde-Statistik, Archiv Settelen, D 2.1.

325 Pferde-Album, Archiv Settelen, P 1.3; Pferde-Statistik, Archiv Settelen, D 2.1; Personalkontrollbuch 1892–1932, Archiv Settelen, C 1.1.

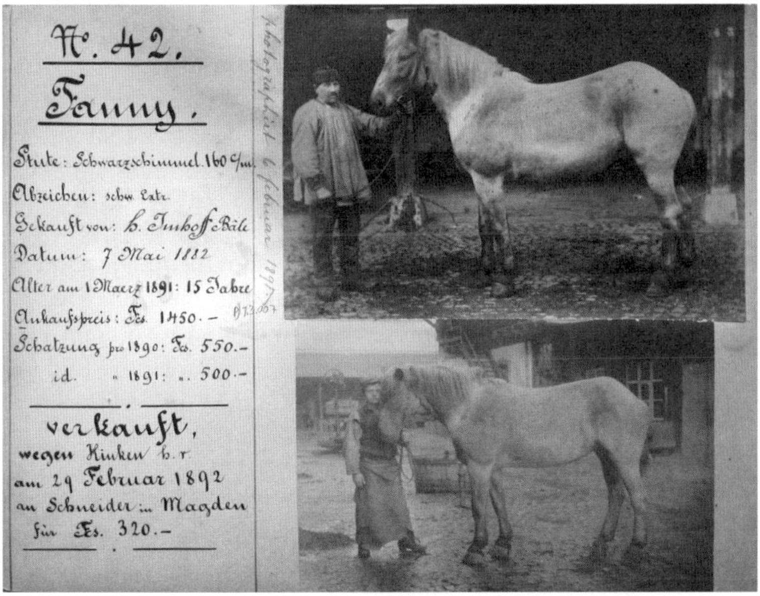

Fotos 35 und 36: Seiten aus dem Pferdealbum der Basler Transportunternehmung Settelen. In anderer Handschrift wurde nachträglich zum Foto 36 notiert: «Wullschlegel, Meisterknecht, war grob, schlug Pferde u. wurde auch durch ein gestraftes Pferd geschlagen u. starb kurz darnach» – ein buchstäblich schlagendes Beispiel für die Agency der Tiere. (Pferde-Album, Archiv Settelen, P 1.3)

Die Kutscher und die Kondukteure verdienten im Zeitraum zwischen 1881 und 1895 pro Tag 3.50 bis 4 Franken, Stallknechte 3 bis 3.20 Franken. Das entsprach ungefähr dem, was damals männliche Arbeiter, Bauhandlanger oder Textilarbeiter verdienten.[326] Der Arbeitsalltag war hart und lang. Er begann mit der Fütterung und der Vorbereitung und endete mit dem Putzen, Füttern und Tränken der Pferde und dauerte oft von 5 Uhr morgens bis 8 Uhr abends. Der Verpflegungsrhythmus der Menschen war dem der Pferde angepasst. «Die Arbeit wurde vormittags und nachmittags durch einen je rund halbstündigen Znüni- bzw. Zvierihalt in einem Wirtshaus unterbrochen. Den Pferden wurde der Hafersack vorgehängt und der Fuhrmann kam so beim Znüni zu seiner ersten richtigen Mahlzeit, meist bestehend aus Brot, Käse und Most. Ebenfalls unterwegs wurde bei einem Gasthaus für eine Stunde Mittag gemacht.»[327] Der Alkoholkonsum der Fuhrleute, Droschkenkutscher und der Knechte in und neben den Wirtshäusern war sprichwörtlich. Trunkenheit war denn auch ein relativ häufiger Entlassungsgrund.[328]

Die meisten Pferdeknechte, Fuhrleute und Kutscher stammten aus den Regionen um die Stadt, am zahlreichsten aus dem Badischen und dem Elsass, weniger häufig aus den Kantonen Solothurn, Aargau, Bern und Luzern und am seltensten aus der Stadt Basel selbst.[329] In den Settelen-Texten zur Unternehmensgeschichte sind sie wie folgt beschrieben: «Kutscher arbeiteten meist livriert (in Uniform), der Fuhrmann in derber, allwettertauglicher Bekleidung. Die Menschen, die in diesen Kleidern steckten, waren meist überzählige Bauernsöhne oder Nachkommen von Mägden und Knechten. Auch viele Verdingkinder versuchten sich in diesem Beruf – oft also Menschen, die in ihrer Jugend Hunger und viel Unrecht erleiden mussten. Einige liessen ihren aufgestauten Frust an den ihnen anvertrauten Pferden aus, andere umsorgten ihre Schützlinge wie eigene Kinder.» Im Weiteren waren bei Settelen deutsche ausgemusterte Soldaten angestellt, die im Militärdienst zur Führung von Gespannen ausgebildet worden waren. Sie bildeten im Betrieb «die Elite der Fuhrleute. Männer, die eine mehrjährige Dienstzeit als Fahrer bei der Preussischen Artillerie absolviert hatten, waren in der Fahrkunst, dem pfleglichen Umgang mit Pferden sowie im Erkennen von Beschwerden der Tiere unschlagbar. [...] Diesen ‹Preussen› vertraute man die Pferde zur ‹Wiedereingliederung› an, die durch fahrlässige Behandlung physischen oder psychischen Schaden genommen hatten.»[330]

Erste Substitutionsbewegungen von den Pferden zu den von Elektro- und Explosionsmotoren angetriebenen Trams und den Automobilen setzten schon

326 Appenzeller, Basel und sein Tram, 1995, 28 f.; Historische Statistik, HSSO G.3c. Industrielöhne nach Branchen und Regionen/Städten 1880–1914.

327 Gosteli, Settelen, Tagwerk der Fuhrmänner, 2007.

328 Appenzeller, Basel und sein Tram, 1995, 29; Personalkontrollbuch 1892–1932, Archiv Settelen, C 1.1.

329 Personalkontrollbuch 1892–1932, Archiv Settelen, C 1.1.

330 Gosteli, Settelen, Tagwerk der Fuhrmänner, 2007.

um die Wende vom 19. zum 20. Jahrhundert ein, das heisst in jenem Zeitraum, als der Pferdebetrieb Settelen erst zu seiner maximalen Grösse anwuchs. Es waren die elektrischen Strassenbahnen ab 1895 und die sogenannten Motordroschken, mit denen das Pferdegeschäft im städtischen Transportwesen wegzubrechen begann. 1909 schaffte man auch bei Settelen die erste Motordroschke an. Zu einer beschleunigten Automobilisierung des Transportwesens im Allgemeinen und der Transportunternehmung Settelen im Besonderen kam es in der Zwischenkriegszeit. Die letzten beiden Pferdegespanne wurden bei Settelen im Jahr 1958 durch Motorfahrzeuge ersetzt.

Pferde im landwirtschaftlichen Grossbetrieb: der Sentenhof

Während die Pferde in den Städten und auf den Landstrassen durch motorisierte Antriebe dann doch seit der Wende zum 20. Jahrhundert sukzessive substituiert wurden, eröffnen sich mit den Geschäftsberichten des aargauischen Sentenhofs noch einmal Perspektiven auf einen komplexen landwirtschaftlichen Pferdebetrieb – und nun auch auf verschiedene Versuche, diesen durch motorisierte Traktion, durch Traktoren und Schlepper, zu ergänzen oder zu ersetzen. Der Sentenhof war der damals grösste privat geführte Landwirtschaftsbetrieb der Schweiz, der im Zeitraum 1906 bis 1953 von Franz Ineichen, einem studierten Agronomen, geleitet wurde.[331] Das war kein Durchschnittsbetrieb; kleine und mittlere Betriebsgrössen und lohnarbeitslose Familienwirtschaftsverhältnisse überwogen in der Schweiz auch in der Zwischenkriegszeit bei weitem noch.[332] Ineichens aus den Jahren 1914 bis 1942 überlieferte Jahresberichte entstanden im Zusammenhang des Projekts des Schweizerischen Bauernsekretariats, unterschiedliche Hofwirtschaften buchhalterisch zu erfassen, die Betriebsverhältnisse rechnerisch zu durchdringen und im Sinne der Zeiterfordernisse der Rationalisierung und dann auch der Motorisierung zu moderieren.[333] Der Sentenhof war in Bezug auf die marktwirtschaftliche Integration, die konsequent kapitalistische Betriebsorganisation und in Bezug auf die Mechanisierung und Motorisierung sehr avanciert. In den Jahresberichten sind verschiedene Belange der Arbeitstierhaltung, der Tierphysiologie, der

331 Zu Franz Ineichen (1887–1953) siehe AfA-Portal Personen und Institutionen, DB1734, 7. 12. 2023, und Auderset, Moser, Agrarfrage in der Industriegesellschaft, 2018, 129–146.

332 Howald, Brugger, Agrarverfassung, 1936, 39–41.

333 Ineichen, Franz. Jahresberichte Sentenhof Muri, 1914–1942, in: Hofarchiv Sentenhof, Muri, Archiv für Agrargeschichte, Bern; zur Initiative des Bauernsekretariats der buchhalterischen Erfassung von 131 Hofwirtschaften vgl. Auderset, Moser, Agrarfrage in der Industriegesellschaft, 2018, 49–102. Ineichen hat seine Berechnungen der Kosten der Arbeitstiere und der Traktoren mehreren Artikeln zugrunde gelegt. Diese können als Kommentare und Fazite zu den Jahresberichten gelesen werden: Ineichen, Wirtschaftlichkeit des landwirtschaftlichen Traktors, 1931; Ineichen, Kosten der Zugarbeit, 1937; Ineichen, Betrachtung über Traktoren und Zugtiere, 1941; Ineichen, Pferd oder Traktor, 1947.

Fütterungslehre, der Tierarbeit und der ersten Erfahrungen mit motorisierten Antrieben in der Landwirtschaft fassbar.

Im «coupierten Terrain» des Sentenhofs arbeitete man mit vielen Arbeitstieren. Im Jahr 1915 waren es neun Pferde, vier Stiere und zuweilen auch Maultiere. Als gegen Ende des Ersten Weltkriegs die Pferde knapp und der Ackerbau forciert wurden, erhöhte sich die Zahl der «Munis» auf zehn.[334] Die Tiere wurden in den Jahresberichten nicht nur in ihren Durchschnittsleistungen, Kosten und Preisen, sondern durchaus auch in ihrem individuellen Verhalten und mit ihren Gebrechen erfasst. «Da die Maultiere mit ihrer Störrigkeit viel Ärger bereiten, so wurden im Laufe des Jahres zwei Stück zu sehr niedrigem Preise verkauft. Es wurden drei neue Zugpferde, Elbe, Fanny und Felix zum Preise von 850 bis 1200 Fr. angekauft. Jeder hat ein kleineres Laster. Elbe ist wildrössig, Fanny und Felix sind mit Flachhufen bedacht.» Kaum ein Jahr verging ohne gesundheitliche Probleme der Tiere. Häufig endeten diese damit, dass die Tiere in andere Zusammenhänge gewechselt oder «abgetan» werden mussten. 1914/15 wurden die Pferde Fanny (aus Altersgründen) und Tenedos (wegen Dämpfigkeit) verkauft. Ein Jahr später erblindete Trac, und auch das Fohlen Othello litt an einer Sehschwäche.[335]

1916 notierte Ineichen: «Die Fütterung nach Leistung wurde das ganze Jahr mit gutem Erfolg beibehalten.»[336] Mit diesen Versuchen folgte er der damals verbreitet diskutierten Fütterungslehre von Oskar Kellner.[337] Aufgrund von dieser und unter dem Druck der zunehmenden Futterknappheit zur Zeit des Ersten Weltkriegs wurden die bis drei Stunden arbeitenden Pferde mit einer täglichen Grundration von 3 Kilogramm Hafer gefüttert (nach dem Ersten Weltkrieg 3,5 Kilogramm), die pro zusätzliche Arbeitsstunde um 1 Kilogramm erhöht wurde.[338] 1917 interpretierte Ineichen den ungenügenden «Nährzustand» der Pferde als eine Folge nicht nur der vielen Ackerarbeiten und des allgemeinen Futtermangels, der damaligen «Pferdenot», sondern auch der «mangelnden Pflege», weshalb der Karrer Jakob Frey den Betrieb nach dreissig Jahren zu verlassen hatte.[339] Zu Beginn der 1920er-Jahre differenzierte Ineichen die Fütterung nach Leistung noch dahingehend, dass er zwischen leichter, mittlerer und schwerer Arbeit zu unterscheiden begann und statt mit reinem Hafer mit einem Mais-Hafer-Gemisch fütterte, was bei den Pferden aber zu vermehrten Koliken führte.[340] Die getrennte Erfassung von «Pferdefuttertagen» und «Pferdearbeitstagen» gab ihm einen Indikator für die Intensität der Beanspruchung der Pferde. Im Jahr 1915 entfielen auf einen Arbeitstag 2,1 und im Jahr 1916 2,6 Futtertage. Die

334 Ineichen, Sentenhof, Jahresberichte, I, 48, 65, 112. Die Arbeit mit Stieren statt mit Ochsen war eine Besonderheit des aargauischen Freiamtes, so der Autor in Ineichen, Kosten der Zugarbeit, 1937, 336.

335 Ineichen, Sentenhof, Jahresberichte, I, 20 und 38.

336 Ebd., 38.

337 Kellner, Ernährung der landwirtschaftlichen Nutztiere, 1916.

338 Ineichen, Sentenhof, Jahresberichte, I, 20, 92.

339 Ebd., 62, 65.

340 Ebd., 103.

täglichen Pferdearbeitsstunden bewegten sich mit leicht ansteigender Tendenz in den Jahren 1913 bis 1928 zwischen 4,0 und 5,6 Stunden. Das entsprach gemäss Rückmeldungen aus dem Bauernsekretariat den Vergleichswerten in anderen Betrieben und deutet etwa im Vergleich zur Zürcher Pferdetramunternehmung und zum Basler Transportunternehmen Settelen darauf hin, dass Tiere in Landwirtschaftsbetrieben durchschnittlich bedeutend moderater belastet wurden als in gewerblichen Transportbetrieben.[341]

Besonders interessant sind die Notizen und Bemerkungen, welche die in den 1920er-Jahren einsetzende Motorisierung betreffen. Auch sie dokumentieren keinen einfachen Substitutionsprozess, sondern ein von überzogenen Erwartungen in die Traktorenzukunft geprägtes, friktionsreiches, koevolutives Nebeneinander von Arbeitstieren und motorisierten Antrieben. Die schwach und prekär motorisierten schweren Schlepper blieben in der Landwirtschaft noch mindestens bis um die Mitte des 20. Jahrhunderts im Normalbetrieb und in den zahlreichen ausserordentlichen Fällen auf Arbeitstiere angewiesen, sei es, dass die Schlepper von Pferden oder Rindern an den Ort ihres Einsatzes gezogen, dass die feststeckenden Motoren wieder mobilisiert oder während der Reparaturen durch Arbeitstiere ersetzt werden mussten.

Die Motorisierung begann auf dem Sentenhof unmittelbar nach dem Ersten Weltkrieg. Vom «Eidgenössischen Brotamt» wurde «probeweise» ein Traktor übernommen. Das war für schweizerische Verhältnisse früh. Der Traktor war zu nichts anderem als zum Pflügen brauchbar, glitt dabei jedoch an Abhängen leicht in die Furchen ab, aus denen er nicht mehr aus eigenen Kräften fortkam, sondern immer wieder mit Arbeitstieren befreit werden musste. Der Traktor wurde darum zurückgegeben. Nur ein Jahr später wurde der Sentenhof ans aargauische Elektrizitätswerk angeschlossen, worauf Ineichen einen stationären und einen fahrbaren Elektromotor kaufte, von denen Letzterer, wenn er sich denn bewegen sollte, ebenfalls von Tieren gezogen werden musste.[342]

Im Jahr 1921 schaffte der motorenaffine Ineichen – er war in den Jahren 1924 bis 1930 erster Zentralpräsident des Schweizerischen Traktorverbands – im Sentenhof für 8500 Franken einen eigenen «Schlepper Cletrac 12/20 HP» an; «20 HP» stand für 20 Pferdestärken, was sich jedoch gerade im täglichen Vergleich mit den Pferden in keiner Weise bestätigen sollte. Der Preis betrug ein Vierfaches dessen, was er kurz zuvor für ein Arbeitspferd bezahlt hatte.[343] Es kamen in den rund drei Jahren, in denen der Schlepper eingesetzt werden konnte, noch Reparaturkosten in der Höhe von 8965 Franken hinzu.[344] Die ersten Erfahrungen der Motorisierung seien «nicht erfreulich, jedoch befriedigend». Ineichen erwartete, dass der Schlepper die «schwersten Arbeiten» über-

341 Ineichen, Sentenhof, Jahresberichte, I, 112; II, 94.

342 Ineichen, Sentenhof, Jahresberichte, I, 92.

343 Ebd., 121, 85.

344 Ineichen, Wirtschaftlichkeit des landwirtschaftlichen Traktors, 1931, 79.

nehmen würde und dass sich damit Zugtiere einsparen liessen. Er reduzierte denn auch tatsächlich die Zahl der Pferde und Munis.[345] Zur Zeit der Anschaffung des ersten Traktors wurden auf dem Hof 8 Pferde und 6 Stiere als Zugtiere gehalten, während es ab 1931 noch 4 bis 5 Pferde und 4 Stiere waren.[346] Mit der Anschaffung des Traktors war es noch nicht getan. Vielmehr erforderte dieser auch neues Gerät, so einen neuen Güllenwagen, der dann doch auf Pferdetraktion umgerüstet werden musste, als sich der Traktor für diese Arbeit als zu teuer erwies. Die vielen Reparaturen und Störungen des Schleppers, dessen nur zwei Jahre nach der Anschaffung notwendige grössere Reparatur 3500 Franken – das heisst noch einmal ungefähr den Preis von zwei Arbeitspferden – kosten sollte, kollidierten nicht zuletzt mit dem nun reduzierten Arbeitstierbestand von 5 Pferden, einem Maultier und 3 bis 4 Munis.[347] Es folgte ein Versuch mit einem neuen «Untergrundlockerer der Firma Büchli-Fuchs», der eine sehr hohe Zugleistung erforderte: den Schlepper und zusätzlich 2 Pferde oder 5 Pferde ohne den Schlepper. Immerhin meinte Ineichen eine Entlastung und eine entsprechend gute Konstitution der Arbeitstiere feststellen zu können, um dann aber doch zu konstatieren, dass die Tiere in den nicht seltenen Fällen, in denen der Schlepper nicht funktionierte, überanstrengt wurden.[348] Im Berichtsjahr 1925/26 mussten deswegen 2 Munis «abgetan» werden. In dieser Situation kaufte Ineichen 1925 noch einen «Radschlepper der Marke Fordson zum Preis von 3570 Fr.». Den Cletrac-Schlepper, seine erste motorisierte Akquisition, schrieb er als ein «Ende mit Schrecken» ab.[349] Die neue Zugmaschine bewährte sich besser. Sie leistete im Vergleich zu den bisherigen 365 doppelt so viele Arbeitsstunden, während sich die Kosten pro Traktorarbeitsstunde von 11.66 Franken im Jahr 1923, 12.75 Franken im Jahr 1924 und 25.11 Franken im Jahr 1925 auf 5.47 Franken im Jahr 1926 reduzierten. Man könne zwei Pferde und einen Muni einsparen, was ungefähr 4500 Franken entspreche, womit der Traktor zu rentieren beginne. Der genau rechnende Ineichen erkannte aber auch – das schrieb er in einem ersten Fazit –, dass «damit, dass ein Schlepper die Are billiger pflügt als Pferde oder Ochsen, [...] dessen Wirtschaftlichkeit (Rentabilität) noch lange nicht nachgewiesen» sei. Ausschlaggebend sei nämlich, «ob die Kosten für die gesamten Zugarbeiten des betreffenden Betriebes durch Anschaffung des Schleppers sinken oder steigen» würden.[350]

Im Jahr 1928 setzte die Motorisierung auf dem Sentenhof mit einem neuen Fordson-Schlepper – den alten gab man an Zahlung – und 1929/30 auch noch

345 Ineichen, Sentenhof, Jahresberichte, I, 122, 124; II, 7.
346 Ineichen, Kosten der Zugarbeit, 1937, 337.
347 Ineichen, Sentenhof, Jahresberichte, II, 5, 7, 19.
348 Ebd., 19–21.
349 Ebd., 40, 68.
350 Ineichen, Wirtschaftlichkeit des landwirtschaftlichen Traktors, 1931, 78; dazu auch Auderset, Moser, Agrarfrage in der Industriegesellschaft, 2018, 141.

mit einem Personenautomobil fort.[351] Schon in seinem dritten Betriebsjahr liess auch die Zuverlässigkeit des Fordson so nach, dass Ineichen ihn 1931 durch einen Traktor der Marke «Allis Charmer, 19/39 PS» ersetzen musste, ohne den alten noch verkaufen zu können.[352] Eine letzte Anschaffung im überlieferten Zeitraum war schliesslich ein «Vevey-Diesel» im Berichtsjahr 1937/38, der bedeutend leistungsfähiger war als der ruinierte Fordson; Ineichen hoffte, in Zukunft mit nur noch sechs Pferden auszukommen.[353]

Selbstverständlich benötigte der Sentenhof nach wie vor Arbeitstiere.[354] Allerdings nahm deren Haltung in den Jahresberichten der 1930er-Jahre immer weniger Raum ein. Mitte der 1930er-Jahre fasste Ineichen schliesslich den Entschluss, die Haltung von Zugmunis ganz aufzugeben und dafür die Zahl der Pferde wieder auf sieben bis acht zu erhöhen. Die Haltung der Zugochsen sei wohl etwas günstiger, «das Pferd ist aber doch viel vielseitiger verwendbar».[355]

Friktionsreiche Koevolution

Im langen 19. Jahrhundert war und blieb die Gesellschaft sowohl in hohem Masse auf die Arbeit der Pferde als auch auf die Arbeit der anderen Arbeitstiere angewiesen. Die in diesem Zeitraum zunehmende Bedeutung der Pferde kommt allein schon in ihrer bis in die erste Hälfte des 20. Jahrhunderts ansteigenden Zahl zum Ausdruck. Die Jahrzehnte um die Wende vom 19. zum 20. Jahrhundert wurden zum Höhepunkt ihrer Allgegenwart in der Landschaft und in den Städten. In der Landwirtschaft nahm ihre Bedeutung sogar noch bis in die Mitte des 20. Jahrhunderts zu.[356] Pferde wurden in unterschiedlichsten Betriebsformen gehalten und genutzt. Sie reichten von kleinen Landwirtschaftsbetrieben über gewerbliche Transportbetriebe, städtische Aktiengesellschaften bis zu mehr oder weniger informellen Zusammenschlüssen. Dabei waren die Pferde immer beides: vielseitig nutzbare Energieressourcen und Symboltiere in unzähligen Repräsentationen und Zuschreibungen.

Über die Arbeit der Pferde und der anderen Arbeitstiere waren die Landschaft mit den Städten, die Landwirtschaft mit Industrie und Gewerbe verbunden. Die in den Städten und im Transportgewerbe genutzten Tiere wurden in der Landwirtschaft reproduziert. In den dazwischenliegenden Räumen spezialisierten sich Landwirtschaftsbetriebe darauf, junge Pferde arbeits- und stadttauglich zu machen. An den Rändern der Städte verzahnten sich ländliche und städtische Lebenswelten in der räumlichen Ausdifferenzierung von Pferdezucht- und

351 Ineichen, Sentenhof, Jahresberichte, II, 90 f.
352 Ebd., 130.
353 Ineichen, Sentenhof, Jahresberichte, III, 100.
354 Ineichen, Sentenhof, Jahresberichte, II, 120.
355 Ineichen, Sentenhof, Jahresberichte, III, 43, 65.
356 Moser, Schiedt, Arbeitstiere im langen 19. Jahrhundert, 2024.

Foto 37: «Verführen des Kehrichts» der Stadt Bern im Jahr 1943. Ein Pferd zieht mehrere Eisenbahnwagen voller Kehricht auf die Deponie des Anstaltsgeländes der Strafanstalt Witzwil. Das Foto ist Zeugnis der Koevolution der Antriebs- und Transportsysteme: Der Kehricht war davor in der Stadt mit Pferdefuhrwerken eingesammelt und dann mit der Eisenbahn transportiert worden. Es waren bis in die erste Hälfte des 20. Jahrhunderts die Arbeitstiere, die die ‹erste› und die ‹letzte Meile› besorgten. (Archiv für Agrargeschichte, Glasdia-Sammlung der Anstalten Witzwil, Nr. 1575, AfA-ID 206)

Pferdenutzung, Futterproduktion und Futterverbrauch sowie in der Belieferung der Städte mit Produkten der Landwirtschaft, der Versorgung des Umlandes mit Produkten des städtischen Marktes und nicht zuletzt mit der Entsorgung des Abfalls und des Dungs von Menschen und Tieren aus dem Stadtraum. Die bisher relativ starren räumlich-rechtlichen Grenzen zwischen Stadt und Land lösten sich nicht zuletzt aufgrund der Haltung und der Nutzung der Arbeitstiere auf.[357]

Die züchterische Veränderung der Pferde hinsichtlich der Leistungsfähigkeit, der Grösse und der besonderen Eignungen reagierte auf Veränderungen der gesellschaftlichen Nachfrage. Wichtige Kontexte waren der Bau ausgedehnter Fahrstrassennetze, die Mechanisierung der landwirtschaftlichen Produktionsprozesse, die Stadtentwicklung, die entstehenden Eisenbahnen und seit der Wende vom 19. zum 20. Jahrhundert die Motorisierung zunächst des Strassenverkehrs und dann auch der landwirtschaftlichen Antriebe und Traktoren. Wohl stellten die Eisenbahnen und die motorisierten Antriebe auf Strassen und Feldern wichtige Zäsuren dar. Doch führten ihre alles andere als plötzlich eintretenden substitutiven Effekte in lange Zeiträume einer vielschichtigen, friktionsreichen Koevolution mit der «horse labor», die der am Anfang dieses Kapitels zitierte Autor des Artikels «The Position of the Horse in Modern Society» so luzide als «wheels in our great social machines» und als unauflöslich verbunden selbst mit der Durchsetzung der motorisierten Verkehrsmittel beschrieb.

357 Ebd.

Esel

«Ein Mensch und ein Esel wissen mehr als ein Mensch alleine.»
(Kroatisches Sprichwort)[1]

Esel zählen wie die Pferde zu den Equiden. Trotzdem entwickelte sich ihre Verbreitung und Verwendung in vielem anders und in manchem gleichsam antithetisch zu den Pferden. Esel waren hierzulande bedeutend weniger zahlreich, sie galten als schwierig, und ihre Verwendung verlieh kaum gesellschaftliches Renommee.

Esel waren jedoch leistungsfähige, genügsame und billige Arbeitstiere. Sie dienten als Reit-, Saum- und Zugtiere. Als sogenannte Packesel vermochten sie in Relation zu ihrem Gewicht grössere Lasten zu tragen als beispielsweise Pferde, Rinder oder Kamele. Wichtig und zahlreich waren Esel rund um das Mittelmeer, im nördlichen Afrika, im Nahen Osten, über Zentralasien bis nach China und in südlichen europäischen Ländern, beispielsweise in Griechenland, in Spanien oder in Italien. In Lateinamerika wurden Esel von den spanischen Konquistadoren im 15. Jahrhundert eingeführt, während sie sich in Nordamerika ab dem 18. Jahrhundert ausbreiteten.[2] In Europa nahm ihre Verbreitung von Süden nach Norden ab. Davon abweichend entwickelte sich Irland in den ersten Jahrzehnten des 19. Jahrhunderts zu einem Land, in welchem die Dichte der Esel pro Kopf der Bevölkerung ungefähr zwischen der Griechenlands und Spaniens lag.[3]

In der Schweiz überlagerten sich die Gebiete, in denen Esel und Maultiere gehalten wurden, in auffälliger Weise. Am zahlreichsten waren sie im Wallis und im Tessin. Aufgrund ihrer Trittsicherheit eigneten sich die Esel besonders als Transporttiere in Gebirgsgegenden und aufgrund der Billigkeit ihrer Haltung und weiterer Eigenschaften und Eigenarten in Verhältnissen der kleinen Landwirtschaft. Jedoch arbeiteten Esel auch für die kleinen mobilen Händler und für kleine städtische Gewerbetreibende. Und schliesslich waren Esel auch für den Fremdenverkehr von Bedeutung.

1 Fotiadis, Ruža. Auf Eselpfaden in die Moderne: Eine Sozial- und Umweltgeschichte Südosteuropas im Übergang vom 19. zum 20. Jahrhundert. Projektskizze, Humboldt-Universität Berlin, 2022.

2 Audiot, Garnier, De l'ân(e)onyme à l'hymne à l'âne, 1995, 65 f.

3 Mahaffy, Ass as a Beast of Burden into Ireland, 1917; FAOSTAT, 6. 1. 2022, und Werte der Volkszählungen; quantitativer Vergleich für das Jahr 1961: Griechenland 61, Irland 32, Spanien 22 Esel pro 1000 Einwohner:innen.

Foto 38: Bauer mit einem als Saumtier genutzten Esel im Bündner Oberland. Das Tier betrachtet den Fotografen mit sichtlicher Neugier. Und auch in der Haltung des Besitzers kommt ein freundliches Interesse daran zum Ausdruck, dass er und sein Tier die Aufmerksamkeit des Fotografen gefunden haben. (Derichs-Weiler, Empirische Kulturwissenschaft Schweiz [EKWS], SGV_03D_01258, AfA-ID 1073)

In den sozioökonomischen Verhältnissen der Kleinbauern wurden die als Arbeitstiere gehaltenen Esel selbstverständlich auch zur Nachzucht verwendet. Ihre Differenzierung zu sogenannten Schlägen ergab sich in regionalen, geografischen und klimatischen Bezügen.[4] Sie waren hierzulande kaum Gegenstand einer gewinnorientierten oder einer eigentlichen Rassenzucht, wie sie sich hinsichtlich der Pferde oder Rinder seit dem 19. Jahrhundert durchgesetzt hatte. Der Marktwert von Eseln blieb denn auch oft gering. In den 1860er-Jahren nahm man als einen durchschnittlichen Preis für einen Esel 70 bis 80 Franken an, während sich Annahmen für ein Maultier auf 500 bis 600 Franken beliefen.[5]

4 Audiot, Garnier, De l'ân(e)onyme à l'hymne à l'âne, 1995, 67.
5 Eidgenössische Viehzählung, 1866, XX.

Foto 39: Esel mit Leiterwagen auf einer Waldweide bei Miglieglia (TI). Ohne dass der mit dem Esel arbeitende Mensch ins Bild gesetzt ist, vermitteln Tier, Wagen und Umgebung den Eindruck der Einfachheit und Fragilität der betrieblichen und der sozialen Umstände, in denen das Tier gehalten wurde. (Ernst Brunner, 1957, Empirische Kulturwissenschaft Schweiz [EKWS], SGV_12N_43868, AfA-ID 851)

Über die Arbeit hinaus war die Milch der Eselstuten ein gefragtes Produkt. Sie wies eine ähnliche Zusammensetzung wie die Muttermilch auf. Sie wurde darum als Säuglingsnahrung und zur Stärkung von Kranken verwendet. Vom Esel wurde auch die überaus robuste Haut gerne genutzt.[6] Nach Aussage mancher Autoren (von denen die wenigsten aus eigentlichen Eselgebieten stammten) wurde das Fleisch nur wenig geschätzt. In den Regionen, in denen Esel verbreitet vorkamen, hat man ihr Fleisch aber selbstverständlich verwertet; so fanden sie beispielsweise im ursprünglichen italienischen Salami ihren weiteren Nutzen.

6 Audiot, Garnier, De l'ân(c)onyme à l'hymne à l'âne, 1995, 66.

Symboltier

Wie bei kaum einem anderen Tier ist beim Esel die Sicht auf die Arbeit und auf agronomische sowie auf transportgewerbliche Zusammenhänge von eigentlichen religions-, kultur- und kunstgeschichtlichen Karrieren dieser Tiere verstellt. Denn Esel transportierten nicht nur Lasten in bestimmten sozioökonomischen Zusammenhängen, sie transportierten weit über diese hinaus viele, zum Teil gegensätzliche symbolische Bedeutungen und metaphorische Zuschreibungen. Der Esel war und ist ein ausgesprochen multiples Symbol- und Legendentier. Propheten ritten auf Eseln. Bileams Esel konnte sprechen und den Engel erkennen, der seinem Meister unsichtbar blieb. Ein Esel war zusammen mit einem Ochsen bei Christi Geburt dabei. In Abgrenzung der Religionen standen der Ochse in der christlichen Ikonografie fortan für das Volk Israel und der Esel für die Heiden. Und Jesus ritt schliesslich auf einem Esel in Jerusalem ein.[7] Das war damals. Noch heute kommt St. Nikolaus mit einem Esel, der als Zeichen seiner Herkunft als Bischof von Myra gedeutet werden kann; allerdings hat man den Nikolaus anderswo auch schon mit einem Rentier gesehen. Neueren Datums ist der Aufstieg des Esels zum Nationaltier Kataloniens, in Absetzung vom spanischen Osborne-Stier. Weitere Richtungen würden sich über all die Märchen ergeben, in denen Esel als Goldesel, als Bremer Stadtmusikant oder als Ali Babas Lasttier für den Abtransport der Schätze aus der Räuberhöhle ihre Rolle spielten.

In Allegorien konnten sie sowohl für das Böse oder Satanische als auch für Frieden stehen, Letzteres oft im Gegensatz zu Pferden, die den Krieg repräsentierten. Relativ häufig sind kürzere Passagen überliefert, die sich im Wesentlichen auf über lange Jahrhunderte entstandene stereotype Zuschreibungen beschränken, die ebenfalls sehr unterschiedliche, teils gegenteilige Bedeutungen unterstellten und – in Worten von Krünitz – «in den niedrigen Sprecharten zu vielen Sprichwörtern und figürlichen Redensarten Gelegenheit» geben.[8] Während für die einen Esel Armut, Demut, Geduld und Gelassenheit verkörperten, waren für andere deren Langsamkeit, Eigensinn, Störrigkeit, Dummheit oder Geilheit erwähnenswert.[9] Fast alle Autoren erwähnen das Schreien der Esel, das sie mehr oder weniger scheusslich finden und als Ausdruck der jeweiligen Zuschreibung interpretieren.

7 4. Buch Mose 22, 1–40; Matthäus 21, 1–11.
8 Krünitz, Esel, 1785, 544.
9 Vgl. Deutsches Wörterbuch von Jacob Grimm und Wilhelm Grimm. Esel, Bd. 3, 1862, Sp. 1143–1148; Plagemann, Denzler, Esel, 1967, Sp. 1484–1528.

Foto 40: Der heilige Nikolaus von Myra mit Esel als Gebäckform. Esel waren ausgesprochene, multiple Symboltiere. Obwohl sie auch in den überlieferten Legenden in den meisten Fällen als Arbeitstiere dienten (und auch geschlagen wurden, wie beispielsweise der Esel des Propheten Bileam), verstellt die religions-, kultur- und kunstgeschichtliche Überlieferung in manchem den Blick auf die harte Arbeitsrealität der Esel. (Empirische Kulturwissenschaft Schweiz [EKWS], SGV_07P_00523, AfA-ID 1075)

Informationen zu den Eseln: Esel als Arbeitstiere bei Buffon und Krünitz

Bei den Eseln ist nun tatsächlich der Fall, was sich bei den anderen Arbeitstieren beim genaueren Hinsehen dann doch als falsch erwiesen hat: es gibt nur wenige substanzielle Quellen und kaum Literatur über ihre Verwendung als Arbeitstiere. Eselhalter:innen schrieben nicht über die Esel; das wenige über Esel und ihre Halter:innen wurde gleichsam von aussen geschrieben. In Hand- und Lehrbüchern der Pferdezucht werden teilweise auch Esel kurz erwähnt, allerdings in der Regel beschränkt auf ihre Bedeutung für die Maultierzucht.

Als wichtige (Ur-)Texte zu den Eseln treten zwei Quellen aus der zweiten Hälfte des 18. Jahrhunderts hervor: das Kapitel über den Esel aus der Naturgeschichte von Georges-Louis Leclerc Comte de Buffon aus dem Jahr 1753 und der Artikel «Esel» der Enzyklopädie von Krünitz aus dem Jahr 1777. Dieser stammt wahrscheinlich noch aus der Feder von Johann Georg Krünitz selbst, der sich seinerseits auf die deutsche Übersetzung von Buffons Naturgeschichte stützte.[10] Es sind in späteren Texten oder Studien zu den Eseln meistens keine expliziten Verweise, vielmehr zahlreiche still entlehnte Wendungen, die Buffon und Krünitz als wichtige Grundlage erweisen, fassbar etwa in den Publikationen von Sutermeister und Duerst.[11] Ungewiss ist, ob sie und andere sich direkt bei Krünitz oder in der Buffon-Übersetzung bedienten oder ob sie sich auf eine jener Entlehnungskaskaden bezogen, die in der Arbeitstierliteratur häufig sind. Auf jeden Fall lässt sich am Beispiel der Esel nachweisen, dass die naturgeschichtliche Tradition mit Buffon bei weitem nicht ihren Höhepunkt und ihr Ende hatte,[12] sondern in unzähligen impliziten Bezügen bis ins 20. Jahrhundert fortwirkte.

Buffon führte im ersten Teil seines Eseltextes aus, dass es sich trotz der Ähnlichkeiten von Pferd und Esel und trotz der damals verbreiteten Ansicht, Letztere seien entartete Pferde, um je eigene Arten handle, von denen die Art der Esel so alt (und fast so edel) wie die der Pferde sei. Buffon bezeichnete es als besonderes Schicksal der Esel, dass ihre Fähigkeiten und Leistungen stets in vergleichenden Bezügen zu Pferden wahrgenommen würden, Vergleiche, die das Pferd überhöhten, die Defizite der Esel betonten und verhinderten, dass die Esel unvoreingenommen aufgrund ihrer Fähigkeiten und Besonderheiten hingenommen würden. Er führt die ungleiche Wertschätzung und Behandlung in drastischen Worten aus: «Alle Sorgfalt einer guten Zucht, alle Wartung und Pflege, aller Unterricht, alle Uebungen werden am Pferde verschwendet; nur den Esel, das arme geduldige Thier, überlässt man der Ungeschliffenheit nichtswürdiger Knechte und dem geschäftigen Muthwillen der Kinder. [...] In der That, wenn der Esel nicht reichlich durch die Natur selbst mit guten Eigenschaften ausgerüstet wäre, so müssten sie, bei der verkehrten Zucht, welcher das gute Thier ausgesetzt ist, nothwendig alle verschwinden.» Gegen die komparative Herabsetzung der Esel und als Beleg, dass es sich um verschiedene Arten oder Gattungen handle, argumentiert er im Weiteren mit den grossen Unterschieden in Temperament, Charakter und Fähigkeiten sowie vor allem auch mit dem Umstand, dass die Nachkommen der Paarung von Esel und Pferden, die Maultiere und Maulesel, unfruchtbar seien.[13]

In beiden Texten wird unter anderem die Funktion der Esel als Arbeitstiere gewürdigt. Krünitz übernahm manche Passagen zu den Eigenschaften der Esel von Buffon und weist dies, im Unterschied zu vielen anderen, auch aus. Sein Erkenntnisinteresse war allerdings anders gelagert. Als ein Vertreter der (agro)ökonomischen Aufklärung[14] interessierte er sich neben den allgemeinen

10 Buffon, L'Asne, 1753; Krünitz, Esel, 1785. Krünitz verfasste den Artikel wahrscheinlich selbst, vgl. http://kruenitz1.uni-trier.de/background/author.htm, 7. 7. 2023.

11 Sutermeister, Esel als Zugthier, 1901; Duerst, Esel, 1928.

12 Vgl. Lepenies, Ende der Naturgeschichte, 1978, vor allem 147–168.

13 Buffon, Esel, 1781, 187–189, 208 f. (Zitat).

14 Zum Begriff der ökonomischen Aufklärung vgl. Popplow, Ökonomische Aufklärung, 2010.

Eigenschaften der Esel als Arbeitstiere für die Rolle, die sie in einer reformierten Landwirtschaft spielen könnten, in Verhältnissen, wie sie von Kameralisten, Physiokraten, ökonomischen Patrioten und einzelnen Reformbauern ab der zweiten Hälfte des 18. Jahrhunderts propagiert wurden. Im grossen Betrieb, der über verschiedene Arbeitstiere verfügte, könnten die Esel bestimmte Funktionen zu geringeren Kosten übernehmen, bei denen Ochsen- oder Rindergespanne nicht ausgelastet würden.

Krünitz schrieb, unter allen Tieren sei «der Esel vielleicht im Stande, in Ansehung seiner Größe, die schwerste Last zu tragen, und kann dabey über Berge und Hügel sicher getrieben werden».[15] Dabei ist zu bedenken, dass sich Esel, Maultiere und Pferde bis in die erste Hälfte des 19. Jahrhunderts in Körpergrösse und Gewicht weniger stark unterschieden. Die Zucht schwerer und grösserer Tiere erfasste die Pferde im Laufe des 19. Jahrhunderts stärker als die Esel; der diesbezügliche Unterschied zwischen Pferd und Esel vergrösserte sich.

Nach Buffon und Krünitz wurden Esel durchschnittlich 25 bis 30 Jahre alt. Mit zwei Jahren waren die Esel geschlechtsreif; mit drei oder vier Jahren galten sie als ausgewachsen. Im Alter von ungefähr zwei Jahren begann die Erziehung zur Arbeit, wobei man mit Kenntnissen und Sorgfalt die Esel zu guten, geschickten Arbeitstieren machen könne. Die Bindung, die sich zwischen dem Tier und der Bezugsperson ergebe, sei eng, selbst wenn diese den Esel übel behandle. Die Arbeit mit ihnen erfordere kein spezielles Personal, und ihre Haltung sei ausgesprochen günstig. Esel würden von allen behaarten Tieren am wenigsten von Ungeziefer befallen. Sie verfügten über eine robuste Gesundheit, ein gutes räumliches Gedächtnis und Orientierungsvermögen, gute Augen, einen guten Geruchssinn und ein hervorragendes Gehör und sie seien ausgesprochen trittsicher, was ihre Verwendung auf Fusswegen und im Gebirge nahelege.[16] Als Nahrung würden sie mit magerem Gras, schlechtem Heu, Stroh und Streue vorliebnehmen und nur bei sehr schwerer Arbeit würde es sich empfehlen, sie mit etwas Futtergetreide oder Brot zu stärken. Der Esel «schreitet, er trabet, er galopiret wie ein Pferd, nur dass alle diese Bewegungen klein, und weit langsamer sind».[17]

Krünitz liess den Passagen über die positiven Eigenschaften und Vorzüge auch negative Gesichtspunkte folgen, die seiner Ansicht nach nur teilweise in der Natur der Esel, teilweise aber in der Art ihrer Behandlung und Verwendung liegen würden. «Da ich des Nutzens aus der Haltung der Esel gedacht habe, so ist es auch billig, der Beschwerlichkeiten zu erwähnen, und deren sind vornehmlich drey: ihre Trägheit, ihre Hartnäckigkeit, und der Schaden, den sie unter den Bäumen anrichten können.

Was die Trägheit betrifft, so ist diese ein Fehler, den man nicht zu verbessern hoffen kann; denn er liegt in ihrer Natur. Wir müssen alle Thiere mit ihren

15 Krünitz, Esel, 1785, 550.

16 Buffon, Esel, 1781, 214 f.; Krünitz, Esel, 1785, 546 f.

17 Krünitz, Esel, 1785, 547, fast gleich lautende Passage bei Buffon, Esel, 1781, 212.

natürlichen Unvollkommenheiten nehmen, und diese ist dem Esel eigen. Diese Fehler aber sind gemeiniglich mit Vortheilen begleitet, so wie dieser augenscheinlich ist. Die Trägheit dieses Thieres ist eben dasjenige, was dasselbe tüchtig macht, so lange in der Arbeit auszuhalten, und solche langwierige Beschwerden zu ertragen; denn wenn seine Bewegung geschwinder wäre, so würde es, wie die Pferde und andere Thiere, bald müde werden.

Was den andern Fehler, seine Hartnäckigkeit und Halsstarrigkeit, betrifft, so ist sie gegründet; denn kein Thier ist auf eine so lächerliche Art toll, als ein Esel, wenn er über seine Geduld gereizet wird, welches zuweilen geschehen kann, oder auch öfters ohne Reizung geschieht. Etwas davon kann eben so wohl in seiner Natur gegründet seyn, als seine Trägheit; vieles aber ist seiner schlechten Haltung zuzuschreiben. Kein Thier wird so wenig geachtet, oder mit solcher muthwilligen Grausamkeit gehalten, als ein Esel. Er wird gemeiniglich den Händen der Knaben oder der schlechtesten Knechte übergeben, welche seine natürliche Halsstarrigkeit durch ihre üble Gewohnheit, mit ihm umzugehen, gewiß vermehren. Man trage nur für den Esel eine mäßige Sorge, und gehe nur ein wenig mit ihm, wie mit einem Pferde, um, nur so, wie man mit der schlechtesten Art von Pferden umgeht, und wenn er gleich nicht völlig so willig, wie dieses Thier, wird, so wird er doch genug von seinen natürlichen Fehlern verlieren, daß er nützlich gemacht werden kann, seine Wartung zu belohnen.»[18]

Die von Krünitz beschriebenen Eigenschaften, Fähigkeiten und Leistungen der Esel werden in anderen Quellen bestätigt. Esel waren keine einfachen Tiere, um mit ihnen zu arbeiten. Vielmehr erforderten ihre Erziehung und die Zusammenarbeit mit ihnen (wie das auch bei den Maultieren der Fall war) ein grosses Mass an Einfühlungsvermögen, an Geduld und an Zeit. Esel liessen sich wie die Maultiere nur sehr beschränkt zur Eile antreiben, was ihre Verwendung besonders im Stadtverkehr und in zeitlich eng getakteten Arbeitsabläufen problematisch machte. Mit der Möglichkeit ihrer Verwendung in einem «ordentlich geführten», grossen Landwirtschaftsbetrieb, der für die «Hauptgeschäfte» über Pferde und/oder Ochsen verfügte und in dem sich die Esel im Besonderen für «Nebendinge» anbieten würden, unterstellt nun aber Krünitz nicht die überwiegend vorherrschende Realität der Eselhaltung. Vielmehr sind diese Passagen den Zielen der Reformlandwirtschaft geschuldet. Sie beschreiben eher ein vom Autor propagiertes Potenzial als einen verbreitet gegebenen Zustand. Denn am zahlreichsten arbeiteten Esel in kleinen Landwirtschaftsbetrieben in oft gebirgigen Regionen, in denen sie in den meisten Fällen als einziges und manchmal auch als geteiltes Arbeitstier gehalten wurden. Zudem waren sie des Öftern als Zug- und vor allem auch als Tragtiere der mobilen Händlerinnen und Marktfahrerinnen anzutreffen, da ihre bescheidenen Ansprüche ans Futter keinen vollwertigen Landwirtschaftsbetrieb zu ihrer Haltung erforderten.

18 Krünitz, Esel, 1785, 551–555, Zitat 554 f.

Schlagen der Tiere

Tiere wurden und werden geschlagen oder in anderen Formen misshandelt. Das ist eine leider nicht seltene Tatsache. Bemerkenswert aber ist, dass dies bei den Eseln häufig und in einer so besonderen Weise überliefert wird, als ob das Erleiden der Schläge gleichsam zur Tiernatur gehörte. Bei Buffon, bei Krünitz und bei anderen wird mehrfach die körperliche Gewalt erwähnt, der die Esel häufiger noch als andere Tiere ausgesetzt waren. Im betrachteten langen Zeitraum – von der Mitte des 18. bis zur Mitte des 20. Jahrhunderts – war es üblich, dass Esel geschlagen wurden. Aus dieser Tatsache nährte sich nicht zuletzt die allegorische Zuschreibung und Überhöhung des Esels als eine ausgesprochene Dulderexistenz. Krünitz schreibt in diesem Sinne: «Er [der Esel] leidet die Prügel und Schläge standhaft, und vielleicht muthig.» Das mutige Erleiden der Esel steht dem Mutwillen der Knechte und der Kinder gegenüber. Das geht bis zur Unterstellung eines passiven Finalismus, wonach die Dicke und die Widerstandskraft der Eselshaut diese im besonderen Masse befähige, Schläge zu empfangen und «bey der Peitsche und beym Stiche der Insecten unempfindlich zu bleiben».[19]

Buffon schrieb vom «muthwilligen Spiel unbändiger, plumper Bauern, die ihn, mit einem Knittel in der Hand vor sich hertreiben, unvernünftig auf ihn losprügeln, ihn mit unbändigen Lasten belegen und ihn ohne Vorsicht, ohne alle Schonung überladen».[20] In den Fällen, in denen das Geschlecht erwähnt wurde, waren es immer Männer, Knechte oder Knaben, die schlugen. Das Schlagen der Tiere erscheint als ein ausgesprochenes Genderphänomen. Diese Meinung wurde von manchen zeitgenössischen Beobachtern geteilt.[21]

Auch Krünitz erwähnte das Schlagen, wenn er etwa konstatierte, dass Eselstuten während der Trächtigkeit eher geschont würden, die Eselhengste «hingegen beständig mit schwerer Arbeit und Schlägen allzu sehr angegriffen werden».[22] Georg Hartmann stellte in seinen Ausführungen zur Maultierzucht das Schlagen der Esel nicht nur fest, vielmehr empfahl er es geradezu, wenn er riet, die Hengste für das Decken der Stuten «durch eine Tracht derber Schläge in die Hitze zu bringen», um das mit einer bemerkenswerten Analogie noch zu bekräftigen: «Ein wohlfeiles und sonderbares, aber in der That, auch nach den Erfahrungen bei erwachsenen Menschen, welche durch Schläge auf den Rücken, und insonderheit auf den Hintern gemeiniglich Erektionen bekommen, ein wirksames Reiz- und Stärkungsmittel!»[23] Womit der Pferdezuchtex-

19 Ebd., 547.
20 Buffon, Esel, 1781, 209.
21 Als ein Beispiel: Allgemeine Schweizer Bauernzeitung, Nr. 5, 1. 2. 1856.
22 Krünitz, Esel, 1785, 545.
23 Hartmann, Anleitung zur Verbesserung der Pferdezucht, 1786, 392.

perte auch die Brücke zurück zur unter Menschen verbreiteten körperlichen Gewalt schlug.

Wenn Gründe für das Schlagen mit erwähnt werden, war es häufig das Verhalten der Tiere, das den Erwartungen der mit ihnen Arbeitenden nicht entsprach, Fälle, in denen das Tier zu langsam war oder sich überhaupt verweigerte. Dabei war das Schlagen besonders bei Eseln und Maultieren kontraproduktiv, indem es deren Renitenz noch verstärkte. Diese Erfahrung vieler, die mit Eseln und Maultieren arbeiteten, ist Gegenstand zahlreicher kleiner Geschichten und Mitteilungen. Krünitz und andere betonten, dass es das Schlagen selbst war, das letztlich die Störrigkeit oder gar die Bösartigkeit der Tiere zwangläufig erst hervorrief oder noch verstärkte.

Quantitativer Bestand und regionale Unterschiede der Eselhaltung in der Schweiz

Für die Zeit vor der Mitte des 19. Jahrhunderts ist einzig für den Kanton Genf eine lange Zeitreihe des Eselbestandes überliefert. Bis Mitte des 19. Jahrhunderts stieg die Zahl der Esel an, danach ging sie zurück. Gleichzeitig mit diesem Rückgang verdoppelte sich im Kanton Genf die Zahl der Pferde. Beide Entwicklungen standen in Zusammenhängen der grundlegenden Umbrüche in der Landwirtschaft, im Transportwesen und in der Stadtentwicklung. Eine ähnlich starke Abnahme des Eselbestandes ist in der zweiten Hälfte des 19. Jahrhunderts für den Kanton Freiburg festzustellen (Diagramm 11).

1866 wurden in der Schweiz anlässlich der ersten eidgenössischen Viehzählung rund 2200 Esel festgestellt (Diagramm 12).[24] Der Eselbestand war rund zwei Drittel so gross wie der Bestand an Maultieren. Der allgemeine Rückgang der Esel erfasste in der zweiten Hälfte des 19. Jahrhunderts mit der Ausnahme des Kantons Tessin mehr oder weniger eindeutig alle Kantone. Die Esel machten 1876 noch rund zwei Prozent des gesamten schweizerischen Equidenbestandes aus, um dann bis Mitte des 20. Jahrhunderts sukzessive auf 0,3 Prozent zu sinken. Dieser nur noch sehr geringe Anteil war nun allerdings nicht nur dem Rückgang der Esel, sondern auch der gleichzeitigen starken Zunahme der Pferde geschuldet.

Die Maultier- und Eselgebiete überlagerten sich weitgehend. Die beiden Kantone mit den meisten Eseln, das Wallis und der Tessin, wiesen auch am meisten Maultiere auf.[25] Bei den Eseln war allerdings das Übergewicht des Kantons Wallis nicht gleich gross wie bei den Maultieren. 1876 wurden rund 35 Prozent aller Esel im Wallis gezählt und 27 Prozent im Tessin. Im Kanton Tessin verlief die Entwicklung des Eselbestandes insofern anders, als dort deren Zahl relativ kon-

24 Für 1866 sind nur Werte für Esel und Maultiere zusammengenommen überliefert. Wir haben sie nach dem Verhältnis von 1876 geschätzt.

25 Eidgenössische Viehzählungen, 1866–1951.

Diagramm 11: Esel in den Kantonen Genf und Freiburg gemäss kantonalen Erhebungen

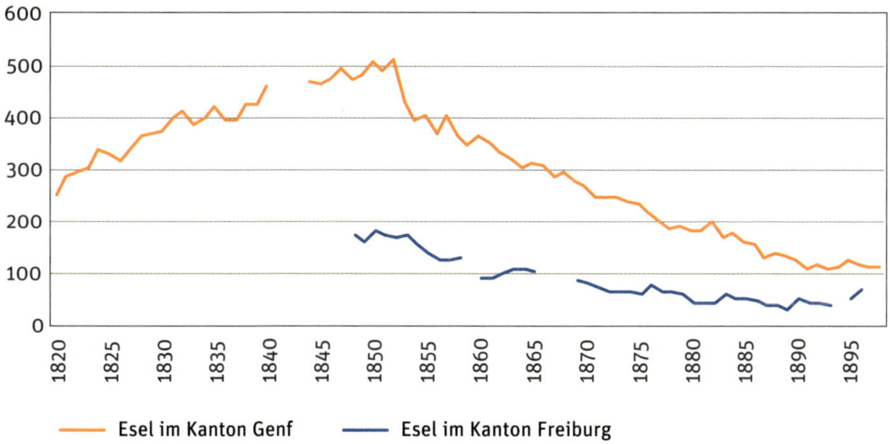

Quellen: Ergebnisse kantonaler Viehzählungen seit dem Anfange des Laufenden Jahrhunderts, in: Eidgenössische Viehzählung, 1896, 257–283.

Diagramm 12: Esel im Tessin, im Wallis und in der Schweiz

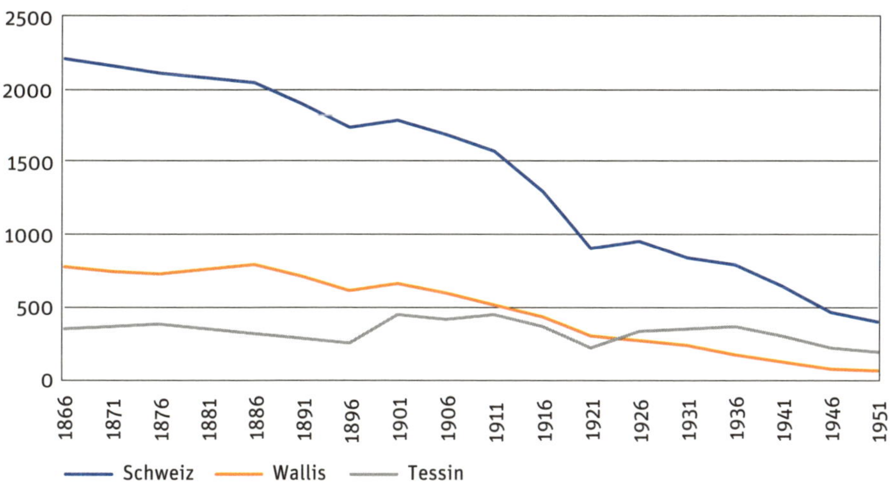

Quellen: Eidgenössische Viehzählungen, 1866–1951. Die Werte für 1871, 1881 und 1891 sind linear extrapoliert.

Foto 41: Transport von Holzreisig in Aronno im Kanton Tessin. In den Kantonen Tessin und Wallis wurden rund zwei Drittel aller Esel der Schweiz gehalten. Oft waren die Esel Reit-, Saum- und Zugtiere zugleich. (Frédéric Engel, Empirische Kulturwissenschaft Schweiz [EKWS], SGV_03D_01272, AfA-ID 1074)

Diagramm 13: Esel in verschiedenen Kantonen

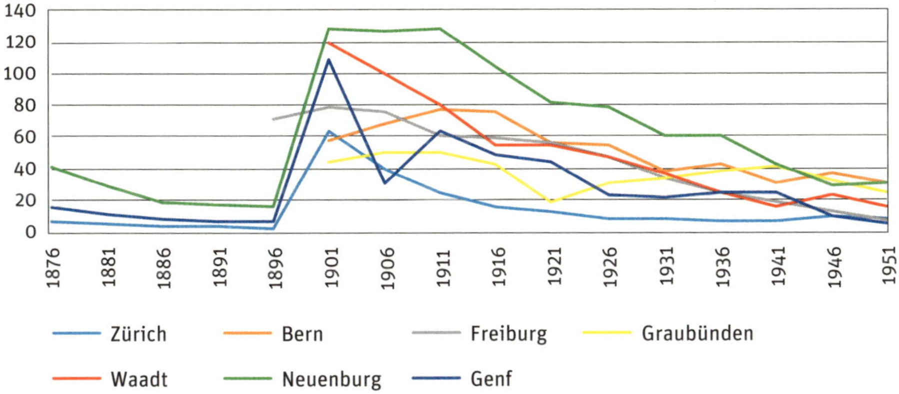

Nicht aufgenommen sind die beiden Kantone mit den meisten Eseln – Wallis und Tessin –, damit die Entwicklungen in den anderen Kantonen, die allgemein sehr viel weniger Esel aufwiesen, überhaupt zur Geltung kommen.

Quelle: Eidgenössische Viehzählung, 1866–1951. Die Werte für 1871, 1881 und 1891 sind linear extrapoliert.

stant blieb, während sie in den anderen Kantonen abnahm. Im langen Zeitraum von der Mitte des 19. bis zur Mitte des 20. Jahrhunderts rückte der Kanton Tessin damit bezüglich der Eselpopulation von der zweiten an die erste Stelle. Im Jahr 1926 wurden 27 Prozent aller Esel im Wallis und 35 Prozent im Tessin gezählt.[26]

Die eidgenössischen Viehzählungen belegen im Übrigen hinsichtlich der Haltung und der Verwendung der Esel das dominante Gewicht des Agrarischen. Um die Wende vom 19. zum 20. Jahrhundert wurden rund 80 Prozent als einzelne Tiere stark überwiegend in kleinen landwirtschaftlichen Betrieben gehalten.[27]

Esel statt Zughunde

Gegen Ende des 19. Jahrhunderts stieg die Zahl der Esel in mehreren Kantonen noch einmal kurzzeitig an (Diagramm 13). Der Grund dafür lag, gemäss Kommentar der Viehzählung des Jahres 1901, einerseits im allgemein zunehmenden Zugtierbedarf zur Versorgung der wachsenden Städte, anderseits konkret in den manchenorts geführten Kampagnen gegen die Zughunde und für deren Ersetzung durch Esel. Diese Kampagnen erwiesen sich zunächst als

26 Eidgenössische Viehzählung, 1926, 38*.
27 Eidgenössische Viehzählung, 1911, 10* f.

Foto 42: Eselgespann beim Bellevue in Zürich, 1897. Das angehobene linke Hinterbein macht die Ruhestellung des Tiers deutlich. Zugtiere ziehen; noch häufiger aber warten sie. Die Fotografie stammt aus den Jahren, in denen die Zughunde teilweise durch Esel ersetzt wurden. Zughunde und Esel hatten eine grosse Bedeutung in der Versorgung der Stadtbevölkerung mit Nahrungsmitteln und mit weiteren Produkten des mobilen Handels. Die gut gekleidete Frau und deren seitlich gewendeter Blick auf das Eselfuhrwerk machen soziale Sphären und Differenzen sichtbar. (Robert Breitinger, Zentralbibliothek Zürich, doi.org/10.7891/e-manuscripta-44591)

so erfolgreich, dass ihre Effekte auch den Statistikern erwähnenswert waren: «Die Zunahme der Esel in einzelnen Gegenden, namentlich in Zürich, ist den Bestrebungen gemeinnütziger und Tierschutz-Vereine zur Ersetzung der Zughunde durch Esel für Milchfuhrwerke, Gemüsekarren und dergl. zuzuschreiben.»[28] Allerdings waren die Massnahmen nicht allein gegen diese Art der Tierarbeit, sondern auch allgemein gegen den mobilen Handel gerichtet. So war der zu Beginn des 20. Jahrhunderts wieder einsetzende, beschleunigte Rückgang der Eselbestände in diesen Kantonen vor allem auch dem Druck geschuldet, unter den die kleinen Gewerbe und der mobile Handel gerieten, die bis dahin Hunde oder Esel als Zugtiere gehalten hatten. Das kommt beispielsweise in einem Kommentar zur Viehzählung des Jahres 1911 zur Sprache: «Der Rückgang lässt sich auf die strengeren Bestimmungen über den Hausiererhandel und die schärferen Vorschriften über die Seuchenpolizei zurückführen, indem

28 Eidgenössische Viehzählung, 1901, 19*; siehe auch Sutermeister, Esel als Zugthier, 1901.

der Esel das Zugtier der Hausierer ist und durch die Seuchenpolizei namentlich der Hausiererhandel mit Geflügel, welcher Gespanne erforderte, eingeschränkt wurde.»[29] Als weiterer Grund für die beschleunigte Abnahme der Eselbestände in den 1910er-Jahren nennt der Kommentar der Viehzählung von 1921 die Schliessung der «Etablissemente des Fremdenverkehrs während der Kriegs- und der Nachkriegszeit».[30]

Ende der Esel als Arbeitstiere

Mit den sozialen Milieus, in denen Esel als Arbeitstiere gehalten wurden, und vor allem mit der Erschliessung der Gebirgsregionen mit Fahrstrassen sowie der Motorisierung der Transporte auf diesen nahmen die Eselbestände im Laufe der ersten Hälfte des 20. Jahrhunderts weiter ab. Im dritten Viertel des 20. Jahrhunderts verschwanden die Esel schliesslich auch aus den Walliser und Tessiner Bergtälern, während sie im globalen Süden heute noch als Arbeitstiere anzutreffen sind. Weltweit stieg die Zahl der als Arbeitstiere genutzten Esel bis gegen Ende des 20. Jahrhunderts an.[31]

Beispielhaft lassen sich für die Schweiz und allgemein für wirtschaftlich hoch entwickelte Gesellschaften an Eseln bestimmte Aspekte einer zweiten Karriere in der zweiten Hälfte des 20. Jahrhunderts verfolgen, in der sich die Zahl der Esel von 1956 an von 359 auf heute rund 11 000 Tiere wieder sehr stark erhöht hat.[32] Sie übertrifft die höchste Zahl der in der Schweiz in der zweiten Hälfte des 19. Jahrhundert statistisch erfassten Arbeitsesel um ein Fünffaches. Die Agronomin Annick Audiot und der Soziologe Jean-Claude Garnier haben auf den Wechsel in der Nutzung hingewiesen, in welchem der Esel von der «bête de somme» zum «animal de compagnie» oder zum «outil pédagogique» und damit einerseits zum Marker eines grundlegend gewandelten Verhältnisses der Menschen zur Natur, anderseits zum Objekt der Erinnerung an eine verschwundene Ländlichkeit sowie zu einem Objekt des Kulturerbes, der Patrimonialisierung der Landschaft und der agrarischen Geschichte wurden. Gleichsam als Pointe ihrer zweiten Karriere erscheint, dass die Esel erst nach ihrem Bedeutungs- und Funktionsverlust in den agrarischen und kleingewerblichen Milieus in den Kampagnen zur Erhaltung alter Arten schliesslich noch zu Rassentieren avancierten, was während ihrer langen Zeit als Arbeitstiere mindes-

29 Eidgenössische Viehzählung, 1911, 10*.
30 Eidgenössische Viehzählung, 1921, 20*.
31 Bobobee, Draught Animal-Implement System, 2007; Starkey, Harnessing and Implements for Animal Traction, 1989; Starkey, Livestock for Traction and Transport, 2011; Starkey und Starkey, Regional and World Trends in Donkey Populations, o. J. Die Autoren identifizieren die globalen Veränderungen aufgrund der Daten der Statistik der FAO.
32 Eidgenössische Viehzählung, 1956, 21*; Schweizer Bauer, 10. 9. 2019.

Abb. 11: Bei einem Unfall zwischen einem von einem Esel gezogenen Wagen und einer Strassenbahn gerät ein Mann im Jahr 1919 in grosse Gefahr, von der Strassenbahn überfahren zu werden. Seine Rettung schreibt er göttlicher Vorsehung zu. Sie ist der Grund des Gelübdes und Anlass zum Ex-Voto-Bild. Zweifellos wird hier aber auch der Zeitenlauf der Ablösung der Zugtiere durch motorisierte Fahrzeuge beklagt. (Wallfahrtskirche Madonna del Sasso, Orselina bei Locarno, Öl auf Karton, 35 × 45 cm, 11. 6. 1919; Legende aus Schiedt, Weg, Verkehr und Mobilität auf Votivbildern, 2016, 21)

tens in der Schweiz nicht der Fall gewesen war.[33] Dabei ist der Esel ein Nutztier geblieben, allerdings eines, dessen Nutzen nun nicht mehr in der bewegenden Arbeitskraft für die agrarische Produktion und in den vielfältigen Transporten liegt, sondern in der gesellschaftlichen Freizeitgestaltung und als nostalgische Erinnerungsobjekte, von denen John Berger schreibt, man habe «dem Tier die Erfahrungen und Geheimnisse fortgenommen, und diese neu erfundene ‹Unschuld›» rufe «nun im Menschen eine Art Nostalgie hervor».[34]

33 Audiot, Garnier, De l'ân(e)onyme à l'hymne à l'âne, 1995, 67–72.

34 Berger, Warum sehen wir Tiere an?, 2015, 22. Vgl. auch Auderset, Schiedt, Arbeitstiere, 2021; Moser, Grenzen der Komplexitätsreduktion, 2021.

Maultiere

«That a hybrid should possess more reason, memory, obstinacy, social affection, powers of muscular endurance, and length of life, than either of its parents, seems to indicate that art has here outdone nature.» (Charles Darwin, Journal of Researchers, [1835] 1845, 314 f.)

Charles Darwin notierte am 18. März 1835 zwischen Chile und Argentinien, auf der Gebirgspassage durch die Kordilleren, voller Bewunderung über die Leistung der Maultiere in sein Reisetagebuch: «The mule always appears to me a most surprising animal. That a hybrid should possess more reason, memory, obstinacy, social affection, powers of muscular endurance, and length of life, than either of its parents, seems to indicate that art has here outdone nature.»[1] Das war ein persönliches Notat eines Wissenschaftlers, dessen Reisenotizen ihm Ideen und Grundlagen seiner späteren Evolutionstheorien lieferten.

Angesichts der zahlreich überlieferten repetitiven Aufzählung der positiven Eigenschaften und Vorzüge stellt sich die Frage, wieso Maultiere in der Schweiz nicht zahlreicher waren und sich die Bauern und Fuhrleute nicht viel öfter für diese Saum- und Zugtiere entschieden. Eine eigentliche Maultierkultur bestand in der Schweiz nur im Wallis, allenfalls noch im Tessin, in gebirgigen Regionen, in denen sich Esel- und Pferdekultur berührten. Basis der Haltung von Maultieren waren hauptsächlich kleinere Land- und Alpwirtschaftsbetriebe, in denen man sie als einzelne Arbeitstiere hielt. Aber auch in der Armee wurden sie für den Gebirgsdienst als Saum-, Zug- und Reittiere geschätzt.[2] Im Gegensatz zu Maultieren waren auf dem Gebiet der Schweiz kaum Maulesel vorhanden.

Maultiere verdienen eine Beachtung, die über ihre geringe durchschnittliche Verbreitung in der Schweiz hinausgeht. Die Zucht und die Haltung sind bei Maultieren stärker getrennt als bei Pferden. Die Maultiere – Hybride der Paarung von Pferdestute und Eselhengst –[3] gehen ausschliesslich aus menschlichen Nachzuchtbestrebungen hervor. Die Unfruchtbarkeit der allermeisten Maultiere machte die Auswahl geeigneter Stuten und Hengste immer wieder aufs Neue notwendig, was manche Gelegenheit zu Beobachtungen und Spekulationen über Vererbung und Zuchteffekte bot. Damit ergab und erhielt sich ein besonderes Zuchtwissen. Die Maultier- und die systematische Pferdezucht beruhten auf unterschiedlichen Haltungen und Motiven. In Pferdezuchtkreisen wurde die Maultierzucht verbreitet abgelehnt.[4]

1 Darwin, Journal of Researchers, [1835] 1845, 314 f.
2 Schmid, Anleitung zur Maultierzucht, 1944, 14.
3 Zur Paarung vgl. den aufschlussreichen Artikel von Giovanoli, Maultier und Maulesel, 1916.
4 Duerst, Maultier, 1929; Carette, La mulasserie, ses origines, ses pratiques, 2003.

Foto 43: Drei eingespannte Maultiere. Das Foto aus der agronomischen Diplomarbeit von André Geisendorf setzt wohl die Maultiere eindrücklich in Szene, zeigt aber mit ihrer Verwendung im Dreiergespann eine eher untypische Situation. Die meisten Maultiere wurden als Einzeltiere gehalten. (Geisendorf, L'élevage du mulet en Suisse, 1941, 108)

Die Klärung dieser Fragen und Phänomene führt tief in die gesellschaftlichen Verhältnisse jener, die Maultiere züchteten oder als Arbeitstiere hielten, und auch zu jenen, denen andere Arbeitstiere näherstanden.

Informationen zu den Maultieren

Tegetmeier und Sutherland konstatieren um die Jahrhundertwende einleitend in ihrem Werk «Horses, Asses, Zebras, Mules and Mule Breeding», dass es etwa viertausend Werke über die Pferde gebe, von denen die Hälfte in Grossbritannien publiziert worden seien, aber kaum ein Werk über die Maultiere und die Maultierzucht.[5] Das trifft auch für die Verhältnisse in der

5 Tegetmeier, Sutherland, Horses, Asses, Zebras, Mules and Mule Breeding, 1895, III.

Schweiz zu. Während es für das 18. Jahrhundert nur sehr wenige Quellen über die Maultierzucht und -haltung gibt, sind die Informationen seit Beginn des 19. Jahrhunderts zahlreicher. Diese beziehen sich vorwiegend auf bestimmte Kantone oder Regionen, während die gesamtschweizerischen Verhältnisse erst ab der Mitte des 19. Jahrhunderts hervortreten. Informationen finden sich in einem bunten Gemisch von Dokumenten: in Lehrbüchern der Pferdezucht, die teilweise auch Kapitel zur Maultierzucht enthalten,[6] in Handbuch- und Lexikonartikeln, in Viehzählungen und Verwaltungsakten, in Artikeln landwirtschaftlicher Zeitschriften und Zeitungen oder in Fotografien und Filmen. Die Bildquellen sind hinsichtlich der Haltung, der konkreten Umstände der Arbeit und der Nutzungskontexte besonders ergiebig. In der Zwischenkriegszeit und in der Zeit des Zweiten Weltkriegs entstanden an den Lehrstühlen der Professoren Ambrosi Schmid und Johann Ulrich Duerst zudem Studien über die Maultierzucht und -haltung, etwa die agronomischen, zootechnischen Diplomarbeiten von André Geisendorf und Karl Zumtaugwald, die auch historisch interessante Informationen zu den Verhältnissen im 19. Jahrhundert enthalten.[7] Darauf aufbauend verfasste Schmid selbst eine «Anleitung zur Maultierzucht», die allerdings weniger eine Zuchtlehre als eine Studie über die bisherige und vor allem die zukünftige Förderung der Maultierzucht war.[8] Zudem publizierte er im Pferdehandbuch von Thomas Camenzind einen Artikel zur Maultierzucht in der Schweiz.[9] Ein vielfach genutztes, quellengestütztes Werk legte Ernst Bödeker mit seiner 1908 erschienenen Publikation «Maultierzucht und Maultierhaltung» vor.[10] Sein ländervergleichender Überblick stützt sich für die Passagen zur Schweiz auf einen andernorts nicht mehr greifbaren Bericht und auf weitere Materialien von Fritz Schär, dem Direktor des Eidgenössischen Hengsten- und Fohlendepots.[11] In Nordamerika und in Frankreich erschienen zudem in der zweiten Hälfte des 19. Jahrhunderts grössere Werke über die Zucht und die Haltung von Maultieren, beispielsweise «The Mule» von Harvey Riley oder «De l'industrie mulassière en Poitou» von Eugène Ayrault.[12] Aktuell befasst sich in der Schweiz die Interes-

6 Unter anderem Brugnone's Werk von der Zucht der Pferde, Esel und Maulthiere, 1790, 186–223; Hartmann, Anleitung zur Verbesserung der Pferdezucht, 1786; Weber, Handbuch der Pferde-, Maulthier- und Eselzucht, 1810, 336–341; Youatt, The Horse, amerikanische Ausgabe 1843, 419–431.

7 Geisendorf, L'élevage du mulet en Suisse, 1941; Zumtaugwald, Stand der Walliser-Maultierzucht, 1944.

8 Schmid, Anleitung zur Maultierzucht, 1944.

9 Schmid, Das Schweizer Maultier, 1945.

10 Bödeker, Maultierzucht und Maultierhaltung, 1908.

11 Bödeker stützt sich umfassend und teilweise wörtlich auf Quellen, ohne diese genauer zu markieren. Die Passagen zur Maultierzucht in der Schweiz basieren auf einem Bericht und weiteren Materialien von Fritz Schär und die Ausführungen zum Poitou auf einem Bericht von Hailer, Maultierzucht im Poitou, 1907.

12 Ayrault, De l'industrie mulassière en Poitou, 1867; Riley, The Mule, [1867] 1869.

sengemeinschaft Maultier unter anderem auch mit der Geschichte der Maultiere.[13] Zudem wurde 2021 in Törbel (VS) ein Maultiermuseum eröffnet.[14]

Viele der schriftlichen Dokumente zeugen von starker Empathie der Autor:innen für die Maultiere. Sie waren nicht selten motiviert von persönlichen oder institutionell gebundenen Bestrebungen der Intensivierung oder der Wiederaufnahme der Maultierzucht. Für die Zielsetzung staatlicher Förderung war seit Ende des 19. Jahrhunderts hauptsächlich die Maultierzucht der französischen Region Poitou massgebend, wo die Zucht intensiv, innovativ und in grossem Stil betrieben wurde. Von dorther bezog man sowohl Know-how als auch Deckhengste.[15]

Trotz der Fülle der Dokumente bestimmen zwei Defizite das zeitgenössische und das aktuelle Wissen über die Maultiere: Die schweizerischen Akteur:innen konnten im 19. und in der ersten Hälfte des 20. Jahrhunderts auf keine gründlichen Zucht-, Aufzucht- und Haltungslehren zugreifen, wie sie für Pferde zahlreich vorlagen. Zudem gibt es keine die schweizerischen Verhältnisse einbeziehende Geschichte der Maultierhaltung und der Maultierzucht, die geschichtswissenschaftlichen Ansprüchen genügt.[16] Sogar hinsichtlich des beispielgebenden Poitou war gemäss Bödeker und Hailer keine Literatur greifbar, sondern nur eine Geschäftsreise zielführend (offensichtlich kannte Bödeker das Werk von Ayrault nicht). Als Grund für das Fehlen von Lehrbüchern führte Bödeker den Umstand an, dass es sich bei der Zucht um eine «Bastardisierung»[17] handle, deren wissenschaftlicher Behandlung sich immer noch Widerstände und Vorurteile entgegenstellten. Als Motiv, selbst eine «Darstellung der Maultierzucht» zu versuchen, nannte er die «hervorragende Bedeutung der Maultierhaltung für Landwirtschaft und Industrie».[18]

Kontexte der Zucht und der Verwendung

Am Ende des 18. Jahrhunderts waren Maultiere im Raum der Schweiz vor allem in Gebirgsgegenden anzutreffen. Zahlreich sind die Verweise auf die grosse ereignisgeschichtliche Bedeutung der Maultiere für die Alpenüberquerungen des russischen Heers im zweiten Koalitionskrieg 1799 und in anderen mili-

13 Interessengemeinschaft Maultier, www.ig-maultier.ch, 28. 12. 2023. Die IG führt einen Bibliothekskatalog: www.ig-maultier.ch/bibliothek.php?read_group=33. Wir danken Dr. Hanspeter Meier, der uns zahlreiche Dokumente zur Geschichte der Maultiere und der Pferde zur Verfügung gestellt hat.

14 Maultiermuseum Törbel, https://maultier-museum.ch; die Sammlung ist online einsehbar über www.museumvs.ch/de-CH/Object/index/1, 28. 12. 2023.

15 Ayrault, De l'industrie mulassière en Poitou, 1867; Boiret, La production mulassière en France, 1909; Carette (Hg.), Le Mulet, 2003.

16 Einen Überblick gibt die von Janine Carette herausgegebene Themennummer «Le Mulet», Ethnozootechnie, Nr. 72, 2003.

17 Zum Begriff Bastard siehe das Kapitel «Aspekte des Zuchtwissens», S. 202–204.

18 Bödeker, Maultierzucht und Maultierhaltung, 1908, 3 f.

Foto 44: Walliser Saumpost zwischen Mörel und Betten: der Pöstler und sein Maultier. Zahlreiche Bergsiedlungen des Wallis und des Tessins waren bis um die Mitte des 20. Jahrhunderts nur zu Fuss und mit Saumtieren erreichbar. (Otto Furter, Empirische Kulturwissenschaft Schweiz [EKWS], SGV_04P_02472, AfA-ID 834)

tärischen Zusammenhängen.[19] Es sind eigentliche kleine Heldengeschichten von Maultieren. In diesen Reminiszenzen hat allerdings die Tatsache keine Beachtung gefunden, dass die Krieg führenden Heere in den Regionen, durch die sie zogen oder von denen aus sie operierten, alle möglichen Arbeitstiere requirierten. Und nicht erwähnt bleibt die existenzielle Bedeutung der requirierten Tiere für die von der Landwirtschaft lebende Bergbevölkerung.

Maultiere waren in den Mittelmeerländern, in südlichen und westlichen Regionen Frankreichs, in Spanien und in Portugal, aber auch in Nordafrika und in Regionen des amerikanischen Subkontinents stark verbreitet. Aus dem zahlreicheren Vorkommen schloss man auf einen Einfluss des Klimas als Voraussetzung von Zucht und Haltung. Es seien aber im Wesentlichen die wirt-

19 Als Beispiel Geisendorf, L'élevage du mulet en Suisse, 1941, 17 f.

schaftlichen Verhältnisse gewesen, die zur Verbreitung der Maultiere geführt hätten.[20] Bödeker formulierte diese und weitere Hypothesen über die ältere Geschichte, etwa auch die Vermutung, dass dort, wo sich die Maultierzucht und -haltung ohne staatliche Förderung etabliert habe, ihr die Verwendung des Esels zu Transportzwecken vorangegangen sei und im Übrigen gartenbauähnliche Anbaumethoden geherrscht hätten. Dazu zählte er auch den Weinbau und die allgemeinen Anbauverhältnisse in der kleinen Gebirgslandwirtschaft.[21] Auf dem Gebiet der Schweiz bestanden über die Landwirtschaft hinaus in den Saumtransporten über die Gebirgspässe im Rahmen der Portenorganisation,[22] im frühen Tourismus, in der eidgenössischen Post, im Infrastrukturbau im Gebirge und in der Militärlogistik Anreize für die Maultierhaltung.[23]

Eine interessante, von Johann Ulrich Duerst überlieferte Quelle des ausgehenden 18. Jahrhunderts verweist auf existierende grossräumige Bezüge von Pferde- und Maultierzucht. Im Jahr 1789 wandten sich die Vögte von Schloss Brandis (Maienfeld) und Signau mit dem Argument gegen ein zeitweiliges Verbot der Ausfuhr von Pferdestuten, es würden ihnen wichtige Einnahmen entgehen, «wenn keine mayländischen Händler mehr kommen und die grössten und schönsten Stuten für schweres Geld zur Maultierzucht nach Italien holen».[24]

Die Maultierzucht und -haltung waren seit dem Ende des 18. Jahrhunderts und während des 19. Jahrhunderts verschiedenen Einflüssen ausgesetzt. Die Entwicklung der Verkehrs- und Handelsverhältnisse sowie der Übergang von der extensiven Landwirtschaft und der Hauswirtschaft zur intensiveren Bewirtschaftung und zur mechanisierten Bodenbearbeitung veränderten die Ansprüche an die Arbeitstiere und die Kontexte ihrer Verwendung. Starke Impulse gingen dabei von der Intensivierung und von der Vergrösserung der Nutzviehhaltung aus, einer Entwicklung, die nicht zuletzt auch die Bedingungen und die betriebswirtschaftliche Kalkulation der Zucht und Haltung der Arbeitstiere tangierte. Im Zusammenhang mit dem grundlegenden agrarischen Strukturwandel interpretierte Bödeker das vermehrte «Zurückgreifen auf Kuh- und Ochsengespanne», die Zucht grösserer und stärkerer Pferde und weitere «neue Anforderungen an die Bespannung»: Maultiere würden in landwirtschaftlichen und gewerblichen Betrieben stärker gefragt, «in denen jahraus, jahrein langdauernde Fuhren bei schlechten Wegen zu erledigen sind, wobei die Verpflegung ausserdem nur unregelmässig und wenig sorgsam sein kann, also unter Umständen um Betriebe mit Holzfuhren, mit Kartoffel- und

20 Bödeker, Maultierzucht und Maultierhaltung, 1908, 78.

21 Ebd., 7.

22 In Etappen aufgeteilte Transportstrecken, die von örtlichen Säumern bewirtschaftet werden und die jeweils in Susten endeten, in denen umgeladen wurde; siehe das Kapitel «Rod- oder Portenorganisation im Gebirge», S. 136–142.

23 Schmid, Anleitung zur Maultierzucht, 1944, 8 f.

24 Zitiert nach Duerst, Entwicklung der schweizerischen Pferdezucht, 1911, 13.

Rübenfuhren nach Stärke-, Sprit- oder Zuckerfabriken, Betriebe mit Milch- oder Gemüselieferung, nach entferntere[n] Städte[n], Brauereien, Betriebe in Verbindung mit Ziegeleien, mit Molkereien usw. [...]. Kurz in allen den Fällen, wo eine gewisse grössere Gewandtheit, Beweglichkeit und Genügsamkeit, als sie das Kaltblut hat, angebracht ist und andererseits auch Warmblut wegen seines Temperaments zu rascher Abnutzung unterliegt, ist das Maultier angebracht. Bei Milch- und Gemüsefuhren wird namentlich die Billigkeit der Unterhaltung für die Verwendung des Maultiers ausschlaggebend sein, bei Holzfuhren die Gewandtheit, im Waldboden und zwischen gefällten Stämmen sich zu bewegen und die weiten Wege auszuhalten, bei Arbeiten in Gärtnereien, Spargelplantagen die Sicherheit des Schrittes zwischen den Pflanzreihen usw. Auch wo bei ähnlichen Arbeitsanforderungen wie den genannten auf eine Zeit der Inanspruchnahme etwa eine vierteljährige Ruhepause der Gespanne folgt, wie z. B. in Ziegeleibetrieben, Konservenfabriken usw. kann das Maultier empfohlen werden, da die grosse Genügsamkeit das Durchfüttern eher gestattet wie bei Pferden [...].»[25]

Eigenschaften und Eigenarten

Philippe Bridel schrieb 1820 in seinem «Essai statistique sur le Canton de Vallais»: «Le nombre des mulets qu'on élève et qu'on employe est assez considérable: ils servent de monture [sie dienten als Reittiere; H.-U. S.]; ils voiturent les engrais, ils portent les fromages, les foins, les tisons, les ballotes, et conviennent infiniment mieux que les chevaux dans les contrées après et montueuses».[26] Fast alle Autoren, die über die Maultiere schrieben, betonten deren Fähigkeiten, Vorzüge und – meistens weniger ausführlich – auch deren Nachteile: Maultiere ertragen Kälte und Hitze und sie sind im Vergleich zu Pferden krankheitsresistenter. Sie sind leistungsfähig, trittsicher und darum weniger unfallanfällig, ausdauernd, anpassungsfähig und willensstark. Sie können vierzig- bis fünfzigjährig werden und damit ein durchschnittlich viel höheres Alter als alle anderen in Europa verbreiteten Arbeitstiere erreichen. Bis fünfundzwanzig- oder dreissigjährig werden sie für schwere, dann aber immer noch für normale und leichtere Arbeiten verwendet. Maultiere sind einfacher und billiger zu halten. Skinner schätzt die Kosten der Haltung eines Maultieres auf ungefähr die Hälfte der Kosten eines Arbeitspferdes. Aufgrund ihres härteren, nur langsam wachsenden Hufhorns sei der Beschlag weniger häufig zu

25 Bödeker, Maultierzucht und Maultierhaltung, 1908, 59–67, Zitat 65 f. Manche der von Bödeker aufgeführten Aspekte wurden schon von Pomeroy in seiner 1825 erschienenen «Dissertation on the Mule» erwähnt, namentlich die wachsende Bedeutung der Maultiere im Zusammenhang mit der allgemeinen Tendenz zur Mechanisierung und der Entwicklung des Transportwesens, die zu einer zunehmenden Nachfrage nach robusten und billigen Arbeitstieren führten.

26 Bridel, Essai statistique sur le Canton de Vallais, 1820, 321.

erneuern. Sie benötigen weniger und einfacheres Futter, das drei Fünftel bis zwei Drittel dessen koste, was für das Futter eines Pferdes ausgegeben werden müsse, und sie setzten zusätzliches Futter besser in zusätzliche Arbeit um. Durch starke Arbeitsbelastung oder zu knappes Futter stark abgemagert, könnten sie sich bei reichlichem Futter innert zwei, drei Wochen erholen.[27]

Den Maultieren werden ausgezeichnete kognitive Fähigkeiten zugeschrieben. Sie seien intelligent, hätten ein gutes Gedächtnis und sie seien bemerkenswert gesellig sowohl untereinander und mit anderen Tieren als auch im Umgang mit Menschen.[28] Sie seien aber auch empfindliche Tiere. Ambrosi Schmid beschreibt die damit verbundenen Eigenarten in seiner Anleitung zur Maultierzucht: «Das Maultier zeichnet sich im Vergleich zum Pferd durch ein grösseres Bedürfnis nach Selbständigkeit und durch eine weniger ausgesprochene Anpassungs- und Dressurfähigkeit aus. Das junge Maultier ist eigenwilliger, misstrauischer, nachträglicher und kitzliger als das Pferd und daher gegen pedantische, straffe Dressurmethoden, Neckereien, Nörgeleien, Provokationen und rohe sowie ungerechte Behandlung ausgesprochen empfindlich. Einmalige Erziehungsfehler können seinen Charakter für immer verderben. Unrichtige Behandlungsarten werden übrigens sofort durch entsprechende Abwehrbewegungen des Tieres zu rächen gesucht. Im Gegensatz hierzu äussert sich die Erbanlage des Pferdes in der Regel in einem kategorischen Bedürfnis nach Unter- und Einordnung, nach Gehorsam, Arbeitsdisziplin und Automatismus.»[29] Diese für die Arbeitsnutzung notwendigen Eigenschaften müssten dem jungen Maultier mit vielen kleinen Gunstbeweisen und vor allem mit viel Geduld beigebracht werden. In solchen und ähnlichen Ausführungen bleibt letztlich ungeklärt (und auch unklärbar), was dabei der Tiernatur und was dem Mensch-Tier-Verhältnis geschuldet ist. Im Falle schlechter Behandlung wurden Maultiere gerade aufgrund ihres guten Gedächtnisses widerspenstig, störrisch oder böse. Das sind die hauptsächlichen Nachteile, die den Maultieren nachgesagt werden. Diese seien jedoch nicht angeboren, sondern meistens eine Folge der nicht tiergerechten Behandlung durch Menschen. Wenn man ein Maultier einmal misshandle, mache man den Umgang mit ihm schwierig, wenn nicht unmöglich.

27 Skinner (The Ass and the Mule, 1843, 425) weist mit dieser Fähigkeit der Maultiere auch auf allgemeine Verhältnisse der Arbeitstierhaltung hin, in denen die Nahrung der Tiere (wie auch der mit diesen arbeitenden Menschen) immer wieder einmal knapp wurde.

28 Die Zuschreibungen beruhen hauptsächlich auf Skinner, The Ass and the Mule, 1843, 425 f.; Geisendorf, L'élevage du mulet en Suisse, 1941, 50–53, und auf Schmid, Anleitung zur Maultierzucht, 1944, 20.

29 Schmid, Anleitung zur Maultierzucht, 1944, 28 f.

Foto 45: Maultier als Saumtiere bei der Weinlese, 1905 in Saint-Léonard (VS). In eindrücklicher Weise ist unter anderem der Umstand ins Bild gerückt, dass Menschen und Tiere die gleiche Arbeit verrichten. Während die Frauen und Männer eine Tanse tragen, trägt das Maultier zwei. (Gebrüder Wehrli, Schweizerische Nationalbibliothek, Eidgenössisches Archiv für Denkmalpflege, Archiv Photoglob-Wehrli, EAD-WEHR-5897-A, AfA-ID 943)

Grösse, Gewicht und Leistungen

Besonders beachtete Eigenschaften der Arbeitstiere waren deren Grösse und Gewicht. Sie galten als wichtige Voraussetzungen der ausdauernden körperlichen Arbeit und namentlich der ausdauernden Zugkraft.[30] In den 1880er-Jahren nahm der an der ETH Zürich lehrende Agronom Adolf Kraemer für Maultiere pauschal ein Durchschnittsgewicht von 300 Kilogramm und für Pferde von 450 Kilogramm an. Bezüglich der Rinder ging er für ein- bis dreijährige Ochsen von 450 Kilogramm, für Kühe von 475 Kilogramm, für Stiere über zwei Jahre von

30 Auderset, Schiedt, Vermessung des animalischen Motors, 2023.

550 Kilogramm und für Ochsen über drei Jahre von 650 Kilogramm aus.[31] Es gibt verschiedene Anhaltspunkte dafür, dass auch die in der Schweiz verbreiteten Maultiere seit der zweiten Hälfte des 19. Jahrhunderts tendenziell grösser und schwerer wurden. In diesem Zusammenhang wurden die leichten Walliser Pferdeschläge durch die schwereren Freiberger abgelöst.[32] Messungen an 150 in der Schweiz vorhandenen Maultieren ergaben in den 1940er-Jahren eine durchschnittliche Widerristhöhe (Stockmass) von 147 Zentimetern bei einer Variation von 137 bis 159 Zentimeter und ein mittleres Lebendgewicht von 390 Kilogramm bei einer Variation von 280 bis 540 Kilogramm.[33] In der Schweiz galt in den 1930er-Jahren folgendes Zuchtziel: «Unter den gegenwärtigen schweizerischen Verhältnissen empfiehlt sich für unsere Landesbedürfnisse die Züchtung eines gedrungenen, mittelgrossen, harten, anpassungsfähigen, genügsamen und gutartigen sowie dauerhaften Maultieres im Gebirgstypus, das vom Gebirgsbauer und in der Armee als Zug-, Saum- und Reittier genutzt werden kann.» 1943 galten in der Armee als Richtwerte für ausgewachsene Maultiere 350 bis 500 Kilogramm Lebendgewicht und eine Widerristhöhe von 140 bis 150 Zentimetern. Die Bauern des Wallis bevorzugten dagegen 5 Zentimeter kleinere und 50 Kilogramm leichtere Tiere.[34]

Wie bei den Pferden gab es auch bei den Maultieren verschiedene Typen oder Schläge; das legt die grosse Variationsbreite der Gewichts- und Grössenangaben nahe. Schmids Studie enthält einen weiten Überblick, der sich auf die Verhältnisse der 1930er- und 1940er-Jahre bezieht. Im bekanntesten Zuchtgebiet in Frankreich, dem Poitou, wurden 500 bis 800 Kilogramm schwere Tiere mit Widerristhöhen von 155 bis 165 Zentimeter gezüchtet. Diese wurden hauptsächlich als Zugtiere für schwere Lasten genutzt. Beweglichere Tiere für leichtere Zug- und Saumarbeiten kamen aus Savoyen und der Dauphiné; sie waren 400 bis 600 Kilogramm schwer und wiesen Widerristhöhen von 140 bis 145 Zentimeter auf. In Sizilien, Apulien und Sardinien kam ein ebenso grosser, aber bedeutend leichterer Schlag von 140 bis 150 Zentimeter Widerristhöhe und 350 bis 400 Kilogramm Lebendgewicht vor. Je nach Funktion sehr unterschiedliche Tiere wurden in den USA gezüchtet: kleine Minenmaultiere mit 120 Zentimeter Widerristhöhe und 300 Kilogramm Lebendgewicht, «Maultiere in der Baumwollzone» mit 130 bis 155 Zentimetern und 380 bis 550 Kilogramm, «Maultiere für den Durchschnittsfarmer» mit 155 bis 160 Zentimetern und 450 bis 625 Kilogramm, «Maultiere in der Zuckerrohrzone» mit 160 bis 170 Zentimeter Widerristhöhe und 500 bis 650 Kilogramm und «Maultiere für den schweren Zug» mit 160 bis 170 Zentimeter Widerristhöhe und 600 bis 800

31 Kraemer, Statistik des Viehstandes in der Schweiz, 1886, Nr. 45, 6. 11. 1886.

32 Jacky, L'élevage des espèces bovine, chevaline et mulassière en Valais, 1943, 505 f.

33 Zumtaugwald, Stand der Walliser-Maultierzucht, 1944, 55, 63–68; Schmid, Anleitung zur Maultierzucht, 1944, 19 (Zitat).

34 Schmid, Anleitung zur Maultierzucht, 1944, 19.

Foto 46: Zwei Maultiere im Feld beim Jäten eines Lauchfeldes in der Strafanstalt Witzwil im Jahr 1947. Die Maultiere waren nicht nur im Gebirge trittsicher, sondern auch im Gemüsefeld. Nach Pomeroy (1825), Skinner (1843) und Bödeker (1908) eignen sich die Maultiere zum Ackern in Reihenkulturen. (Archiv für Agrargeschichte, Glasdia-Sammlung der Anstalten Witzwil, Nr. 1915, AfA-ID 228)

Kilogramm Lebendgewicht.[35] Im internationalen Vergleich waren demnach die in der Schweiz vorhandenen Maultiere eher klein und leicht.

In der Schweiz gehaltene Maultiere waren in der Lage, bis 150 Kilogramm schwere Lasten täglich 20 bis 30 Kilometer weit zu tragen.[36] Gemäss Ambrosi Schmid leistet das Maultier «im leichten Zuge [...] so viel wie ein gleichschweres, gutes Pferd. Ein schweres Maultier-Doppelgespann pflügt im Tag 28–30 Aren Ackerland. Kleinere, leichtere Tiere eignen sich zu hohen Saum- und Zugleistungen in der Regel nicht. Dagegen ist das Maultier zufolge seiner Wendigkeit, seines vorsichtigen, elastischen Schrittes, seiner kleinen Hufe, seines schmalen Körpers und geringen Körpergewichtes ganz besonders zur leichten maschinellen Bearbeitung von landwirtschaftlichen Reihenkulturen geeignet.»[37] Detaillierter wurde die Leistung von Maultieren nur von Karl Zumtaugwald erforscht, der im Rahmen seiner Diplomarbeit eine eigentliche Leistungsprüfung durchführte, die allerdings mit methodischen Unzulänglichkeiten behaftet ist. Er orientierte sich dabei an Walter Brunners Untersuchungen über die Leistungs-

35 Ebd., 8.

36 Geisendorf, L'élevage du mulet en Suisse, 1941, 53.

37 Schmid, Anleitung zur Maultierzucht, 1944, 21.

fähigkeit von Zugpferden.[38] Sie ergab für die geprüften Maultiere gewichtsbereinigt knapp gleich grosse Zugkräfte, wie sie Brunner für die Jurapferde ermittelt hatte.[39] Hinsichtlich der Saumleistung bestätigte sich die Überlegenheit der Maultiere auf ausgesprochenen Gebirgsstrecken.[40]

Quantitativer Bestand und regionale Unterschiede

Während in der Schweiz in den 1920er-Jahren rund ein Maultier auf 1000 Einwohner:innen kam, waren es beispielswiese in Spanien 50, in Griechenland 25, in Portugal 14 oder in Italien 11 Maultiere auf 1000 Einwohner:innen. Die Maultiere waren aber regional sehr ungleich verteilt. Ihre Bedeutung ist darum nicht in erster Linie auf Länder bezogen, sondern nach Regionen, Kantonen oder Bezirken zu ermessen. So wies der Kanton Wallis mit 22 Maultieren pro 1000 Einwohner:innen im Jahr 1901 und 20 Maultieren pro 1000 Einwohner:innen im Jahr 1931 eine Dichte auf, die durchaus mit Regionen Griechenlands, Portugals oder Italiens vergleichbar war.[41]

Quantitative Angaben aus der ersten Hälfte des 19. Jahrhunderts sind nur für einige Kantone überliefert. Im Kanton Wallis wurde der Bestand für das Jahr 1812 auf 1500 Tiere geschätzt.[42] Geisendorf ging davon aus, dass diese Schätzung zu tief liegt.[43] 1827 wurden im Wallis 2143 und in den Jahren 1848 und 1860 2237 und 2231 Maultiere erhoben.[44] Immerhin aber würde ein Ansteigen des Walliser Maultierbestandes im Laufe des 19. Jahrhunderts in Entwicklungsmuster passen, wie sie beispielsweise auch für die Pferde, die Zugkühe oder die Zughunde festgestellt werden können.[45] Im Kanton Freiburg ergaben Zählungen 1817 einen Bestand von 140 und 1848 von 108 Maultieren.[46] Und aus der Waadt ist für das Jahr 1795 die Zahl von rund 250 Maultieren überliefert, wobei unklar bleibt, auf welchen Gebietsstand sich diese Aussage bezog. Im Kanton Waadt kam es in den Jahren zwischen 1824 und 1828 zu einem starken Anstieg von 109 auf 281 Maultiere, während im Kanton Neuenburg zwischen 1817 und

38 Zumtaugwald, Stand der Walliser-Maultierzucht, 1944, 84–142; Brunner, Arbeitsleistung des schweizerischen Zugpferdes, 1942.

39 Zumtaugwald, Stand der Walliser-Maultierzucht, 1944, 110: «Als Faustregel liesse sich gebrauchen: Ein Maultier mit 4/5 des Lebendgewichtes des Pferdes verfügt über 3/4 bis 4/5 von dessen Höchstzugkraft.»

40 Zumtaugwald, Stand der Walliser-Maultierzucht, 1944, 139.

41 Viehzählung 1926, 37*; Zumtaugwald, Stand der Walliser-Maultierzucht, 1944, 20; Schmid, Anleitung zur Maultierzucht, 1944, 7.

42 Bridel, Essai statistique sur le Canton de Vallais, 1820, 321.

43 Geisendorf, L'élevage du mulet en Suisse, 1941, 24 f.

44 Schmid, Anleitung zur Maultierzucht, 1944, 9; Geisendorf verweist für den 1827er-Wert auf die «Archives de statistique Suisses». Die Schätzung von 1500 Tieren geht auf Bridel, Essai statistique sur le Canton de Vallais, 1820, zurück. Eidgenössische Viehzählung 1896, 257–282: Ergebnisse kantonaler Viehzählungen seit dem Anfange des Laufenden Jahrhunderts, in: Eidgenössische Viehzählung, 1896, 276.

45 Moser, Schiedt, Arbeitstiere im langen 19. Jahrhundert, 2024.

46 Ebd., 264 f.

Diagramm 14: Maultiere im Wallis, im Tessin und in der Schweiz

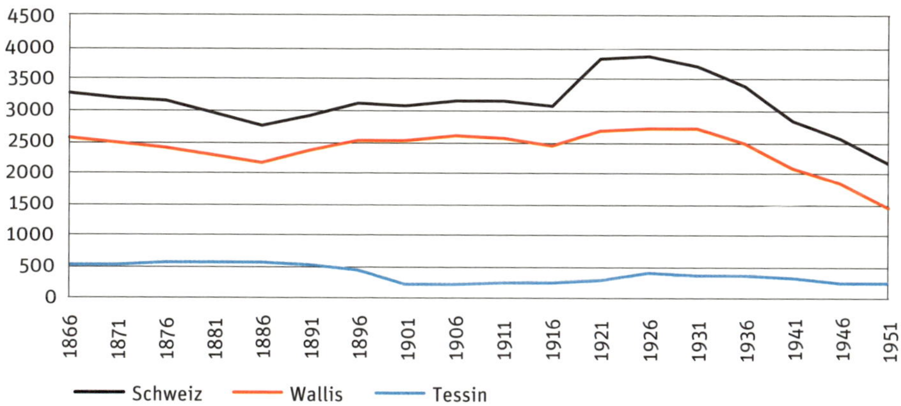

Im Zeitraum von 1866 bis 1916 blieb der Bestand der Maultiere relativ konstant, um dann während und kurz nach dem Ersten Weltkrieg stark anzusteigen. Seit 1931 nahm die Zahl der Maultiere ab. Der Anteil des Kantons Wallis am schweizerischen Bestand war mit rund 70 bis 80 Prozent dominant. Neben dem Wallis hatte nur noch der Kanton Tessin einen über dem schweizerischen Durchschnitt liegenden Maultierbestand.

Quellen: Eidgenössische Viehzählungen, 1866–1951. Die Werte für 1871, 1881 und 1891 sind linear extrapoliert.

1867 der Bestand von 140 auf 70 Maultiere zurückging.[47] Diese wenigen Zahlen legen für die erste Hälfte des 19. Jahrhunderts eine grosse Konzentration der Maultiere auf den Kanton Wallis nahe und dokumentieren im Übrigen je nach Region durchaus unterschiedliche Muster der Entwicklung.

Gesicherte Angaben für die Schweiz sowie für die Kantone, Bezirke und Gemeinden finden sich in den eidgenössischen Viehzählungen, die 1866 begannen. Der Anteil der Maultiere an den Equiden, den Tieren des «Pferdegeschlechts», sank von 3,1 Prozent im Jahr 1866 auf 2,1 Prozent im Jahr 1911 und 2,2 Prozent im Jahr 1916, um dann bis im Jahr 1926 wieder auf 2,7 Prozent zu steigen. 1936 betrug der Anteil 2,4 Prozent. Darin kommt nicht nur der sich verändernde Maultier-, sondern auch der bis in die frühen 1940er-Jahre wachsende Pferdebestand zum Ausdruck. Der Eselanteil an den Equiden sank im gleichen Zeitraum von 2,1 auf 0,6 Prozent.

Der grosse Anteil des Kantons Wallis am schweizerischen Bestand ist der Grund dafür, dass die beiden Kurven (Diagramm 14) sehr ähnlich verlaufen:

47 Schmid, Anleitung zur Maultierzucht, 1944, 9; Zumtaugwald, Stand der Walliser-Maultierzucht, 1944, 21. Der Anstieg im Kanton Waadt ging auf staatliche Unterstützung zurück: 1823 kaufte der Kanton vier Eselhengste in Norditalien, welche von 1824 bis 1828 jährlich 100 bis 300 Pferdestuten deckten. Diese staatliche Deckstation wurde 1829 aufgehoben.

Diagramm 15: Pferde, Maultiere und Esel im Kanton Wallis

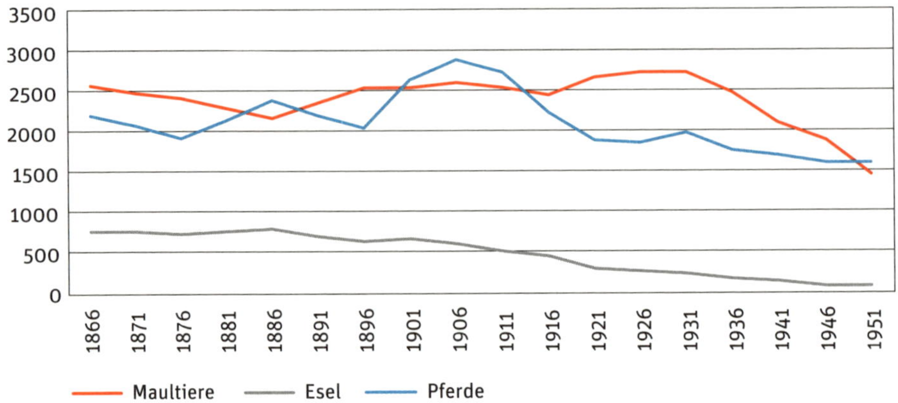

Im Kanton Wallis lag die Zahl der Maultiere zeitweise über der der Pferde. Hier wurden nicht nur die allermeisten der in der Schweiz gezählten Maultiere gehalten. Das Wallis lag auch bezüglich der Esel an der Spitze der schweizerischen Kantone.

Quellen: Eidgenössische Viehzählungen, 1866–1951. Die Werte für 1871, 1881 und 1891 sind linear extrapoliert.

Diagramm 16: Maultiere in ausgewählten Kantonen

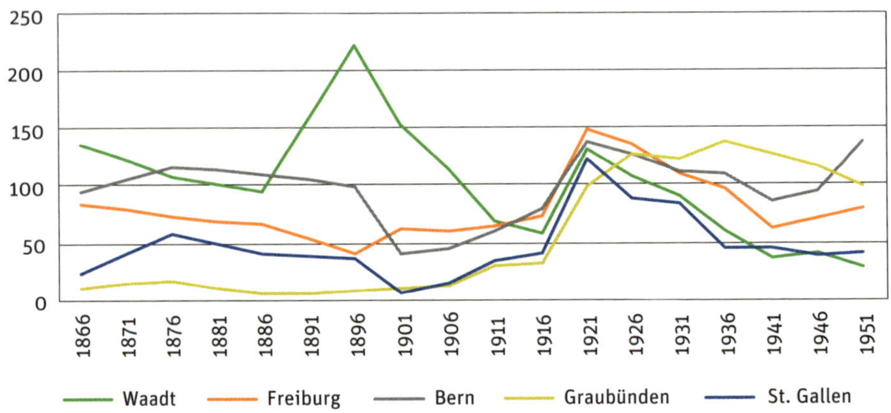

Die Bestandsentwicklungen ausserhalb des Wallis und des Tessins weichen stark von denen der eigentlichen Maultierregionen ab. Sie sind in ihren Verläufen nach 1916 stark von den militärisch motivierten Bundesmassnahmen bestimmt.

Quellen: Eidgenössische Viehzählungen, 1866–1951. Die Werte für 1871, 1881 und 1891 sind linear extrapoliert.

zwischen 1866 und 1886 ist ein leichter Rückgang und danach eine leichte Zunahme und zwischen 1896 und 1916 eine annähernde Konstanz zu beobachten. Das starke Wachstum des schweizerischen Bestandes zwischen 1916 und 1921 geht auf die vom Bund forcierte militärisch motivierte Anschaffung von Maultieren während und kurz nach dem Ersten Weltkrieg zurück. Der höchste Bestand wurde in der Schweiz 1926 und im Wallis 1931 erreicht.

Der Anteil der Maultiere aus dem Kanton Wallis betrug bis zu Beginn des 20. Jahrhunderts rund 80 Prozent des schweizerischen Gesamtbestands. Zusammen mit dem Tessin waren es 90 Prozent. Gleichzeit betrug der Anteil der beiden Kantone am schweizerischen Eselbestand rund 60 Prozent. Mit dem Ersten Weltkrieg ging der Anteil des Wallis auf rund 70 Prozent zurück. Dort waren die Maultiere über lange Jahrzehnte zahlreicher als die Pferde (Diagramm 15). Der Kanton Wallis nahm damit in der Schweiz eine ausgeprägte Sonderrolle ein. Von grosser volkswirtschaftlicher Bedeutung waren die Maultiere nur für das Wallis und allenfalls noch für die Region der Waadtländer Alpen, das Tessin und das bündnerische Poschiavo.

Die regional sehr unterschiedliche Verteilung der Maultiere wurde im Kommentar zur eidgenössischen Viehzählung des Jahres 1901 mit Bezirkswerten illustriert. Aus diesen geht nicht nur die dominante Stellung des Kantons Wallis hervor, sondern auch die Tatsache, dass sich die Maultiere hauptsächlich im französischsprachigen Kantonsteil konzentrierten. «Von den 188 Bezirken der Schweiz haben 103 keine Maultiere und 59 keine Esel [...]. Die Bezirke mit 2 und mehr Maultieren auf 1000 Einwohner sind: Hérens (88), Entremont (42), Conthey (33), Sierre (29), Sion (27), Martigny (19), Westlich-Raron (12), Visp (11), St Maurice (8), Monthey (6), Leuk (6), Mendrisio (4), Brig (3), Bellinzona (3) und Pays d'Enhaut (2) [...].»[48] Der Kommentar zur Viehzählung des Jahres 1906 belegt dies mit noch eindeutigeren Gemeindedaten: «Von den 3163 Gemeinden der Schweiz haben bloss 360 (11,4 %) Maultiere. Von diesen Gemeinden finden sich 127 im Wallis, 73 im Tessin, 47 in der Waadt, 34 in Freiburg [und nur 9 im Kanton Graubünden; H.-U. S.]. Die grössten Bestände weisen auf: Evolène (169), Conthey (165), Bagnes (158), Savièse (153), Ayent (130), Orsières (118) und Hérémence (105).»[49] Was um 1900 die jurassischen Freiberge für die schweizerische Pferdezucht, das waren Hérens und Entremont für die Maultierzucht. Hier lag um die Jahrhundertwende das Zentrum der schweizerischen Maultierzucht.[50]

Trotz viel kleinerer Bestände empfiehlt sich auch ein Blick auf andere Kantone. Deren Entwicklungen wich teilweise stark von der des Kantons Wallis ab. In den Kantonen Waadt, Bern und St. Gallen führte die im letzten Viertel des 19. Jahrhunderts sich stark verändernde Pferdezucht zu einem Rückgang der

48 Eidgenössische Viehzählung 1901, 19* f.
49 Eidgenössische Viehzählung 1906, 3* f.
50 Eidgenössische Viehzählung 1901, 20*, Zumtaugwald, Stand der Walliser-Maultierzucht, 1944, 23.

Diagramm 17: Importe und Exporte von Maultieren in die und aus der Schweiz

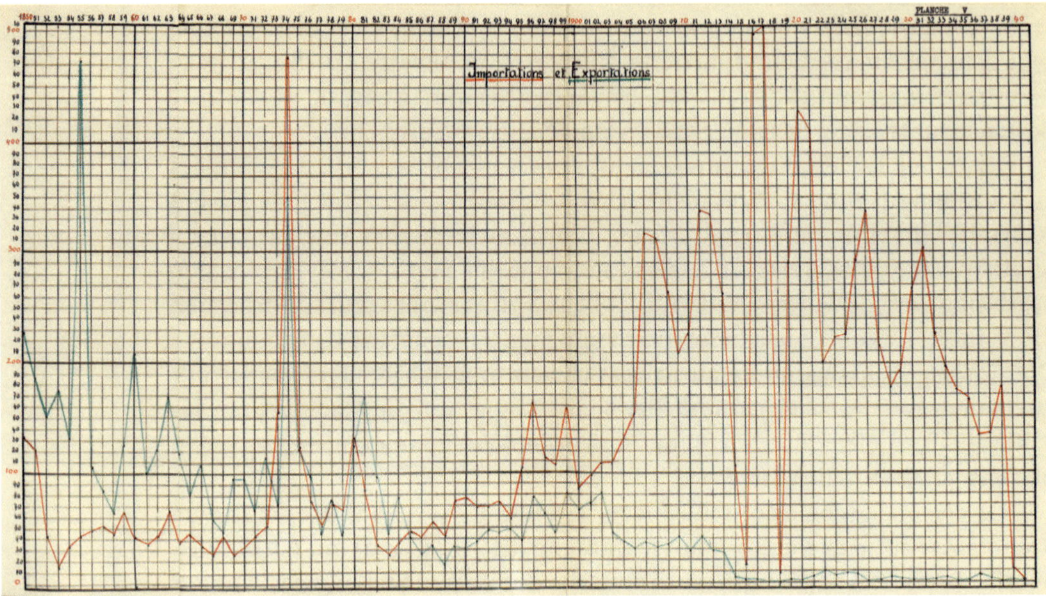

Erhoben und dargestellt von André Geisendorf aufgrund der schweizerischen Aussenhandelsstatistik. Für den Ausschlag 1855 findet Geisendorf keine Erklärung. Unserer Vermutung nach könnte es sich um Deckung des Bedarfs der eidgenössischen Post handeln; darüber schweigt sich die eidgenössische Poststatistik allerdings aus. Für den Ausschlag im Jahr 1874 vermutet er als mögliche Ursache die Neuorganisation des Militärwesens als Folge der Bundesrevision von 1872. Allerdings ist es dann wiederum fraglich, wieso neben den Importen auch die Exporte stark anstiegen. Die Importe der «mulets fédéraux» während und kurz nach dem Ersten Weltkrieg waren militärisch motiviert.

Quelle: Geisendorf, L'élevage du mulet en Suisse, 1941, nach S. 38 [Tabelle] bis S. 40.

Maultierhaltung. Als Folge der bundespolitischen, militärisch motivierten Förderung nahm sie während des Ersten Weltkriegs wieder zu.

Neben den Bestandszahlen lassen sich die Ein- und Ausfuhren der Maultiere seit der Mitte des 19. Jahrhunderts lückenlos anhand der Aussenhandelsstatistik belegen. Sie erlauben auch Rückschlüsse auf die Maultierzucht. Der schweizerische Bestand der Maultiere erforderte eine jährliche Remonte von rund 200 Tieren – Remonte nannte man die jährliche Ersetzung des Bestands. Diese Zahl beruhte wiederum auf jährlich ungefähr 500 zur Maultierzucht verwendeten Pferdestuten.[51] Die Maultiere wurden entweder in der Schweiz gezüchtet oder

51 Zumtaugwald, Stand der Walliser-Maultierzucht, 1944, 37.

importiert. Darüber hinaus wurden aber auch in der Schweiz gezüchtete Maultiere exportiert.

Bis in die frühen 1870er-Jahre überwogen die Exporte. Ab der Mitte der 1880er-Jahre wurden mehr Maultiere ein- als ausgeführt. In bemerkenswert starkem Masse wuchs das Übergewicht der Importe im 20. Jahrhundert an. Die Mehreinfuhr betrug bis 1905 jährlich rund 30 bis 70 und ab 1906 jährlich 190 bis 350 Tiere.[52] Der Import erfolgte über den langen Zeitraum vor allem aus Italien und aus Frankreich.[53] In den Jahren 1916 und 1917 wurde eine grosse Zahl von 475 beziehungsweise 500 Maultieren aus Spanien eingeführt.[54] Die seit 1905 stark überwiegenden Importe, die beinahe genügten, um den schweizerischen Bestand laufend zu erneuern, und der gleichzeitige Rückgang der Exporte sind deutliche Zeichen einer in der ersten Hälfte des 20. Jahrhunderts fast zum Erliegen gekommenen Maultierzucht, die im Kanton Wallis zur Zeit des Zweiten Weltkriegs noch einmal forciert wurde.[55]

Zucht von Maultieren

Es bestand eine auffallende Diskrepanz zwischen dem praktischen Zuchtwissen der bäuerlichen Kreise in einigen Regionen und der Art, wie die Maultierzucht in Lehrbüchern behandelt wurde. Vorurteile, kirchliche und staatlich-administrative Restriktionen, auf die neben anderen die Ethnozoologin Janine Carette verweist,[56] das geringe mit diesen Arbeitstieren verbundene Prestige oder das ebenso geringe sozioökonomische Gewicht derjenigen, die mit ihnen arbeiteten, hatten zur Folge, dass die Maultiere bis Mitte des 19. Jahrhunderts keine ausführlichere Beachtung in allgemeinen Lehrbüchern fanden.

Zuchtpraxis

Das praktische Zuchtwissen entwickelte und tradierte sich in der regionalen Landwirtschaft. Es ist kein Zufall, dass das Zusammenbringen von Eselhengst und Pferdestute zum Deckungsakt in den stark praxisbezogenen landwirtschaftlichen Zeitungen und Zeitschriften anschaulicher und unaufgeregter als anderswo beschrieben wurde, in Worten beispielsweise von Giovanoli: «Freiwillig paaren sich Pferde und Esel nicht ohne weiteres. [...] In Ländern, wo die Maultierzucht umfangreich und mit grossem Erfolg betrieben wird, sucht man

52 Eidgenössische Viehzählung, 1926, 23*.
53 Eidgenössische Viehzählung, 1931, 9*.
54 Weissenrieder, Maultier, 1944.
55 Eidgenössische Viehzählung, 1944–1948, 30* f.
56 Carette (Hg.), Le Mulet, 2003, 7–11.

die bestehende gegenseitige, natürliche Abneigung durch das Zusammengewöhnen und zwar schon von der Jugend an abzuschwächen. Pferde und Esel, die ununterbrochen zusammengehalten werden, lassen sich leicht zur Paarung bringen. In der Freiheit befruchten sie sich in diesem Falle sogar freiwillig. Pferde und Esel, die direkt unter der Herrschaft des Menschen stehen, kreuzen sich niemals freiwillig. Es bedarf zur Erzeugung der Bastarde besondere Kunstgriffe. Man führt der rossigen Stute zuerst ein schönes [sic] Pferd vor, dann verbindet man ihr die Augen und vertauscht das Pferd mit dem Esel. In der Regel paart sich der Eselhengst leicht und ohne besondere Schwierigkeiten mit der Pferdestute, nicht so aber der Pferdehengst mit der Eselin.»[57]

Der Eselhengst ist mit zwei bis zweieinhalb Jahren zeugungsfähig, die Pferdestuten wurden frühestens dreijährig erstmals gedeckt. Die Trächtigkeit der Stute dauert bis zur Geburt gut elf Monate. Ein aktiver Eselhengst deckte pro «Zuchtperiode», die vom Februar bis in den Juni dauerte, 50 bis 80 Stuten, bei maximal drei Deckakten pro Tag.[58] Entsprechend wenige Eselhengste waren notwendig. Ungleich viel zahlreicher waren dagegen die zur Zucht notwendigen Pferdestuten, da nur 30 bis 50 Prozent der Stuten nach dem Gang zum Eselhengst auch wirklich trächtig wurden.[59]

Im Wallis wurden in Visp, Sitten und Monthey sogenannte Deckstationen eingerichtet. Die staatlich subventionierten Eselhengste kamen jeweils von Anfang März bis Juli «auf Deckstation». Anfänglichen Verweigerungen half man mit «Probierstuten» oder «Probierhengsten» oder auch mit Schlägen ab, wie dies teilweise die Lehrbücher zur Pferdezucht empfahlen. Die Besitzer:innen der Stuten zahlten pro zu deckende Stute für mehrere, meistens drei oder vier «Sprünge». Nach der Deckperiode wurden in der Schweiz auch die Eselhengste zur Arbeit verwendet, was ihrer Gesundheit förderlich sei, während sie in der französischen Region Poitou nur zum Decken gehalten wurden.[60]

Aspekte des Zuchtwissens in Lehrbüchern

Die Maultiere bevölkerten die taxonomischen Grenzgebiete der Schöpfungs- und der Naturgeschichte. Sie waren eigentliche Zwischenwesen. Hervorgegangen aus unterschiedlichen, wenn auch nahe verwandten zoologischen Arten, stellten sie überkommene Gewissheiten infrage. Wer vom Dogma der Arten ausging, konnte Maultiere als widernatürliche und gegen die göttliche Ord-

57 Giovanoli, Maultier und Maulesel, 1916.
58 Zumtaugwald, Stand der Walliser-Maultierzucht, 1944, 48; Schmid, Anleitung zur Maultierzucht, 1944, 25 f.
59 Schmid, Anleitung zur Maultierzucht, 1944, 17.
60 Ebd., 15 f.; Bödeker, Maultierzucht und Maultierhaltung, 1908, 15 f.

nung verstossende Wesen halten – wobei diese Widernatürlichkeit durchaus auch Attraktionspotenzial hatte.[61]

Der 1802 in der Enzyklopädie von Krünitz erschienene Artikel «Maulthier» gibt eine Übersicht über den Stand des allgemeinen gehobenen Wissens über die Maultiere und deren Zucht zu Beginn des 19. Jahrhunderts.[62] Er verwies neben der Naturgeschichte von Buffon[63] fast ausschliesslich auf Lehrbücher über die Pferdezucht, die jeweils noch ein mehr oder weniger inspiriertes, mehr oder weniger gehaltvolles Kapitel zur Maultierzucht enthalten. In diesen überlagern sich naturgeschichtliche Betrachtungen und Tierzuchtaspekte. Im Zentrum der Ausführungen stehen Überlegungen zur Hybrid-, zur damals so genannten Bastardenzucht,[64] die Frage der mütterlichen und väterlichen Vererbung sowie hinsichtlich der Zuchtpraxis fast ausschliesslich der Paarungsakt zwischen Pferdestute und Eselhengst. Von grossem Interesse war die Frage der Fruchtbarkeit der Maultiere und anderer Hybriden, sah man doch in der Fortpflanzung einen der wichtigen Bestimmungsfaktoren für die Grenzen der Arten.[65] Interessant ist dabei, dass die ältere Literatur immer noch bestimmt von der Existenz weiterer Hybridformen beispielsweise zwischen Rindern und Pferden, von «Ochseneseln» und «Maulochsen» respektive von «Jumares» und «Gemars» ausging.[66] Erzählungen von solchen sagenhaften «Büffelmültini» kamen Friedrich Stebler im Wallis noch um die Wende vom 19. zum 20. Jahrhundert zu Ohren.[67] Das Thema war geheimnisumwittert und anstössig zugleich. Das Schreiben über die als un- oder widernatürlich wahrgenommene Bastardenzucht fügte sich in gewisser Weise stellvertretend und zuweilen hochgradig sublim in den zeitgenössischen Diskurs über die menschliche Fortpflanzung über Standes-, Klassen- oder Rassengrenzen hinweg ein. Mehr oder weniger undeutlich sind denn auch Vorurteile und Widerstände gegenüber der Hybridzucht fassbar. Georg Hartmann verwies auf das alttestamentarische Verbot der Bastardzüchtung und berichtete im Weiteren, dass die katholische Kirche die Halter:innen von Eselhengsten in Italien oder in Frankreich so lange exkommunizieren würde, wie sie die Hengste zur Maultierzucht verwendeten. Dies betraf offensichtlich weder die Verwendung der Pferdestuten zur Maultier-

61 Ritvo, The Platypus and the Mermaid, 1997, 85–87.

62 Krünitz, Maulthier, 1802.

63 Herrn von Buffons Naturgeschichte der vierfüssigen Thiere, 1798, 9–50.

64 Hinweise auf eine verbreitete negative Konnotation der Maultierzucht gibt deren Bezeichnung als Bastardzucht. Bei Menschen war Bastard eine abwertende Bezeichnung nichtstandesgemässer oder nichtehelicher Nachkommen und in den Rassentheorien des 19. Jahrhunderts für Nachkommen nicht erwünschter Verbindungen von Menschen unterschiedlicher Rassenzuschreibung, die gesellschaftlich, staatlich oder kirchlich sanktioniert wurde.

65 Mayr, Entwicklung der biologischen Gedankenwelt [1982], 2002, unter anderem 209–212.

66 Unter anderem Hartmann, Anleitung zur Verbesserung der Pferdezucht, 1786, Kapitel: Die Maulthier-Zucht, 373–396, hier 374; Meissners Handbuch zum nützlichen Gebrauche für Pferdeeigenthümer, 1806, 71–79; Brugnone's Werk von der Zucht der Pferde, Esel und Maulthiere, 1790, 186–223; siehe auch die Abbildungen in Winter von Adlersflügel [1672] 1703, Tafeln Nr. 19, 19 D, 19 E, 22.

67 Stebler, Transportgeräte und Saumtiere, 1901, 56.

zucht noch die Haltung der Maultiere selbst.[68] Die Haltung des jüdisch-christlichen Himmelspersonals und seiner Vertreter auf Erden (und im Wallis) war nicht einheitlich ablehnend. Während Moses die Kreuzung von Arten sowohl bei Pflanzen als auch bei Tieren ablehnte, war König David mindestens von den Vorzügen der Maultiere so überzeugt, dass er seinen Sohn Salomo auf einem solchen nach Gihon sandte, wo er König wurde.[69] Im Wallis wurden darum auch Maultiere gesegnet.

Was den einen Verstoss gegen die göttliche oder gesellschaftliche Ordnung war, schätzten die anderen als beunruhigendes Element der Vermischung, der Unsicherheit und der Unkontrollierbarkeit ein. Das war die Position der Protagonisten der Rein- oder Rassenzucht, die in der zweiten Hälfte des 19. Jahrhunderts zum dominanten Zuchtparadigma wurde. In dieser stellte das bis in die erste Hälfte des 20. Jahrhunderts verbreitet angenommene Vererbungsprinzip der sogenannten Telegonie ein zunehmendes Hindernis für die Maultierzucht dar. Damit wird die Annahme einer Prägung der Stute und ihrer Nachkommen durch die vorhergegangene und am stärksten durch die erste Trächtigkeit und durch die dabei involvierten Hengste bezeichnet. Demnach waren Pferdestuten, die ein Maultierfohlen geboren hatten, nicht mehr nur für die Reinzucht verloren, sondern sie galten nun selbst auch als sogenannte Kreuzung. Dieser Ideologie der Reinheit stand nun allerdings der offensichtliche Nutzen von Hybriden und Kreuzungen entgegen. Die allermeisten Arbeitspferde waren Kreuzungen und im Falle der Maultiere eben Hybriden.[70]

In späteren Beschreibungen der Maultierzucht und -haltung werden zwei Besonderheiten ausführlicher diskutiert und hervorgehoben. Es fand und findet nun auch positive Beachtung, dass die stets aufs Neue notwendige Auswahl der Elterntiere Zuchtexzesse unmöglich mache, dies im Unterschied zu manchen Erscheinungen der Reinzucht bei Rindern, Pferden oder Hunden, wie sie seit dem Ende des 19. Jahrhunderts festzustellen waren. Zudem sah man in den Hybriden ein bemerkenswertes, positives Hervortreten von Eigenschaften der Elterntiere. Dieses Phänomen wird in der Fachliteratur als Luxurieren, als Heterosiseffekt oder als Hybrid Vigor diskutiert, welches, wie Schmid schrieb, «sich in der Regel in einer ausgeprägten Lebensenergie und einer besonders kräftigen, körperlichen Entwicklung geltend macht», oder, in Worten des Veterinärmediziners Hanspeter Meier, das den «Umstand bezeichnet, dass Hybriden in gewünschten Merkmalen die beiden Elternarten übertreffen beziehungsweise die Folgegeneration eine besonders ausgeprägte Leistungsfähigkeit hat. Beim Maultier betrifft dies vor allem Eigenschaften wie die Grösse und Kraft sowie spezifisch erwünschte kognitive Fähigkeiten.»[71]

68 Hartmann, Anleitung zur Verbesserung der Pferdezucht, 1786, 373 f.
69 3. Buch Mose 19, 19; 1. Buch der Könige 1, 1.
70 Vgl. Ritvo, The Platypus and the Mermaid, 1997, 107–110.
71 Schmid, Anleitung zur Maultierzucht, 1944, 16; Meier, Maultier, 2015, 24.

Foto 47: Maultiere in der Gesellschaft: Segnung eines Pferdes und von dessen Maultierfohlen in Turtmann. Eine Notiz am Bild lautet: «Heiliger Georg beschütze unsere Pferde, Esel und Maultiere». Während manche katholischen Amt- und Würdenträger die Maultierzucht ablehnten, wurden im Wallis auch die Maultiere gesegnet. (A. T. P. Schweizer Bilderdienst, Zürich, 4. 8. 1941, Empirische Kulturwissenschaft Schweiz [EKWS], SGV_04P_03384, AfA-ID 829)

Tripelzucht

Die Maultierzucht bestand im Grunde aus drei verschiedenen Zuchten: die Zucht von Pferden, von Eseln und von Maultieren. Schmid sprach von einer «Tripelzucht, das heisst die gleichzeitige Haltung von Pferd, Esel und deren Kreuzungsprodukten».[72] Die Hybridzucht hatte ihre eigenen Prinzipien, ihre eigene Logik. Sie basierte sowohl auf einer engen Komplementarität zur Esel- und zur Pferdezucht und zu deren jeweiliger Entwicklung, und gleichzeitig ergab sich ein zunehmender Gegensatz vor allem zu Letzterer. Die Maultierzucht des 19. Jahrhunderts wies noch viele Elemente auf, die auch für die bäuerliche Pferdezucht des 18. und der ersten Hälfte des 19. Jahrhunderts charakteristisch waren, wie sie etwa aus den Pferdebüchern des Klosters Einsiedeln hervorgeht. In diesen beschrieben die für die Pferdezucht verantwortlichen Statthalter Pater Isidor und Pater Beda die im Gegensatz zur klösterlichen Zucht

72 Schmid, Anleitung zur Maultierzucht, 1944, 15.

stehende Praxis der Bauern, die mit einzelnen als Arbeitstiere genutzten Pferden auch ein kleines Zuchtgeschäft betrieben. Dabei entstanden ähnliche Friktionen zwischen der kleinbetrieblichen und der klösterlichen Pferdezucht, wie sie sich rund ein Jahrhundert später zwischen der Maultierzucht und der neuen sogenannten Rassenzucht der Pferde ergaben, die sich in der Schweiz seit der zweiten Hälfte des 19. Jahrhunderts konsequenter durchsetzte.[73] Eine kontrollierte Reinzucht über mehrere Generationen war aus Gründen der (weitgehenden) Sterilität der Maultiere nicht möglich. Längerfristige Zuchtziele in der Maultierzucht waren, wenn überhaupt, in der Esel- und Pferdezucht zu verfolgen. Das beschrieb und forderte John Stewart Skinner, der Herausgeber der ersten amerikanischen Agrarzeitschrift, in den 1840er-Jahren für die amerikanische Maultierzucht. Er verwies auf den engen Zusammenhang zwischen den Eigenschaften der unterschiedlichen Esel und Pferde und der entsprechenden Vielfalt der Maultiere, was es ermögliche, mit gezielten Kreuzungen Maultiere für bestimmte Verwendungen zu züchten.[74] Das war im französischen Poitou der Fall, deren Maultierzucht die dazu notwendige Grösse aufwies.[75] Seit der zweiten Hälfte des 19. Jahrhunderts verfolgte man dort mit den von England herkommenden modernen Prinzipien der kontrollierten Einkreuzung und der konsolidierenden Reinzucht das Ziel je eines Pferde- und eines Eseltypus, die besonders grosse, starke Maultiere hervorbrachten. Dabei stützte man sich bezüglich der Pferde auf die in England, Nordfrankreich und Belgien sich ausbreitende Kaltblutzucht und hinsichtlich der Hengste auf den Schlag der sogenannten Poitou-Esel, die sich ebenfalls durch ihre grosse Statur auszeichneten.[76]

Während im Poitou die grösseren Züchter alle drei Zuchten im Betrieb vereinigten, war die viel weniger umfangreiche Zucht im Wallis – es ging hier um die jährliche Zucht von 150 bis 300 Tieren – anders gelagert. Man konzentrierte sich auf die Maultier- und, weniger weit gehend, auf die Pferdezucht. Zudem fehlten hier die grossen Zuchtbetriebe vollständig. Die Eselhengste wurden grossmehrheitlich importiert, aus Savoyen, Italien und Algerien und in den 1910er-Jahren auch aus dem Poitou.[77] Hinsichtlich der Muttertiere stützte man sich zunächst auf die leichten Pferdeschläge von Charrat-Martigny und Tourtemagne/Turtmann und im Übrigen auf den uneinheitlichen Bestand der in der Region sonst noch vorhandenen Pferde, die seit der Wende zum 20. Jahrhundert von den sogenannten Freibergern abgelöst wurden, während gleichzeitig die alten Walliser Pferdeschläge verschwanden.[78]

73 Müller, Beda, Viehbuch, Folio Band, [1775]; Moser, Isidor [1782–1792], [Pferdebuch], 29–45.

74 Skinner, The Ass and the Mule, 1843, 420–424. Skinner stützte sich dabei teilweise wörtlich auf Pomeroy 1825. Zu den verschiedenen Maultierschlägen vgl. auch Duerst 1929, 42 f.

75 Bödeker, Maultierzucht und Maultierhaltung, 1908, 24.

76 Ebd., 22 und 85 f.; Audiot 1982, 59: Ab 1884 führte die Société d'Agriculture des Deux-Sèyres ein «Stud Book mulassier» ein.

77 Zumtaugwald, Stand der Walliser-Maultierzucht, 1944, 38.

78 Bödeker (1908, 16) stützte sich auf den Bericht von Schär; Zumtaugwald, Stand der Walliser-Maultierzucht, 1944, 38, 49–52.

Foto 48: «Monsieur, Madame et Bébé», so die Bildlegende zu einer Fotografie aus der Diplomarbeit des angehenden Agronomen André Geisendorf. Sie zeigt eine Pferdestute und einen Eselhengst, aus deren Paarung das beim Muttertier stehende Maultierfohlen hervorgegangen ist. Während sich Eselhengst und Pferdestute gegenseitig fixieren, blickt das Fohlen auf den Fotografen. (Foto: A. Reichenbach; Geisendorf, L'élevage du mulet en Suisse, 1941, Planche VI, Fig. 9)

Aufzucht

Eine weitere Besonderheit der bis in die zweite Hälfte des 19. Jahrhunderts beträchtlichen Walliser Maultierproduktion lag darin, dass Zucht und Aufzucht der Maultiere nicht im gleichen Betrieb erfolgten. Es war im Rahmen eines kleinen Bergbauernbetriebs, der sich ein Arbeitstier oder – nicht selten – nur einen Anteil eines solchen leisten konnte, unmöglich, selbst ein Maultier nachzuziehen. Die Zucht, die Aufzucht, die Ausbildung und die Verwendung der Tiere zur Arbeit lagen darum oft in unterschiedlichen Händen. Geisendorf beschrieb ein im 19. Jahrhundert im Wallis gebräuchliches System der räumlichen und funktionalen Arbeitsteilung: Die Bauern des Rhonetals, die ihre Pferdestuten leicht zu den Zuchtstationen bringen konnten, waren ausschliesslich «naisseurs», die ihre Fohlen im Alter von fünf oder sechs Monaten an die Bauern des Val d'Illiez und des Val d'Abondance verkauften. Diese Bauern waren spezielle «nourrisseurs», die sich um die jungen Maultiere kümmerten, bis sie zwei oder drei Jahre alt waren, um sie dann zum vier- bis fünffachen Preis dessen, was sie bezahlt hatten, wieder zu verkaufen.[79] Der Beginn der Ausbildung und

79 Geisendorf, L'élevage du mulet en Suisse, 1941, 54.

der erreichte «Vollnutzen» waren in manchen Fällen noch einmal mit Besitzerwechseln verbunden.[80]

Hinsichtlich des Aufwachsens der Fohlen und der Jungtiere ergab sich folgender Ablauf: Die Fohlen wurden ab der zweiten Woche ans Aussenklima gewöhnt, während die Mutterstute ab der dritten bis vierten Woche nach der Geburt wieder zur Arbeit herangezogen wurde. Ein- bis anderthalbjährig wurden die männlichen Tiere kastriert. Das männliche Tier galt als stärker, das weibliche als besser lenkbar. Maultiere wurden jünger zur Arbeit herangezogen als die Pferde. Die Erziehung begann im Alter von einem bis anderthalb Jahren. In diesem Alter wurden die Maultiere zum ersten Mal beschlagen. Eine wichtige frühe Angewöhnung war das Zubinden des Maultierfohlens zur arbeitenden Pferdestute. Auf diese Weise lernte es Arbeitstempo und die Befehlssprache kennen. Zur weiteren Ausbildung gehörten sowohl das Gewöhnen an andere Personen und an fremde Geräusche, an andere Lokalitäten, an Unruhe oder unterschiedlichen Lärm als auch an verschiedene Geschirre und Geräte. Die eigentliche Ausbildungszeit des Tieres dauerte bis ins dritte oder vierte Lebensjahr. Damit die Maultiere in den kleinbäuerlichen Zucht- und Aufzuchtverhältnissen nicht zu verschlossenen, unverträglichen Einzelgängern wurden, was tatsächlich immer wieder der Fall war und beklagt wurde,[81] fasste man junge Maultiere auch tal- oder bezirksweise zusammen, um sie in Gruppen oder zusammen mit Rindern und anderen Haustieren zu sömmern und teilweise auch zu überwintern. Diese Möglichkeit wurde in der ersten Hälfte des 20. Jahrhunderts durch die mittlerweile auch in der Maultierzucht entstandenen regionalen Zuchtgenossenschaften gefördert, die für diesen Zweck Bundessubventionen erhielten.[82]

Maultiere erzielten im Allgemeinen höhere Preise als Arbeitspferde.[83] Das gründete einerseits in der tieferen Befruchtungsrate und im höheren Arbeitsaufwand der Aufzucht, anderseits im grossen und längeren Nutzen als Arbeitstier.

80 Schmid, Anleitung zur Maultierzucht, 1944, 18.

81 Baumann, Pferdezucht, 1937, 228 f. Am Schluss des Artikels thematisiert der Autor die Maultierzucht. Er beschreibt den Umstand, dass die Maultierfohlen fast ausschliesslich «im Besitze kleiner Züchter» sind und damit in kleineren Höfen allein aufgezogen werden, was offensichtlich auf deren spätere Verwendung als Einzeltiere durchschlägt. Sie seien «das Zusammensein mit andern Tieren nicht gewöhnt» und würden «oft nur den Züchter kennen», was deren Verwendbarkeit zusammen mit weiteren «Individuen», im Militär und in grösseren Gespannen schwierig mache.

82 Geisendorf, L'élevage du mulet en Suisse, 1941, 53 f.; Schmid, Anleitung zur Maultierzucht, 1944, 28–30.

83 Eidgenössische Viehzählung, 1936, 10*; Geisendorf, L'élevage du mulet en Suisse, 1941, 43.

Foto 49: Die Sömmerung der Maultierfohlen in Gruppen, im Bild auf einer Weide im Jura. Ein wichtiger Zweck der Gruppenhaltung der aufwachsenden Tiere war es, zu verhindern, dass die später oft in kleinbäuerlichen Verhältnissen gehaltenen Tiere zu verschlossenen, unverträglichen Einzelgängern wurden. (Foto: L. Jobin; Geisendorf, L'élevage du mulet en Suisse, 1941, Planche VI, Fig. 10)

Institutionelle und strukturelle Verhältnisse der Zucht

Im Zusammenhang mit der Sonderrolle des Kantons Wallis – es ist unklar, ob als Ursache oder als Folge – stand die Tatsache, dass die Walliser Regierung 1835 den Beschluss fasste, in Visp, Sitten und Monthey Deckstationen einzurichten. Diese hielten sich bis 1872.[84] Das Ende der kantonalen Unterstützung fiel bezeichnenderweise mit dem Beginn der Förderung der Vieh- und Pferdezucht durch den Bund zusammen. Bezüglich Letzterer stellten der 1884 gefasste «Bundesbeschluss betreffend die Förderung der Landwirtschaft durch den Bund» und dessen Erweiterung zum Bundesgesetz im Jahr 1893 wichtige Etappen dar. Sie verstetigten, was in den 1870er-Jahren mit Bundesbeiträgen an die Pferdezucht begonnen hatte: den Kauf von Hengsten, die Zuchtstutenprämierung, die finanzielle Unterstützung von Pferdeausstellungen, den Kauf von Fohlenweiden sowie die Unterstützung von Vereinen, Genossenschaften und/oder Kantonen. In beiden die Landwirtschaftspolitik bis in die 1920er-Jahre

84 Geisendorf, L'élevage du mulet en Suisse, 1941, 61 f.

bestimmenden Dokumenten wurden die Maultiere nicht erwähnt. 1885 beantragte die Walliser Regierung darum, die im Bundesbeschluss über die Verbesserung der Landwirtschaft vom 27. Juni 1885 enthaltenen Bestimmungen über die Pferdehengste auf die Eselhengste auszudehnen,[85] worauf die Eidgenossenschaft den Kanton Wallis tatsächlich mit dem Kauf eines zur Zucht verwendbaren Eselhengstes unterstützte.[86] In der Folge entwickelte sich ein hinsichtlich der Maultierzucht alles andere als konsequentes Engagement des Bundes auf der Grundlage der Gesetzesbestimmungen zur Pferdezucht. Die bundespolitische Motivation lag darin, dass die Maultierzucht in mindestens einer Region der Schweiz so betrieben würde, dass die Remontierung des militärischen Bedarfs möglich sei. Das wichtigste Mittel dazu blieb der Ankauf von Eselhengsten für die regionalen Zuchtstationen. Die Ausführung lag beim in Avenches stationierten Eidgenössischen Hengsten- und Fohlendepot in Verbindung mit dem Kanton Wallis. Ins Jahr 1903 fiel beispielsweise der Kauf von vier Eselhengsten aus der französischen Region Poitou. Es handelte sich dabei um den Versuch, die Umorientierung der Maultierzucht in Richtung grösserer Tiere zu forcieren, der sich jedoch aufgrund der Trägheit der angeschafften Deckhengste als nicht zielführend erweisen sollte.[87] Während ein aktiver Eselhengst schon einmal auf Hunderte von «Sprüngen» kam, waren es bei den im Wallis stationierten Poitou-Hengsten gerade einmal 27, 52 und 81 «Sprünge», woraus sich nur 38 Maultierfohlen ergaben.[88]

Das revidierte Reglement zum Bundesratsbeschluss vom 7. Juli 1931 zur Förderung der Pferdezucht enthielt in den Artikeln 9 bis 15 und 19 erstmals explizit Bestimmungen zur Unterstützung der Maultierzucht – die Übernahme der Hälfte der Anschaffungskosten von Eselhengsten und eine kleine Zuchtprämie –,[89] was von Geisendorf, Zumtaugwald und Schmid als längst fälliges Anerkennen der Maultierzucht vonseiten der Bundespolitik und der Bundesbehörden interpretiert wurde.[90] Allerdings erfolgte die Umorientierung erst zu einem Zeitpunkt, als die Maultierzucht in der Schweiz auf einem Tiefpunkt angelangt war.

Ein Rückgang der Maultierzucht war spätestens seit den 1880er-Jahren greifbar geworden. Geisendorf nannte dafür verschiedene Ursachen. Zu den allgemeinen Gründen zählt er die wachsende Konkurrenz zur Pferdezucht und den Umstand, dass die Maultiere in benachbarten Ländern billiger gezüchtet

85 Ebd., 25.

86 Schmid, Anleitung zur Maultierzucht, 1944, 10.

87 Bericht von Fritz Schär in Bödeker, Maultierzucht und Maultierhaltung, 1908, 13 f.; Zumtaugwald, Stand der Walliser-Maultierzucht, 1944, 41 und 48.

88 Zumtaugwald, Stand der Walliser-Maultierzucht, 1944, 48.

89 Bundesratsbeschluss über die Hebung der Pferdezucht. (Vom 7. Juli 1931), in: König, Hebung der Pferdezucht durch den Bund, 1931. Der Artikel 12 bestimmte: «An die Anschaffung von Eselhengsten für die Maultierzucht leistet der Bund einen Beitrag von 50 % der Anschaffungskosten und nach jeder Sprungperiode einen weiteren Beitrag von 5 % dieser Kosten, sofern der Hengst im betreffenden Jahr mindestens 10 Stuten gedeckt hat.»

90 Geisendorf, L'élevage du mulet en Suisse, 1941, 67; Schmid, Anleitung zur Maultierzucht, 1944, 10.

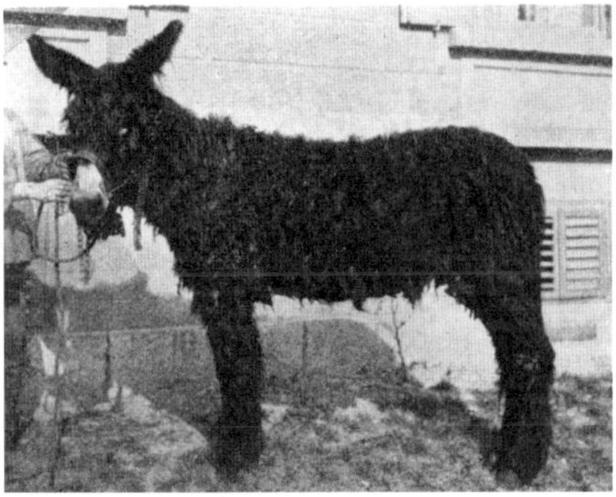

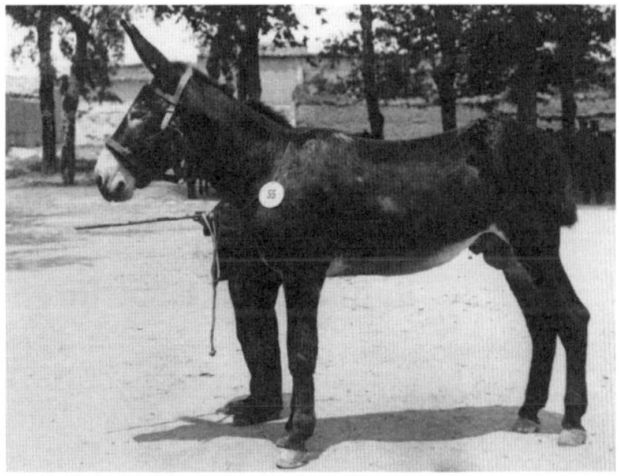

Fotos 50 und 51: Zwei Deckhengste, links «Type de baudet poitivin acquis par le Haras Fédéral», ‹Cherveux› à 3 1/2 ans», rechts «Un baudet espagnol au Marquis de Monoli, Gérone». Der Versuch, durch Einkreuzung von Eseln aus dem französischen Poitou an die dortige erfolgreiche Maultierzucht anzuknüpfen, schlug in der Schweiz wegen der «Trägheit» der von dort bezogenen Eselhengste fehl. (Geisendorf, L'élevage du mulet en Suisse, 1941, Fig. 11 und 13)

und aufgezogen werden konnten. Ein Zollschutz, wie er für Pferde seit Ende des 19. Jahrhunderts etabliert wurde, fehlte für Maultiere vollständig. Der grössere Aufwand in der Aufzucht von Maultieren passe nicht mehr in eine Zeit, in der das Prinzip «time is money» gelte. Ein weiterer wichtiger Grund für den Niedergang war die Tatsache, dass die für die Pferdezucht erlassenen Bestimmungen, die stillschweigend auch auf die Maultierzucht angewandt wurden, in mancher Hinsicht der Hybridzucht funktional entgegenliefen und kontraproduktive Effekte zeitigten. Als Beispiele dafür führte Geisendorf den Umstand an, dass vom Bund prämierte und subventionierte Stuten nur durch ausgewählte, vorgeschriebene Hengste gedeckt werden durften, was den Gang zum Eselhengst als früher oft genutzte Alternative ausschloss. Ebenfalls gegen die Maultierzucht habe sich die Tatsache ausgewirkt, dass die Kantone ihre Unterstützung der Maultierzucht einstellten, als der Bund aktiv wurde. Zudem trug die räumliche Konzentration der Pferdezucht letztlich auch zum Verschwinden der in der Maultierzucht benutzten Walliser Pferdeschläge von Charrat und Tourtemagne bei. Zu den landwirtschaftlichen Faktoren zählte Geisendorf die Ausdehnung der Rinderhaltung, die allgemeine Intensivierung der Agrarwirtschaft und die vielen Meliorationen von Flächen, die vorher als Weiden dienten. Das betraf im Kanton Wallis beispielsweise die Rhoneebene zwischen Martigny und Charrat, die als Weide der Pferde- und Maultierfohlen des ganzen Unterwallis gedient hatte. Gleichzeitig wurden manche Weiden und Alpen im Gebirge, die vorher auch für Maultiere und Pferde genutzt wurden, zunehmend ausschliesslich den

Rindern vorbehalten. Die Zersplitterung der kleinen Landwirtschaftsbetriebe habe die Basis der Maultierzucht überdies beeinträchtigt. Schliesslich habe die einseitige Propagierung der Pferdezucht und -haltung implizit das Renommee der Arbeit mit Maultieren herabgesetzt, die als hybride sterile, für die Zucht unbrauchbare Bastarde gleichsam zu deren Antithese wurden.[91]

Haltung von Maultieren

Aus den eidgenössischen Viehzählungen geht die grosse Bedeutung der Landwirtschaft für die Zucht und die Haltung von Arbeitstieren hervor. Sie war hinsichtlich der Maultiere noch grösser als hinsichtlich der Pferde. Zu Beginn des 20. Jahrhunderts arbeiteten 96 Prozent aller Maultiere in einem Landwirtschaftsbetrieb. In 94 Prozent dieser Betriebe wurde nur ein einzelnes Tier gehalten.[92] Die Maultiere arbeiteten überwiegend in kleinen, seltener auch in mittelgrossen Betrieben, die unter Bedingungen der Gebirgslandwirtschaft und der beträchtlichen räumlichen Distanzen zwischen den Nutzungsflächen grosse Transportaufkommen zu bewältigen hatten. Diese Bedingungen wurden im Kommentar der Viehzählung für den Kanton Wallis umrissen, «wo manche hoch gelegenen Dörfer nur auf steilen und schlechten Wegen erreichbar sind. Die dortige Landwirtschaft setzt sich zudem häufig aus einigen Grundstücken in der Rhoneebene (Reb- und Ackerland) und aus Wiesen und Weiden in der höheren Zone und Alpregion zusammen, eine Betriebsverfassung, die ein gewisses Nomadisieren, also viele Ortswechsel und die Überwindung bedeutender Höhendifferenzen erfordert.»[93]

Die Robustheit der Maultiere machte sie sowohl geeignet als auch notwendig für die einfachen Bedingungen der kleinen Gebirgslandwirtschaft. Sie ertrugen die niedrigen, dunklen Ställe und Unterstände, begnügten sich mit dem mageren dort vorhandenen Futter und benötigten kein oder nur wenig Kraftfutter, auch bei härtester Arbeit. Für die kleinen Betriebe war jedoch selbst ein einzelnes Tier in Anschaffung und Unterhalt ein Aufwand, der die Möglichkeiten der Eigenwirtschaft überstieg, was zu zwei weiteren Ausprägungen der Maultierhaltung führte: dem kollektiven Eigentum an einem einzelnen Tier und der mit dem Maultier verbundenen nebengewerblichen Nutzung.

Das im Wallis verbreitete kollektive Eigentum mehrerer Personen an einem Maultier resultierte aus dem Prekariat der kleinen landwirtschaftlichen Betriebe. Ein erstes Mal wird dieses von Friedrich Stebler geschildert, der in der Region Visp Tiere mit zwei bis sechs Eigentümer:innen vorfand: «Wenn zwei zusammen eines besitzen, so wechseln sie jede Woche mit der Nutzung des-

91 Geisendorf, L'élevage du mulet en Suisse, 1941, 41–44 und 64.
92 Eidgenössische Viehzählung, 1906, 3* f.
93 Eidgenössische Viehzählung, 1944–1948, 30* f.

Foto 52: Umzug des Haushalts im Rhythmus der saisonalen Wanderwirtschaft (siehe auch Foto 54): Kinder mit Maultier auf dem Aufstieg von Savièse nach Mayens de la Zour (VS), fotografiert in den 1930er-Jahren. Das Maultier wird nicht nur von einem Knaben geführt, es trägt neben anderen Traglasten auch noch zwei kleine schlafende Kinder. Der häufige Umgang von Kindern mit Arbeitstieren ist in zahlreichen Fotografien überliefert. (Ch. Schmid, Sion)

selben ab. Bei drei Besitzern wird alle drei Tage gewechselt, bei vier alle zwei Tage.»[94] Auf anderem Weg wird der Kollektivbesitz in den Viehzählungen der 1930er- und 1940er-Jahre fassbar. So weist die Viehzählung des Jahres 1941 für die Schweiz 2861 Maultierbesitzer:innen, aber nur 2854 Maultiere und für den Kanton Wallis 2177 Maultierbesitzer:innen und nur 2103 Maultiere nach.[95] Erst in der Viehzählung des Jahres 1946 gelang es, dieses Phänomen genauer zu beziffern: 523 Fälle oder ein Fünftel aller Besitzer:innen, die kein ganzes, sondern nur einen Anteil an einem Maultier besassen, zu einem Zeitpunkt nota bene, als diese Praxis schon eindeutig rückläufig war.[96] Dabei habe man nicht

94 Stebler, Transportgeräte und Saumtiere, 1901, 56.
95 Eidgenössische Viehzählung, 1941, 21*.
96 Eidgenössische Viehzählung, 1944–1948, 30*; Geisendorf, L'élevage du mulet en Suisse, 1941, 44.

in allen Fällen von gleichen Teilen auszugehen. Die Eigentumsanteile variierten proportional zum individuell geleisteten Beitrag an die Anschaffungs- oder die Haltungskosten. Das war relativ häufig Ursache von Konflikten und Streitigkeiten und im Rahmen der im Wallis verbreiteten Kultur kollektiver Nutzungen und der kollektiven Teilhabe Gegenstand vielfältiger Aushandlungen. Für Geisendorf waren die kollektive Nutzung und die grosse Zersplitterung der Güter entwicklungshemmende Faktoren.[97] Das war das Argument des Agrarmodernisierers. Tatsächlich aber handelte es sich unter den Bedingungen der Gebirgslandwirtschaft bei beiden Phänomenen, dem kollektiven Besitz eines Tieres und der Pluriaktivität, um sozioökonomische Formen der Ermöglichung der kleinbetrieblichen Existenz.

Die übergrosse Dominanz des agrarischen Zusammenhangs für die Nutzung von Maultieren wurde durch den Umstand relativiert, dass unter den Bedingungen der kleinbäuerlichen Landwirtschaft die Besitzer:innen gezwungen waren, mit ihren Tieren im Rahmen der eingangs umrissenen Pluriaktivität noch vielfältigen Nebenbeschäftigungen und Nebenerwerben nachzugehen, die saisonal auch zur Hauptbeschäftigung werden konnten.[98] Die Tiere und ihre Halter:innen waren so eigentliche Verbindungsglieder zwischen Landwirtschaft, Tourismus, Militär, Industrie und Gewerbe, Infrastrukturbau und wichtige Faktoren der allgemeinen lokalen und regionalen Gütermobilität.

Die Zahl der grösseren voll- oder nebengewerblichen Transportunternehmungen, die mehrere Maultiere besassen, war auffallend klein. Die eidgenössische Viehzählung von 1906 verzeichnete für die ganze Schweiz 118 Betriebe, die zusammen 320 Tiere hielten, darunter 77 Betriebe mit 2, 19 Betriebe mit je 3, 8 Betriebe mit 4, 9 Betriebe mit 5, 2 Betriebe mit 6 und je einen Betrieb mit 9, 10 und 11 Maultieren. Die Mehrheit davon war im Kanton Wallis lokalisiert.[99]

Verschiedene Quellen weisen nun aber Transportunternehmer und Transportaufkommen mit jeweils weit grösseren Maultierbeständen nach, als sie in der Viehstatistik betriebsweise erhoben wurden. Es gab Ortschaften, in denen sich die auf einen bestimmten Passverkehr bezogenen Saum- oder Zugtiere konzentrieren, so die Maultiere des Grimsel- und Furkaverkehrs in und um Oberwald oder die Maultiere des Simplonverkehrs im und um das Dorf Simplon.[100] Im Saastal besorgten bis zum Bau der Autostrasse rund 80 Maultiere den Transport.[101] Und in Zermatt waren in der Fremdenverkehrssaison im Dorf bis zu 50 Maultiere stationiert, die den Warentransport zu den Höhenstationen bewältigten. 20 bis 30 Maultiere waren allein von den Hotels der Familie Seiler beschäftigt. Allerdings beruhte die Zusammenfassung von Maultieren

97 Eidgenössische Viehzählung, 1926, 37*; Geisendorf, L'élevage du mulet en Suisse, 1941, 26 und 44. Zur Kultur kollektiver Nutzung im Wallis unter anderem Mathieu, Gipfel der Erkenntnis, 2020.

98 Zur Pluriaktivität siehe das Kapitel «Handlungs- und Entscheidungsspielräume», S. 35–39.

99 Eidgenössische Viehzählung, 1901, 50 f.

100 Bridel, Essai statistique sur le Canton de Vallais, 1820, 90 und 99.

101 Moser, Maultier im Saastal, 1932.

Foto 53: Säumerkolonne im Saastal im Jahr 1936. Auch wenn diese Arbeitstiere in einer Gruppe zur Bewältigung eines grösseren Transports verwendet wurden, gehörten sie oft je einzelnen Besitzern oder Besitzerinnen. (Max Kettel, Museum für Kommunikation, Sammlung, MFK_066_FFF_01768, AfA-ID 885)

in grössere Gruppen, deren charakteristischer Ausdruck die bildlich zahlreich überlieferten Maultierkolonnen sind, gerade nicht oder nur in Ausnahmefällen auf dem Eigentum an mehreren Maultieren. Vielmehr war die Mehrzahl der Tiere allein oder mit ihren jeweiligen Eigentümer:innen nebengewerblich mehr oder weniger formell in die grösseren Transportaufkommen und in grössere Transportunternehmungen eingebunden; Zumtaugwald wies darauf hin: «Ein Umstand verdient noch der Erwähnung. Für manchen Bergbetrieb wäre die durchgehende Haltung eines mulet eine zu starke Belastung. Oft finden wir dann diese Tiere in Saisonstellen oder zur Aushilfe bei Talbauern während der Winterszeit. Nicht zu vergessen sind die vielen hochgelegenen Baustellen rings im Schweizerlande, die vorübergehend eine gewisse Zahl von Maultieren beschäftigten.»[102]

102 Zumtaugwald, Stand der Walliser-Maultierzucht, 1944, 27 (Zitat) und 158.

Abb. 12: Sandtransport für den von 1896 bis 1912 dauernden Bau der Jungfraujoch-Bahn. Maultiere arbeiteten zahlreich im Infrastrukturbau im Gebirge, so beim Bau der Gebirgsstrassen und der Gebirgsbahnen, bei den Bauvorhaben der Elektrizitätswerke und der vielen Luftseilbahnen. (Zeichnung von Jos. Chr. Kaufmann. Sammlung Interessengemeinschaft für das Maultier; Meier 2015, 22)

Verschiedene Entwicklungen führten seit den 1930er-Jahren zu einem zuerst langsamen und dann beschleunigten Verschwinden der Maultiere als Arbeitstiere. An erster Stelle stehen dabei die miteinander verbundenen Veränderungen in der Berglandwirtschaft und in der Verkehrsinfrastruktur respektive in den Verkehrsverhältnissen. Namentlich machten die zahlreichen neuen Seilbahnen, die Erschliessung der Bergdörfer mit Fahrstrassen und die Verbreitung geländegängiger motorisierter Fahrzeuge die Arbeitstiere zunehmend entbehrlich.[103] Und schliesslich brach in mehreren Schritten die militärische Nachfrage ein, die in den ersten Jahrzehnten der Nachkriegszeit das Verschwinden der Maultiere mindestens noch verzögert hatte.

Arbeit mit Maultieren als Zeit- und als Geschlechterfrage

Johann Ulrich Duerst hat darauf hingewiesen, dass der besondere Charakter der Maultiere «erst studiert und verstanden werden müsse, [...] bevor man gute, zuverlässige Tiere zu erziehen vermag, denn das Maultier ist in geistiger Hin-

103 Eidgenössische Viehzählung, 1956, 20* f.

sicht viel schwerer zu verstehen und zu behandeln wie ein Pferd».[104] Dies benötige Zeit, die dafür sowohl allgemein als auch in der Landwirtschaft immer knapper und vor allem immer teurer werde. Das Maultier bleibe «hauptsächlich ein Tier für Gegenden, wo man noch über billige Arbeitskräfte verfügt, die sich dieser Anlernung individuell mit Tierliebe opfern können». Seine Betonung dieser Voraussetzungen – genügend Zeit und grosses Einfühlungsvermögen – gibt einen wichtigen Hinweis zur Interpretation der regionalen Verbreitung und der sozialen und wirtschaftlichen Verhältnisse sowohl der Aufzucht als auch der Haltung von Maultieren. Für beides war der tschajanowsche bäuerliche Familienbetrieb[105] jener geeignete Rahmen, in welchem Arbeitsspitzen mit weniger arbeitsintensiven Phasen abwechselten und entsprechend Zeit für die mensch-tierliche Beziehungspflege blieb und in welchem sich Aufwendungen rechneten, die in kapitalistischer betriebswirtschaftlicher Logik unrentabel waren.

Die Empfehlung von Schmid, im Betrieb die Führung der Maultiere nicht ausschliesslich den Frauen und Kindern zu überlassen, verweist auf den Umstand, dass dies innerhalb des Betriebs tatsächlich oft der Fall war. Es sei auch wichtig, dass das Maultier an Männer und an Fremde gewöhnt und damit der Kreis möglicher Bezugspersonen ausgeweitet werde. Das sei notwendig, damit die Maultiere keine Einzelgänger würden und über die enge Hofwirtschaft hinaus neben- oder vollgewerblich genutzt werden könnten.[106] Undeutlich klingen hier funktionale Zuordnungen der Frauen und Kinder zur engeren Hofwirtschaft und des Mannes zur nebengewerblichen Aktivität nach aussen an.

Die Erfahrung ist zahlreich und vielfältig überliefert, dass man die Maultiere nach ihrem Kopf arbeiten lassen müsse, um mit ihnen auszukommen, und dass man sie kaum zu einem grösseren Tempo antreiben könne, als sie selbst einschlugen. Wer sich nicht daran hielt, hatte mit Scherereien und im schlimmsten Fall mit der Verweigerung der Arbeit zu rechnen. Wer dem Tier die von diesem geforderte Freiheit auf der Basis einer mensch-tierlichen Partnerschaft geben konnte, wozu sowohl die persönliche Empathie des Halters oder der Halterin als auch ein betrieblicher Kontext erforderlich war, der dies erlaubte, hatte den Nutzen der beschriebenen Vorzüge. Diese konnten so weit gehen, dass einzelne Maultiere bestimmte wiederkehrende Arbeiten selbständig ausführten, wie etwa das «Muli mit Namen ‹Wolf› vom Schwyberg», das «31 Jahre lang Botengänge zur unteren Bareta und ins Gurli im Sensebezirk alleine erledigte».[107] Solche Geschichten, in denen das Tier als willensstarkes, verlässliches und eigensinniges Individuum auftritt, werden im Zusammenhang mit Maultieren häufig überliefert.

104 Duerst, Maultier, 1929, 41.
105 Siehe Tschajanow, Lehre von der bäuerlichen Wirtschaft, 1923.
106 Schmid, Anleitung zur Maultierzucht, 1944, 29; Baumann, Pferdezucht, 1937, 228 f.
107 Glauser, 50 Jahre Berggenossenschaft Schweinsberg, o. J., 17; Meier, Maultier, 2015, 22.

N. 2201. EN VALAIS.- Etude

◂ Foto 54: Die Walliser Bäuerin transportiert mit dem Maultier nebst Dingen des Hausrats zwei Kinder. Die sich auf mehrere Höhenstufen erstreckenden, stark parzellierten und zersplitterten, meist kleinen Betriebe waren eigentliche Wanderwirtschaften, die auf dem mehrmaligen Verschieben des Haushalts beruhten: Haus und Speicher im Dorf, verschiedene Maiensässe, Alpen, zwischen denen sich ein jährlicher, saisonal bestimmter Wanderzyklus etablierte. Die Maultiere waren zusammen mit den Menschen selbst die bewegenden Kräfte dieser besonderen Wirtschaftsweise (Tanner, Alpine Nomaden, 2019.) Es waren im Rahmen der Hofwirtschaft häufig die Frauen und Kinder, die mit Maultieren arbeiteten. (Phototypie Co., Neuenburg, Empirische Kulturwissenschaft Schweiz [EKWS], SGV_04P_01044)

Noch stärker als bei den anderen Arbeitstieren machen die Quellen zu Maultieren deutlich, dass deren Erziehung, Haltung und die Arbeit mit ihnen ein steter mensch-tierlicher Aushandlungsprozess war: Maultiere liessen sich nicht zu einer Leistung zwingen; das wird oftmals als Unterschied zu und als Nachteil gegenüber den Pferden erwähnt. Vielmehr müsse man sie mit Zuwendung dazu bringen, eine Arbeit auszuführen. Das erforderte neben Menschen, die dazu fähig waren, auch Zeit, die in der intensiveren Landwirtschaft und vor allem im Transportgewerbe nicht mehr gegeben war. Der Umstand, dass sich die Maultiere nicht hetzen liessen, schränkte ihre Nutzung in zeitlich eng durchgetakteten Betrieben und Situationen ein, bescherte ihnen aber auch ein langes (Arbeits-)Leben.

Foto 55: Das Foto des vierrädrigen, gummibereiften Hundefuhrwerks stammt aus einer im März 1944 realisierten Bildreportage des Fotografen Eugen Thierstein (1919–2011) über die Welt der Heimarbeiter:innen im freiburgischen Corpataux. Von allen Zug- und Saumtieren wiesen die Hunde bezogen auf ihr Gewicht die grössten Zugkräfte und bezogen auf die Nahrung das beste Leistungsverhältnis überhaupt auf. (Eugen Thierstein, Burgerbibliothek Bern, 318/40, AfA-ID 1503)

Hunde

«Der Hund war grösser als ein Bernhardiner, kurzhaarig, schwarz mit weisser Brust. Er zog den Karren mit dem Milchkessel, hinter dem das Mädchen stand. Das Mädchen war vierzehn.» (Friedrich Dürrenmatt, Durcheinandertal, 1971, 1)

Zughunde und ihre Arbeitswelt im 19. und im frühen 20. Jahrhundert

Die Arbeit von Hunden war im 19. und in der ersten Hälfte des 20. Jahrhunderts weit verbreitet. Nach Hermann Kaiser, der eine der seltenen Studien zur Hundearbeit verfasste, war die Schweiz zusammen mit Belgien, Holland und England ein «Zentrum der Zughundebewegung».[1] Besonders die bäuerliche Bevölkerung sowie die kleineren Produzent:innen und Händler:innen – Metzger, Bäcker, Gärtner, Krämer:innen, Brauer, Milch-, Butter- und Käselieferant:innen oder Hausierer:innen – nutzten die körperlichen Voraussetzungen, die geistigen Fähigkeiten und die Gelehrigkeit von Hunden. Zahlreich waren die Zughunde in und um die kleinen und mittleren Höfe des Mittel- und Hügellandes; dort waren sie vor allem Zug-, Wach- und Hütehunde. Aber auch in und um die Städte waren sie häufig anzutreffen. Eine eigentliche Zughundestadt war Bern.

Wie die anderen Arbeitstiere gewannen die Zughunde im ausgehenden 19. Jahrhundert noch an sozialer und wirtschaftlicher Bedeutung, weil der durch die Industrialisierung vergrösserte Güterausstoss sowie die durch die Eisenbahnen und die Urbanisierung ebenfalls wachsenden Transportvolumen nach wie vor auf einer räumlichen Feinverteilung basierten, die hauptsächlich von Tieren, aber auch von Menschen geleistet wurde. Die Zughunde waren angesichts des sich verdichtenden Austauschs in den ländlichen und städtischen Versorgungserfordernissen flexibel einsetzbare, kostengünstige und leistungsfähige Arbeitswesen. Ausserdem ermöglichten die Zughunde gerade den oftmals in bescheidenen materiellen Verhältnissen lebenden Menschen eine Teilhabe an diesen Entwicklungen und ein prekäres Auskommen dabei.

Die Zughunde und die Hundearbeit sind über ihre Bedeutung als Alltagsphänomen hinaus wichtig für die Klärung einiger Spezialthemen der allgemeinen Tierarbeitsgeschichte, beispielsweise hinsichtlich des Zuchtwissens und der Zuchtkonzepte, der Frage nach der Intelligenz der Tiere, des Mensch-Tier-Verhältnisses oder etwa hinsichtlich der rechtlichen Kodifizierung der Tier-

1 Kaiser, Ein Hundeleben, 1993, 96.

belange, der Kategorisierung in Haus-, Nutz- und Heimtiere sowie des frühen gesetzlichen Tierschutzes.

Informationen zu den Zughunden

Die Zughundearbeit ist in Quellen bedeutend schlechter zu fassen als die Arbeit der Pferde und der Rinder. Es bestätigt sich einmal mehr, dass sich auch in der Beachtung der Arbeitstiere eine Hierarchisierung ergeben hat. Diesbezüglich standen und stehen die Zughunde zweifellos weit unten. Zu den wichtigsten Quellen zur Arbeit der Zughunde gehören die Schriften von Albert Heim,[2] dem für die zweite Hälfte des 19. und die ersten Jahrzehnte des 20. Jahrhunderts besten Kenner der Verhältnisse um die Zughundearbeit. Weitere wichtige Quellen sind die zahlreichen Bild- und Filmdokumente, die Zeitschriften der Kynologischen Gesellschaft, der Tierschutz- und der Landwirtschaftsvereine sowie die lokalen und kantonalen Verwaltungsquellen.[3]

Die Hunde als Arbeitstiere sind bisher auch in der historischen Forschung kaum thematisiert worden. Zwar lässt sich in den Geistes- und Sozialwissenschaften und namentlich in den Human-Animal-Studies ein zunehmendes Interesse an den Tier-Mensch-Beziehungen im Allgemeinen und den Hund-Mensch-Beziehungen im Speziellen beobachten. Allerdings wurden die Phänomene der Arbeitshunde und des Zusammenwirkens von Hunden und Menschen in spezifischen Arbeitskontexten bisher kaum beachtet.[4] Nur in wenigen historischen Studien werden die Zughunde mehr als beiläufig behandelt. Erwähnenswert sind vor allem das historisch-volkskundliche Werk von Hermann Kaiser und die Bildbände von Yves Bizet.[5] In der Gesamtschau auf die bisherige Forschung zeigt sich eine bemerkenswerte Diskrepanz: Während die historische Erforschung der Hunde als Heimtiere momentan eine Blüte erfährt, wissen wir über deren Rolle als Arbeitstiere nur sehr wenig.

Aus dem 18. und dem beginnenden 19. Jahrhundert sind fast keine Zeugnisse über Zughunde überliefert. In keiner der zahlreichen frühneuzeitlichen Zoll- oder Weggeldordnungen, welche die Transportlasten nach Anzahl der Pferde oder Ochsen taxierten, wurden Hunde als Zugtiere erwähnt respektive von Hunden gezogene Lasten speziell taxiert. Es scheint, dass die Hunde einfach in das eingeschlossen waren, was die Menschen selbst und mit der Hilfe der Hunde zu ziehen vermochten. Das war, weil dem lokalen und regionalen Austausch zugehörig, meistens von solchen Abgaben ausgenommen und

2 Zu diesen Auderset, Moser, Schiedt, Arbeitende Hunde – die Arbeit der Hunde, 2021, 49–61; Bregenzer, Albert Heim und die Arbeit der Zughunde, 2021.

3 Siehe Film- und Bildportal des Archivs für Agrargeschichte, www.histoirerurale.ch/afaahr.

4 Vgl. Steinbrecher, Hunde und Menschen, 2011; Schmitz, The Prohibition of Dogcarts in Belgium, 2012; Lord, Evolution of Working Dogs, 2016.

5 Kaiser, Ein Hundeleben, 2000; Bizet, Chiens au travail, 2002.

Foto 56: Hundekarren und Pferdefuhrwerk auf der Witikonerstrasse in Hirslanden, Zürich. Die beiden Hunde ziehen, während der Milchmann den zweirädrigen Hundewagen in Balance hält und bei Bedarf mitstösst. Die Städte wurden zu wichtigen Teilen durch das nahe Umland versorgt. Die Arbeitstiere spielten dabei eine wichtige Rolle. (ETH-Bibliothek Zürich, Bildarchiv online, Baugeschichtliches Archiv der Stadt Zürich, DMP_017994, AfA-ID 99)

darum nicht erwähnenswert. Am stärksten trieb die Angst vor der Tollwut und vor Bissen der bösen Hunde zum Schreiben an.

Das bis in die erste Hälfte des 19. Jahrhunderts andauernde weitgehende Fehlen der Quellen mag darin begründet sein, dass diese Art der Hundearbeit erst mit dem Ausbau der Milchwirtschaft, der Verdichtung der Marktbeziehungen und der Urbanisierung im Laufe des 19. Jahrhunderts häufiger und wichtiger wurde. Damit rückten die Zughunde in Gebiete vor, in denen sie bei den Quellen produzierenden Akteuren grössere Beachtung fanden. Die eindeutige Häufung der Quellen in der zweiten Hälfte des 19. Jahrhunderts weist auf ein tatsächliches quantitatives Wachstum des Phänomens in den Städten hin, das in den Zürcher Verwaltungsberichten und in den Berner Quellen um das Verbot des Zughundewesens bestätigt wird. Sicher handelt es sich bei dieser Häufung aber auch um einen Effekt der zunehmenden Skandalisierung der Zughundearbeit im Rahmen der sich formierenden bürgerlichen Tierschutzbewegung. Die Debatten um die gesetzliche Regelung der Zughunde waren fruchtbare Anlässe der Aktenproduktion. Aus dieser besonderen, einseitigen Überlieferung erschliessen sich die sozial-, agrar- und wirtschaftsgeschichtlichen Zusammenhänge oft nur aus dem Beiläufigen. Als komplementäre Informationen zu den Verwaltungsakten sind darum Bildquellen, die Fotografien und – ab den 1920er-Jahren – die Filme umso wichtiger, welche die Zughunde als häufige und selbstverständliche Erscheinung des alltäglichen Hof- und Strassenlebens nachweisen.

Quantitative und regionale Verbreitung

Die Verwendung von Hunden zur Zugarbeit lässt sich historisch-statistisch kaum nachzeichnen. Bis in die zweite Hälfte des 19. Jahrhunderts hat niemand die Hunde gezählt. Seither wurde ihre Zahl von einzelnen städtischen oder kantonalen Verwaltungen zwar erhoben, in den Kantonen meistens im Zusammenhang mit der Hundesteuer.[6] Allerdings ergeben die Hundesteuerlisten kein verlässliches Bild bezüglich der Zughunde. Andere Quellen belegen, dass das Phänomen verbreitet war. Vieles spricht dafür, dass Albert Heims Annahme zutrifft, dass um 1850 «das Hundefuhrwerk so selbstverständlich war wie das Ochsenfuhrwerk, Pferdefuhrwerk, Eselfuhrwerk».[7] Es gibt zudem Quellen, die feststellen, dass die Zughunde in der zweiten Hälfte des 19. Jahrhunderts in bestimmten Kontexten zahlreicher wurden, als sie es bis dahin waren.

Wie bezüglich der Pferde, der Esel, der Maultiere und der zum Ziehen eingesetzten Rinder ist auch bei den Zughunden von ausgeprägten regionalen Unterschieden auszugehen. Diese resultierten aus der Topografie, den landwirtschaftlichen, den verkehrs- und siedlungsstrukturellen Verhältnissen, aus alltagskulturellen Traditionen sowie seit der zweiten Hälfte des 19. Jahrhundert aus den unterschiedlichen kantonalen und städtischen Restriktionen der Hundearbeit. Die wenigen greifbaren quantitativen Quellen beziehen sich auf lokale oder auf regionale Verhältnisse.

Eine bemerkenswert grosse Verbreitung ist für den Kanton Bern und vor allem für die Stadt Bern nachzuweisen. Aber auch um die Stadt Zürich wurden Zughunde zahlreich verwendet.[8] Als in Zürich vor der Jahrhundertwende ein Verbot diskutiert wurde, trafen sich umgehend rund sechzig Zughundebesitzer:innen, um ihre Aktionen gegen ein solches Verbot zu besprechen,[9] während

6 Eine Hundesteuer wurde im Kanton Zürich ab 1817 erhoben. Sie galt als Luxusabgabe, war jedoch auch seuchenpolizeilich motiviert. Der Kanton Zürich, Historisches Lexikon der Schweiz, https://hls-dhs-dss.ch/de/articles/007381/2017-08-24, 28. 8. 2023.

7 Heim, Zughund, 1930, 40.

8 [Anonym], Hundefuhrwerke, 1877; darin Gutachten der Sanitätsdirektion des Kantons Zürich.

9 Neue Zürcher Zeitung, 1. 11. 1898.

Foto 57: Milchlieferungen in eine Käserei in Eggiwil im Emmental. Das Foto zeigt die häufigste Konstellation der Zughundearbeit: die Kleintransporte innerhalb der Hofwirtschaft und in deren lokalen Marktbezügen. Im Bild sind Zweiradkarren und Vierradwagen. Dabei handelte es sich um zwei Prinzipien der Verwendung von Zughunden: Sie zogen kleine Fuhrwerke allein, so im Falle des vierrädrigen Wagens, oder sie zogen am Handwagen mit. Letztere Art verweist wohl auch auf den Umstand, wie sich die Hundearbeit am verbreitetsten entwickelte: als Unterstützung bei Kleintransporten, die sonst Menschen, häufig Frauen und Kindern, oblagen. Die meisten gesetzlichen Regelungen favorisierten das Mitziehen der Hunde. Zahlreiche Bild- und Filmquellen belegen die Arbeit von Kindern mit Arbeitstieren, besonders mit Hunden; sie dokumentieren nicht selten ein enges, beide Seiten ermächtigendes Verhältnis. (Ernst Brunner, Empirische Kulturwissenschaft Schweiz [EKWS], SGV_12N_19490, AfA-ID 844)

die Geschäftsberichte des Stadtrates um 1900 über zweihundert registrierte Zughunde verzeichneten.[10] Im Kanton Bern beschrieb ein anonym bleibender Autor – er unterzeichnete als «ein Menschenfreund» – 1887 im «Intelligenzblatt der Stadt Bern», dass «fast bei allen Bauern die Hunde den Milchkarren in die Käserei ziehen helfen (ihre Zahl beläuft sich gewiss auf viele Hunderte)».[11] Ein im Zusammenhang mit der Forderung nach einem Verbot der Hundefuhrwerke verfasstes Gutachten von Ernst Hess, Professor an der bernischen Tierarzneischule, erwähnte für die Stadt Bern im gleichen Jahr 150 Hunde, die täglich Milch und Milchprodukte von den Höfen des Umlandes in die Stadt transportierten.[12] Das Gegengutachten des Tierschutzvereins bestätigte die 150 «Küherhunde» und sprach zudem von zusätzlichen 50 «Grempler-Hunden». In den «Bernischen Blättern für Landwirtschaft» schätzte man 1887 «diese Hundepoesie» gesamthaft auf «täglich einige hundert Hunde», die «in der Stadt ihr wedelndes Stelldichein fänden».[13] In den späteren 1880er-Jahren wurde in Bern davon gesprochen, dass die Verwendung der Zughunde in der Stadt vor 20 bis 25 Jahren nicht so verbreitet gewesen sei, dass es damals wohl schon die Milchhändler-, aber noch nicht «ihre jetzigen Gefährten, die Metzgerhunde, Bäckerhunde, Säuzüberhunde, Märithunde u.» gegeben habe.[14] Weitere Angaben zum lokalen Zughundebestand sind einer um 1900 gemachten Erhebung zu entnehmen, nach der allein in der Stadt Bern rund 300 Zughunde registriert waren.[15] Dies spricht auch hinsichtlich der Zughunde für unsere Modernisierungsthese, wonach die zunehmende Verwendung von Arbeitstieren nicht zuletzt auf die damalige allgemeine Transportausweitung und auf die neuen, durch die Urbanisierung entstandenen Versorgungserfordernisse zurückging.[16]

Die in der zweiten Hälfte des 19. Jahrhunderts erlassenen Gesetze und die ab ungefähr der Jahrhundertwende sich ausbreitende Motorisierung des Strassenverkehrs sowie die ebenfalls damals aufkommenden Lastenfahrräder datieren den Höhepunkt der Verbreitung von Zughunden auf die letzten Jahrzehnte des 19. Jahrhunderts. Auch Albert Heim konstatierte in der Folge einen starken Rückgang der Zahl der Zughunde. Diesen schätzte er 1933 rückblickend auf rund 50 Prozent in den Kantonen ohne besonders einschränkende Gesetzesbestimmungen und um 75 bis 90 Prozent in Kantonen, in denen diese verboten

10 Geschäftsberichte des Stadtrates und der Zentralschulpflege der Stadt Zürich, 1859 ff.: 1899 204 ausgestellte «Erlaubnisscheine für die Benutzung von Hunden zum Ziehen», 1900 213, 1901 232 «Erlaubnisscheine».

11 Intelligenzblatt der Stadt Bern, Nr. 149, 1. 6. 1887.

12 Blätter für Landwirthschaft. Mittheilungs- und Verhandlungsblatt der Bernischen Oekonomischen Gesellschaft [etc.], Jg. 41, 1887, 230.

13 Bernische Blätter für Landwirtschaft, 1887, 213. Grempler waren Kleinhändler, Kleinkrämer, auch Hausierer.

14 Intelligenzblatt der Stadt Bern, Nr. 188, 10. 7. 1887. Eine Zunahme wird auch aus dem Kanton Zürich überliefert: [Anonym], Hundefuhrwerke, 1877; darin Gutachten der Sanitätsdirektion des Kantons Zürich.

15 Hundebestand und Hunderassen in der Stadt Bern, 1951, 166.

16 Vgl. Auderset, Schiedt, Arbeitstiere, 2021.

Foto 58: Der Bauer Gottfried Moser und sein Knecht, der Milchmann, posieren neben einem Doppelgespann. Das im Jahr 1892 entstandene Foto zeigt die Situation vor dem Abtransport der Milch von Horgen nach Zürich. Die Zughunde waren am vierrädrigen Deichselwagen die Hauptzugkräfte. Sie legten den ungefähr 15 Kilometer langen Weg als Hin- und als Rückweg täglich zweimal zurück. (Ortsbildarchiv Horgen, AfA-ID 103)

oder zumindest stark eingeschränkt wurden.[17] 1950 wurden auf dem Gebiet der Stadt Bern immerhin noch 47 Zughunde gezählt.[18]

Arbeitsleistungen

Von allen Zug- und Saumtieren wiesen die Hunde bezogen auf ihr Gewicht die grössten Zugkräfte und bezogen auf die Nahrung das beste Leistungsverhältnis überhaupt auf.[19] Hinzu kommt, dass die Anschaffung, die Nachzucht und die Haltung vergleichsweise billig und die Erziehung zur Arbeit relativ einfach waren.

Albert Heim schrieb mehrfach über die Leistung von Zughunden: «Man hat nach Leistungen einzelner Zughunde während längerer Zeit notiert und

17 Heim, Zughund, 1933, 219 f.

18 Hundebestand und Hunderassen in der Stadt Bern, 1951, 166.

19 Gue, Current Status of Research on Animal Traction, 1983.

kam dabei z. B. auf folgende Zahlen: Im allgemeinen mutet man in Belgien dem Zughunde die Fortbewegung einer Last von 350 kg zu. Ein Hund zieht in einer Woche einen Wagen mit 300 kg Belastung 40 km weit. Das ist nicht das Mögliche, sondern das gewöhnlich gebräuchliche. Ein Hund, der regelmässige Zugarbeit leistete, transportierte in einem Jahr eine Last von 130 000 kg auf einer Strecke von 1000 km.»[20]

Zuglasten von rund 300 Kilogramm und tägliche Distanzen von 10 Kilometern sind als mehr oder weniger normale Leistungen der Zughunde überliefert. Vereinzelt sind noch viel grössere Lasten zu belegen. Das hing stark von der Strassenoberfläche und den allfälligen Steigungen ab. Einen informativen Einblick in die Leistungsfähigkeit der Hunde und darauf, was man diesen zumutete, gewährt der Bericht eines bei Leipzig im Jahr 1883 durchgeführten Versuchs. Die Tatsache, dass der lokale Tierschutzverein Veranstalter war, gab den positiven Resultaten nachträglich eine besondere Glaubwürdigkeit. Auch Heim bezog sich mehrfach auf diese Versuche.

Bei einem der in Leipzig getesteten Doppelgespanne handelte es sich um zwei gut eingeübte mittelgrosse, starke, 35 und 41 Kilogramm schwere Tiere. Sie gehörten einem Sandhändler, der sie zweimal wöchentlich für den Transport auf einer Strecke von rund 35 Kilometern verwendete. Für diese benötigten die Hunde mit dem leeren Wagen 7 Stunden 30 Minuten und mit dem vollen 650 Kilogramm schweren Wagen 15 bis 17 Stunden. Die drei Teststrecken des Leipziger Versuchs massen 8 Kilometer mit 40 Metern Steigung, 10 Kilometer mit 10 Metern Steigung und 13 Kilometer mit mehreren Steigungen und Gefällen von je 10 bis 20 Metern. Sie führten über gut unterhaltene Fahrstrassen und waren an einem Tag je hin und nach jeweils anderthalb Stunden Pause wieder zurück zu bewältigen. Die Teststrecken waren an je folgenden Tagen mehrmals zu absolvieren. Für die 8 Kilometer brauchten die starken, schweren Hunde mit Transportgewichten von bis zu 380 Kilogramm (Wagen und Fracht) auf den Hin- und den Rückwegen jeweils 1 Stunde 35 Minuten bis 1 Stunde 55 Minuten, für die 10 Kilometer auf dem Hinweg 2 Stunden und auf dem Rückweg 3 Stunden, was man als Zeichen starker Ermüdung wertete. Die 13 Kilometer hatten die Hunde mit einer Last von 150 Kilogramm zu bewältigen. Dazu brauchten sie auf der Hin- und Rückfahrt je 2 Stunden 30 Minuten. Bis zum folgenden Tag erholten sich die Tiere jeweils wieder gut. Die Versuche mit einem zweiten Gespann wurden, da es sich um leichtere 21 und 19 Kilogramm wiegende Hunde handelte, nur über die 8 Kilometer lange Strecke und mit einer Zuglast von 230 Kilogramm durchgeführt. Die Hunde bewältigten die Hin- und die Rückfahrt in je 1 Stunde 30 Minuten. Die Berichterstatter des Leipziger Tierschutzvereins kamen nach ihren mehrere Wochen dauernden Tests zum Schluss: «Geeignete Hunde können ohne den geringsten Schaden für ihre

20 Heim, Zughund, 1930, 24.

Gesundheit centnerschwere Lasten meilenweit fortziehen. Sie sind vollauf geeignet als Zugthiere dem Menschen Dienste zu leisten, ohne dass den Thierfreunden die Berechtigung zur Einsprache zustände.»[21]

Weitere Gewichtsangaben finden sich im Bericht einer Dresdener Zughundeprüfung aus dem Jahr 1895, bei der Albert Heim Preisrichter war: 38 Einzel- und Doppelgespanne wurden bewertet. Es handelte sich um anderthalb bis zehn Jahre alte Hunde, die in ihrer Mehrzahl als «rasselos» bezeichnet wurden. Die dort verwendeten vierrädrigen Wagen wogen leer zwischen 50 und 150 Kilogramm. Beladen waren die Wagen 300 bis 650 Kilogramm und im Fall eines Zweispänners gar 1000 Kilogramm schwer. Über die an der Prüfung zurückzulegende Strecke machte Heim keine Angaben, wohl aber darüber, dass viele der teilnehmenden Hunde schon mehr als zwei Wegstunden – das heisst rund 10 Kilometer und mehr – zum Ausstellungsplatz zurückgelegt hatten, ohne dass sie Ermüdungserscheinungen zeigten.[22]

Gesetze und Reglemente zur Regulierung der Zughunde

In der zweiten Hälfte des 19. Jahrhunderts bildeten der Tierschutz und die Regelungen zur Verwendung der Zughunde eigentliche neue Verschriftlichungslinien der tierbezogenen Rechtskodifizierung. Die Arbeit der Hunde gab vor allem in den Städten immer wieder zu Konflikten und Kontroversen Anlass, die in den Quellen erwähnt wurden. Greifbar sind neben tierschützerischen Argumenten seuchen-, gesundheits- und verkehrspolizeiliche, sozial- und handelspolitische sowie nicht zuletzt sittlich-moralische Motive. In der zweiten Hälfte des 19. Jahrhunderts mehrten sich die Stimmen für gesetzliche Einschränkungen oder sogar für Verbote der Zughunde. Dabei sollte der Tierschutz erst viel später, im Jahr 1973, in der eidgenössischen Verfassung verankert und 1978 in einem eidgenössischen Gesetz festgelegt werden.[23] Jedoch hatten alle Kantone schon ab den 1840er-Jahren gesetzliche Bestimmungen zur Sanktionierung von Tierquälereien erlassen. Verschiedene davon führten aus, was bezogen auf die Arbeitstiere darunter zu verstehen war: beispielsweise die unzulängliche Ernährung, übermässige Anstrengung, zu hohe Lasten, das überlange Stehenlassen an den Strassen, das Schlagen der Tiere oder die Verwendung von hochträchtigen oder frisch gewordenen Muttertieren zur Arbeit. Die Bestimmungen reichten vom impliziten Einschluss der Hunde in die kurzen allgemeinen Bestimmungen zur Tierquälerei bis hin zur Regelung von Mindestalter, Mindestgrössen, Zuggeschirr- und Anspannungsarten. Am häufigsten wurde die Verwendung der Zughunde in Polizeiverordnungen und Fahrreglementen

21 Leipziger Thierschutzverein, Leistungsfähigkeit der Zughunde, 1883, 5–10, Zitat 10.
22 Heim, Zughunde an der internationalen Hundeausstellung in Dresden, 1895.
23 Lüthi, Geschichte der schweizerischen Tierschutzbewegung, [1991], 62 f.

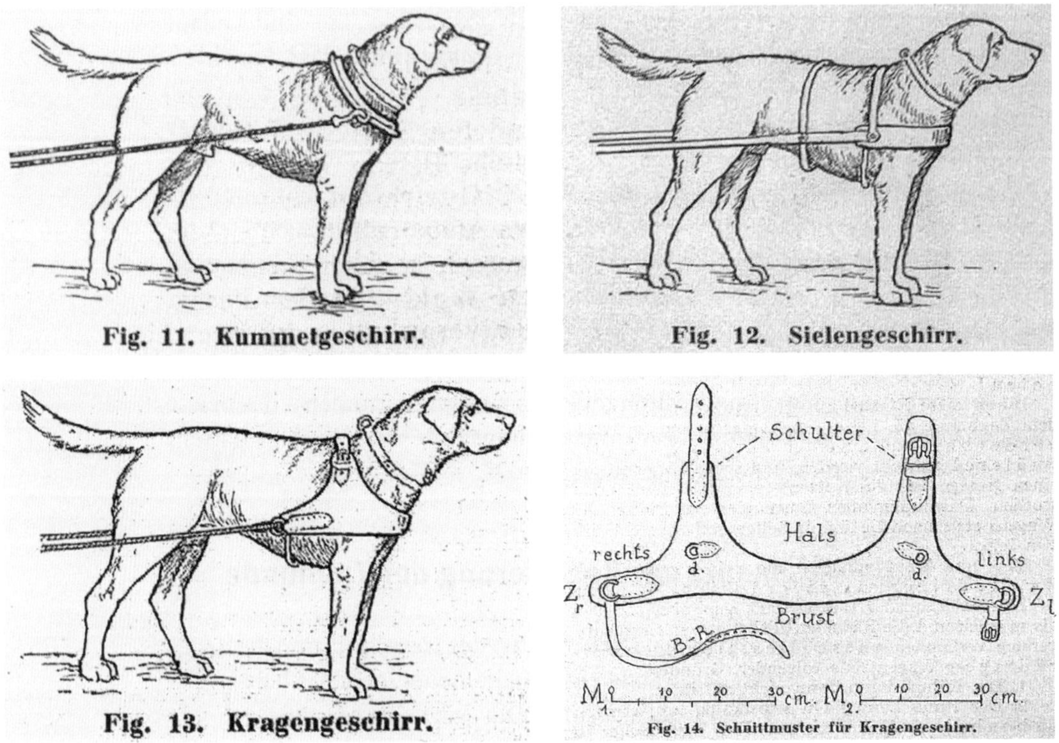

Abb. 13: Die Anspannungsarten für Zughunde in Zeichnungen von Albert Heim. Das Kummetgeschirr war in zahlreichen Kantonen verboten. Am verbreitetsten war das Sielengeschirr, auch Brustblattgeschirr genannt. Das Kragengeschirr hatte Albert Heim an der Hundeausstellung im Jahr 1895 in Dresden kennengelernt. Seither propagierte er diese seiner Ansicht nach besonders hundgerechte Anspannung in einer von ihm selbst entwickelten verbesserten Form. Es wurde im Jahr 1914 an der Landesausstellung in Bern am Modell eines Grossen Schweizer Sennenhundes ausgestellt. (Heim, Zughund, 1930, 40, 42–45)

geregelt, bei deren Kontrolle und Durchsetzung die Polizei aber fast ebenso häufig scheiterte.[24] Bemerkenswert ist, dass sich die in Verordnungen gefassten detaillierteren Regelungen der Tierarbeit fast ausnahmslos und ausschliesslich auf Zughunde und nicht etwa auf Pferde oder Rinder bezogen.[25] Eine besondere Häufung der Erlasse fiel auf die beiden letzten Jahrzehnte des 19. und die ersten Jahrzehnte des 20. Jahrhunderts. Deren Mehrzahl entstand auf Initiative der Tierschutzvereine.[26]

24 Heim, Zughund, 1930, 39.

25 Zürcher, Tierschutzgesetzgebung der Schweiz, 1914; Zürcher, Tierschutzgesetzgebung der Schweiz. Ergänzungen 1914–1925, 1925; Heim, Zughund, 1930, 35–51.

26 Heim, Zughund, 1930, 40. Eine Liste der gesetzlichen Reglementierung der Hundearbeit in Schiedt, Zughunde und ihre Arbeitswelt, 2021, 9–11; vgl. auch Zürcher, Tierschutzgesetzgebung der Schweiz, 1914; Zürcher, Tierschutzgesetzgebung der Schweiz. Ergänzungen 1914–1925, 1925.

Das mehrheitliche Verbot von vollwertigen Fuhrwerken, in denen die Hunde in Gabeldeichseln allein oder am Mitteldeichsel zu zweit angeschirrt und über Zugwaagen mit einem vierrädrigen Wagen verbunden waren, das ebenso häufige Verbot des Aufsitzens, Verbote des Kummetgeschirrs und Höchstgewichte von 120 oder 150 Kilogramm wurden von Albert Heim wiederholt kritisiert. Diese aus Motiven des Tierschutzes erlassenen Einschränkungen würden tatsächlich die Tiere stärker behindern, als dass sie deren Arbeit erleichterten: die zweirädrigen Wagen dadurch, dass die Hunde durch die Balance des Karrens zusätzlich beansprucht würden, und das Verbot des Aufsitzens dadurch, dass die Tiere nicht ihr Tempo laufen konnten.[27]

Berner Debatten um ein Zughundeverbot

Éric Baratay, der grosse französische Tierhistoriker, regt an, die häufige Gegenwart der Tiere im 19. Jahrhundert mit Höhepunkt um die Jahrhundertwende auch als Klangs- und Geruchswelten zu erfassen.[28] Dazu gibt eine im «Intelligenzblatt der Stadt Bern» veröffentlichte Klage aus dem Jahr 1892 eine gute Grundlage: «Es kommt wahrhaftig in keiner andern Stadt vor wie in Bern, dass das Publikum selbst von den Exkrementen dieser Köter in Lauben und Strassen in einer so ekelerregenden Weise genirt wird, wie in Bern und in keiner Stadt fahren die Küherkarren mit diesem Hundevorspann in einer so brutalen, rasenden Weise durch die Gassen, dass die Fremden voll Schreck sich flüchten, wie hier in Bern. Wir kennen eine Kühermaid*, die alle Morgen mit diesen ‹Zugthieren›, die ein Gebell verführen, dass man das eigene Wort nicht hört, und nach links und rechts zähnefletschend springen, durch die Gassen rennt und nur hochmüthig lächelt, wenn furchtsame Damen und erschrockene Kinder fortspringen und selbst Sonntag Vormittags wird in den Kirchen, besonders in der Heiliggeistkirche die Predigt von diesem Hundegebelle gestört, ja selbst an Concerten in der französischen Kirche, oder an Examen in den Schulhäusern (wie letzten Samstag in der Aula des Gymnasiums) stören diese Kläffer oft in empfindlicher Weise. Es braucht gar nicht neckende Buben, um solche Thiere wüthend zu machen. [...] Wahrlich, die Stadt Bern ist um dieses Unikum nicht zu beneiden [...].

* Anmerkung der Redaktion. Ist das wohl die nämliche Kühermaid, welche neulich das Trotoir beim Käfigturm mit ihrem Karren und den zwei Biestern besetzt hielt, so dass niemand passiren konnte und zudem diese Person auf eine gemachte Bemerkung hin in keiner Weise reagirte?»[29]

27 Am ausführlichsten in Heim, Zughund, 1930, 35–51.
28 Baratay, Bêtes de somme, 2008, 82.
29 Intelligenzblatt der Stadt Bern, Nr. 76, 30. 3. 1892.

Was die einen als «Hundepoesie»[30] empfanden, war für andere ein Ärgernis. Angesichts solcher Wahrnehmung war denn auch in Kreisen des stadtbernischen «Publikums» schon in den 1870er-Jahren der Ruf nach einem Verbot der Zughunde erhoben worden. Die wachsende Präsenz der Tiere in der Stadt schlug sich in der Zahl der Klagen über diese nieder. Sie erreichten ebenfalls Ende des 19. Jahrhunderts einen Höhepunkt: Klagen über die Zustände in den Ställen und auf den Strassen, über die Exkremente, das öffentliche Schlachten, die tierverarbeitenden Industrien, über den Lärm und die öffentliche Gefahr. Sie reflektierten sich ändernde Hygiene- und Gesundheitswahrnehmungen sowie die Furcht vor Krankheitsübertragungen. In der Konsequenz erhöhten sich die Spannungen einerseits zwischen den Tierhalter:innen und den benachbarten Nichttierhalter:innen, anderseits zwischen Zughundehalter:innen und anderen Hundehalter:innen. Verbote und Einschränkungen waren die Folge.[31]

Hinter gesetzlichen Regelungen standen und stehen komplexe Motivlagen, mehr oder weniger lange Konflikte und immer unterschiedliche soziale Realitäten. Beispiel eines solchen friktionsreichen diskursiven Prozesses sind die über zehnjährigen Auseinandersetzungen um ein Hundeverbot in der Stadt Bern in den 1870er- und 1880er-Jahren. Sie gewähren einen besonderen Einblick sowohl in die lokalen als auch in die allgemeinen Verhältnisse um die Zughunde, die in den grossen Zusammenhängen der Entwicklung des Detailhandels und der Aktivitäten des Tierschutzes zunehmend unter Druck gerieten. Sie geben seltene Einblicke in die prekären Verhältnisse, in dem Zughundehalter:innen und Zughunde gemeinsam arbeiteten und ihr Leben fristeten. In dieser Hinsicht erweist sich der Konflikt um die Hundearbeit gleichsam als Sonde, die Unterschichtskultur dort sichtbar machte, wo sie im städtisch-bürgerlichen Kontext Aufsehen erregte.

In der Stadt Bern war in den Jahren 1876 und 1877 die Verwendung von Zughunden durch Polizeiverordnung eingeschränkt worden. Sie bestimmte, dass dieselben «nur als Mithülfe zum Ziehen verwendet, daher weder in Gabeln noch Deichseln eingespannt, auch nicht mittelst des Halsbandes angespannt werden dürfen. Die Verwendung der Hunde zum Ziehen von Personen (Kinder unter 10 Jahren ausgenommen) ist hingegen ganz verboten.»[32] Diese Bestimmungen waren in der Folge jedoch weder von den Hundehalter:innen eingehalten, noch von der Polizei durchgesetzt worden.[33]

Am 20. Mai 1887 überreichte der lokale Tierschutzverein dem Gemeinderat der Stadt Bern eine auf den 7. Mai datierte Eingabe, bei welcher der Tierarzt Jakob Jöhr die Federführung hatte. Im Namen des Vereins forderte er, «dass die

30 Bernische Blätter für Landwirtschaft, 1887, 213.

31 Baratay, Bêtes de somme, 2008, 102 f.

32 Bericht des Gemeinderathes der Stadt Bern, 1877, 25.

33 Intelligenzblatt der Stadt Bern, Nr. 153, 5. 6. 1887.

Foto 59: Junge Milchfrau mit Handkarren zum Milchtransport beim Zytgloggeturm in der Berner Marktgasse. Vor den Karren gespannt sind zwei mit Maulkratten versehene Hunde. Die Fotografie entstand im Jahr 1909. (Arthur Wehrli, Schweizerische Nationalbibliothek, Eidgenössisches Archiv für Denkmalpflege, Archiv Photoglob-Wehrli, EAD-WEHR-3012-B, AfA-ID 101)

Verwendung des Hundes als Zugthier gänzlich verboten werden möchte».[34] In der Folge erliess der bernische Gemeinderat das Verbot von Zughunden auf dem Gebiet der Stadt, was jedoch auch noch die Zustimmung des Kantons erforderte. In diesem Zusammenhang kam es zu Protesten der Betroffenen und zu einer intensiven öffentlichen Debatte über die Hundearbeit. Dieser lokale Konflikt um die Zughunde, den Albert Heim aus zürcherischer Distanz auch schon einmal als «Revolution» bezeichnete,[35] verdient genauere Beachtung.

Im Bericht des Gemeinderats wurden die wichtigen Punkte aus der Sicht von Rat und Verwaltung kurz zusammengefasst: Der Gemeinderat hatte das Gesuch des städtischen Tierschutzvereins, «der Thierquälerei als Folge der

34 Bericht des Gemeinderathes der Stadt Bern, 1888, 47.
35 Heim, Ueber den Hund als Zugtier, 1896.

missbräuchlichen Verwendung des Hundes als Zugthier und den daraus sich ergebenden Uebelständen und Gefahren Einhalt zu thun», unterstützt und die Zugarbeit von Hunden im Mai 1887 per Revision der Polizeiverordnung verboten. Zudem beschloss er, die Bestimmung, «dass Hunde weder als Zug- noch als Lastthiere verwendet werden dürfen», in ein zu erlassendes Tierschutzgesetz aufzunehmen. Dazu war nun allerdings noch die Zustimmung des Regierungsrates notwendig. Dieser trat nicht darauf ein, sondern forderte den Gemeinderat auf, das Verbot öffentlich aufzulegen. Auf die öffentlich angezeigte Auflage hin gingen «neun, zum Theil einlässlich motivirte Eingaben» ein. Abgesehen von der (gedruckten) Abhandlung des bernischen Tierschutzvereins vom 9. Juli 1887, sprachen sich alle Eingaben mit Entschiedenheit gegen ein unbedingtes Verbot des Hundefuhrwerks aus.[36]

Fünf der neun Eingaben wurden von Vereinen und vereinsähnlichen Zusammenschlüssen eingereicht, dem stadtbernischen Tierschutzverein, dem bernischen Milchhändlerverein, dem Landwirtschaftlichen Verein Schosshalde und Umgebung, dem Metzgerverein sowie der sogenannten Gassenleiste der Stadt Bern. Bei Letzterer handelte es sich um eine Delegiertenstruktur der quartierweise organisierten Interessenvertretungen der stationären Detailhandelsgeschäfte, von Gewerbebetrieben und Hauseigentümer:innen.

Der Tierschutzverein begründete seine Eingabe und das Verbot mit der anatomischen Nichteignung, mit der Überanstrengung und mit der allgemein schlechten Behandlung der Hunde sowie mit den gesundheitsgefährdenden sanitarischen und ruhestörenden Verhältnissen rund um die Tiere in der Stadt. Dagegen betonten der Milchhändlerverein und das von ihm in Auftrag gegebene Gutachten von Ernst Hess die gute Eignung der Hunde zum Ziehen und deren Freude an der Arbeit. Er verwies auf die weite Verbreitung und die existenzielle Bedeutung der Zughunde für das mobile Gewerbe des kleinen Milchhandels. Auch der Metzgerverein argumentierte mit der grossen Bedeutung der Zughunde vor allem für die kleinen Metzger – sie wurden in einer anderen Quelle auch «Kuttler» genannt –, die ohne diese nicht mehr bestehen könnten.[37] Das vom Milchhändlerverein in Auftrag gegebene Gutachten wurde vom Landwirtschaftlichen Verein Bern und vom Verein Schosshalde und Umgebung unterstützt. Sowohl der Verein der Milchhändler:innen als auch der landwirtschaftliche Verein Schosshalde schlugen statt des Verbotes eine Reglementierung vor, die im Wesentlichen die Punkte der Polizeiverordnung von 1876/77 übernahm.[38]

Besonders interessant ist die mehrfache Erwähnung der sogenannten Gassenleiste. Dabei handelt es sich um die wenigen Quellen, die es nahelegen, die Kampagne gegen die Zughunde nicht nur als ein Akt des Tierschutzes und

36 Bericht des Gemeinderathes der Stadt Bern, 1888, 47–49.

37 Stadtarchiv Bern, Aktenband 1099_0_19, Hundebespannung; Intelligenzblatt der Stadt Bern, Nr. 202, 24. 7. 1887.

38 Stadtarchiv Bern, Aktenband 1099_0_19, Hundebespannung.

der seuchen- respektive gesundheitspolizeilichen Ordnung, sondern auch im grösseren Zusammenhang der Entwicklung des Detailhandels zu interpretieren, in der die überkommenen Formen der Distribution, die Wochenmärkte, der Hausiererhandel sowie der Direktverkauf durch die Produzenten der näheren und weiteren Landschaft, durch die neuen Betriebsformen der stationären Ladengeschäfte zunehmend unter Druck gerieten.[39] Das wird etwa in einem Artikel von Jakob Jöhr, einem der Protagonisten der Tierschutzeingabe, deutlich, wenn dieser schreibt, es würden «nicht nur die Hundeangelegenheit, sondern gewisse Milchverkaufsstellen den Milchhändlern viel Mühe und grosse Schmerzen verursachen».[40] In dieser Hinsicht war die Kampagne gegen die Zughunde auch eine indirekte Massnahme gegen die Konkurrenz des mobilen Strassenhandels.

Vier Eingaben wurden von Einzelpersonen eingereicht, darunter von einem Milchhändler, einem einbeinigen Hausierer und von einem Rückkäufer von leeren Petrolgebinden.[41] Die Eingaben geben seltene Einblicke in die prekären Verhältnisse, in welchen Zughundehalter:innen und Zughunde gemeinsam arbeiteten und ihr Leben fristeten.

Johann Rohrer aus Muri bat, ihm und anderen die Zughunde zu belassen. Er sei früher Lohnarbeiter gewesen. Seit er ein Bein und damit auch seine Anstellung verloren habe, friste er seine Existenz im «kleinen Handel». Als «Hausierer mit Bürsten» war er auf die Zugkräfte seines Hundes angewiesen; das Tragen sei mit einem hölzernen Bein zu beschwerlich. Wenn nun das Verbot bestätigt würde, wäre er angesichts seiner grossen Familie gezwungen, um Unterstützung zu bitten.[42]

In selbstbewussterem Ton forderte der Stadtberner Milchhändler von Rütte die Aufhebung des Verbots: «Die Milchhändler haben einen so anstrengenden Beruf, dass man ihnen die Mithülfe die ihnen die Hunde gern und willig leihen, gönnen & belassen soll. Es sei denn, dass die Antragsteller den Kühern helfen wollen den Karren ziehen und ihn bewachen. […] Schreiber dies ist auch Mitglied des Thierschutz-Vereins, will aber nicht, dass die Thiere auf Kosten der Menschen geschont werden.»[43]

Wortreicher und ebenfalls selbstbewusst argumentierte Johann Bürki:

«Durch Inkraftsetzung dieser neuen Verordnung welche nebenbei gesagt, durch nichts begründet ist, fällt mein einziger Verdienst dahin; ich bin Familienvatter muss und bezahle meine Steuer. Mein Gewerb als Aufkäufer leeren Petrolgebinde fiele dadurch dahin, da der kleine Nutzen auf dieser mühsamen und beschwerlichen Arbeit es nicht erlaubt irgend ein theures Gespahn zu verwenden.

39 Siehe Spiekermann, Konsumgesellschaft, 1999, 28–45, 134–217; Debluë, Du colportage au commerce de détail, 2021.
40 Intelligenzblatt der Stadt Bern, Nr. 198, 20. 7. 1887; Intelligenzblatt der Stadt Bern, Nr. 202, 24. 7. 1887 (Zitat).
41 Stadtarchiv Bern, Aktenband 1099_0_19, Hundebespannung.
42 Eingabe vom 12. 7. 1887; Stadtarchiv Bern, Aktenband 1099_0_19, Hundebespannung.
43 Eingabe vom 16. 7. 1887; Stadtarchiv Bern, Aktenband 1099_0_19, Hundebespannung.

Mit Jahren betreibe ich nun mein Gewerbe mit Hülfe meines gut genährten in allen Theilen gut erhaltenen Hundes. Noch nie ist jemand von meinen Thieren belästiget worden, obwohl ich das ganze Jahr auf der Strasse bin; noch nie ist überhaupt eine Klage vorgekommen; Also wegen verhätschelter Humanität sollen die Hunde nicht mehr eingespannt werden; dafür sollen arme Familien um ihren einzigen Verdienst kommen, der Gemeinde und dem Staat zur Last fallen.

Der Hund, wie der Mensch ist zur Arbeit da und bewiesen ist es, dass gerade jene Hunde die gefährlichsten sind welche nicht etwa ziehen, sondern als sogenannte Hof oder Ladenhunde als Faulenzer das ganze Jahr angebunden oder sonst planlos herumirren.

Mein Gesuch an Sie Geehrte Herren ginge dahin, es sei dieser willkürliche Verordnung die Sanktion nicht zu ertheilen; es sei aber dem wachsamen Auge der Polizei empfohlen dass nur starke und wohlerhaltene Hunde unter menschlicher Behandlung zum ziehen verwendet werden.»[44]

Neben der in den meisten Eingaben, die gegen das Verbot gerichtet waren, betonten Bereitschaft, «die nöthigen Massnahmen zum Schutze des Publikums gegen Hundebiss, gegen Verunreinigung von Häusern u. s. w., sowie gegen die Belästigung und die Widerwärtigkeiten» zu unterstützen, waren es hauptsächlich die sozialen Argumente, die den Gemeinderat veranlassten, auf das Verbot zurückzukommen. Er «nahm in Berücksichtigung der in den genannten Eingaben entwickelten Gründe, sowie des Umstandes, dass der Geschäftsbetrieb der kleineren Milchhändler durch ein unbedingtes Verbot der Verwendung des Hundes als Mithülfe zum Ziehen zu sehr erschwert und beeinträchtigt würde, eine neue Fassung an, wonach die Verwendung des Hundes als Mithülfe zum Ziehen, wie bisher, unter den in der Verordnung vom 1. Oktober 1877 enthaltenen schützenden Bestimmungen und unter einigen weiteren Bedingungen, gestattet wird. In letzterer Beziehung ist namentlich die Vorschrift zu erwähnen, dass die als Mithülfe zum Ziehen oder zur Bewachung von Karren verwendeten Hunde mit zweckentsprechenden Maulkörben versehen und, so lange der Karren auf öffentlichen Verkehrswegen stehen gelassen wird, an demselben angebunden sein sollen.

Die Milchträger, welche sich der Mithülfe des Hundes bedienen wollen, haben der Stadtpolizei davon Anzeige zu machen und eine Kontrollgebühr zu bezahlen, welche behufs Gleichstellung der Milchhändler, da die Hundetaxe in Bern 10, in den Aussengemeinden in der Regel bloss fünf Franken beträgt, auf zwei Franken für die in Bern und auf sieben Franken für die in Nachbargemeinden niedergelassenen Milchlieferanten festgesetzt worden ist.» Diese am 10. Oktober 1887 revidierte Polizeiverordnung trat auf den 15. März 1888 in Kraft.[45]

44 Nicht datierte Eingabe; Stadtarchiv Bern, Aktenband 1099_0_19, Hundebespannung.

45 Bericht des Gemeinderathes der Stadt Bern, 1888, 48 f.

Zughunde in der Gesellschaft: das «Proletariat der Nutztiere»

Die bäuerliche Bevölkerung und bürgerlichen Hundesportler:innen hatten bis ins frühe 20. Jahrhundert kaum engeren Kontakt. Wie stark diese Sphären voneinander getrennt waren, zeigt ein Vergleich der Organe der Bauern, beispielsweise der «Schweizerischen Landwirtschaftlichen Zeitschrift», mit dem Organ der Schweizerischen Kynologischen Gesellschaft, dem «Centralblatt für Jagd- und Hunde-Liebhaber». Sie kamen erst im 20. Jahrhundert dadurch näher miteinander in Kontakt, dass die Sennenhunde, von denen die grösseren auch als Zughunde verwendet wurden, zu Rassenhunden avancierten und zugleich zu eigentlichen schweizerischen Nationalhunden aufstiegen. Eine weitere Differenz tat sich zwischen den Zughundehalter:innen und den Tierschutzvereinen auf, deren Mitgliedschaft vor allem im städtischen Bürgertum stark verankert war und die ebenfalls für eine starke Reglementierung oder für ein Verbot der Hundearbeit eintraten.[46]

Der Tierarzneiprofessor Ernst Hess brachte in den bernischen Auseinandersetzungen um das Zughundeverbot diese unterschiedlichen gesellschaftlichen Positionen auf den Punkt, indem er die Antwort des stadtbernischen Tierschutzvereins auf sein Gutachten replizierte: «Etwa die Hälfte unserer bernischen Mitbürger widmet einen grossen Theil ihres Lebens der Pflege der Hausthiere; diese Werkthätigkeit beweist ihre Thierfreundlichkeit, und sie befähigt sie zugleich, zu einem auf Erfahrung sich stützenden Urtheil über die rationellen Beziehungen zwischen Mensch und Hausthier. Aus diesen Kreisen gehört aber so gut wie Niemand den Thierschutzvereinen an. Dieselben, namentlich die in Wort und Schrift thätigen Mitglieder, rekrutieren sich vielmehr aus den sehr achtenswerthen Zimmermenschen, denen die Verhältnisse gestatten, sich vergnügungshalber Hunde, Katzen und Stubenvögel zu halten. Der Komfort dieser Hausgenossen richtet sich genau nach demjenigen ihres Herrn, der gerne den Wunsch verwirklicht sähe, es möchte die Thierwelt überall so trefflich gehalten werden wie bei ihm. Dabei übersieht er ganz, dass neben den Liebhaberthieren auch noch das Proletariat der Nutzthiere besteht, das wegen des Ertrages gehalten wird.»[47]

Die Hunde hatten verschiedene Wege in die Gesellschaft oder, zutreffender, in die verschiedenen Gesellschaftsschichten und dadurch gleichsam zu ihrer Doppelstellung als Nutztiere und als Heimtiere. Es war diese Doppelstellung, aus der sich der Umstand erklärt, dass sie viel häufiger Gegenstand der rechtlichen Kodifizierung der Tierarbeit wurden als etwa die Pferde oder die Rinder. Bei den «oberen Zehntausend» – ein Quellenbegriff – zählte bei den Hunden

46 [Anonym], Hundefuhrwerke, 1877; darin Gutachten der Zürcher Regierung, das diese auf den Antrag des Vereins zum Schutze der Thiere hin in Auftrag gegeben hatte; [Anonym], Die Verwendung des Hundes als Zugthier, 1886.

47 Hess, Antwort an den Bernischen Thierschutzverein, 1887.

Foto 60: Hund als Zugtier der «kleinen Leute» im «kleinen Handel». Ein Korber und zwei Korberinnen, wahrscheinlich aus Rüschegg im Kanton Bern, bringen um 1930 ihre Ware mit einem zweirädrigen Handwagen auf den Markt oder direkt in die Höfe und Haushalte. Der Hund zieht mit. Er ist in einem Brustblatt- oder Sielengeschirr angespannt. (Carl Jost; Staatsarchiv des Kantons Bern, FN Jost N 2662)

primär die Rasse und das damit verbundene Renommee: der in der Oberschicht gepflegte demonstrative Müssiggang (Thorstein Veblen)[48] nicht nur der Menschen, sondern auch ihrer Heimtiere. Bei den «kleinen Leuten» und für den «kleinen Handel» – auch dies Quellenbegriffe – sowie in bäuerlichen Milieus bestand der Nutzen der als Haustiere gehaltenen Hunde in der Arbeit. Es war die Arbeit, die in ihrer sozialen Welt die Beziehungen zwischen Menschen und Tieren durchwirkte. Bei ihnen evozierte das Hauptargument der Tierschützer:innen und der Kynolog:innen, der Körper der Hunde sei von Natur aus nicht zum Ziehen geschaffen, die sozialkritische Erwiderung, dass auch die Pferde, die anderen Zugtiere und selbst die Menschen nicht zum Ziehen geschaffen seien und doch ziehen müssten.

48 Veblen, Theorie der feinen Leute, [1899] 1986, 51–78.

Rinder

«Sie pflegten und schmückten es [das Vieh] oft sorgfältiger als die leiblichen Kinder, die noch keinen Anteil am mühsamen Tagewerk hatten. Sie passten ihm ihren eigenen Arbeitsrhythmus an und konnten sich nur schwer von ihm trennen.» (Georg C. L. Schmidt, Schweizer Bauer im Zeitalter des Frühkapitalismus, 1932, Bd. 1, 40)

Die zahlreichsten Arbeitstiere

Rinder waren hierzulande die zahlreichsten Arbeitstiere. Sie dienten als Saum-, ja sogar als Reittiere, hauptsächlich aber zogen sie Pflüge und anderes landwirtschaftliches Gerät, sie zogen Wagen, Karren und Schlitten und in der ersten Hälfte des 20. Jahrhunderts selbst die motorisierten Landwirtschaftsmaschinen und die überschweren Traktoren.

Wenn wir von arbeitenden Rindern oder von Arbeitsrindern sprechen, beziehen wir uns auf Kühe, Stiere und Ochsen, das heisst auf die Tiere, die in den Quellen oft als «Arbeitsvieh» bezeichnet werden. Im Zeitraum von der Mitte des 18. bis in die erste Hälfte des 19. Jahrhunderts stand der Begriff Ochse und in der Schweiz der Begriff Muni je nach Region auch für Stiere; so bei Graf von Albon 1779 in seinem Schreiben an die bernische Ökonomische Gesellschaft «über den Gebrauch der Ochsen zum Landbaue».[1] Wir werden den Begriff Ochse ausschliesslich für kastrierte männliche Rinder verwenden.

In den immer noch dominierenden Substitutionsnarrativen der Technik-, Wirtschafts- und Verkehrsgeschichte wird die Arbeit der Rinder in Bezug auf die Eisenbahn, die Automobile und allgemein auf die Motorenkraft als veraltet, ja als archaisch und auf jeden Fall als ausgesprochen vormodern apostrophiert. Unsere die Arbeitsrinder einschliessende These, wonach die Arbeitstiere und die mit ihnen arbeitenden Menschen im langen 19. Jahrhundert Koakteure und Faktoren der Modernisierung waren, ist darum besonders zu begründen. Es stellt sich die Frage, wie ein Arbeitszusammenhang uralte Kulturpraxis und doch Faktor der Modernisierung sein kann, wie arbeitende Rinder Agenten der Modernisierung sein können. Eine erste, allgemeine Antwort auf diese Frage lautet: Die Arbeitsrinder waren es in den gesellschaftlichen Bezügen des säkularen agrarischen Wandels und im Falle der Arbeitskühe im Speziellen in den klein- und mittelbäuerlichen Verhältnissen.

1 Von Albon, Gebrauch der Ochsen zum Landbaue, 1779, 260.

Foto 61: Ein Rinderdoppelgespann zieht eine Dreschmaschine. Die frühen motorisierten Maschinen mussten oft von Arbeitstieren an den Ort ihres Einsatzes gezogen werden. Auch die frühen Traktoren und die Raupenschlepper erforderten für den Ortswechsel zuweilen noch Zugtiere. Der Fotograf rückt den Umstand ins Bild, dass die Verwendung von Arbeitstieren und die Motorisierung landwirtschaftlicher Arbeiten nicht als Substitution, sondern lange Jahrzehnte in einem Prozess der Koevolution erfolgten. Ein weiterer abgebildeter Zusammenhang betrifft die Selbstverständlichkeit der Mitarbeit der Kinder in der Familienwirtschaft. (Eugen Thierstein, Rüschegg, 1942, Burgerbibliothek, N Eugen Thierstein 504/23; AfA-ID 1570)

Das wurde in einem Artikel angesprochen, der 1856 in der «Allgemeinen Schweizer Bauernzeitung» erschien. Anlass zum Artikel war die Publikation der Resultate einer Viehzählung im Kanton Aargau. Diese wies die Evidenz des grossen respektive des grösser werdenden Gewichts der Viehzucht gegenüber der vergleichsweise abnehmenden Bedeutung der Pferdezucht in quantitativer Hinsicht nach. Der Artikel kann das zeitgenössische komparative Abwägen zwischen den verschiedenen Arbeitstieren und im Übrigen unsere Modernisierungsthese gut illustrieren: «Die Landwirthschaft kann bei mittleren und kleineren Gütern, wo die Pferde nicht Tag für Tag beschäftigt werden können, nur am besten rentiren, wenn man ohne alle Pferde wirthschaftet und unter günstigen Verhältnissen nur mit Kühen arbeitet, wie das im Kanton Bern und

Foto 62: Arbeitskühe im Vierergespann. Das Pflügen der Äcker war für die Zugtiere und für die mit ihnen arbeitenden Menschen die kräftezehrendste Arbeit des Landwirtschafts jahres. Das vordere Doppelgespann ist mit Kummeten, das hintere mit Widerristjochen angespannt. (Schweizerischer Fleckviehzuchtverband, AfA-ID 361)

an andern Orten immer mehr überhand nimmt, so wie auf vielen grösseren Gütern Deutschlands, die die Pferde seit einem Jahrzehend, bis auf ein geringes Minimum, abgeschafft und dafür Stiere angeschafft haben.

Der Vortheil dieses Tausches liegt für den Landwirth zu sehr auf der Hand. Die Pferde nutzen sich von Jahr zu Jahr ab und lassen uns, bei dem immer noch obwaltenden Widerwillen gegen das Pferdefleisch, zuletzt weiter nichts, als die Haut und die Knochen. Der Stier erhält sich bei guter Behandlung immer auf ziemlich gleicher Stufe und gibt zum Schluss einen Mastochsen. Die Kuh spendet neben mässigem Arbeitsdienst noch reichliche Milch und hinterlässt uns ebenfalls ein brauchbares Fleisch für unsere Vorrathskammern. Die Knochen auch hier nicht zu vergessen.

Dabei kommt die Erhaltung und Pflege des Rindviehes, sowohl bezüglich des Futters, des Beschläges und des Geschirres lange nicht so köstlich, wie die des Pferdes, und ist letzteres weit mehr Calamitäten ausgesetzt, als ersteres.

Daher sehen wir, vom landwirthschaftlichen Standpunkte aus und für unsere Güterkomplexe, in der Verringerung der Pferde mehr einen Schritt vorwärts zum bäuerlichen Wohlstand, als rückwärts, obschon wir vom staatswirthschaftlichen Standpunkte aus den Nachtheil für die Armee sehr gut begreifen, wenn Kriegszustände eintreten sollten. Allein – will man Pferdezucht, so suche man sie nicht da, wo Kleingüterei obwaltet, sondern pflanze sie da an, wohin sie passt, auf grössere Güter und in die Alpen [...]. [...] Ebenso ist für unsere ackerbautreibenden Kantone die Verminderung der Zuchtstiere (Ochsen) kein massgebendes Zeichen vom Verfalle des Wohlstandes, weil sich eben, wie schon oben angedeutet, der Nutzen der Zugkühe von Tag zu Tag immer mehr herausstellt, namentlich in Gegenden mit leichtem Boden, gutgelegenen Grundstücken und dem, durch die Nähe einer steten Absatzquelle oder in Ermangelung deren durch Dorfkäsereien stets Gelegenheit geboten ist zu voller Milchverwertung.»[2]

Mit den angesprochenen Aspekten und Verweisen auf die zunehmende Bedeutung der Rinderarbeit, auf die weiteren Nutzungen von Pferden und Rindern, auf Geschirr und Beschläge, auf Volkswirtschaftliches und Militärpolitisches ist der Artikel gleichsam eine Vorschau auf den vorliegenden Text zu den arbeitenden Rindern.

Informationen zu arbeitenden Rindern

Quellen

Reiseberichte des 18. und des beginnenden 19. Jahrhunderts vermitteln Informationen über arbeitende Rinder, die nicht nur die Rinderarbeit, sondern auch deren in der Schweiz grössere Verbreitung im Vergleich zu den Herkunftsländern der Autor:innen beschreiben.[3] Aus ganz anderer Perspektive berichtete 1799 ein Kundschafter der österreichischen Armee, der im zweiten Koalitionskrieg die Aufmarschmöglichkeiten zwischen den Kantonen Zürich, Schwyz, Zug und Luzern sondierte, seinen Generälen den gleichen Sachverhalt der in der Schweiz verbreiteten Verwendung von Rindern zur Arbeit: der Weg sei «mit Geschütz übel zu passieren, es seye denn man bedient sich statt Pferden des Hornviehes, welches diesen Weg in dortiger Gegend gewohnt ist».[4] Ein

2 Allgemeine Schweizer Bauernzeitung, Nr. 12, 21. 3. 1856; Nr. 13, 28. 3. 1856: «Betrachtungen über Viehstand. (Angeknüpft an die Resultate der Aargauer Viehzählungen.)», 46 f. (Zitat).

3 Beispielsweise Andreae, Briefe aus der Schweiz, 1776, 311 f.

4 Verzeichniß Aller Wege und Fusssteige so aus der Position des Herrn Generalen Br. Jellachich gegen Zürich, Baar, Zug, Menzingen und Luzern führen, so wie die Beschreibung der Brücken, Stegen und Durchführten durch die Sill, im Juli Ao. 99, Österreichisches Staatsarchiv, Kriegsarchiv, K X 36 F. Konkret handelte es sich um eine Information zum Weg von Menzingen durch das Lorzentobel nach Zug.

Abb. 14: Ochsen an Wagen. Zu Beginn des 19. Jahrhunderts entstandene Zeichnung von Johann Jakob Biedermann. Die Tiere sind mit Widerristjochen angespannt. Der Wagen wird mit einer «Balle», einem in einer Plache eingeschlagenen Transportstück, beladen. (Museum für Kommunikation, CH_Fahrz_0014, AfA-ID 1077)

Ausdruck unterschiedlicher grossregionaler Verteilung ist schliesslich auch die Empfehlung des Leipziger Professors der Natur- und Kameralwissenschaften Friedrich Pohl im «Archiv der Teutschen Landwirthschaft» aus dem Jahr 1821, der seinem Publikum riet, die vermehrte Verwendung von Kühen zur Arbeit in Betracht zu ziehen, wie dies vor allem in den Kleinbetrieben der Schweiz und Süddeutschlands praktiziert werde.[5]

Es gibt im Vergleich zu den Pferden bedeutend weniger Quellen, die die Arbeit der Rinder nicht nur erwähnen, sondern auch detaillierter beschreiben. Dabei ist die Beachtung der Arbeit der Ochsen, der Stiere und der Kühe unterschiedlich; die Ochsen stehen irgendwo zwischen den Pferden und den Kühen. Die Beiträge aus den Periodika der Landwirtschaftskreise sind besonders ergiebig. Im bäuerlichen Selbstverständnis waren ihre Zeitungen und Zeitschriften «Sprechsaal» oder Marktplatz der Meinungen,[6] was für den/die Historiker:in den fruchtbaren Effekt hat, bei der Durchsicht der Jahrgänge gleichsam einem permanenten Selbstverständigungsprozess beiwohnen zu können, in welchem

5 Pohl, Kühe als Zugtiere, 1821.

6 Schweizer Bauernzeitung. Organ des Vereins schweizerischer Landwirthe, 1862, als Beispiel dafür die breite Debatte über die Hebung der Pferdezucht; Schweizerische Landwirtschaftliche Zeitschrift, 1933, 1116, Begriff «Sprechsaal». Zur «Schweizerischen Landwirtschaftlichen Zeitschrift» siehe AfA-Portal Personen und Institutionen, AfA2153, 7. 12. 2023.

Akteur:innen die Sache verhandelten und dabei Vergangenes, Gegenwärtiges und Zukünftiges referierten. Eine solche Gesprächigkeit gibt es im weiteren Umfeld der Arbeitstiere, beispielsweise bei den Fuhrleuten, nicht. Besprochen wurden Themen wie die Arbeit mit Rindern, die betrieblichen Voraussetzungen und Möglichkeiten, die Art der Anspannung, die Frage der Beschläge oder die Leistung der Tiere. Ein hervorragendes Beispiel dafür ist der Artikel von Fritz Rödiger über die verschiedenen Anspannungsmethoden aus dem Jahr 1856, der über das engere Thema weit hinausführt und allgemeine Gedanken zur Tierarbeit einschliesst.[7] In bemerkenswert vielen dieser Beiträge sind zudem mensch-tierliche Beziehungen greifbar, in denen der Umstand des geteilten Raums und des geteilten Lebens zum Ausdruck kommt.

Relativ häufig kam die Arbeit der Rinder in den veterinärmedizinischen und vor allem in den agronomischen Lehrbüchern zur Sprache. In Letzteren wurde neben den Pferden wiederum am häufigsten die Arbeit von Ochsen behandelt. Aber auch die Arbeit von Stieren und Kühen war Thema. Nicht selten wurden die unterschiedlichen Arten der Rinderarbeit in komparativen Bezügen zueinander und zu Pferden und später auch zu den Leistungen der Traktoren diskutiert. Zu nennen sind etwa das «Lehrbuch für die Land- und Hauswirthe» von Johann Friedrich Mayer,[8] der von Ochsen viel und von Pferden wenig hielt, die «Grundsätze der rationellen Landwirthschaft» von Albrecht Thaer,[9] dessen Arbeitsviehhaltung fast ausschliesslich auf die Bedürfnisse des Ackerbaus bezogen war, für den sich seiner Meinung nach die Ochsen mindestens so gut eigneten wie die Pferde, oder die «Grundlagen und die Einrichtung des landwirtschaftlichen Betriebes» von Adolf Kraemer,[10] der die schweizerischen Verhältnisse sicher am besten mitberücksichtigte.

Wichtige Beiträge zur Arbeit der Rinder und namentlich der Kühe wurden in der ersten Hälfte des 20. Jahrhunderts publiziert,[11] so die in Landwirtschaftskreisen breit rezipierte Studie des deutschen Professors für Tierzucht Joseph Spann,[12] die Untersuchung des deutschen Agronomen Heinrich Steinmetz[13] und die Dissertation des schweizerischen Agronomen Hans Wenger,[14] der nicht nur die Arbeitsleistung der Kühe in Bezug auf ihre Milchleistung, sondern auch die agrarsoziologische Verbreitung des Phänomens der Rinder- und speziell der Kuharbeit behandelte. Seine Erhebungen sind uns die Basis zur

7 R[ödiger], Anspannungsmethode für Rindvieh, 1856. Zu Fritz Rödiger siehe AfA-Portal Personen und Institutionen, DB2898, 7. 12. 2023.

8 Mayer, Lehrbuch für die Land- und Haußwirthe, 1773.

9 Thaer, Grundsätze der rationellen Landwirthschaft, 1821, 62–88.

10 Kraemer, Grundlagen und die Einrichtung des landwirtschaftlichen Betriebes, 1890, §. 112 a) Das Arbeitsvieh und § 113, 231–236. Zu Adolf Kraemer siehe AfA-Personenportal, siehe AfA-Portal Personen und Institutionen, DB2000, 7. 12. 2023.

11 Moser, Erziehung der Kühe und Zuchtstiere zur Arbeit, 2015, 15.

12 Spann, Rind als Arbeitstier, 1925.

13 Steinmetz, Kuhanspannung in Deutschland, 1936.

14 Wenger, Arbeitsleistung von Schweizer Rindern, 1939; Wenger, Rindvieh zur Zugarbeit, 1941. Zu Hans Wenger siehe AfA-Portal Personen und Institutionen, DB3778, 7. 12. 2023.

Fig. 36. **Zwei Simmenthalerochsen im Zuge.** Eigenthum der Anstalt Uitikon am Albis, Kt. Zürich.

Abb. 15: «Simmenthaler Zug- und Mastochsen» der Anstalt Uitikon am Albis (ZH). Die Bedeutung der Bilder wurde auch von den zeitgenössischen Akteuren erkannt. Die Redaktion der «Schweizerischen Landwirtschaftlichen Zeitschrift» gab im Zusammenhang mit der Publikation dieser Illustration im Jahr 1894 bekannt, man wolle, statt wie bisher nur Stellungs- oder Staturbilder, nun auch vermehrt arbeitende Tiere zeigen. (Schweizerische Landwirtschaftliche Zeitschrift, 1894, 370 f., AfA-ID 391)

Schätzung der schweizerischen Bestände der arbeitenden Rinder. Im Weiteren publizierte der Landwirt und Agronom Alois Günthart ebenfalls bemerkenswerte, kürzere Texte zur «Erziehung des Rindes zum Zuge».[15] Eine spezielle Diskussion wurde in der Schweiz zwischen Hans Wenger,[16] Alois Günthart[17] und dem Tierarzt Baptist Guetg[18] über die Rinderanspannung und die zweckdienlichen Geschirre geführt. Sie gewähren sowohl Einblicke in die regional unterschiedlichen materiellen Kulturen als auch in die sozialen Verhältnisse und in die gesellschaftliche Bewertung bestimmter Formen der Tierarbeit.

Auch die Erfassung der Arbeit der Rinder kommt nicht ohne zeitgenössische Illustrationen, Fotos und Filme aus.[19] Kaum eine schriftliche Studie kann den Unterschied zwischen Joch- und Kummetanspannung besser erklären als die eine Minute zwischen 11:30 und 12:30 der Filmaufnahmen von Walter Schmid, der in den 1940er-Jahren Lehrer an der landwirtschaftlichen Schule Strickhof

15 Günthart, Erziehung des Rindes zum Zuge, 1938; Günthart, Gedächtnis des Rindes, 1941. Zu Alois Günthart siehe AfA-Portal Personen und Institutionen, DB1398, 7. 12. 2023.

16 Wenger, Kummet oder Joch, 1938.

17 Günthart, Ergebnisse der Leistungsprüfungen, 1928; Günthart, Kraftentwicklung des Rindes, 1938.

18 Guetg, Rind im Hornjochzug, 1944.

19 Vgl. Becker, Tierfotografien in der bäuerlichen Bildkultur, 1995; siehe auch S. 52 f.

war.[20] Und in keiner anderen Quellengattung wird die grosse Verbreitung der Rinderarbeit und allgemein der Tierarbeit so deutlich wie in den Fotografien. Sie weisen die Landwirtschaft als überwiegenden, ja als dominanten Kontext nach. Allerdings belegen gerade Fotos, dass Rinder auch in und um die Städte und auf den Strassen der Landschaft als Zugtiere verwendet wurden.

Literatur

Einige neuere Werke behandeln die Rinderarbeit, ohne eine historische Herleitung des Phänomens anzustreben, so das «Handbuch Rinderanspannung».[21] Grosse Beachtung erhalten die Arbeitsrinder und die verschiedenen Anspannungsarten im mit den Arbeitstieren befassten Schrifttum der Entwicklungszusammenarbeit.[22] Im Gegensatz zu dieser haben sie bisher in der historischen Forschung und namentlich auch in den Human-Animal-Studies nur ein geringes Interesse hervorgerufen. Am konsequentesten werden sie in Forschungen der Regionalgeschichte und der Volkskunde respektive der Kulturanthropologie behandelt.[23] In der Mittelalterforschung hat die Rinderarbeit eine gewisse, aber auch keine breite Beachtung gefunden,[24] während sie für die neuere Wirtschafts- und Verkehrsgeschichte kein Thema ist. Hier interessieren neben den alles überstrahlenden Eisenbahnen, den Automobilen und anderen motorisierten Artefakten allenfalls noch die Pferde. Diese waren in den meisten Regionen der Schweiz aber viel zu wenig zahlreich, um all die gesellschaftlich notwendigen, direkt oder indirekt fassbaren Bewegungsaufkommen zu bewältigen. In diesem dunklen Schatten der wissenschaftlichen Aufmerksamkeit arbeiteten die Rinder.

In jüngerer Zeit sind die Rinder dann doch in einigen beachtenswerten agrarhistorischen Studien behandelt worden. Das beginnt mit Josef Mooser, der die Rinderarbeit als Möglichkeit der Emanzipation kleinbäuerlicher Schichten aus der Abhängigkeit der «Vollbauern» mit ihren Pferdegespannen und die daraus resultierende «Lockerung der vertikalen Kooperation» als ein Ele-

20 Schmid, Walter. Acker- und Futterbau am Strickhof in den 40er Jahren, 1998, Filmportal des Archivs für Agrargeschichte, https://ruralfilms.eu/filmdatabaseOnline, AfA0235, 7. 12. 2023. Das Filmmaterial stammt vom Vater Walter Schmid, während der gleichnamige Sohn den Kommentar spricht.

21 Masson, Handbuch Rinderanspannung, 2015.

22 Unter anderem FAO, Farm implements, 1969; FAO, Employment of Draught Animals in Agriculture, 1972; Goe, McDowell, Animal Traction, 1980; Smith, Draught animal research, 1981; Goe, Current Status of Research on Animal Traction, 1983; Starkey, Harnessing and Implements for Animal Traction, 1989; Starkey, Teklu, Goe, Animal Traction, 1991; Matthewman, Dijkman, Zerbini, Draught Animals, 1993. Linien zu verstärkt historischen Perspektiven ergeben sich über die Texte und Museumsaktivitäten von Paul Starkey, www.animaltraction.com/Starkey-Chapters-Papers.htm, 28. 12. 2023; vgl. auch Kropp, Zoll, Draft Animals, 2022.

23 Beispielsweise Fenton, Podolák, Rasmussen (Hg.), Land Transport in Europe, 1973; Mathieu, Agrargeschichte der inneren Alpen, 1992.

24 Langdon, Economics of Horses and Oxen in Medieval England, 1982; Langdon, Horses, Oxen and Technological Innovation, 1986; Glauser, Ochsen und Pferde, 1987; Glauser, Von alpiner Landwirtschaft, 1988.

ment des Übergangs zum «agrarischen Individualismus» identifiziert.[25] Jadon Nysli thematisiert die in der ersten Agrarrevolution sich ergebende grössere mensch-tierliche Nähe aufgrund der Stallhaltung des Viehs als Voraussetzung der intensiveren Nutzung des Viehs zur Arbeit.[26] Und schliesslich interpretiert der Agrarhistoriker Werner Trossbach die im langen 19. Jahrhundert vermehrte Verwendung von Kühen zur Zugarbeit noch konsequenter als Mooser als ein Element der Agrarrevolution und die kleinen sowie die kleineren mittelbäuerlichen Familienwirtschaften als wichtiges weiteres Milieu des dynamischen Wandels, als dessen treibende Kräfte man bis dahin hauptsächlich die grossen Reformbauern und die ökonomischen Gesellschaften gesehen hat.[27]

Entwicklungen und Konstellationen – Thesen zu den arbeitenden Rindern

Die zur Arbeit herangezogenen Rinder – Kühe, Stiere und Ochsen – waren in der Schweiz die zahlreichsten Arbeitstiere. Unter den Rindern überwogen die sogenannten Zug-, Menn- oder Spannkühe bei weitem.[28] Die Arbeitsrinder waren lokal, regional und je nach sozioökonomischen Betriebsverhältnissen bemerkenswert unterschiedlich verbreitet. In diesen entwickelten sich die Arbeitsrinderbestände bis zu einem gewissen Grad komplementär zu den Beständen der Equiden, der Pferde, Maultiere und Esel.[29]

Rinderarbeit war gleichzeitig eine althergebrachte Nutzung von Tieren und ein Element der Veränderung der Landwirtschaft, in die sie eingebunden war. Wer sich mit ihr beschäftigt, muss das landwirtschaftliche Gesamte im Auge behalten. Im Ausgangszeitraum unserer Betrachtung, in der zweiten Hälfte des 18. und im Übergang zum 19. Jahrhundert, sind undeutliche Konstellationen und sich abzeichnende Entwicklungen greifbar; drei starke Hypothesen von Éric Baratay, Jadon Nisly-Goretzki und Werner Trossbach beziehen sich darauf. Eine verbreitete Ansicht geht davon aus, dass die Landschaft des 18. Jahrhunderts voller Nutztiere gewesen sei. Dagegen wendet sich Éric Baratay in seinem Werk «Bêtes de somme», in welchem er zu bedenken gibt, dass das Wachstum der Bevölkerung bis ins 18. Jahrhundert negativ mit der Entwicklung allgemein der Vieh- und speziell auch der Arbeitsviehbestände korrelierte. Im 19. und in

25 Mooser, Gleichheit und Ungleichheit in der ländlichen Gemeinde, 1979, 249, 253.

26 Nisly, Mensch-Nutztier-Beziehung, 2016; Nisly, Under one Roof Year-round, 2019; Nisly, Zugkühe und ihre Ackerknechte, Viehmägde und Kinderhirten, 2022.

27 Trossbach, Kuhanspannung in Mitteleuropa, 2016.

28 Beispielsweise Pohl, Kühe als Zugtiere, 1821; Allgemeine Schweizer Bauernzeitung, Nr. 12, 21. 3. 1856; Wenger, Arbeitsleistung von Schweizer Rindern, 1939.

29 Wirth, Verbreitung der schweizerischen Viehwirtschaft, 1942; siehe auch das Kapitel «Raumordnungen, Raumkonstellationen und Kulturen der Arbeitstiernutzung», S. 30–44.

der ersten Hälfte des 20. Jahrhunderts waren die Arbeitstiere zahlreicher als im 18. Jahrhundert.[30]

Die in der zweiten Hälfte des 18. Jahrhunderts beginnenden und bis Mitte des 19. Jahrhunderts dauernden Veränderungen werden als erste Agrarrevolution diskutiert.[31] Dieser Begriff bezieht sich auf die sukzessive Auflösung der feudalen Agrarverfassung mit ihren althergebrachten kollektiven Nutzungsordnungen, die wenig Raum für individuelle, innovative Entwicklungen zugelassen hatte. Aus der eigentums- und besitzrechtlichen Befreiung von den bisherigen Grundlasten, von den Regeln und Zwängen der korporativen Flur- und Zelgenordnung resultierte einerseits eine Vergrösserung und Individualisierung des betrieblichen Handlungsspielraums. Anderseits erhöhten die Einführung neuer Futterpflanzen und der forcierte grossflächige Anbau von Kartoffeln und anderen Hackfrüchten die agrarische Produktivität in entscheidendem Masse. An die Stelle des bis dahin mehr oder weniger kollektiv in gemeinsamen Herden gehüteten Viehs traten neue Formen der Viehhaltung, die ihrerseits Faktoren des Wandels wurden. Die vermehrte Stallhaltung des Viehs ermöglichte eine gezieltere Düngung, aus der grössere Ackererträge resultierten, die wiederum grössere Flächen für die Futtermittelproduktion freisetzten. Diese Entwicklungen waren mit einer Intensivierung und Vermehrung der agrarischen Arbeit verbunden, wodurch auch die Tierarbeit stärker nachgefragt wurde.

Es ist eine verbreitete, in einem unterstellten platten Natur-Kultur-Gegensatz gründende Annahme, dass die Modernisierung die von ihr erfassten Verhältnisse tendenziell von der Natur entfernte. Das war bezüglich der Intensivierung der Viehhaltung nicht der Fall, im Gegenteil. Im Zusammenrücken von Menschen und Tieren wurde der Zugriff auf die Tiere direkter und näher. Die Stallhaltung erhöhte die soziale Intimität zwischen den Menschen und ihren Tieren, was allerdings nicht als Idyll gedeutet und romantisch verklärt werden sollte.[32] Man lebte nun – wie dies Nisly-Goretzki beschreibt – den grösseren Teil des Jahres unter einem Dach oder mindestens nahe beieinander. Die überwiegende Arbeit der Bauern und Bäuerinnen und ihrer Kinder sowie der Stallknechte und -mägde war nun eng mit der Haltung der Nutz- und Arbeitstiere verbunden. Damit erhöhten sich sowohl die Möglichkeiten der Abrichtung der Rinder als auch die Notwendigkeit, diese zur Arbeit heranzuziehen.[33] Eine Folge der Stallhaltung war schliesslich auch die Verbesserung des Futterbaus und damit der Ernährung des Viehs als einer weiteren Voraussetzung der Tierarbeit.[34]

30 Baratay, Bêtes de somme, 2008, 12 f.
31 Bairoch, Les trois révolutions agricoles, 1989; Moser, Varley, State and Agricultural Modernisation, 2013.
32 Vgl. beispielsweise Griffin, Animal Maiming, Intimacy and the Politics of Shared Life, 2012.
33 Nisly, Under one Roof Year-round, 2019.
34 Mooser, Gleichheit und Ungleichheit in der ländlichen Gemeinde, 1979, 249.

Foto 63: Pflügen eines kleinen Kartoffelackers in Curaglia an der Lukmanierstrasse (GR) nur wenige Tage nach der Schneeschmelze im Jahr 1915; der ausgebrachte Mist wird untergepflügt. Es werden nicht nur die Arbeitstiere und die mit diesen Arbeitenden, sondern auch die Kinder und damit die gesamte Familienwirtschaft ins Bild gesetzt. (ETH-Bibliothek Zürich, Bildarchiv online, Hs_1360-0519, AfA-ID 751)

Der Agrarhistoriker Werner Trossbach interpretiert die im langen Zeitraum vermehrte Verwendung von Kühen zur Arbeit überzeugend als eines von vier Elementen (neben dem Wandel der Grundeigentumsverhältnisse, dem intensivierten Futter- und Hackfrüchteanbau und der Stallhaltung des Viehs), mit denen nicht nur die von der ökonomischen Aufklärung hauptsächlich adressierten grösseren Grundeigentümer, sondern auch die in unseren Gegenden häufigsten kleinen und mittleren landwirtschaftlichen Familienbetriebe als dynamische respektive dynamisierende Kräfte sowohl der ersten als auch der zweiten Agrarrevolution hervortraten.[35] In der Agrarmodernisierung konnte es durchaus eine betriebswirtschaftlich rationale Entscheidung sein, von Pferden auf Rinder umzustellen.

Im Rahmen der Entwicklung von der «gelben» zur «grünen» Landwirtschaft bot die Gleichzeitigkeit nebeneinander bestehender unterschiedlicher Bewegungsenergieregimes und -kulturen eine spezielle Chance. Wer im allgemeinen Trend zur Agrarintensivierung und zur Vieh- und Milchwirtschaft die Rolle der Zugtiere überdachte und eine Umstellung von Pferden auf Rinder oder von Zugochsen auf Zugkühe erwog – das war in nicht wenigen Betrieben der Fall –, hatte sich dafür nicht an eine ferne Vergangenheit zu erinnern oder voraussetzungslos Neuland zu betreten, sondern konnte sich Anschauung, Know-how und selbst ausgebildete Tiere in der nächsten regionalen Nachbarschaft besorgen, wie das Graf von Albon schon in den 1770er-Jahren seinem bernischen Publikum vorhielt.[36]

Die Intensivierung der Viehwirtschaft im 19. Jahrhundert und der damit verbundene raumwirtschaftliche Strukturwandel von der «gelben» zur «grünen» Landwirtschaft im Mittelland bildeten auch in der zweiten Agrarrevolution einen zentralen Kontext der arbeitenden Rinder, sowohl was deren quantitative Bestände als auch was deren qualitative Nutzung betraf. Die bis zu Beginn des 19. Jahrhunderts in der Schweiz bestehende raumstrukturelle Unterteilung in viehwirtschaftlich orientierte Berggebiete und in ackerbauliches Flach- und Hügelland löste sich auf, indem sich die Zentren der Viehwirtschaft von den voralpinen Regionen Richtung Mittelland verlagerten, wo der Ackerbau seine vorher dominante Stellung verlor, ohne allerdings zu verschwinden.[37] Ein Ausdruck dieser Entwicklung war das Wachstum der Rinderbestände im langen 19. Jahrhundert um rund 100 Prozent und zwischen 1866 und 1939 um rund 60 Prozent[38] sowie die ebenfalls bemerkenswerte Züchtung und Verbreitung

35 Trossbach, Kuhanspannung in Mitteleuropa, 2016, 215–244, besonders 225–229 und 243.

36 Von Albon, Gebrauch der Ochsen zum Landbaue, 1779.

37 Brugger, Schweizerische Landwirtschaft 1914 bis 1980, 1985, 152; Fritzsche et al., Historischer Strukturatlas der Schweiz, 2001, 106 f. In der Zwischenkriegszeit wurde der Ackerbau und namentlich der Anbau von Brotgetreide sogar wieder forciert, was weniger in einer Zunahme der Ackerbaufläche als in einer massiven Steigerung der Hektarerträge zum Ausdruck kommt.

38 Eidgenössische Viehzählungen 1866 ff.; Brugger, Statistisches Handbuch der schweizerischen Landwirtschaft, 1968, 201.

grösserer, schwererer und auch hinsichtlich der Arbeit leistungsfähigerer Tiere.[39] In Gebirgsgegenden dagegen war der Strukturwandel deutlich anders, uneinheitlich und teilweise sogar gegenläufig zur Entwicklung im Mittel- und Hügelland. Weitere damit zusammenhängende Elemente des agrarischen Strukturwandels waren der friktionsreiche Übergang von subsistenzwirtschaftlichen zu marktorientierten Produktionsweisen und in der zweiten Hälfte des 19. Jahrhunderts die Mechanisierung der Landwirtschaft, neue Düngemethoden sowie das Aufbrechen der regionalen Binnenmärkte in einem von den neuen Verkehrsmitteln, den Dampfschiffen und den Eisenbahnen, geprägten dynamischen Prozess der Globalisierung.[40] Zunehmende Stadtbezüge und internationale Marktverflechtungen waren Charakteristiken dieses Wandels, in welchem die Rinderarbeit nicht verschwand – im Gegenteil.

Es gab im betrachteten langen Zeitraum keine ökonomisch und/oder technisch determinierte, unausweichliche Fortschritts- und Substitutionslogik der bewegenden Kräfte vom Menschen über die Rinder zu den Pferden und dann zu den motorisierten Antrieben. Dass keine dieser Annahmen zutraf, kann allein schon anhand vieler Bildquellen belegt werden, die bis ins 20. Jahrhundert ein spannendes und vielschichtiges Nebeneinander nachweisen. Tatsächlich kann man sowohl Verhältnisse fassen, in denen Pferde Rinder ersetzten, als auch den häufigen umgekehrten Fall. Nicht beachtet wird gemeinhin eine der fundamentalsten Entwicklungen der Arbeitstiergeschichte: die Substitution der Menschen- durch Tierarbeit, die von der zweiten Hälfte des 18. bis Anfang des 20. Jahrhunderts in unterschiedlicher Intensität andauerte. Sowohl die Zahl der Pferde als auch die Zahl der zur Arbeit verwendeten Rinder nahm bis gegen die Mitte des 20. Jahrhunderts zu. Das Ende der grossen Bedeutung arbeitender Rinder kam in West- und Mitteleuropa erst in den Jahrzehnten nach dem Zweiten Weltkrieg mit den nun billiger und robuster gewordenen multifunktionalen Kleintraktoren.

Multifunktionalität und Zuchtziel Arbeit

Wie alle anderen Arbeitstiere sind die Rinder multifunktionale Nutztiere – sie sind es in besonders ausgeprägter Weise. Sie wurden zur Milch- und Fleischproduktion, zur Arbeit, zur Zucht und/oder zur Düngererzeugung gehalten. Überdies wurden die Rinder, lebendig oder tot, noch zu vielen anderen Zwecken genutzt.

Bis Mitte des 20. Jahrhunderts dominierte in der Schweiz das Zuchtziel des sogenannten Dreinutzungsrindes, wobei der Arbeitsnutzen gegen Ende des

39 Auderset, Schiedt, Vermessung des animalischen Motors, 2023.
40 Skizze aufgrund von Kraemer, Landwirtschaft im 19. Jahrhundert, [1901] 1902, 21; Fritzsche et al., Historischer Strukturatlas der Schweiz, 2001, 97–120.

Abb. 16: Informationsblatt zu einem geplanten Film der Arophon-Film AG, einer 1934 in Zürich gegründeten Produktions- und Vertriebsfirma. Die Zugarbeit der Rinder wird im inneren Kreis unten rechts erwähnt. Die ausgesprochene Multifunktionalität der Rinder hatte zur Folge, dass deren andere Haltungszwecke und deren Entwicklung, die Viehzucht, die Fleischnutzung, die Milchwirtschaft, der Ackerbau auf die Möglichkeiten der Tierarbeit einwirkten, sei dies als direkte Arbeitsumstände oder als teilweise konkurrierende Nutzungen. (Informationsblatt aus den späten 1930er-Jahren, Archiv für Agrargeschichte)

betrachteten Zeitraums als ein Verhältnis zu den anderen hauptsächlichen Nutzungen sogar quantifiziert wurde. Das Rotfleck- und Simmentaler Vieh züchtete man in einem Milch-Fleisch-Arbeits-Verhältnis von 55 zu 25 zu 20, das Braunvieh in einem Verhältnis von 60 zu 30 zu 10.[41] Allerdings wurde der Arbeitsnutzen nicht wie bei den Pferden so priorisiert, dass es zu einer arbeitsbezogenen Typenzucht kam. Kurz: Die gezüchteten Rinder sollten neben manchem Anderen immer auch in effektiver Weise arbeiten können. Nach Beobachtungen von Spann eigneten sich dafür die in Gebirgslagen gezüchteten Rassen und Schläge besonders, weil deren Umgebung eine grosse Beweglichkeit und Tritt-

41 Moser, Erziehung der Kühe und Zuchtstiere zur Arbeit, 2015, 15.

Diagramm 18: Rindviehbestände und Pferdebestand, 1821–1920

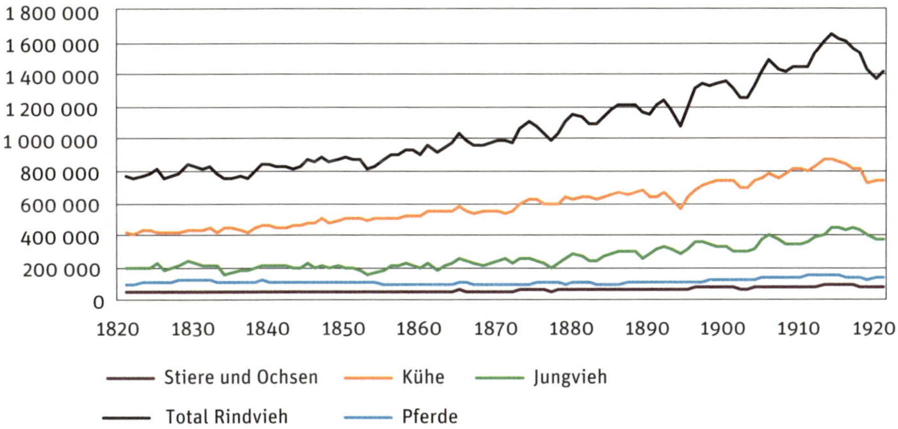

Die Viehstatistiken des 19. Jahrhunderts dokumentieren innert hundert Jahren eine Verdoppelung der Rinderbestände von 0,8 auf 1,6 Millionen. In der Zwischenkriegszeit stieg die Zahl der Rinder noch weiter bis auf 1,7 Millionen im Jahr 1939 an. Kühe und Jungvieh machen etwa vier Fünftel des gesamten Rindviehbestandes aus; nicht als einzelner Bestand ausgewiesen sind in diesem Schaubild die Kälber. Um das Verhältnis zwischen Rindvieh- und Pferdezucht ermessen zu können, haben wir auch die Pferde (blau) ins Diagramm aufgenommen.

Quelle: Historische Statistik, HSSO, I.07, Viehbestand nach Gattungen 1821–1920, Schätzung Heiner Ritzmann.

sicherheit der Tiere voraussetzte.[42] Die verschiedenen Funktionen der lebenden Rinder schlossen einander nicht aus. Die Kombination der Funktionen hatte sogar handfeste betriebliche Vorteile, in ökonomischer Hinsicht, bezüglich der Gesundheit der Tiere und bezüglich der mensch-tierlichen Kooperation, die im Falle der Tierarbeit ausgesprochen intensiv war.

Entwicklung der Rinderbestände und quantitative Schätzung der Arbeitsrinder

Die Anfänge der Viehstatistik reichen ins 18. Jahrhundert zurück. Rinder wurden statistisch in ähnlicher Weise wie die Pferde erfasst. Sie war eine Mischung zwischen Bestands- und Produktionsstatistik. Gezählt wurden die Totale und bei den Rindern die Kühe, Stiere, Ochsen und Kälber. Die Verwendung der Rinder als Arbeitstiere wurde nirgends explizit erhoben. Während die Zahl der arbeitenden Ochsen anhand der Statistik noch relativ direkt angenom-

42 Spann, Rind als Arbeitstier, 1925, 25.

men werden kann, muss dieses Verhältnis bei den Rindern und Kühen geschätzt werden. Die Kantone, die Regionen und die Gemeindeverhältnisse wurden erst mit den eidgenössischen Viehstatistiken so standardisiert erfasst, dass lange Zahlenreihen gebildet werden können und regionale und internationale Vergleiche möglich werden. Sie wurden ab 1866 zuerst alle zehn und ab 1896 alle fünf Jahre erhoben. Die in der zweiten Hälfte des 19. Jahrhunderts einsetzenden eidgenössischen Erhebungen bezogen sich nicht nur auf die Bestände, sondern auch auf die viehwirtschaftlichen Verhältnisse, auf den Besitzstand, den Verbrauch, die Ein- und die Ausfuhren. Weitere statistische Angaben finden sich im Schrifttum des landwirtschaftlichen Vereins- und Genossenschaftswesens und in den Werken des Agronomen und Agrarstatistikers Hans Brugger.[43]

Potenzial an Zugkraft: 860 000 Rinder

1867 behandelte die «Landwirtschaftliche Zeitung» als Organ des schweizerischen landwirtschaftlichen Vereins das Thema «Vieh als Zugthier». Der anonym bleibende Autor rapportierte Diskussionen eines Vereins aus dem Zürcher Oberland, «in welchem wissenschaftlich gebildete Männer mit langjährigen, ergrauten Praktikern gegenseitig ihre Meinungen ausgetauscht haben». Er nahm Bezug auf die erste eidgenössische Viehzählung, die einen Rindviehbestand von 991 722 Tieren ergab. Von diesen subtrahierte er die Kälber. Den ganzen Rest, rund 860 000 Rinder, bezeichnete er als «Vorrath von Zugkraft». Sie seien die grosse Bewegungsenergieressource, auf die man bei Bedarf zugreifen könne. Der Autor betonte das Potenzial. Die Rinderarbeit war angesichts des dynamischen landwirtschaftlichen Strukturwandels Möglichkeit und Alternative sowohl zur Substitution der Menschen- als auch der Pferdearbeit. Wir zitieren im Folgenden ausführlich, weil der Autor auch die unterschiedlichen Arbeitsvermögen ansprach, die sich hinter der grossen Zahl verbargen:

«Das Rindvieh als Zugthier. [...]

1. Die Zugkraft unserer Kühe zunächst ist nicht unbedeutend, dennoch soll die Verwendung derselben Neben-, und Milchproduktion die Hauptsache sein. Zu häufige Benutzung der Zugkraft stört die Milchabsonderung, und auf diese Weise verderbte Kühe können später, selbst bei gehöriger Ruhe, nur selten wieder zur frühern Milchmenge gebracht werden. [...] Zum Ziehen sollen darum die Kühe nur in bescheidenem Masse gebraucht werden, wobei auch auf die Witterung zu achten ist. 2–3 Stunden per Tag sei Norm, mehr schadet der Milchsekretion. Es sollte diese Arbeit den Thieren mehr eine Art Erholung als Kraft- und

43 Brugger, Schweizerische Landwirtschaft in der ersten Hälfte des 19. Jahrhunderts, 1956; Brugger, Statistisches Handbuch der schweizerischen Landwirtschaft, 1968; Brugger, Schweizerische Landwirtschaft 1850 bis 1914, 1978; Brugger, Schweizerische Landwirtschaft 1914 bis 1980, 1985. Zu Hans Brugger siehe AfA-Portal Personen und Institutionen, DB3778, 7. 12. 2023.

Stoffverbrauch sein. Zudem genügt diese Zeit für die Bedürfnisse unserer Landwirthschaft, da die Arbeiten derselben sich leicht und bei nur einiger Einsicht und Überlegung auf Tage und Wochen hinaus vertheilen lassen. [...] Kalberkühe dürfen erst 5–6 Wochen hernach wieder als Zugthiere verwendet werden. [...]

2. Ganz geeignet zum Ziehen ist der Zuchtstier; er ist fest gebaut, besitzt grosse Kraft und erträgt schwere Anstrengungen; dennoch muss man auch für diesen bei der Verwendung Mass halten. Bei fast täglichem Gebrauche leistet er entschieden mehr als der Ochse, zieht schwerere Lasten als selbst das Pferd, und hat diesem gegenüber nur den Nachtheil eines langsameren Ganges. Nach unsern Beobachtungen zeigt sich der Zuchtstier im Vergleich mit den gewöhnlichen Ochsen ‹blöder› in den Füssen, nützt seine Klauen bälder ab, und muss darum durch Beschlag zeitig geschützt werden. 2–3 Stunden per 1/2 Tag ist für dieses Thier noch kein Übermass. Gut genährte Zuchtstiere müssen neben dem Züchten noch zur Arbeit verwendet werden; unterlässt man solches, so werden sie störrig und unbändig. [...]

3. Die Ochsen stehen rücksichtlich der Zugkraft zwischen Kühen und Zuchtstieren, bedürfen allerdings auch besseres Futter, als die letzteren. Ochsen, die man nur als Zugthiere hält, bei welchen Fleisch- und Fettertrag nur Nebensache ist, dürfen täglich für den Zug verwendet werden. Auf diese Weise abgenützte Thiere sind später aber schwer zu mästen, selbst dann, wenn man ihnen vollständige Ruhe gönnt. Insbesondere bei'm Schlachten zeigt sich auffällig die frühere Abnützung. Lungen- und Leberleiden, Wasser in den Kniegelenken u. kommen zum Vorschein. Das Thier fällt eben schlecht aus, da es früher schon seine Rendite abgeworfen hat.

Faselochsen,[44] die wegen Fett und Fleisch gehalten werden, sind spärlicher, täglich nur 2–3 Stunden zum Ziehen zu gebrauchen, während Mastochsen gar nicht mehr gebraucht werden dürfen [...].

Als Durchschnittslast eines Zugochsen setzen wir die Pferdelast 10–12 Ztr.»[45]

Tatsächlich entschieden sich viele der kleinen Bauern und der kleineren Mittelbauern angesichts der stärkeren Ausrichtung ihrer Betriebe auf die Viehzucht, die Rinder auch zur Arbeit zu verwenden.

Schätzung der Zahl der Arbeitskühe und der Zugochsen

Erst gegen Ende der 1930er-Jahre versuchten die eidgenössischen Statistiker im Rahmen der Betriebszählung von 1939 und der ausserordentlichen Viehzählung von 1940 die Zahl der Arbeitsrinder und speziell auch der Arbeitskühe

44 Geschlechtsreifes männliches Rind.

45 Das Rindvieh als Zugthier, Landwirthschaftliche Zeitung, Nr. 52, 27. 12. 1867, 234 f. Zur Durchschnittslast der Zugpferde und Zugochsen von 500 bis 600 Kilogramm: Wer eine solche Angabe macht, spricht nicht nur über die Kräfte der Tiere, sondern auch über die Qualität der Wege.

Diagramm 19: Rindviehbestand und geschätzter Anteil der Arbeitstiere

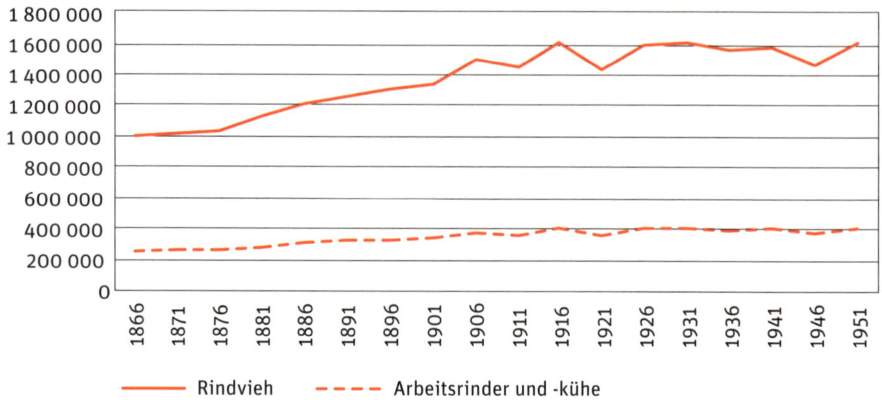

Die nach unserer Modellierung bis in die 1920er-Jahre steigende Zahl der Arbeitsrinder und -kühe wird durch nichtstatistische Quellen bestätigt. In der dem Diagramm zugrunde liegenden Schätzung der arbeitenden Kühe, Rinder und Stiere, exklusive der Ochsen (gestrichelte Linie), gehen wir von einem gleich bleibenden Anteil (ein Viertel der über zweijährigen Rinder) aus, was aufgrund des wachsenden Rindviehbestands zwischen 1866 und 1931 einer Zunahme des Arbeitsviehs von rund 60 Prozent entspricht.

Quellen: Eidgenössische Viehzählungen, 1866–1951; Eidgenössische Betriebszählung, Landwirtschaftliche Betriebe 1905 und 1929; Historische Statistik, HSSO, Tab. I.40.Die Werte für 1871, 1881 und 1891 sind linear extrapoliert.

direkt zu ermitteln. Das Ergebnis von 156 000 Arbeitsrindern wurde allerdings von den Protagonisten der Umfrage selbst als unrealistisch tief bezeichnet.[46]

Einen anderen Weg als die grobe Schätzung eines Potenzials oder die direkte Erhebung wählte der statistisch versierte Agronom Hans Wenger in seiner in den 1930er-Jahren entstandenen Dissertation, in der er die Verbreitung der Rinderarbeit in einem Stichprobenverfahren und die Kraft der Rinder in Leistungsprüfungen ermittelte.[47] Er untersuchte zudem die agrarsoziologische Verbreitung der Rinderarbeit und die Zugleistung des Rindviehs in der Schweiz zum ersten Mal wissenschaftlich und ermöglicht es uns, ungefähre Zahlen der zur Arbeit eingesetzten Rinder und deren Entwicklung anhand der in absoluten Zahlen vorliegenden Resultate der eidgenössischen Viehzählungen zu schätzen.

Wengers relativ grosses Sample von 375 kleineren und mittleren Hofwirtschaften bildet die Basis unserer Berechnungen.[48] Auf rund zwei Dritteln der

46 Der schweizerische Nutztierbestand in der Kriegs- und Nachkriegszeit. Eidgenössische Viehzählungen, 1944–1948. Statistische Quellenwerke der Schweiz, Heft 218, Bern 1949, 48*.

47 Wenger, Arbeitsleistung von Schweizer Rindern, 1939.

48 Ebd., 9: «Die Angaben stammen aus den Kantonen Aargau, Baselland, Bern (Mittelland), Graubünden, Schaffhausen, St. Gallen, Thurgau und Zürich». Aus diesen Angaben ist eine leichte Überrepräsentation der Höfe aus dem Mittel- und Hügelland zu vermuten. Die Erhebung fand 1937 statt. Das Sample erfasste nicht alle Landwirt-

Diagramm 20: Ochsen und Arbeitsrinder und -kühe

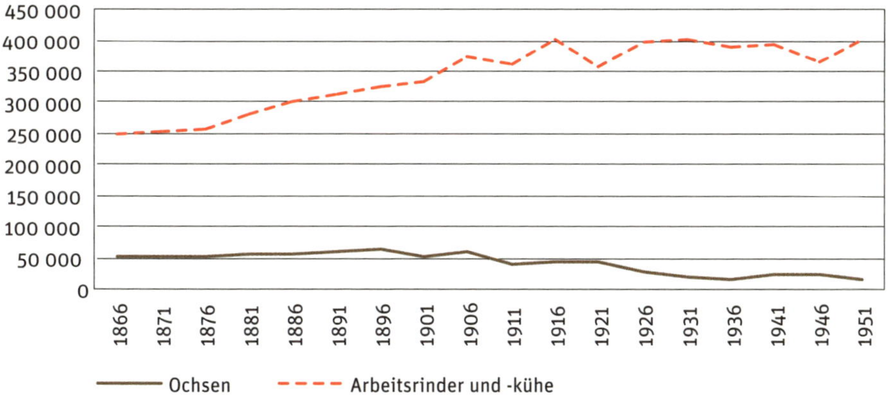

Die Zahl der in den eidgenössischen Viehzählungen erhobenen Ochsen (braune Kurve) ging seit der Wende vom 19. zum 20. Jahrhundert markant zurück. Von den erfassten Ochsen waren etwa drei Fünftel bis zwei Drittel Arbeitstiere. Der Vergleich der Ochsenkurve mit der Kurve unserer Schätzung der Arbeitsrinder und -kühe (rote gestrichelte Kurve) legt nahe, dass die Zugochsen nicht nur durch Pferde, sondern vor allem auch durch arbeitende Kühe ersetzt wurden.

Quellen: Eidgenössische Viehzählungen, 1866–1951. Die Werte für 1871, 1881 und 1891 sind linear extrapoliert.

erfassten Höfe wurden Kühe als Hauptzugkraft gehalten. Hier waren 71 Prozent aller Kühe und 74 Prozent der über zweijährigen Rinder zum Ziehen angelernt, die rund 90 Prozent der Zug- und Saumarbeiten erledigten. Es handelte sich dabei vorwiegend um Betriebe mit einer Fläche von bis 10 Hektaren. Auf die Gesamtbestände bezogen traf dies in den 1930er-Jahren auf mindestens 110 000 Betriebe und auf fast 400 000 Rinder, Kühe und Stiere zu. Das entsprach einem Viertel des Gesamtbestands der mehr als zweijährigen Tiere (exklusive der Ochsen). Bezieht man diese Grössenordnung auf die in den 1860er-Jahren rund 60 Prozent geringeren Rindviehbestände, deutet das für den Zeitraum um die Mitte des 19. Jahrhunderts auf einen ungefähren Bestand von 250 000 zur Arbeit verwendeten Rindern und Kühen hin (Diagramm 19).

In der Hälfte der Arbeitskühe haltenden Höfe wurden sie zur Erledigung fast aller Zugarbeiten eingesetzt, in der anderen Hälfte wurden für die schweren, die lange dauernden oder die bei grosser Hitze oder Kälte auszuführenden

schaftsbetriebe, sondern nur die, in denen Rinder als Zugtiere gehalten wurden. In 241 Betrieben waren die Kühe «Hauptzugkräfte», in 106 Betrieben «Ergänzungszugkräfte» und in 28 Betrieben «Reservezugkräfte». Ebd., 10, 14–16.

Foto 64: Ochsen im Winter, fotografiert in den 1930er-Jahren. Die Forstarbeiten gehörten zu den grossen Transportaufkommen der Jahreszeit. (© Hermann Eidenbenz, Fotostiftung Schweiz, 1000.72.068)

Foto 65: Pflügen auf dem Horgenberg (ZH) zu Beginn des 20. Jahrhunderts. Das Zusammenspannen von Pferden und Rindern war keine Seltenheit. Auch wer ein Pferd besass, musste für schwere Ackerarbeiten zusätzlich alle verfügbaren Kräfte einspannen, in diesem Fall zwei Kühe und hinten in Zugrichtung links auch einen jungen Stier. (Ortsbildarchiv Horgen)

Zugarbeiten wie etwa Holz-, Kies- und Marktfuhren Ochsen und Pferde herangezogen, die bei Bedarf ausgeliehen oder gegen eigene Zugarbeiten für andere Zwecke getauscht wurden.

Bei den in den eidgenössischen Viehzählungen des 19. und 20. Jahrhunderts erhobenen Ochsen handelte es sich um männliche kastrierte Rinder. Ihre Zahl war um die Mitte des 19. Jahrhunderts rund halb so gross wie die Zahl der Pferde. Sie stieg bis zur Wende vom 19. zum 20. Jahrhundert von rund 52 000 im Jahr 1866 auf 63 000 im Jahr 1906 an. In der ersten Hälfte des 20. Jahrhunderts ging die Zahl der Ochsen dann aber auf 22 000 im Jahr 1946 und auf noch 14 000 Tiere im Jahr 1951 zurück (Diagramm 20).[49] Der Bestand der Ochsen variierte regional stark, absolut und in Bezug auf deren Anteil an der Gesamtzahl der Rinder. Im Durchschnitt der Mittellandkantone waren um 1850 9 Prozent der Rinder Ochsen – im Kanton Freiburg dagegen betrug der Ochsenanteil 3 Prozent und im Kanton Thurgau 30 Prozent. 1910 machte der Anteil der Ochsen in den Mittellandkantonen noch 5 Prozent und 1950 noch 1 Prozent aus.[50] Die

49 Eidgenössische Viehzählungen 1866–1951.

50 Brugger, Schweizerische Landwirtschaft in der ersten Hälfte des 19. Jahrhunderts, 1956, 73. Die Durchschnitte beziehen sich auf die Kantone ZH, BE, LU, FR, SO, AG, TG, VD, NE und GE.

Viehzählungen ab 1886 lassen ungefähre und ab 1901 relativ sichere Schlüsse darauf zu, wie gross der Anteil der Zugochsen am Gesamtbestand der Ochsen war, indem die weniger als zweijährigen Tiere getrennt erfasst wurden. Die diesbezüglichen Werte lassen darauf schliessen, dass rund drei Fünftel bis zwei Drittel der Ochsen als Arbeitstiere verwendet wurden.[51]

Verbreitung der Rinderarbeit

Die eidgenössischen Viehzählungen erlauben keine direkten Schlüsse auf die regionale Verbreitung des Phänomens der arbeitenden Rinder. Die lokalen und regionalen Bestandszahlen deuten bezüglich der Verbreitung der Ochsen in Mittellandkantonen auf eine negative Korrelation mit der Verbreitung der Pferde hin. Die Zählungen weisen in den Kantonen relativ grosse Ochsenbestände auf, in denen man pro Kopf der Bevölkerung vergleichsweise wenige Pferde hielt, so im Thurgau oder im Kanton Zürich.

Es gibt im landwirtschaftlichen Schrifttum manche Hinweise auf lokal und regional unterschiedliche Verhältnisse der Verwendung der Rinder zur Arbeit. Diese Unterschiede gründeten zweifellos stark in den agrarökonomischen und agrarsoziologischen Voraussetzungen, wie sie Howald und Brugger beschrieben und nach ihrer Häufigkeit räumlich verorteten,[52] jedoch ohne dass deren Befunde alle vorkommenden Differenzen erklären könnten.

Nach Wenger und anderen war die Betriebsgrösse das charakteristische Merkmal der Wirtschaften mit Rindviehzug, «neben zahlreichen natürlichen, wirtschaftlichen und anderen Faktoren wie Boden- und Wegverhältnisse, Marktentfernung, Nebenbeschäftigungsmöglichkeiten, Arbeiterfrage und Ortsgebrauch».[53] Der wichtigste von Trossbach für das 18. und 19. Jahrhundert und von Spann, Steinmetz, Wenger und Wirth für das 20. Jahrhundert bestätigte Zusammenhang betraf die Nutzung von Rindern und Kühen als «Hauptzugkräfte» hauptsächlich in den kleinen und in den kleineren mittelbäuerlichen Familienbetrieben, wobei sich klein, mittel und gross auf die in Hektaren bemessene Wirtschaftsfläche bezieht.[54]

Wenger erklärte die im internationalen Vergleich intensive und verbreitete Nutzung der Rinder und Kühe zur Arbeit denn auch hauptsächlich mit der Verbreitung der kleinen Familienwirtschaften: «Die Schweiz ist das Land der Klein- und Mittelbauern. Nicht weniger als 74,5 % aller Bauernbetriebe mit Rindvieh entfallen nach den Ergebnissen der letzten eidg. Betriebszählung von

51 Zur Entwicklung der Ochsen und zur Scheidung in jüngere und ältere Tiere vgl. Eidgenössische Viehzählung 1911, 13*, und 1944–1948, 63*.

52 Howald, Brugger, Agrarverfassung, 1936.

53 Wenger, Arbeitsleistung von Schweizer Rindern, 1939, 8.

54 Spann, Rind als Arbeitstier, 1925, 57; Steinmetz, Kuhanspannung in Deutschland, 1936, 13–16; Wenger, Arbeitsleistung von Schweizer Rindern, 1939, 8 f.; Wirth, Verbreitung der schweizerischen Viehwirtschaft, 1942, 132 f.

1929 auf die Betriebsgrössenklasse von 1 bis 10 ha.[55] Der klein- und mittelbäuerliche Charakter des Schweizerbetriebes, der gleichzeitig ein ausgesprochener Familienbetrieb mit 87,7 % familieneigenen Arbeitskräften ist, wird ferner durch seine mittlere Betriebsfläche von 561 Aaren Kulturland mit Wald belegt. Die Eigenart des einheimischen Kleinbauernbetriebes, der seine Existenz weitgehend auf betriebseigenen Mitteln und Kräften aufbauen muss, bietet mit wenigen, durch örtliche Verhältnisse bedingten Ausnahmen auch die Voraussetzung für die Heranziehung des Rindes zur Zugarbeit. [...] Das Kuh- und Rindergespann hat sich vorwiegend in jenen Betriebskategorien erhalten, in welchen die Voraussetzungen für eine wirtschaftliche Pferdehaltung fehlen.»[56] Allerdings war, das zeigen die viehstatistischen Pferdezählungen, die Haltung eines Pferdes auch unter den Bedingungen von Kleinbetrieben nicht ausgeschlossen, wenn man in der in diesen verbreiteten Pluriaktivität mit dem Pferd auch noch nebengewerbliche Transporte ausführte.[57]

In Wengers Sample wurden in rund einem Drittel der Betriebe die Rinder nicht als Haupt-, sondern als Ergänzungs- oder als Reservezugkräfte gehalten. Es handelte sich dabei hauptsächlich um Betriebe mit einer Fläche von mehr als 10 Hektaren. In diesen fand Wenger alle möglichen Kombinationen gemischter Gespanne vor, deren Verbreitung und Selbstverständlichkeit auf Fotos eindrücklich und vielfältig überliefert sind. Seine Befunde des relativ häufigen Nebeneinanders sind ein Beispiel mehr gegen allzu platte Substitutionsannahmen und für die Evidenz der vielfältigen Koevolution der bewegenden Kräfte. Gegen Ende der 1930er-Jahre waren in rund der Hälfte der Betriebe, in denen die Kühe als «Ergänzungskraft» gehalten wurden, Pferde, in einem Fünftel ein Traktor und in einem knappen Drittel Ochsen die Hauptzugkräfte. In diesen Betrieben waren aber immer noch 47 Prozent aller Kühe zum Ziehen angelernt. In den 21 Traktorenbetrieben führten Rindviehgespanne weiterhin rund 90 Prozent der leichteren Arbeiten wie etwa die Graseinfuhren aus, während die Arbeiten auf der Strasse, der Düngertransport, das Mähen und Pflügen nun mit Traktoren erledigt wurden. In den grössten von Wenger erfassten Betrieben wurden Arbeitskühe vor allem als «Reservezugkraft» gehalten. Und sogar in diesen waren 60 Prozent der Kühe zum Ziehen angelernt. Die wichtigste Aufgabe erfüllten sie bei der Feldbestellung im Dreier- oder Viererzug mit Pferden.[58]

Wenger schloss seine Ausführungen zur agrarsoziologischen Verbreitung des Phänomens der Kuharbeit mit einem Fazit: «Zusammenfassend ist festzustellen, dass das Schweizerrind als Hauptzugkraft im Kleinbetrieb, als Ergän-

55 Wir kommen im Rahmen unserer Schätzung auf 80 Prozent; siehe Betriebszählung: Die Landwirtschaftsbetriebe in der Schweiz, Bd. 6 der eidgenössischen Betriebszählung von 1929, Tabellenband, 280 f.: Total aller Landwirtschaftsbetriebe 1929: 238 469; Total aller Rindvieh haltenden Betriebe: 190 342; Total aller Rindvieh haltenden Betriebe bis 10 Hektaren: 152 906.

56 Wenger, Arbeitsleistung von Schweizer Rindern, 1939, 8 f.

57 Zur Pluriaktivität siehe das Kapitel «Handlungs- und Entscheidungsspielräume», S. 35–39.

58 Wenger, Arbeitsleistung von Schweizer Rindern, 1939, 14 f.

zungs- und Reservezugkraft im Mittelbauernbetrieb zum Einsatz gelangt. Weitaus die grösste Bedeutung fällt dabei der Verwendung der Kühe und Rinder als Hauptzugkraft zu. Die Zahl der Betriebe, die das Rind in dieser Eigenschaft zur Verrichtung der hauptsächlichsten Zugarbeiten heranziehen, lässt sich auf Grund der Ergebnisse der letzten eidgenössischen Betriebszählung von 1929 auf rund 100 000 schätzen.»[59]

Arbeitsleistungen der Rinder[60]

Zeitgenössische Annahmen gingen von ungefähr gleichen Kräften von Pferden und Ochsen, aber von einer grösseren impulsiven Kraft der Pferde aus. Letztere überwinden, so Thaer 1809, «mittelst der Schnelligkeit ihrer Bewegung und Energie, manchen kurzen Widerstand, wovor die Ochsen stehen bleiben».[61] Das wurde zu einem grossen Vorteil der Pferde für die Zugarbeit mit den ab der zweiten Hälfte des 19. Jahrhunderts aufkommenden landwirtschaftlichen Maschinen. Hinsichtlich der Leistung, in deren Berechnung auch die langsamere Gangart der Rinder einging, nahm der Polytechniker Maschek ein Verhältnis zwischen Pferd und Ochse von etwa 3 zu 2 an.[62] Andere gingen von einem Verhältnis von 4 zu 3 aus. Auf ein ähnliches Verhältnis kam der ETH-Professor «für landwirtschaftliche Betriebslehre und Tierproduktion» Adolf Kraemer in einer monetären Umrechnung der Arbeitsleistungen von Pferden, Ochsen und Kühen, indem er im Jahr 1886 für Pferde 4 Franken pro Tag, für Ochsen 3 Franken und für Kühe 2.50 Franken annahm. Die unterschiedliche witterungsbedingte und saisonale Eignung und Belastbarkeit der Tiere ging in die Annahme der geleisteten Arbeitstage ein. Kraemer nahm für Pferde 200 Tage, für Ochsen 160 Tage und für Kühe 120 Tage an.[63] Diesen Umstand einbezogen, kam man auf ein ungefähres Leistungsverhältnis von Pferden, Ochsen und Kühen von 8 zu 5 zu 3, was bezüglich der Pferde und der Ochsen wiederum der Annahme von Thaer ungefähr entsprechen würde, dass vier Ochsen in der Hofwirtschaft etwa gleich viel wie zwei Pferde leisten.

Das waren Faustregeln, Augenmass, Erfahrungswerte und grobe Kalkulationsgrössen. Genauer untersuchte erst Hans Wenger die Leistungsfähigkeit der

59 Ebd., 16. Wir kommen in unserer Modellierung auf rund 110 000 Betriebe; vgl. S. 13.

60 In den Quellen und in der Literatur zum Arbeitsvermögen werden die Begriffe Kraft, Arbeit und Leistung unterschiedlich und teilweise ungenau verwendet. Die Kraft misst sich in Kilogramm. Die Arbeit ist das Produkt von Kraft mal Weg (kg · m), und die Leistung ist die Arbeit pro Zeiteinheit (kg · m/sec).

61 Thaer, Grundsätze der rationellen Landwirthschaft, 1821, Bd. 1, 71.

62 Maschek, Theorie der menschlichen und thierischen Kräfte, 1842, 94 f.

63 Kraemer, Statistik des Viehstandes in der Schweiz, 1886; diese Werte wurden in der Eidgenössischen Viehzählung, 1901, 16*, als Berechnungsgrundlage übernommen.

Zugkraftmesswagen, System Wenger, Institut für Tierzucht E. T. H. (Modell)[1].

[1]) Für die sorgfältige Herstellung des Wagenmodells sei meinem hochverehrten und lieben Vater, *Johann Wenger*, auch an dieser Stelle herzlich gedankt.

Foto 66: Modell des Zugkraftmesswagens, den Hans Wenger für seine Studie zur Arbeitsleistung der Kühe benutzte. Das fotografierte Modell war vom Vater des Autors hergestellt worden, der selbst Landwirt war. (Wenger, Arbeitsleistung von Schweizer Rindern, 1939, 25)

Rinder.[64] Sein hauptsächliches Erkenntnisinteresse lag auf den Kühen.[65] Und er bezog – das ist für uns ebenfalls wichtig – vergleichend Leistungen von Ochsen, Stieren und Pferden mit ein. Anregend für Wenger war die in den 1920er-Jahren entstandene Studie der amerikanischen Agronomen Collins und Caine über experimentelle Messungen von Pferdekräften und Pferdeleistungen.[66] Anders als diese verfolgte er aber auch physiologische Fragestellungen, indem er die Auswirkungen der Arbeit auf den Tierkörper mass. Das war nicht nur der gestiegenen Beachtung der physiologischen Forschung in der Agronomie, sondern auch der Tatsache geschuldet, dass es sich bei seinem Untersuchungsgegenstand, den Zugrindern, um besonders polyvalente, multifunktional genutzte Tiere handelte, bei denen neben den durchschnittlichen ausdauernden und kurzzeitig verfügbaren grösseren Kräften die Auswirkungen der Arbeit auf die weiteren Nutzungen interessierte.

64 Wenger, Arbeitsleistung von Schweizer Rindern, 1939.

65 Simmentaler Rinder wurden überwiegend westlich der Linie Simplon-Brünig-Reuss sowie im Zürcher Unterland und in den Kantonen Thurgau und Schaffhausen und das Braunvieh östlich der genannten Linie gehalten; vgl. die Karte in Laur, Schweizer Bauer, 1947, 348.

66 Collins, Caine, Testing Draft Horses, 1926.

Tab. 5: Tierzugkraft nach Wenger

Tierkategorie	Anzahl Tiere	Mittleres Lebendgewicht kg	Mittlere absolute Zugkraft kg	Zugkraft je 100 kg Lebendgewicht kg
Standardstrecke 3000 Meter				
Kühe (S)	47	670	73	10,9
Kühe (B)	25	579	60	10,3
Rinder (S)	3	611	68	11,2
Rinder (B)	4	540	54	10,0
Zuchtstiere (S)	2	1 092	90	8,3
Zuchtstier (B)	1	916	85	9,3
Ochsen (B)	5	729	86	11,8
Pferde (Wallache)	2	492	75	15,2
Standardstrecke 400 Meter				
Kühe (S)	47	670	107	15,9
Kühe (B)	25	579	79	13,6
Rinder (S)	3	611	97	15,8
Rinder (B)	4	540	68	12,5
Zuchtstiere (S)	2	1 092	140	12,8
Zuchtstier (B)	1	916	130	14,2
Ochsen (B)	5	729	132	18,1
Pferde (Wallache)	2	492	110	22,4
Standardstrecke 15 Meter				
Kühe (S)	47	670	178	26,6
Kühe (B)	25	579	163	28,2
Rinder (S)	3	611	181	29,6
Rinder (B)	4	540	170	31,5
Zuchtstiere (S)	2	1 092	264	24,2
Zuchtstier (B)	1	916	291	31,8
Ochsen (B)	5	729	273	37,5
Pferde (Wallache)	2	492	187	38,1

S = Simmentaler Vieh, B = Braunvieh, Pferde = Irländer.

Quelle: Wenger, Arbeitsleistung von Schweizer Rindern, 1939, 32, 34 und 36, Zusammenzug der Tabellen 10, 13 und 16.

Nahe angelehnt an die landwirtschaftliche Praxis und gleich wie Collins und Caine mass Wenger den «Dauerzug» auf einer 3000 Meter langen Strecke, den «schweren Zug» auf einer Strecke von 400 Metern und den «höchsten Zug» über eine kurze Distanz von 15 Metern. Die unterschiedlichen Messstrecken trugen dem Umstand Rechnung, dass bei Zugarbeiten der Landwirtschaft die Distanzen und die erforderlichen Zugkräfte situationsbedingt stark schwankten und kaum über einen ganzen Tag ausdauernde, gleichmässige Arbeit zu leisten war, wie das Maschek in seiner Studie voraussetzte. Wenger führte die Leistungsprüfungen mit einem an der ETH speziell konstruierten Messwagen mit 72 Kühen durch. 42 Tiere gehörten der Rotfleckvieh- oder Simmental- und 30 der Braunviehrasse an. Als Vergleichsgrössen mass er direkt im Projekt noch die Leistung von 7 zwei- bis dreijährigen Rindern, 3 Zuchtstieren, 5 Ochsen und 2 Pferden. Hinsichtlich der Pferde konnte er sich zudem auf die Ergebnisse von Collins und Caine stützen.[67]
Auf der Standardstrecke von 3000 Metern betrug die mittlere Geschwindigkeit der Simmentaler Kühe 4,3 Kilometer pro Stunde, diejenige des Braunviehs 4,6 Kilometer pro Stunde. Wengers Messungen ergaben bei den Zugproben über die grössere und die mittlere Distanz eine positive Korrelation von Körpergewicht und Leistung. Im «Dauerzug» wurde das von Collins und Caine für Pferde festgestellte Verhältnis auch für die Rinder ungefähr bestätigt. Die ausdauernde Kraft entsprach bei den Kühen einem guten Zehntel des Körpergewichts, bei den Ochsen rund einem Achtel. Je mehr die Zugleistung auf körperlicher Muskelarbeit beruhte, wie es bei der Entfaltung grosser Kräfte über kurze Distanzen der Fall war, desto stärker spielten auch psychische Momente wie Arbeitswille, Temperament und Gewöhnung der Tiere eine Rolle.[68]

Dem komparativen Blick verpflichtet war natürlich auch die Frage der von Rindern erbrachten Leistung in Pferdestärken (PS):[69] Die durchschnittliche Dauerleistung einer Kuh über 3000 Meter betrug rund 1 PS. Über 400 Meter eruierte Wenger im Falle der Simmentaler Kühe 1,7 PS und im Falle der Braunviehkühe 1,3 PS und über 15 Meter 3 PS und 3,3 PS. Solche hohen Leistungswerte der Kühe veranlassten ihn zum Schluss, dass sich die hauptsächlich zur Gespannarbeit gehaltenen Pferde und Zugochsen auf der 3000-Meter-Strecke als den Kühen nicht so überlegen erwiesen, wie das vielfach angenommen wurde. Ihre Vorteile lagen vielmehr in einer bedeutend längeren täglichen Arbeitsdauer.[70] Im Übrigen zeigten sich in den Zugproben von Wenger bei nicht übermässiger Arbeit sogar positive Effekte auf die Gesundheit und das Wohlbefinden der Rinder.

67 Wenger, Arbeitsleistung von Schweizer Rindern, 1939, 16 f., 35.

68 Ebd., 32, 35, 38.

69 1 PS = 75 m · kg / sec. Zur Messgrösse Pferdestärke siehe das Kapitel «Pferdestärken und Hafermotoren», S. 105–108.

70 Wenger, Arbeitsleistung von Schweizer Rindern, 1939, 40–44.

Die Zugkräfte der Arbeitskühe waren bis dahin noch kaum je so eingehend untersucht worden. Mit seinen Messungen war Wenger in mehrfacher Hinsicht originell. Er öffnete mit seinem Einbezug der Polyfunktionalität der Rinder und mit seiner Frage nach der Auswirkung der Arbeit auf die Tiergesundheit neue Deutungslinien, die von der bisherigen Tier-Motoren-Fixierung wegführten, indem sich der Nutzen nicht mehr nur über die Arbeitsleistung und über den Vergleich mit Pferden oder Traktoren, sondern auch durch die positiven Effekte der Bewegung auf die Gesundheit der Tiere ergab. Und schliesslich erkannte Wenger mit seiner Studie nicht nur den Zusammenhang von Gewicht und Kraft, sondern auch die Reichweite solcher Forschungen. So machte er beiläufig die Beobachtung, dass seine Versuchstiere auf dem Rückweg regelmässig stärker zogen und schneller gingen als auf dem Hinweg.[71]

Rinder oder Pferde

Es war im 19. und in der ersten Hälfte des 20. Jahrhunderts eine viel diskutierte Frage, ob eher Pferde oder Rinder und hinsichtlich Letzterer, ob Ochsen, Stiere oder Kühe für die Zugarbeiten verwendet werden sollten. Die Argumente, um diese Frage zu entscheiden, waren vielfältig. Sie betrafen die Leistungen und die weiteren Eigenschaften der Tiere. Sie bezogen sich auf die Erfordernisse und die Risiken der Tierhaltung, auf die Möglichkeiten der Futterproduktion und auf die konkurrierenden Nutzungen. Die Wahl bestimmter Zugtiere richtete sich nach dem augenblicklichen Bedarf, nach der Betriebsstruktur, der Betriebsgrösse, der betriebswirtschaftlichen Rentabilität, nach der familienwirtschaftlichen oder kapitalistischen Betriebsorganisation. Sie bestimmte den Arbeitsrhythmus der mit den Tieren arbeitenden Menschen und tangierte die persönliche Neigung und die gesellschaftliche Geltung, die mit der Haltung bestimmter Arbeitstiere verbunden war.

Ein für Historiker:innen diesbezüglich fruchtbarer Ausgangspunkt ist die im Jahr 1925 publizierte Studie des thüringischen Agronomen Nathanael Westermeier; es handelt sich gleichsam um ein Ökonomielehrbuch der Tierarbeit.[72] Der Autor stellte zunächst kein bestimmtes Arbeitstier ins Zentrum, sondern die «Arbeit der Gespanne» – das heisst die mensch-tierlichen Arbeitseinheiten –, die über das Jahr stark schwankenden Arbeitsvolumen und die wechselnden Arbeitsverhältnisse, um erst auf dieser Grundlage die Eignung der verschiedenen Tiere auszuführen. Auch Westermeier ging für das 19. und das beginnende 20. Jahrhundert von einer in der Landwirtschaft zunehmenden Bedeutung der tierlichen Arbeitskräfte aus. Dabei schloss er mindestens ansatz-

71 Ebd., 16, 38.
72 Westermeier, Arbeit der Gespanne, [1925].

Fotos 67 und 68: Rind als Reittier: Die zwölfjährige Madelon reitet im Val d'Hérens auf einer Evolèner Kuh vom Feld heimwärts. In den meisten Fällen jedoch wurden Rinder als Zugtiere verwendet. Mehrfach ist in Quellen überliefert, dass Frauen und Kinder leichter mit Arbeitsrindern umgehen konnten als Männer, da sie die Tiere verständiger und freundlicher behandelten. (Evolène, Kanton Wallis, um 1940, Paul Senn, Sammlung Gottfried Keller-Stiftung, Winterthur, AfA-ID 814 und 815)

weise die Frage der menschlichen Zugkräfte mit ein. Die Substitution von Menschen- durch Tierarbeit habe anfänglich wohl eine Erleichterung, aber noch keine Verbesserung der Produktivität gebracht, habe es sich doch zunächst «nur um den Ersatz, die Vermehrung und die Stärkung der Kraft des Menschen durch die Heranziehung der Zugtiere» gehandelt. Ein grundsätzlicher Wandel resultierte erst aus «der Wechselwirkung zwischen der Nutzbarmachung tierischer Zugkraft und der Gestaltung und Verbesserung der Spanngeräte», das heisst aus der Mechanisierung der landwirtschaftlichen Arbeiten und der technischen Weiterentwicklung der für den Strassenverkehr genutzten Wagen und Karren.[73]

In der Beschreibung der Aufgaben der Gespanne in der Landwirtschaft unterschied Westermeier zwischen der Bodenbearbeitung und der Beförde-

73 Ebd., 5 f.

rung von Lasten. Zu Ersterer rechnete er alle Gespannarbeiten vom Düngen, Pflügen, Eggen und Walzen bis zum Mähen. Zur Beförderung von Lasten zählte er die innerbetrieblichen Transporte, die weiteren Transporte von Brennstoffen, Baumaterialien, Futtermitteln und Streue, die Personenbeförderung und die Arbeit im Göpel.[74] Für diese Arbeiten eigneten sich die verschiedenen Arbeitstiere in unterschiedlichem Masse.

Für den bayerischen Professor für Tierzucht und Veterinärwesen Joseph Spann, der ebenfalls 1925 eine Publikation zur Rinderarbeit vorlegte, war das Pferd das vielseitigere Arbeitstier. «Es vermag sämtliche Arbeiten zu leisten, ist gelehriger und wendiger, während Rinder weniger geschickt und nicht zu allen Arbeiten wie die Pferde zu gebrauchen sind.» Für die Erntearbeiten in grösseren Betrieben und für die Zugarbeit mit Maschinen kamen darum hauptsächlich Pferde zum Einsatz. Die Mechanisierung und Maschinisierung der Landwirtschaft erhöhte die Nachfrage nach leistungsfähigen Pferden zusätzlich.[75]

Die Arbeitsleistung der Rinder unterschied sich in mehrfacher Hinsicht von der der Pferde. Rinder sind wohl ideale Verwerter von Rohfasern. Die Nahrungsaufnahme und das Wiederkäuen benötigten jedoch ihre Zeit und gaben der Arbeit mit Rindern einen ausgeprägten Rhythmus. Man rechnete mit neunzig Minuten zur Aufnahme und neunzig Minuten zum Wiederkäuen, zu dem sich die Tiere wenn möglich niederlegten. Das Wiederkäuen der aufgenommenen Rohfasern dauerte aber noch viel länger, acht bis zehn Stunden pro Tag. Wenn der Prozess des Fressens und Verdauens zu oft gestört wurde, «funktionierten» auch die Rinder nicht richtig. Tatsächlich bescherte das Wiederkäuen der Rinder oft auch den mit ihnen arbeitenden Menschen längere Pausen als die Pferde, es sei denn, man war in der Lage, die Feldarbeiten mit sogenannten Wechselgespannen auszuführen.

Während man bei Pferden von möglichen acht- bis zehnstündigen Arbeitstagen ausging, sollten die Kühe, die Stiere und die Ochsen, mit deren Haltung noch andere Zwecke verfolgt wurden, täglich bloss wenige Stunden arbeiten. Zudem mussten die Kühe die letzte Zeit ihrer Trächtigkeit und die Wochen unmittelbar nach der Geburt der Kälber zusätzlich geschont werden. Einige der Autoren sprachen von Halbtagen, andere von täglich zwei bis drei Stunden Arbeit. Dagegen konnten die Ochsen und Stiere, die hauptsächlich zur Zugarbeit und nicht noch zur Fleischproduktion gehalten wurden, täglich ungefähr gleich lang wie die Pferde genutzt werden.[76] Rinder verfügten im Zug nur über die langsamen Gangarten. Die Ochsen und Stiere hatten aufgrund ihrer Kraft und ihres ruhigen Gangs beim Pflügen ihre Vorteile, während beim Maschinen-

74 Ebd., 8 f.

75 Spann, Rind als Arbeitstier, 1925, 15; zur Frage der Eignung der verschiedenen Arbeitstiere angesichts der einsetzenden Motorisierung landwirtschaftlicher Zugarbeiten siehe Derlitzki, Kuhanspannung, 1932.

76 Angaben aufgrund von Spann, Rind als Arbeitstier, 1925.

mähen der kräftige schnelle Gang der Pferde gefragt war.[77] Rinder waren wohl hitzeempfindlicher, im Übrigen aber gesundheitlich robuster als die Pferde. Sie galten verbreitet aber auch als störrischer und schwerer lenkbar. Spann schloss mit dem auf Beobachtungen der süddeutschen, schweizerischen und österreichischen Verhältnisse gründenden Fazit, wonach auch das Rind «fast zu allen Arbeiten auf dem Acker, auf der Wiese, auf der Weide, am Göpel, zum Transport von Geräten und zum Fortschaffen von Lasten recht gut zu gebrauchen» sei.[78]

Im Abwägen der Vor- und Nachteile verstellten manche Vorurteile die realistische Bewertung der verschiedenen Arbeitstiere. Die Publikationen zum Thema waren darum vom Willen der Autoren motiviert, diesbezüglich einiges zurechtzurücken. So verliehen der Besitz von und die Arbeit mit Pferden offensichtlich ein höheres Prestige als die Arbeit mit Ochsen oder gar mit Kühen. Das sprach Thaer an, wenn er schrieb, dass es manchenorts schwierig sei, Knechte für die Arbeit mit Ochsen zu erhalten, «wogegen unverheiratete, übrigens gute Knechte an manchen Orten nur bei Pferden dienen wollen».[79] Müller und Villeroy rieten, bei einem Wechsel von Pferden auf Ochsen auch die mit diesen arbeitenden Knechte auszutauschen: «Obgleich wir im allgemeinen überzeugt sind, dass die Ochsen, da wo die Verhältnisse nur irgendwie deren Einführung gestatten, dem Landwirth nützlicher sind als die Pferde, so möchten wir doch niemand rathen sie in einer Gegend einzuführen, wo sie nicht in Gebrauch sind, ohne zu gleicher Zeit mit den Ochsen, auch Dienstboten anderswoher zu bestellen, welche damit fahren. In einer Gegend, in der die Ochsen in Gebrauch sind, ist ein Knecht so stolz mit einem Paar schöner Ochsen, als er nur mit Pferden sein könnte. Allein man vertraue niemanden Ochsen an, der ungerne damit arbeitet, oder sich gar damit schämt. Die Ochsen sind folgsam, sie sind auch nicht ohne Gelehrigkeit; allein man muss mit ihnen umzugehen wissen. Wenn man sie misshandelt oder übertreibt, so sind sie noch mehr Unfällen ausgesetzt als die Pferde.»[80] Und schliesslich verwies Spann in den 1920er-Jahren noch auf den Umstand, dass sich die Arbeit der Rinder auch hinsichtlich der tieferen Löhne derjenigen rechnete, die mit ihnen arbeiteten,[81] während Westermeier fürchtete, dass mit den Errungenschaften der Arbeitskämpfe auch die Arbeitstage der Tiere kürzer würden.

Es war die verbreitete Ansicht, dass die tendenziell monofunktionalen Arbeitspferde zur Arbeit genutzt werden mussten, die multifunktionalen Rinder aber genutzt werden konnten. Entsprechend überwog die Meinung, dass die Pferde amortisiert werden müssten; dies sei bei den Rindern nicht in gleicher Weise dringlich oder notwendig. Die Frage der Amortisation von Rin-

77 Günthart, Erziehung des Rindes zum Zuge, 1938, 137.
78 Spann, Rind als Arbeitstier, 1925, 52.
79 Thaer, Grundsätze der rationellen Landwirthschaft, 1821, Bd. 1, 72.
80 Villeroy, Müller, Pferdezüchter, 1858, 468.
81 Spann, Rind als Arbeitstier, 1925, 18.

dern wurde vom so genau rechnenden Agrarökonomen Johann Heinrich von Thünen noch verneint.[82] Von den Kühen habe man die Milch und die Kälber, von den Ochsen das Fleisch und von allen Rindern den besseren Mist. Letzteres wurde als ein bedeutender Vorteil der Rinderarbeit immer wieder betont.[83] Da sei die Arbeit gleichsam eine Nebennutzung, die sich im Falle der nicht zu intensiven Beanspruchung sogar positiv auf die Gesundheit der Tiere auswirke. Gegen diese Ansicht wandte sich der buchhaltende Landwirt und Agronom Franz Ineichen aufgrund seiner Erfahrung im aargauischen Grossbetrieb. Nicht nur Pferde, sondern auch gut ausgebildete, hauptsächlich und über längere Zeit als Arbeitstiere genutzte Ochsen und Stiere würden in einer Weise beansprucht, dass andere Nutzungen beeinträchtigt seien und darum auch diese Tiere amortisiert werden müssten: «Der Sentenhof hat seine Stiere, zum Ziehen angelernt, im Alter von ca. 3 Jahren, von Landwirten der Gegend übernommen. Dabei wurde vor allem grosses Gewicht auf Tiere mit gutem Gang gelegt. So wurde es möglich, mit diesen Stieren pro Arbeitsstunde ungefähr ebensoviel wie mit Pferden zu leisten. Überanstrengungen dieser Wiederkäuer werden vermieden, wenn sie zur Schwerarbeit nur halbtägig verwendet werden, so dass ihnen für das Wiederkäuen genügend Zeit bleibt. In Perioden grossen Arbeitsbedarfes kann dieser Forderung in der Regel nicht nachgelebt werden. Die Folge ist, dass bei diesen Stieren nicht mit einem Zuwachs an Wert gerechnet werden kann. Sie erfordern, Zeiten steigender Preise angenommen, eine Amortisation genau wie die Pferde.»[84]

Bei der Amortisationsfrage ging es damit erstens um die unterschiedliche Bewertung der nach innen und der nach aussen in Marktbezügen geleisteten Arbeit, zweitens um die Intensität der Beanspruchung der Tiere und, drittens, um die unterschiedlichen Betriebsweisen, in denen die Tiere gehalten wurden. Während in den lohnarbeitslosen Familienwirtschaften, in denen die Haltung von Arbeitskühen verbreitet war, sich die Kapitalfrage nicht oder in anderer Weise stellte, mussten in kapitalistisch wirtschaftenden, hauptsächlich marktorientierten Betrieben die Tiere und deren Unterhalt konsequenter in Rechnung gestellt und abgeschrieben werden.[85]

82 Von Thünen, Der isolierte Staat, [1826], 1875, erster Theil, 9.

83 Beispielsweise in Schweizer Bauernzeitung, 1862, 46: «Das alles konnte jeder Schweizerbauer bald berechnen und noch dazu, dass von 5 Kühen ein grösserer und besserer Miststock erhältlich als von 10 Pferden, die dagegen mehr fressen, als 10 Kühe.»

84 Ineichen, Kosten der Zugarbeit, 1937, 336. Ineichens Verweis darauf, dass er gut ausgebildete Stiere von Betrieben der Region bezog, ist die einzige uns bekannte Quellenstelle, die darauf schliessen lässt, dass es ähnlich wie bei der Pferdezucht auch Betriebe gab, die auf die Ausbildung von Rindern zur Arbeit spezialisiert waren.

85 Zu den unterschiedlichen Berechnungsgrundlagen siehe das Kapitel «Pferde in Landwirtschaftsbetrieben», S. 130–134.

Foto 69: Der Ochse (rechts im Bild) und der Zuchtstier des Neuhofs ziehen eine Egge. Die körperlichen Unterschiede lassen sich auf diesem Foto fast idealtypisch erkennen. Ochsen werden grösser als Stiere und haben einen «kuhähnlichen» Kopf und «kuhähnliche», längere und geschwungenere Hörner. Der Körper der Stiere ist gedrängter und «bulliger». (Foto aus dem Jahr 1952, Archiv für Agrargeschichte, Glasdia-Sammlung der Anstalten Witzwil, Nr. 2159, AfA-ID 256)

Kühe, Stiere oder Ochsen

Joseph Spann empfahl – in Übereinstimmung mit Hans Wengers Resultaten – für die Kleinbetriebe, deren Fläche kein genügendes Arbeitsaufkommen für eine wirtschaftliche Auslastung des Pferdes bot, die ausschliessliche Nutzung von Arbeitskühen, die darum auch «Zugtier des kleinen Mannes» genannt würden.[86] Im Unterschied zu den Kühen wurden Ochsen vornehmlich in mittleren und grossen Landwirtschaftsbetrieben gehalten. Die Kastration männlicher Rinder erfolgte aus mehreren Gründen: man schied die männlichen Tiere aus der Zucht aus und priorisierte den Fleisch- oder den Arbeitsnutzen. Ochsen waren in der Herde und bei der Arbeit gutmütiger und sie waren stark und ausdauernd. Ihnen wurden aber auch eine grössere Dumpfheit und eine beschränktere Lernfähigkeit nachgesagt.

Ochsen dienten gewöhnlich einige Jahre als Arbeitstiere, bevor sie noch eine relativ kurze Zeit gemästet wurden. Allgemein setzte sich in der ersten Hälfte des 20. Jahrhunderts die Tendenz durch, die Ochsen nicht zu alt werden

86 Spann, Rind als Arbeitstier, 1925, 57.

Fotos 70 und 71: Die Fotografien eines Walliser Bergbauern aus Zeneggen, dem sein Stier sowohl als Saum- als auch als Zugtier diente, dokumentieren, wie selbstverständlich und multifunktional Stiere in einigen Regionen auch als Arbeitstiere genutzt wurden. (1930er-Jahre, ETH-Bibliothek Zürich, Bildarchiv online, Ans_11065 und Ans_11064; AfA-ID 20 und 25)

zu lassen. Gemäss Spann konnten zwei- bis vierjährig zur Zugarbeit angelernte Ochsen bis zum Alter von mehr als zehn Jahren zur Arbeit verwendet werden, während der Landwirt und Agronom Alois Günthart noch von vier bis fünf Jahren ausging, damit die Ochsen danach noch effektiver zur Schlachtung gemästet werden konnten.[87]

Günthart und Wenger stellten Ende der 1930er-Jahre fest, dass die «ausschliesslich zum Zugdienst gehaltenen Ochsen, Zugstiere und Zwitter (‹Zwicken›)» stark zurückgingen und in einzelnen Regionen schon fast verschwunden waren. Dies interpretierten sie als eine Folge der Veränderungen des Fleischmarkts und des Fleischkonsums: «Heute klagt der Metzger, dass er 5jährige ‹Altertümer› nicht mehr verkaufen könne. Das ist wegen der ‹Geschmackskrise›.»[88] Im Weiteren resultierte ihr Rückgang aus der Krise des grossbetrieblichen Ackerbaus, in welchem man häufig mit Ochsen gearbeitet hatte, und aus der Tatsache, dass man in den grossen Mittellandbetrieben in der Zwischenkriegszeit begann, Traktoren anstelle der Zugtiere für Pflug- und weitere Bodenarbeiten einzusetzen.[89] Und schliesslich verlor die Haltung von Arbeitsochsen nicht zuletzt aufgrund der Priorisierung der milchwirtschaftlichen Viehhaltung an Attraktivität.[90]

Neben den Ochsen und Kühen wurden auch Stiere zur Arbeit verwendet. Das betraf Betriebe, in denen man sie primär als Zuchtstiere hielt, und einige Regionen, in denen man sie als leistungsfähige Zugtiere besonders schätzte. In Regionen der Kantone Aargau, Luzern oder Solothurn arbeiteten die Grossbauern mit Stieren anstelle von Ochsen, während man in anderen Regionen davon ausging, dass die Arbeit mit Stieren nicht möglich oder zu gefährlich sei.[91]

Die Haltung von Zuchtstieren war zunächst allgemein in der bäuerlichen Gemeinschaft und ab der zweiten Hälfte des 19. Jahrhunderts überwiegend in Zuchtgenossenschaften und -vereinen organisiert.[92] In diesem Zusammenhang und im Umstand, dass das Verhältnis von Kühen und Stieren in dem Sinne prekärer wurde, dass es immer weniger Stiere zur Deckung immer zahlreicherer Kühe gab, war oft das Sprechen und Schreiben über die Stierenarbeit angelegt: Die Zugarbeit ermögliche die Stierenhaltung in einer Zeit, in der die betriebswirtschaftliche Basis dazu gerade aufgrund der Intensivierung der Viehzucht und der Milchwirtschaft schwierig wurde.[93] Zuchtakteure entfalteten darum in den Landwirtschaftsblättern eine eigentliche Propaganda für den Gebrauch der Stiere zur Arbeit, so etwa der Agronom und Direktor der landwirtschaftlichen

87 Ebd., 54; Günthart, Erziehung des Rindes zum Zuge, 1938, 138.
88 Günthart, Erziehung des Rindes zum Zuge, 1938, 138 (Zitat); Wenger, Arbeitsleistung von Schweizer Rindern, 1939, 9 f.
89 Siehe das Kapitel «Pferde im landwirtschaftlichen Grossbetrieb: der Sentenhof», S.163–167.
90 Westermeier, Arbeit der Gespanne, [1925], 123.
91 Ineichen, Kosten der Zugarbeit, 1937, 336; Wirth, Verbreitung der schweizerischen Viehwirtschaft, 1942, 132 f.
92 Brugger, Die land- und forstwirtschaftlichen Vereinigungen der Schweiz, 1943, 127–142.
93 Vgl. beispielsweise J. Sch. Benutzung des Rindviehs zur Arbeit, in: Schweizerische Landwirtschaftliche Zeitschrift, 1893, 215 f.; Spann, Rind als Arbeitstier, 1925, 101–114.

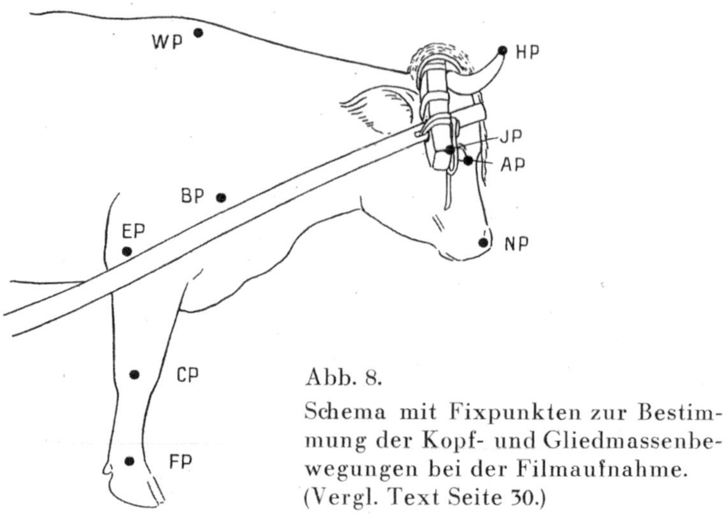

Abb. 17: Abkürzungen der anhand des Films (siehe S. 275 f.) vermessenen Fixpunkte; am Kopf: Hornspitze HP, Jochseitenstück JP, Auge AP, unterer Rand des Nasenloches NP; an der vorderen Gliedmasse: Widerristhöhe (WP), Buggelenk BP, Ellbogengelenk EP, Carpalgelenk CP, Fesselgelenk FP. (Guetg 1944, 31)

Schule Plantahof, Gottlieb Glättli: «Wiederholt ist darauf hingewiesen worden, dass es möglich ist, ältere Zuchtstiere ohne Schwierigkeiten zum Zuge zu verwenden. [...] Gleichwohl werden immer und immer wieder Bedenken laut und mancher Zuchtstierhalter, welcher sehr wohl Gelegenheit hätte, seinen Zuchtstier zur Arbeit zu verwenden, lässt sich durch allerlei Gründe davon abhalten. [...] Beweise sind zur Genüge vorhanden, dass ein ziemlich regelmässig zum Zugdienst verwendeter Zuchtstier weniger bösartig wird, als ein solcher, der immer im Stall stehen muss. Er kann somit länger gehalten und zur Zucht verwendet werden. Auch in den Formen hält sich ein Zuchtstier besser, namentlich in den Gliedmassen. Ferner vermindern sich die Kosten der Haltung, was sehr in Betracht zu ziehen ist. Man spart sich eine andere Zugkraft. Ein Zuchtstier kann sehr wohl durch seine Arbeitsleistung während einer schönen Periode des Jahres ‹sein Brot selbst verdienen›.»[94]

94 Glättli, Zuchtstiere im Zuge, 1902.

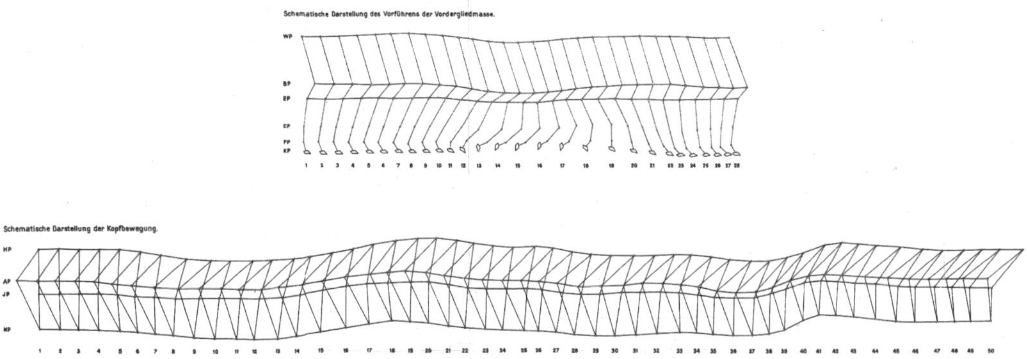

Abb. 18: Schematische Darstellung der Bewegung der «Vordergliedmasse» (oben) und der «Kopfbewegung» aus Guetg 1944, Anhang. «Phase der Ruhestellung», Position 1–5; «Phase der Überwindung des toten Punktes»: Position 5–41; «Phase des konstanten Zuges»: Position 41–50. (34) Die beim Anziehen der Last, das heisst bei der «Überwindung des toten Punktes», erforderlichen viel grösseren Zugkräfte waren einer der Hauptvorteile der Arbeitstiere gegenüber den noch schwach motorisierten Traktoren.

Arbeit der Rinder – Arbeit mit Rindern

Arbeit als Bewegung (Zeitlupe)

Während Eadweard Muybridge die Bewegungsabläufe arbeitender Pferde in seine in den 1880er-Jahren entstandenen Studien der seriellen Fotografie der «animals in motion» einbezogen hatte (Abb. 3), sollte es noch rund fünfzig Jahre dauern, bis sich der angehende Tierarzt Baptist Guetg in seiner Dissertation mit dem ergonomischen Bewegungsablauf der arbeitenden Zugrinder beschäftigte. Er untersuchte aufgrund von Filmaufnahmen die Implikationen der Hornjochanspannung auf die Bewegung der Rinder ungefähr zur gleichen Zeit, als Wenger die Verbreitung und die Leistung der Zugrinder erforschte.

Auf jedem dritten Bild erfasste er am gefilmten Tier markierte Messpunkte und setzte diese in einem zeichnerischen Modell um (Abb. 17 und 18).[95] Seine Verschriftlichung des unter extremer Zeitlupe beobachteten Zugprozesses und dessen schematische zeichnerische Darstellung vermitteln sowohl einen fast körperlichen Eindruck der Rinderarbeit als auch eine Vorstellung der in der

95 Guetg, Rind im Hornjochzug, 1944, 29–35 und Anhang.

Zwischenkriegszeit wissenschaftlich gewordenen Erfassung des Gegenstands: «Bei der Vorführung des Films zeigt in der Ruhestellung der mit dem Hornjoch fest verbundene Kopf den Nasenrücken nach vorn oben gerichtet, während die Hornspitzen nach hinten unten geneigt sind. Rücken und Becken bilden eine Horizontale.

Beim Anziehen der Last legt die Zugkuh ihr ganzes Gewicht in das Hornjoch. Sie senkt den Kopf und verlegt dabei den Schwerpunkt des Körpers weit nach vorn. Die Nachhand wird nur leicht gesenkt, der Rücken etwas aufgebogen und unter gewaltiger Anspannung der Muskeln und Sehnen werden die Hintergliedmassen maximal gestreckt. Dadurch entsteht eine Schubwirkung nach vorne und aufwärts, bei der die Vor- und Mittelhand nahhaltig mitwirken, indem der Kopf wieder gehoben, der Hals gestreckt und der Rücken wieder gesenkt werden. Dabei stützt sich die Rücken- und Beckenlinie auf die gestreckten Hintergliedmassen auf und richtet sich im Moment vor der Überwindung des toten Punktes maximal auf. Die Vorderklauen scheinen durch den Schub der Hintergliedmassen gleichsam vom Boden gehoben zu werden, so dass sie mit dem Boden nur schwach in Reibung stehen und dabei das Tier im schweren Zug vorne oft ausgleitet. Hierauf geht das Tier in die Vorwärtsbewegung über, wobei die Vordergliedmassen als stemmendes Hebelwerk mitwirken.

Aus dem Ablauf der eben geschilderten Bewegungen ergeben sich drei Hauptphasen:

1. Phase der Ruhestellung;
2. Phase der Überwindung des toten Punktes;
3. Phase des konstanten Zuges.»[96]

Der von Guetg geschilderte und analysierte Bewegungsablauf mag ein Detail sein. Und doch war dieser ein grundlegendes Element des gesellschaftlichen Bewegungsenergiehaushalts des langen 19. Jahrhunderts. In diesem Zusammenhang ist es nicht zufällig, dass er den Prozess des Anziehens und den Übergang zum ausdauernden Ziehen ins Zentrum rückte. Es handelte sich um einen Moment der grösseren Kraftentfaltung und der grösseren Krafterfordernis und gleichzeitig um den häufigsten Moment, in welchem die Zugtiere die Arbeit verweigerten. Es war darum nicht nebensächlich, über diesen Moment genauere Kenntnisse zu erlangen, zumal in der Fähigkeit der Arbeitstiere, diese zusätzlichen Kräfte aufzubringen, lange Zeit ihr Vorteil gegenüber den aufkommenden motorisierten Antrieben lag.

96 Ebd., 31 f.

Ziehen oder stossen – verschiedene Anspannungsarten

Kurz nach der Mitte des 19. Jahrhunderts veröffentlichte Fritz Rödiger, der deutsche 1848er-Flüchtling, der sich nach dem Scheitern der Revolution in Sachsen als Landwirt in der Schweiz niedergelassen hatte, in der von ihm redigierten «Allgemeinen Schweizer Bauernzeitung» einen Artikel über die Anspannungsmethoden für Rinder. Diesen leitete er mit folgenden Gedanken ein: «Es gibt in unserem Gewerbe Kleinigkeiten, auf die man selten ein aufmerksames Auge richtet. Zu diesen Dingen, die wir übrigens nur für Kleinigkeiten halten, weil wir zu sehr an sie gewöhnt sind, gehört auch die Anspannungsart des Rindviehs; und doch kommt darauf ungeheuer viel an.»[97]

Rödigers Ausführungen lassen keinen Zweifel offen, dass es sich bei der Haltung der Rinder zur Arbeit nicht um ein Nischenphänomen, sondern um eine verbreitete Kulturpraxis und dass es sich bei der Anspannung um einen Gegenstand handelte, der auch grundlegende Fragen der Arbeit mit Tieren berührte.[98] In der Art der Anspannung spiegelten sich regionale Gepflogenheiten, Erfordernisse des Geländes und nicht zuletzt die finanziellen Möglichkeiten der Tierhalter:innen.[99] Rödiger beschrieb die verschiedenen Formen, von denen fast alle auch in der Schweiz anzutreffen seien: Stirn- und Widerrist-Doppeljoche für je zwei nebeneinander zusammengespannte Tiere sowie Stirn- oder Hornjoche, Widerrist- oder Kehljoche und Kummete für einzelne Tiere. Alle von Rödiger Mitte des 19. Jahrhunderts aufgezählten Arten der Anspannung können auch anhand von sechzig bis achtzig Jahre später in der Schweiz entstandenen Fotografien dokumentiert werden.

Die Art der Anspannung, in der die Tiere am effektivsten arbeiteten und am wenigsten litten, war bis in die Mitte des 20. Jahrhunderts ein immer wieder zur Sprache kommendes Thema.[100] Rödiger und später Wenger und Günthart lehnten alle Arten der Anspannung als tierquälerisch ab, in denen die Tiere in ihrer Bewegung zu stark gehemmt wurden. Das war bei allen Doppeljochen und bei den Stirnblättern und Hornjochen für einzelne Tiere der Fall, wenn diese starr mit den Geräten oder den Karren und Wagen verbunden waren. Seit der zweiten Hälfte des 19. Jahrhunderts verdrängten darum Widerristjoche für einzelne Tiere und Kummete die anderen Anspannungsarten, so die Doppeljoche und die Hornjoche, ohne dass diese allerdings ganz verschwanden.

97 R[ödiger], Anspannungsmethode für Rindvieh, 1856.

98 Ebd.; vgl. dazu auch Löwenthal, Zugtier und Sklaverei, 1933.

99 Ausführlich behandelt von Spann, Rind als Arbeitstier, 1925, 127–156.

100 Vgl. «Welche Anspannvorrichtung ist beim Rindvieh die zweckmässigste?», Landwirthschaftliche Zeitung, Nr. 11, 13. 3. 1868; G. W. Ein neues Zuggeschirr für Rindvieh, in: Schweizerische Landwirtschaftliche Zeitschrift, 1908, 1128 f.; Geschirre für Arbeitstiere des Rindergeschlchts, in: Schweizerische Landwirtschaftliche Zeitschrift, 1917, 225 f., 483–485, 507–510; Wenger, Kummet oder Joch, 1938; Günthart, Kraftentwicklung des Rindes, 1938; Schmid, Walter (Sohn). «Acker- und Futterbau am Strickhof in den 40er Jahren», Filmaufnahmen von Walter Schmid (Vater) BTO, Stadel (Winterthur) 1998; Filmportal des Archivs für Agrargeschichte, https://ruralfilms.eu/filmdatabaseOnline, AfA0235, 11:30–12:30, 7. 12. 2023.

Foto 72: Rinder in Stirnjochanspannung, Aufnahme aus dem Jahr 1920. Die starre Verbindung von Hornjoch über Gabeldeichsel oder hölzerne Holmen mit dem Gefährt oder dem Gerät war günstig im steilen Gelände und für einfachste Karren und Wagen, die noch keine mechanischen Radbremsen aufwiesen und durch die Kraft der Tiere nicht nur gezogen, sondern auch zurückgehalten werden mussten. Sie galt aber zunehmend als tierquälerisch. (Paul Scheuermeier, AIS-Archiv, Nr. 46, Institute für romanische Sprachen, Universität Bern, AfA-ID 1718)

Bei den einfachen und billig herzustellenden vor den Hörnern angebrachten sogenannten Stirnblättern oder Stirnjochen und den hinter den Hörnern befestigten Hornjochen handelt es sich um die ältesten Arten der Anspannung; darüber war man sich im 19. und im beginnenden 20. Jahrhundert einig. Sie waren in den 1940er-Jahren noch in Gebirgsregionen Graubündens und St. Gallens zu finden.[101] Stirnblätter und Hornjoche waren einfach und billig herzustellen.

Bei den Widerrist-, Genick- oder Kehljochen konnten die Tiere den Kopf relativ frei bewegen. In der öffentlich ausgetragenen Diskussion zwischen den Agronomen Alois Günthart und Hans Wenger um die Vorzüge der Widerrist- und der Kummetanspannung waren sich die beiden Fachmänner einig, dass die Verwendung des Widerristjochs eine gründlichere Ausbildung und Angewöhnung der Tiere notwendig machte, als dies bei der Kummetanspannung der Fall war.[102] Ein Unterschied zwischen den Jochen und den Kummeten war

101 Guetg, Rind im Hornjochzug, 1944, 5.

102 Günthart, Erziehung des Rindes zum Zuge, 1938; Wenger, Kummet oder Joch, 1938; Günthart, Kraftentwicklung des Rindes, 1938.

Foto 73: Stiere am Pflug, Widerristjochanspannung, Immensee, 1943. Die Widerristjochanspannung war bedeutend billiger als die Kummetanspannung. Sie erforderte jedoch eine gründlichere Ausbildung der Rinder. (Jakob Tuggener, © Jakob Tuggener-Stiftung, Uster, 1973.058, AfA-ID 817)

die Höhe des Zugpunktes; er lag beim Kummet tiefer als bei den Jochen. Das wirkte sich unter anderem auf die Belastung der Vorderbeine beim Anziehen der Last aus. Diese war beim Kummet regelmässiger als beim Joch. Nach Spann eigneten sich die Joche besser für die schweren Zugarbeiten am landwirtschaftlichen Gerät, die einen steilen Zugwinkel der Kraft erforderten, während die Kummete günstiger für den möglichst horizontalen Zug am Wagen waren.

Vorteile der Kummetanspannung waren die grössere Auflagefläche am Tier und nach Ansicht von Hans Wenger der Umstand, dass die Rinder näher bei der «normalen Körperhaltung» arbeiten konnten.[103] Dagegen argumentierte Günthart, die Rinder seien gerade aus anatomischen Gründen weniger geeignet für das Kummet als die Pferde. Sie würden durch dieses in ihrer Zugbewegung gehemmt, was er in seinem Artikel mit einer Skizze (Abb. 20) ausführte, in welcher wiederum der Umstand zum Ausdruck kommt, dass es sich bei der Rinderarbeit um eine stossende Bewegung (Rödiger sprach von schiebender

103 Wenger, Kummet oder Joch, 1938.

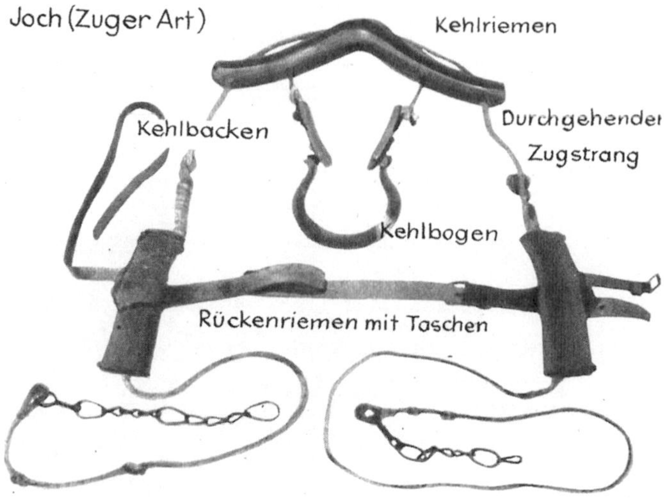

Abb. 19: Kehl- oder Widerristjoch, Zugstränge und Rückenriemen. (Günthart, Erziehung des Rindes zum Zuge, 1938, 141)

Bewegung) handle, im Gegensatz zu der ziehenden Bewegung der Pferde. Gegen Wengers Argument der «normalen» Haltung gab Günthart zu bedenken, dass eben auch der gesenkte Kopf und der gespannte Rücken der natürlichen Art der Rinder entsprechen würden, wie diese die Zugarbeit frontal angingen.[104] Auf die von Wenger und Günthart angesprochenen Unterschiede der Bewegungsabläufe der Rinder in der Joch- und in der Kummetanspannung wies auch der Film von Walter Schmid (Vater) hin, der in den 1940er-Jahren entstand, wobei der Kommentar der erst später hinzugefügten Tonspur von Walter Schmid (Sohn) Wengers günstige Ansicht über die Kummetanspannung teilte.[105]

Die Anspannung mit Kummet und Widerrist- oder Kehljochen verband die Tiere weniger starr mit den Gefährten und Geräten, als dies in der Kombination von Kopfjochen und Holmen oder Gabeldeichseln der Fall war. Dies erforderte entweder Hintergeschirre oder mechanische Bremsvorrichtungen an Wagen und Karren und im Falle des Kummets Zugwaagen, die die Bewegung der Schulterblätter auffingen. Handelte es sich beim Kummet schon um die aufwendigste und darum teuerste Anspannung für Rinder,[106] erwuchsen

104 Günthart, Kraftentwicklung des Rindes, 1938.

105 Schmid, Walter. Acker- und Futterbau am Strickhof in den 40er Jahren, 1998, Filmportal des Archivs für Agrargeschichte, https://ruralfilms.eu/filmdatabaseOnline, AfA0235, 7. 12. 2023.

106 Spann, Rind als Arbeitstier, 1925, 136 f. Gemäss der Schätzung von Spann war ein Kummet vier- bis fünfmal teurer als ein Joch.

Foto 74: Ochsen und «Kolonist», Kummetanspannung, 1928, Nusshof, Strafanstalt Witzwil. Die Kummetanspannung eignete sich wegen des weniger steilen Zugwinkels besonders für die Arbeit mit Deichselgefährten. (Archiv für Agrargeschichte, Glasdia-Sammlung der Anstalten Witzwil, Nr. 0692, AfA-ID 138)

aus Hintergeschirr, Zugwaagen respektive Ortscheiten und Radbremsen noch zusätzliche Kosten. Die Frage des Zuggeschirrs war darum auch eine betriebswirtschaftliche Frage. Es ist kein Zufall, dass die Verbreitung der Hornjoche, die Guetg noch für die 1940er-Jahre beschrieb, Bergregionen betraf, in denen eine kleinbetriebliche Viehwirtschaft vorherrschend war und die die agrarischen Reformen nicht oder nur langsamer nachvollzogen.[107]

Wenger und Günthart waren sich einig, dass beide Anspannungsprinzipien, das Joch und das Kummet, ihre Vorzüge und Berechtigungen hatten, was darin zum Ausdruck komme, dass es in der Schweiz Regionen mit je vorherrschenden Vorlieben für die eine oder die andere Art gab. Gemäss Günthart dominierte das Kehl- oder Widerristjoch in der Innerschweiz. Und Wenger verwies auf die Gebiete der intensiven Viehzucht in der nördlichen Zentral- und in der Westschweiz, in denen man die Rinder im Kummet anspannte, während «in

107 Guetg, Rind im Hornjochzug, 1944, 5 f.

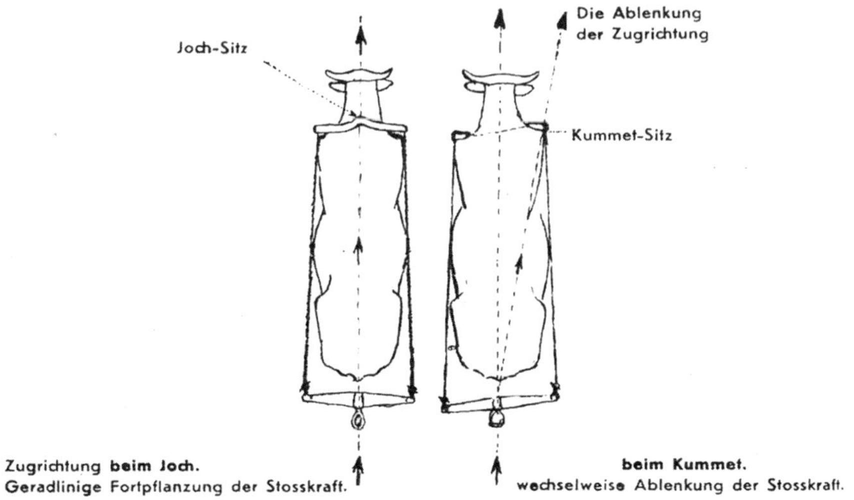

Abb. 20: Die unterschiedlichen Auswirkungen der Widerristjoch- und Kummetanspannung auf die Bewegung der Tiere und auf die Richtung der Zugkraft am Gerät oder am Gefährt. Nach Ansicht von Alois Günthart entsprach das Joch der Bewegung der Rinder besser als das Kummet. (Skizze von Alois Günthart aus seinem Artikel «Die Kraftentwicklung des Rindes», 1938, 615–617)

den Dreifeldergebieten und in Gegenden mit Graswirtschaft in der Ostschweiz mehr mit dem Joch gearbeitet» wurde.[108]

Klauenbeschläge

Ein oft im weiteren Zusammenhang der Anspannung behandeltes Thema betraf die Beschläge. Bei Arbeitstieren erforderten die Klauen, Hufe oder Pfoten besondere Beachtung. Man ging davon aus, dass die Rinder, die keine regelmässigen schweren Arbeiten verrichteten, nicht beschlagen werden mussten. Wenn sie aber auf den harten Oberflächen der Schotterwege und Kunststrassen und im Übrigen zu harten Arbeiten wie Holz- und Steintransporten und jeweils über grössere Distanzen verwendet wurden, sollten die Klauen beschlagen werden. Da sich nicht alle Klauen gleich abnutzten – die Klauen der Vorderbeine stärker als die der Hinterbeine und die äusseren Klauen stärker als die inneren –, wurden die Rinder oft nur an den vorderen äusseren Klauen beschlagen.

Der allgemeine Ausdruck für die Rinderbeschläge war Klauen- oder Ochseneisen. Das Beschlagen der Rinder war wohl billiger, aber auch schwieriger

108 Wenger, Arbeitsleistung von Schweizer Rindern, 1939, 19.

als das Beschlagen der Equiden. Anders als die Hufeisen der Equiden bedeckten die Klaueneisen die ganze Sohlenfläche. Sie konnten aufgrund der dünneren inneren Hornwand nur einseitig mit Nägeln befestigt werden. Auf der Seite, die nicht mit Nägeln befestigt wurde, sorgte ein über die Sohlenplatte hinaus geschmiedeter, vorstehender Sporn, der um den vorderen Teil der Klaue gebogen wurde, für den notwendigen Halt. Der Beschlag musste periodisch, bei regelmässiger, starker Beanspruchung ungefähr alle zwei Monate erneuert werden.[109]

Das Beschlagen der Rinder war mehr als nur eine technische Schmiedearbeit und mehr als eine orthopädische Massnahme. Vielmehr tangierte es die weitere Bewegung und weitere Fähigkeiten der Tiere. Sowohl der Akt des Beschlagenwerdens als auch die Zugarbeit mit beschlagenen Klauen mussten die Tiere speziell erlernen.[110]

Aspekte der mensch-tierlichen Zusammenarbeit

In den Quellen zur Arbeit der Rinder kommen die Verhältnisse und Interaktionen mensch-tierlicher Kooperation nicht selten, jedoch überwiegend beiläufig zur Sprache. Häufig wird in den Publikationen der Landwirtschaftskreise variiert, man müsse die Tiere kennen, verstehen und in ihrer Individualität akzeptieren, wenn sie eine gute Arbeit erbringen sollten.

Die Arbeit war körperlich hart – das galt für die Tiere und für die Menschen. Es gibt kaum Grund, die Härte des gemeinsamen mensch-tierlichen Arbeitsalltags zu relativieren – ausser vielleicht mit dem ebenfalls mehrfach überlieferten Verweis darauf, dass die Tiere eigentlich gerne arbeiteten. Nicht selten wurde in diesem Zusammenhang die Langeweile erwähnt, der die Tiere ohne Arbeit ausgesetzt waren. Die Arbeit verhindere, dass die Tiere böse und gegenüber Menschen gefährlich würden.[111] Und zudem blieben sie gesunder als die nicht arbeitenden Rinder. Auch das war eine Beobachtung derjenigen, die mit den Tieren arbeiteten. Es stellt sich darum die Frage, ob und aufgrund welcher Prämissen und Argumente sich diese und andere Zuschreibungen der mensch-tierlichen Zusammenarbeit bestätigen und einordnen lassen.

109 Spann, Rind als Arbeitstier, 1925, 160–166.
110 Günthart, Erziehung des Rindes zum Zuge, 1938, 146.
111 Beispielsweise Spann, Rind als Arbeitstier, 1925, 104.

Arbeiten bis zum Umfallen oder verwöhntes Kapital

Für die Bemessung der individuellen Härte der Arbeit gab und gibt es keinen allgemeinen Massstab. Verschiedene Quellen lassen darauf schliessen, dass sowohl Menschen als auch die mit ihnen arbeitenden Tiere buchstäblich bis zum Umfallen arbeiten mussten. Das galt für die einfachen Arbeiter:innen, die Knechte und Mägde, die kleinen Bäuerinnen und Bauern und das galt auch für die Tiere, die nicht wegen des Fleischnutzens frühzeitig getötet wurden. Das war beispielsweise bei den Pferden der Fall. Deren Los wurde deshalb verbreitet für schwerer gehalten als das der Rinder. Darin lag denn auch der Grund, dass unter anderem die frühen Tierschutzvereine sich für die Stärkung eines Pferdefleischmarktes aussprachen und an ihren Hauptversammlungen Pferdefleisch auftischen liessen, um diesbezügliche Widerstände auch in den «gehobeneren» Kreisen abzubauen.[112]

Immer wieder wurde die Frage diskutiert, ob nun Tiere oder Menschen härter arbeiten mussten. Mehrmals implizierten überlieferte Bemerkungen über den Kapitalwert der Tiere, dass die mit ihnen arbeitenden Menschen davon ausgingen, dass sie selber schlechter gehalten würden als die Tiere. Knechte, Mägde und Landarbeiter:innen grösserer Landwirtschaftsbetriebe beispielsweise sprachen vom «verwöhnten Kapital», um damit zum Ausdruck zu bringen, dass ihren Meister:innen das Schicksal der Tiere näher lag als ihr eigenes.[113] Dass man eine solche Klage der sozialen Schlechterstellung auch als systemimmanente Folge des Eindringens kapitalistischer Elemente in die landwirtschaftlichen Betriebe interpretieren könnte, darauf deutet eine Bemerkung von Thünens aus dem Jahr 1826: «[…] denn hier schont man das Kapital, aber nicht den Menschen.» Es läge, so die Anregung des Agrarökonomen, in der Logik der Sache, auch die Menschen als Kapital zu erfassen, um deren Wert in volkswirtschaftlicher Hinsicht, aber durchaus auch zum Wohle der Arbeitenden besser zur Geltung zu bringen.[114]

Mehrmals kamen die Härte des Arbeitsalltags und die Beobachtung, dass sie nicht nur die Tiere, sondern auch die mit diesen arbeitenden Menschen betraf, auch im Zusammenhang mit dem aufkommenden Tierschutz zur Sprache.[115] So evozierten Forderungen nach besserer Behandlung der Tiere mehrfach Bemerkungen, es sei mindestens so notwendig, dabei den Schutz auch auf die mit den Tieren arbeitenden Menschen auszudehnen. Das spiegelt sich etwa in der

112 Siehe Mayor, Sur l'hippophagie en Suisse, 1838; Schweizerische Thierschutzblätter, 1864–1886, unter anderem Artikel «Pferdefleisch», Nr. 3, 1868, 17–20; Lüthi, Geschichte der schweizerischen Tierschutzbewegung, [1991], 40 f.

113 Griffin, Animal Maiming, Intimacy and the Politics of Shared Life, 2012, 301: «cosseted capital».

114 Von Thünen, Der isolierte Staat, [1826] 1875, 9; dritter Theil, 145–149: «Folgerungen aus der Ansicht, den Menschen als Kapital zu betrachten».

115 Beispielsweise in den Diskussionen um das Verbot der Arbeit der Zughunde in der Stadt Bern, siehe das Kapitel «Berner Debatten um ein Zughundeverbot», S. 231–237.

Foto 75: Sechsergespann: Ochsen beim Pflügen, Tessenberg, Jura (BE), in den 1930er-Jahren. Das Gespann wird von zwei Frauen und einem Mann geführt. Ein weiterer Mann führt den Pflug. Die Tiere sind in Horndoppeljochen angespannt. (Jean Gaberell, ETH-Bibliothek Zürich, Bildarchiv online, Ans_11066, AfA-ID 730)

Schrift des schwäbischen Theologen und Schriftstellers Carl Theodor Griesinger über die «Contrathierquäler» aus dem Jahr 1839. Der Autor verweist darauf, dass die mit den Ochsen arbeitenden Knechte noch weiterarbeiten mussten, nachdem sie die Ochsen in den Stall geführt hatten: «Ja, auch in ganz neuester Zeit sind Thierfreunde nicht selten freundlicher gegen Thiere, als gegen die Menschen. Wer wüsste nicht, dass der Ochse, wenn er Abends vom Felde heimkehrt, behaglich an seiner Krippe fressen darf, während der Knecht noch lange arbeiten muss, bei schmaler Kost und noch schmalerem Trunk, nicht selten dazu noch ausgescholten wird und mit Schmerzen auf den Untergang der Sonne wartet? Denn der Ochse muss feist werden und Ruhe haben, damit der Metzger ihn kauft, der Knecht aber wird nicht verkauft, und ist nur um so flinker, je weniger Fleisch er auf dem Leibe liegen hat.»[116] Schliesslich kommt Griesberger zum sozialpolitisch brisanten Schluss, dass Tier- und Menschenliebe eigentlich

116 Griesinger, Contrathierquäler, [1839] 1844, Zitat 113; Scharfe, Wider die Thierqualerei, 1984, 37 f.

zwei Seiten derselben Sache wären: «Wer die Menschen menschlich behandelt, wird gegen Thiere nicht unmenschlich seyn.»[117]

Halten, pflegen, nutzen und töten

Zwei Aspekte sind hinsichtlich der Arbeitsrinder besonders bemerkenswert: das Töten der Tiere als Teil und die Arbeit als Form der Mensch-Tier-Beziehung. Die Arbeit und die anderen Nutzungen schlossen den Tod und die weitere Verwertung der Tiere mit ein. Konrad von Meyenburg, ein Ingenieur, der vielseitig über Arbeits- und Agrarthemen publizierte, brachte dies auf den Punkt, indem er die Funktionen der mit den Tieren in der Landwirtschaft arbeitenden Menschen mit «Wärter», «Pfleger» und «Töter» umriss.[118] Etwas ausführlicher, aber in ähnlichem Sinne fasste der Agronom und Landwirtschaftslehrer Paul Lichtenhahn die Ambivalenz des Verhältnisses zwischen Menschen und Tieren aus der Sicht der Tierhalter:innen: «Der Bauer steht täglich im Verkehr mit den Tieren, ist ihr Pfleger und für die Pflege, die er ihnen angedeihen lässt, verlangt er auch einen Nutzen, der sehr verschiedener Art sein kann. Bald besteht er im Milchertrag, bald in der Arbeit, dann wieder in Wolle und schliesslich schlägt man das Tier tot. Was gegessen werden kann, wird gegessen, und was sonst noch irgendwie brauchbar ist, wird technisch verarbeitet und muss der Menschheit in sehr unterschiedlicher Weise Nutzen bringen.»[119] Lichtenhahn unterstellt mit der Formel Nutzen gegen Pflege gleichsam ein mensch-tierliches Vertragsverhältnis. Ein solches leitete der berühmte Geologe und passionierte Kynologe Albert Heim in seinen Schriften über die Arbeit der Hunde bereits aus den Zusammenhängen der Domestikation ab. Sie sei keine stets neue Unterwerfung wilder Tiere, sondern ein qualitativer Prozess der Evolution, aus welchem der Aufeinanderbezug von Menschen und Tieren in deren Natur übergehe. Diese Position hatte einen grösseren Nachhall in der späteren Lebensreform- und Tierschutzbewegung. Heims besondere Konzeption der Tierrechte beruhte über das allgemeine kreatürliche «Mitrecht der Tiere an der Erde» hinaus auf den Leistungen respektive dem Nutzen der Tiere im Sinne einer gegenseitigen Rechte- und Pflichten-Logik.[120] Eine solche Annahme war in bäuerlichen Kreisen verbreitet. Walter Frei beispielsweise, der diesen nahestehende Zürcher Professor für Veterinärmedizin, interpretierte die Domestikation und die Haltung von Nutztieren als eine gegenseitige symbiotische

117 Griesinger, Contrathierquäler, [1839] 1844, 117.

118 Von Meyenburg, Kritik der Rentabilitätsberechnungen, 1927, 447. Zu Konrad von Meyenburg siehe AfA-Portal Personen und Institutionen, DB2359, 7. 12. 2023.

119 Lichtenhahn, Verstand der Tiere, 1941, 3. Zu Paul Lichtenhahn siehe AfA-Portal Personen und Institutionen, DB2144, 7. 12. 2023.

120 Heim, Zughund, 1930, 3 f.; Schiedt, Albert Heim, 2021, 6.

Foto 76: So beiläufiges wie selbstverständliches mensch-tierliches Neben- und Miteinander zu Beginn des 20. Jahrhunderts: angeschirrte Rinder auf einer Dorfstrasse im Kanton Aargau. Drei Rinder sind in Kummeten, eines mit Widerristjoch angeschirrt. Zwischen den Tieren stehen drei Männer und ein Junge, der die Peitsche hält. (Carl Jaeger, Schweizerische Nationalbibliothek, Eidgenössisches Archiv für Denkmalpflege, Archiv Photoglob-Wehrli, EAD-WEHR-9247-B, AfA-ID 917)

Beziehung und Verpflichtung, in der es jedoch nicht nur um Nahrung, Nutzen und Arbeit, sondern durchaus auch um «ernsthafte Zuneigung» ging.[121]

Die Zusammenarbeit von Menschen und Tieren und die weiteren Nutzungen der lebenden Tiere beruhten auf einem engen mensch-tierlichen Verhältnis und einem gegenseitigen Verständnis, das im Falle der Rinder unter anderem durch die Milchnutzung der Kühe verstärkt wurde.[122] Die Arbeit bildete ein sich selbst verdichtendes Beziehungsfeld. Das betraf sowohl die gemeinsam verrichtete Arbeit als auch den grossen Arbeitsaufwand, den die Menschen für die Haltung der Tiere, für die Futterproduktion und die weiteren Notwendigkeiten

121 Frei, Mensch und Tier, 1933; Frei, Die Beziehungen des Menschen zum Haustier, 1939. «Zur Konzeptualisierung der arbeitenden Nutztiere durch ihre Betreuer*innen» vgl. Moser, Grenzen der Komplexitätsreduktion, 2021, 146–149.

122 Vgl. Günthart, Der Einfluss des Melkens, 1925.

aufzubringen hatten. Pro sogenannte Grossvieheinheit – dazu rechnete man die Rinder und die Pferde – betrug er noch um die Mitte des 20. Jahrhunderts in Kleinbetrieben mit bis drei Tieren um die 125 Tage – ungefähr 100 Tage im flacheren Gebiet und 150 Tage im Gebirge. Der Aufwand nahm mit der Grösse der Betriebe ab. Im Durchschnitt aller Betriebe waren es 89 Tage.[123] In der Arbeit für die Tiere, in der gemeinsamen mensch-tierlichen Gespannarbeit und in der weiteren Nutzung und Versorgung der Tiere überlagerten und überschnitten sich menschliche und tierliche Produktion und Reproduktion in vielfältigster Art und Weise. Die mensch-tierlichen Beziehungen waren dabei gleichzeitig Bedingung der Zusammenarbeit und deren Resultat.

Die Ambivalenz des Verhältnisses – die Arbeit als Beziehungspflege und das Töten respektive das Getötetwerden der Tiere – wurde in der Landwirtschaft mehr oder weniger offen, wenngleich nicht widerspruchsfrei gelebt und angesprochen. Aber auch die nichtlandwirtschaftliche Gesellschaft, in der der Tod der Tiere zunehmend aus dem Gesichtsfeld verdrängt wurde, ausgelagert an die Bauern und Bäuerinnen, die Metzger:innen und die Tierärzte und distanziert durch eine entsprechende räumliche Organisation der Siedlungen, der Märkte und der weiterverarbeitenden Gewerbe, behielt ihren Anteil daran. Allerdings war der skandalisierte Bezug zum Tod der Tiere nun vermittelt über die Fleischauslagen der Metzgereien, die Milchzentralen, vermittelt in der von den Tieren und für die Tiere gestalteten Landschaft, vermittelt in Lederschuhen und Ledersesseln oder über das auf Darmsaiten klingende Geigenspiel.[124]

Lebensgemeinschaft

Georg Schmidt, der zu wenig beachtete Historiker der ersten Agrarrevolution in der Schweiz, beschrieb das im Familienbetrieb mit der konsequenteren Stallhaltung des Viehs nahe gewordene Verhältnis von Menschen und Tieren in Worten, die inklusive der Gefahr, dieses zu romantisieren, an ein Bild von Albert Anker gemahnen: «Sie [die Bäuerinnen und Bauern] erlebten beispielsweise von jung auf, wie das Vieh unter dem Joch bei der Feldarbeit half, wie es Milch gab und sich vermehrte. Darum sahen sie in ihm nicht wie Stadtarzt Hans Caspar Hirzel die vernunftlose, nur wegen menschlicher Zwecksetzungen daseinsberechtigte Kreatur, sondern den unentbehrlichen Arbeitsgefähr-

123 Die Landwirtschaft Graubündens, Erlenbach/Zürich 1964, 17, 20 und Tab. 29: Arbeitstage je Grossvieheinheit (GVE). Der Aufwand nahm mit der Grösse der Betriebe ab. Für die Situation im Gebirge (GR): ‹ 3 GVE: 146 Tage, 3–6 GVE: 104 Tage, 6–9 GVE: 85 Tage, 9–12 GVE: 73 Tage, › 12 GVE: 62 Tage; im Durchschnitt aller Betriebe: 89 Tage. Die kleinbäuerliche Struktur war damit eine Folge und zugleich eine Beschränkung der grossen, mit der Tierhaltung verbundenen Aufwände. Dazu auch Schiedt, Langsamverkehr, 2009, 34 und 64.

124 Zum Verhältnis von Arbeit und Nutzung, die den Tod der Tiere einschliesst, vgl. Moser, Grenzen der Komplexitätsreduktion, 2021; zur Arbeitstiertopografie vgl. Baratay, Bêtes de somme, 2008, 74–76 und 111–114; zur zunehmenden Sensibilität gegenüber dem Tod der Nutztiere vgl. Kathan, Zum Fressen gern, 2004, 161–163; Nieradzik, Körperregime Schlachthof, 2014.

Foto 77: Knabe neben einem Zweiergespann mit Pferd und Rind bei Wahlern (BE), Foto aus dem Jahr 1947. Beide Tiere sind in Kummeten angespannt; das Kummet des Rindes ist unten offen und mit einer kurzen Kette verbunden. Es kann verstellt und kurzfristig angepasst werden. Es handelt sich um einen der vielen Nachweise, dass auch Kinder und Jugendliche mit Tieren arbeiteten, für die die Arbeit mit den Tieren nicht nur existenzielle Notwendigkeit in der Familienwirtschaft, sondern auch Ermächtigung war. Die Peitsche dient in der Regel weniger dem Schlagen als der Hinlenkung der Aufmerksamkeit der Tiere. Mit der Peitsche zeigt der/die Gespannführer:in beispielsweise die Richtungsänderung an. Sie bleibt allerdings – auch in der Hand des Jungen – Insigne der Macht und Zeichen der asymmetrischen Beziehung zwischen Mensch und Tier. (Museum für Kommunikation, FFF 07705, AfA-ID 888)

ten, den getreuen Weggenossen. Sie wohnten mit ihm unter einem Dach, wohl auch im selben Raum. Sie pflegten und schmückten es oft sorgfältiger als die leiblichen Kinder, die noch keinen Anteil am mühsamen Tagewerk hatten. Sie passten ihm ihren eigenen Arbeitsrhythmus an und konnten sich nur schwer von ihm trennen.» Im Weiteren sprach Schmidt von der «annähernden Gleichsetzung der arbeitenden Menschen mit dem an der Feldarbeit beteiligten Vieh», mit den Arbeitstieren, die im Zusammenrücken von Menschen und Nutztieren in der ersten Agrarrevolution gleichsam zu Familienmitgliedern wurden.[125]

Mit dem Verweis auf Hans Caspar Hirzel bezog sich Schmidt auf die (volks-) aufklärerische Variation der anthropologischen Differenz, die der Zürcher Oberstadtarzt im Jahr 1800 publiziert hatte. Hirzel schrieb: «Wer treibt jenen Ochsen vor dem Pflug in dem Rübenacker? Ein achtjähriges Mädchen? Warum folgt das starke Thier dem schwachen Mädchen so willig? [...] Es fehlt ihm [dem Ochsen] an der Kraft, Mittel und Endzwecke mit einander zu verbinden, die das Kind hingegen anwendet, das Thier nach seinem Willen zu lenken. Der Vater spannt den Stier unter das Joch, und giebt dem Kind das Leitseil und die Geissel in die Hand, das Thier nach Gefallen zu leiten und anzutreiben. Ist diese Handlung dem Körper zuzuschreiben, oder vielmehr dem Geist des Menschen, der ihn lehrt, Endzweck und Mittel wahrzunehmen, aufzusuchen, und zu seinem Vortheil anzuwenden?»[126]

Schmidt replizierte die Ansicht des Aufklärers mit der «naturverbundenen Wirtschaftsweise», die die Basis der Zusammenarbeit der ungleichen Akteure bildete. Der von Schmidt mit Verweis auf Hirzel angesprochene Unterschied zwischen der Sicht auf die Arbeitstiere als vernunftlose Arbeitsmittel und auf die Arbeitstiere als mitarbeitende Subjekte ist bedeutsam, wenn es darum geht, die Mensch-Tier-Beziehungen mindestens in Umrissen zu erfassen, geht es doch auch in dieser Hinsicht um die Frage, ob sich die Verhältnisse in einer gegenseitigen Nutzungs- oder in einer einseitigen Verbrauchslogik etablierten.

Ein nahes mensch-tierliches Nutzungsverhältnis kommt beispielsweise in der volksreligiösen Dankbarkeitsbekundung für die Errettung eines Fuhrmanns und seiner Zugtiere zum Ausdruck. Im Votivbild (Abb. 21) schloss Marias Schutz Mensch und Tier gleichermassen ein: «Es war im Kanton Luzern ein Bauer oder Fuhrmann mit einem Sagholz zu Winterszeit schief über einen Berg gefahren, in einer holen des Berges rutschte das Sagholz mit zwey Ochsen über eine Rihe hinunter, und übertrolete bis die zwey Ochsen an einem Stok hangen geblieben und auf dem Rücken lagen und der Fuhrmann darunter; durch schnelles versprächen allhier zu der hl. Mutter Gottes, wird Fuhrmann und Ochsen durch

125 Schmidt, Schweizer Bauer im Zeitalter des Frühkapitalismus, 1932, Bd. 1, 40, Bd. 2, 90*.
126 Ebd., Bd. 1, 146; Hirzel, An seinen Freund Heinrich Meister, 1800, 21–24, Zitat 22.

Abb. 21: Ein Bauer gerät unter das von ihm geführte Ochsenfuhrwerk. Die Tatsache, dass er und seine Tiere den Unfall überlebten, war Anlass für das Votivbild, mit dem der Bauer in der Wallfahrtskapelle Maria-Rickenbach in Niederrickenbach für die göttliche Vorsehung dankte. (46 × 34 cm, Empirische Kulturwissenschaft Schweiz [EKWS], Sammlung Baumann, Nr. 4579)

ihre hl. Fürbitt von Gott gnädig gerettet und gesund erhalten worden. Gott und seiner hl. Mutter Lob und Dank gesagt. Anno 1844». Das Votivbild ist Zeugnis sowohl der Lebens- und Arbeitsgemeinschaft von Menschen und Tieren als auch der Differenz im mensch-tierlichen Verhältnis: Es ist der Mensch, der den Dank abstattet, und die Rettung höheren Mächten zuschreibt.

So einleuchtend und verlockend die Annahme der mensch-tierlichen Lebensgemeinschaft ist, so schwierig sind Beziehungen anhand von Quellen genauer zu fassen. Dabei liegt eine der Unschärfen im Auge jener Betrachterin und jenes Betrachters, die/der die Wendung «Beziehung» allein auf die gute Beziehung bezieht; andernfalls sei es eben keine Beziehung. Eine solche Wertung findet sich in manchen der zurzeit blühenden Human-Animal-Studies. Im Folgenden vermeiden wir die Unterstellung: Eine Beziehung kann gut oder schlecht, sie kann einfühlsam oder brachial und gewalttätig sein. Da weist die Arbeitstiergeschichte durchaus Parallelen zur Arbeiter:innengeschichte und zur Sozialgeschichte der Familienverhältnisse auf. Auch die Berichte der in der

Schweiz in der zweiten Hälfte des 19. Jahrhunderts aufkommenden Tierschutzbewegung müssen als Quellen der Mensch-Tier-Beziehungen gelesen werden und nicht als deren Gegenteil.[127] In diesen fehlen nun aber die arbeitenden Rinder fast vollständig (nicht aber die Verhältnisse um das Töten der Tiere).[128] Die vom städtischen Bürgertum ausgehenden Tierschutzvereine arbeiteten sich zunächst vor allem an den Tieren ab, die ihnen in sentimentaler und statusbezogener Sicht am nächsten standen: den Pferden und den Hunden, während die Rinder dann doch auch in den damaligen Tierschutzkreisen eher zu Hirzels «vernunftlosen, nur wegen menschlichen Zwecksetzungen daseinsberechtigten Kreaturen» gehörten. Selbstverständlich wurden aber auch die Rinder in tierquälerischer Weise geschlagen und überanstrengt. Das ist aber weniger in Quellen explizit überliefert als dem normativen Duktus des Schreibens über die gute und zweckmässige Behandlung des Arbeitsviehs inhärent.

Erziehung zur Arbeit

Die Interaktionen um die Erziehung des Viehs zur Arbeit und um die Arbeit selbst waren wichtige Zusammenhänge der Etablierung und der Pflege der mensch-tierlichen Beziehung.[129] Über die engeren Belange der Erziehung und Abrichtung enthält die Ratgeberliteratur manche weiteren Informationen über allgemeine Verhältnisse der Kooperation. Die Erziehung umfasste das Akzeptieren des Geschirrs, das Ziehen, das Arbeitstempo, das Befolgen der Befehle, die Erledigung bestimmter Aufgaben, das Einüben von Routinen der mensch-tierlichen Zusammenarbeit und das Training; längere Zeit nicht zur Arbeit verwendete Tiere verloren ihre Arbeitskompetenzen wieder.[130] Die meisten Autoren, die über die Erziehung der Rinder schrieben, betonten zudem, dass die Tiere nicht nur von den Menschen lernten, sondern ebenso von älteren, erfahrenen Arbeitstieren, mit denen sie im Laufe ihrer Lehrzeit zusammengespannt würden.[131]

Albrecht Thaer, der deutsche Agronom, war einerseits der Ansicht, dass man den Rindern sehr viel beibringen könne, anderseits, dass man diesbezüglich den Rindern nicht mit der gleichen Sorgfalt und dem gleichen Aufwand wie den Pferden begegnete. Dies interpretierte Thaer als eine Folge des Umstands, dass die Arbeit mit Rindern allgemein weniger geachtet werde als die Arbeit mit Pferden.[132] Ein weiterer Grund dafür war jedoch zweifellos die Relation

127 Vgl. Griffin, Animal Maiming, Intimacy and the Politics of Shared Life, 2012.

128 Zürcher, Tierschutzgesetzgebung der Schweiz, 1914; Zürcher, Tierschutzgesetzgebung der Schweiz, 1925.

129 Vgl. Moser, Erziehung der Kühe und Zuchtstiere zur Arbeit, 2015.

130 Spann, Rind als Arbeitstier, 1925, 42 f.

131 Unter anderem ebd., 54, 99.

132 Thaer, Grundsätze der rationellen Landwirthschaft, 1821, Bd. 1, 63–88, 76: «Würde alle die Sorgfalt auf die Zucht, Wartung und Abrichtung der Ochsen verwandt, die man auf die Pferde verwendet, so würde man ihre

Foto 78: Das Rind lernt ziehen, weiss aber noch nicht genau, was es tun soll. Die Last ist nicht gross, und die Zugstränge sind noch lang, damit sich der «Lehrling» nicht vom nachfolgenden Wagen verfolgt fühlt. Bei solchen Lektionen waren oft mehrere Personen zugegen. (Horgen, Tannenbach, 1913, Ortsbildarchiv der Gemeinde Horgen, G 29157)

zwischen dem Erziehungsaufwand und der Zeit der möglichen Nutzung der Rinder, nach der sich die Abrichtung der Tiere notwendigerweise auch auszurichten hatte. Um das tägliche Arbeitsvolumen eines Pferdes zu erreichen, musste man mehrere Rinder – im Falle von Ochsen waren es ungefähr zwei und im Falle von Kühen drei bis vier Tiere – zur Arbeit erziehen, ein Verhältnis, das noch stärker zuungunsten der Rinder ausfiel, wenn man die durchschnittlich doch bedeutend kürzeren Arbeitsleben der Rinder mitberücksichtigt. Ein Pferd konnte in einem Landwirtschaftsbetrieb bis zwanzig Jahre lang arbeiten, während die meisten Ochsen nach fünf bis sechs Jahren Arbeit ausschieden, wenn sie dann noch gemästet werden sollten. Wegen des bei den Rindern häufigeren Wechsels der Tiere hatte man in den auf Rinderarbeit setzenden Betrieben entsprechend oft «Lehrlinge» in Ausbildung. Ein auf die Aufzucht und Ausbildung von Arbeitstieren spezialisiertes Geschäftsfeld, wie es sich in der Pferdeaufzucht etabliert hatte, war in bedeutend kleinerem Masse nur hin-

Vollkommenheit sehr hoch treiben können. Aber das geschieht, der Verachtung wegen [...] nur an wenigen Orten [...].»

Fotos 79 und 80: Nicht nur die Tiere haben das Ziehen zu erlernen. Für die angehenden Bauern gehört der Umgang mit den Arbeitstieren bis in die frühen 1950er-Jahre zum Unterrichtsstoff; im Bild die erste Meisterprüfung des Jahres 1945. Der Meisterbauerkandidat muss als Prüfungsaufgabe einen Auszubildenden in die Gespannarbeit mit Rindern unterweisen. Im linken Bild ist auch der leicht distanziert stehende Prüfungsexperte zu sehen. (Fotos Burgerbibliothek Bern)

sichtlich der Erziehung der Ochsen und Stiere und nur in Regionen möglich, in denen diese systematisch und zahlreich verwendet wurden.[133]

Die Ausbildung erforderte Kenntnisse der Tiernatur, Einfühlungsvermögen und vor allem Geduld und Zeit, die man in familienwirtschaftlichen Kontexten reichlicher hatte als in kapitalistisch verfassten Betriebsverhältnissen.[134] Das Anlernen der Tiere zur Arbeit gehörte einerseits zum Erfahrungswissen und zu den Routinen im Umgang mit den Tieren. Anderseits wurde dies auch in den Ausbildungsgängen der Landwirtschaftsschulen gelehrt. In den 1945 eingeführten Meisterprüfungen war die Arbeit mit Zugrindern Prüfungsfach.[135] In grösseren Landwirtschaftsbetrieben und Transportunternehmungen waren zudem die besten Rinderknechte und Fuhrleute damit betraut, den Tieren die je nach Umgebung und Arbeit noch notwendigen Spezialkompetenzen beizubringen.

Joseph Spann, der deutsche Professor für Tierzucht, legte mit seinem Werk über «das Rind als Arbeitstier» nicht nur eine Studie über die diesbezüglichen Verhältnisse, sondern auch ein Lehrbuch für Praktiker vor. Seine Ratschläge bezogen sich unter anderem auf die Erziehung der Rinder: «Das Anlernen der Ochsen, mit dem wegen der grösseren Willigkeit und Gelehrigkeit der jüngeren Tiere nicht zu spät begonnen werden darf, muss mit Geduld und Ruhe allmählich erfolgen. Anfangs wird man zwei abzurichtende Tiere zusammenkoppeln und sie öfters eine Zeitlang führen. Hierauf versehe man sie schon im

133 Beispielsweise im aargauischen Freiamt, siehe S. 164, Anm. 335.

134 Wenger, Rindvieh zur Zugarbeit, 1941.

135 Stuber, Moser, Gerber-Visser, Pfister (Hg.), Kartoffeln, Klee und kluge Köpfe, 2009, 39.

Stalle je nach der Gegend mit Jochen oder Kummeten, die gut passen müssen. Die nunmehr beizugebende Last darf anfänglich das Tier nur wenig ermüden; nur ganz allmählich vermehre man sie. Man spanne die Zugochsen zunächst vor einen leeren Wagen und vergrössere allmählich die Zuglast. Vorteilhafterweise spannt man das abzurichtende Tier auch neben ein schon angelerntes, ruhiges und älteres Zugtier. Schläge vermeide man tunlichst und suche den erwünschten Erfolg durch Güte zu erreichen, Überanstrengungen sind in der ersten Zeit peinlichst zu vermeiden, da sonst die Neulinge in der Arbeit gerne störrisch werden.»[136]

Auch Wenger empfahl, mit der Erziehung zur Arbeit frühzeitig im Alter von 1 3/4–2 Jahren zu beginnen, um die Rinder dann geduldig an ihre Aufgaben heranzuführen. «Das Anlernen muss während der jetzigen Winterszeit geschehen. Dabei sind die Tiere an einen flotten ausgiebigen Schritt zu gewöhnen. Die Zuganforderungen dürfen nur nach und nach und nicht auf Kosten eines raschen Ganges gesteigert werden. Mindestens so wichtig wie das Anlernen ist das Training der Tiere.»[137] Es dauerte gewöhnlich relativ kurze Zeit, einige Tage bis wenige Wochen, bis das Rind das Ziehen begriff, jedoch eine längere Zeit, bis es zu einem guten, leistungsfähigen Arbeitstier wurde. Spann rechnete mit sechs Wochen, bis Rinder leichte Zugarbeiten routiniert erledigten. In der Folge wurden die Anforderungen zielgerichtet gesteigert. Verschiedene Autoren betonten die Wichtigkeit der Erfahrung für die Tiere, dass sie die ihnen gestellten Aufgaben bewältigen konnten; zu oft überforderte Tiere würden störrisch. Der Prozess vom Erlernen der Kommandos über das Angewöhnen ans Geschirr und die Führung im Zug bis zur Gewöhnung an hohe und höchste Zugbelastungen dauerte nach Angaben der Fachleute zwei bis drei Jahre.[138]

Alois Günthart behandelte sowohl die körperliche Gewöhnung als auch das (vorherige) Erlernen der Verständigung zwischen Mensch und Tier; Letzteres sollte schon von «Kalbsbeinen» an erfolgen. Das Rind «soll, wenn es 2 Jahre alt ist, an unsere Führung so gewöhnt sein, dass ihm Hüst und Hott schon in Fleisch und Blut übergegangen ist, bevor wir ihm erstmals das Zuggeschirr auflegen. Auch Hü und Ooha soll es längst verstehen und es soll auf den Befehl warten, nicht nach eignem Gutdünken dreinputschen. Das Rind ist ein Gewohnheitstier. Wir können ihm ebensogut Tugenden angewöhnen als Laster. Wenn eine gute Gewohnheit einmal sitzt, haben wir für lange Zeit gewonnen. Beim Austreiben eines angewöhnten Lasters, zeigt es sich hingegen nicht selten, dass man 2 neue Untugenden eintauscht. Furchtsamkeit und Unsicherheit kann jeder Grobian dem Rindvieh beibringen! Vertrautheit und Folgsamkeit erreichen wir beim Rinde nur, wenn wir es menschliche Vernunft und menschliches Erbarmen fühlen lassen!» Durch die körperliche Gewöh-

136 Spann, Rind als Arbeitstier, 1925, 54.
137 Wenger, Rindvieh zur Zugarbeit, 1941, 69.
138 Spann, Rind als Arbeitstier, 1925, 54, 97–99.

nung würde sich beim Kehl- oder Widerristjoch dort ein Wulst bilden, wo das Joch oberhalb des obersten Brustwirbels aufliegt. Günthart verglich dies mit «der Schwiele an der Bauernhand». Sie sei an den ersten Tagen schmerzhaft und dann ein widerstandsfähiges Polster. Das gefürchtete Durchgehen der Tiere sei beim Rind selten innerer Antrieb, sondern fast immer äusserer Anlass: «Die grösste Gefahr in dieser Richtung ist die Bremsenplage. Da geht der Naturtrieb über alle Kultur hinweg, da hilft kein ‹oha› und kein ‹huf›, da hilft nur Vorbeugung mit Bremsenöl und Decke, Bremsenschürze aus alten Säcken (getränkt mit Bremsenöl).»[139]

Einig war man sich, dass die Erziehung des Viehs zur Arbeit kein Brechen der Tiere sein sollte. Dass es allerdings nicht immer so verständig, einfühlsam und fast pädagogisch zuging, wie das die Ratschläge von Spann, Wenger und Günthart in normativer Absicht unterstellten, illustrieren die in den landwirtschaftlichen Zeitungen und Zeitschriften ebenfalls relativ häufig zirkulierenden Kniffe und Methoden, wie Rindern das Ziehen beigebracht und schwierigen Tieren die eine oder andere Macke abgewöhnt werden konnten. Das ging vom Nasenring bis hin zu Hilfskonstruktionen in den Ställen, mit denen die unter Hunger gesetzten «Lehrlinge» «unter Zug» zum Heu gelangten und sich damit ans Geschirr gewöhnten. Dabei unterschied sich der Ton merklich von den didaktischen Texten der Landwirtschaftslehrer.[140]

Gespannarbeit, eine Arbeitsbeziehung

In der Zusammenarbeit von Menschen und Tieren wurde das Handeln und Wirken von Menschen und Tieren zu einer ausgeprägten mensch-tierlichen Co- oder Interagency.[141] Sie ging über den selbstverständlich zutreffenden Einwand hinaus, dass im Grunde jedes Handeln oder jede Agency relational sei.[142] In ihrer Kooperation bewegten Menschen und Arbeitstiere mehr, als sie es je allein vermochten. Dieses Verhältnis erhielt im Begriff der Gespannarbeit ihren ökonomischen, betriebswirtschaftlichen und alltagspraktischen Ausdruck.

Angesichts der Zusammenarbeit und der vielfach überlieferten Eigenarten und des Eigenwillens der Tiere stellte sich die alte Frage in besonderer, durch den geteilten Raum und das geteilte Leben vermittelten Weise, ob die

139 Günthart, Erziehung des Rindes zum Zuge, 1938, 137–146, 138–140. Vgl. auch Günthart, Gedächtnis des Rindes, 1941.

140 Ak. Das Gewöhnen junger Stiere und Rinder zum Zuge, Schweizerische Landwirtschaftliche Zeitschrift, 1882, 32–34.

141 Zum Konzept der Interagency in der ausufernden Debatte über die tierliche Agency vgl. Schiel, Schürch, Steinbrecher, Von Sklaven, Pferden und Hunden, 2016. Zum Begriff Agency siehe auch S. 14, Anm. 3 und S. 22, Anm. 33 und 34.

142 Shaw, A Way with Animals, 2013; Despret, From Secret Agents to Interagency, 2013, 44: «There is no agency that is not interagency»; Steinbrecher, Tiere und Geschichte, 2016, 8–13.

Abb. 22: Der vierfach gleiche, in zwei Fällen verkehrt abgebildete Kopf eines von Fliegen und Bremsen geplagten Arbeitsrindes setzt ins Bild, dass es dadurch stark irritiert und behindert wird; es dreht ihm der Kopf. Das Plakat preist ein Mittel dagegen an: «Sum bekämpft Stallfliegen». (Dr. R. Maag AG, Museum für Gestaltung, Zürich, Maag Plakatsammlung, AfA-ID 358)

Tiere denn als Objekte oder als Subjekte anzusehen oder zu nutzen seien, als Objekte, wie es das Sprechen über die «Viehware», das «lebende Kapital» und die lebenden Maschinen sowie die rechtlichen Bestimmungen zum Eigentum an Nutztieren nahelegen, oder ob sie als handelnde Subjekte und «leidensfähige» Kreaturen im Sinne von Jeremy Bentham[143] zu betrachten seien. Die eine Position betonte in der idealistischen Tradition von Aristoteles über Descartes, Kant und Heidegger die sogenannte anthropologische Differenz, die Allein- und Höherstellung des Menschen aufgrund seines Bewusstseins, seiner Intentionalität, seines Willens oder seiner Sprachfähigkeit. Das reichte unter anderem bis zur Zurückweisung der Möglichkeit, dass Tiere überhaupt handeln oder Arbeit leisten. Die andere philosophisch, tierrechtlich, naturwissenschaftlich und anthropologisch begründete Position verwies und verweist dagegen auf die

143 Bentham, Principles of Morals and Legislation, [1823], 1996, 283.

Gleichheit oder mindestens auf die Ähnlichkeit von Mensch und Tier. Das war in der historisch-dogmatischen Begründung der Tierschutzgesetzgebung des deutschen Strafrechtsprofessors Robert von Hippel aus dem Jahr 1891 der Fall, der mit dem Philosophen Arthur Schopenhauer argumentierte, dass Mensch und Tier sich «nur dem Grade nach» unterscheiden würden. «Die einzige Fähigkeit, welche den Menschen wirklich vom Tiere trennt, ist die Vernunft, d. h. das Vermögen, abstrakte Begriffe zu bilden. Das Wesen beider aber liegt im Willen, die Vernunft ist etwas Hinzugekommenes.»[144]

Die Ähnlichkeit von Mensch und Tier kann als eine mögliche Konsequenz auch aus der Handlungstheorie des englischen Soziologen Anthony Giddens abgeleitet werden, der gegen die idealistische Konzeption des intentionalen voluntaristischen Akteurs das Nebeneinander von alltäglichem praktisch-routiniertem und diskursivem Handeln betont. In Anlehnung daran läge der Unterschied zwischen Menschen und Arbeitstieren darin, dass Erstere zu diskursivem Handeln fähig sind, aber trotzdem vorwiegend routiniert handeln, während Letztere nur routiniert handeln.[145] Im routinierten Handeln oder im routinierten Arbeiten bestand kein grundlegender Unterschied zwischen Menschen und Tieren, während sich aus ihrer Zusammenarbeit eine eigene, besondere Qualität einer relationalen, gesellschaftlich relevanten Handlungs- und Wirkmacht ergab.[146]

Wie weit eine solche Ähnlichkeit, Vergleichbarkeit und Komplementarität einer häufigen Wahrnehmung in bäuerlichen Kreisen entsprach, kann ein im Jahr 1887 in den «Bernischen Blättern für Landwirthschaft», dem Organ der Ökonomischen Gesellschaft des Kantons Bern, erschienener Artikel «Die animalischen Arbeitskräfte in der Landwirthschaft» illustrieren. Unter diesem Titel fasste der mit «R.» firmierende Autor die Pferde, die Rinder, die Maultiere und an erster Stelle die Menschen selbst. Die hier fassbare Position von Ähnlichkeit und Vergleichbarkeit von menschlicher und tierlicher Arbeit stand bereits unter dem Eindruck der aufkommenden Motoren, im konkreten Fall der Dampfmaschinen, die dieser Zusammensicht einen neuen komparativen Rahmen gaben. Der Autor referierte dabei kenntnisreich die arbeitsphysiologischen Wissensbestände von Morin über Maschek bis zu den neusten Erkenntnissen der Thermodynamik und verglich die verschiedenen «animalischen Arbeitskräfte» hinsichtlich ihrer Kräfte, Leistungen und Wirkungsgrade, um auf dieser Grundlage auch Artspezifisches zu beschreiben: der Menschen, die ihre Vorteile hätten, wo es Verstand, der Maultiere, wo es Schwindelfreiheit, der Pferde und Ochsen, wo es ausdauernde Zugkräfte brauchte, und der zusam-

144 Von Hippel, Die Tierquälerei in der Strafgesetzgebung, 1891, 117. Zu den tierethischen Positionen vgl. Nussbaum, Gerechtigkeit für Tiere, 2023.

145 Giddens, Die Konstitution der Gesellschaft, 1988, 15, 36 f.

146 Der Begriff Agency bezieht sich auf die Handlungs- und Wirkmacht von Mensch, Tieren und Dingen.

Foto 81: Zusammenarbeit – Interagency: im Kummet angeschirrtes Rind, Kanton Freiburg, 1939. Fotografiert werden heisst, sich darzustellen und gleichzeitig dargestellt zu werden. Das trifft nicht nur auf die Menschen, sondern auch auf die Tiere zu. Wer sich auf Bildquellen stützt, muss diesen Umstand quellenkritisch einbeziehen. (Jacques Thévoz, Bibliothèque cantonale et universitaire, Fribourg, JATH_08112, AfA-ID 650)

menarbeitenden Menschen und Tiere, bei denen nicht mehr klar sei, ob nun der Mensch dem Rind oder das Rind dem Menschen das Tempo vorgebe.[147]

Während bei Schopenhauer die Adepten von Descartes und der anthropologischen Differenz erst in den Krallen des Tigers (und zu spät) das Ich und den eigenen Willen der Tiere erkannten,[148] wurden die mit den Tieren arbeitenden Menschen täglich auf die Besonderheiten, auf die Eigenarten und den Eigenwillen ihrer Tiere hingewiesen, die es zu erkennen gelte und auf die sich einzustellen hatte, wer eine Leistung der Tiere erwartete. Erfahrungen der Praktiker:innen sind zahlreich überliefert, die von der arttypischen und der individuellen Intelligenz, den geistigen Fähigkeiten, der Widerständigkeit und allgemein von der Handlungsfähigkeit der Tiere ausgingen, weil dies einer verbreiteten Annahme entsprach oder weil sie – Mensch und Tier gemeinsam – aufgrund einer solchen Prämisse einfach bessere Arbeit leisteten.

147 R. Die animalischen Arbeitskräfte der Landwirthschaft, 1887.
148 Schopenhauer, Über die Grundlage der Moral, [1840] 2007, 138 f.

Für den täglichen Umgang und die Zusammenarbeit mit den Tieren war es nach Lichtenhahn grundlegend, zu beobachten und sich in die Tiere hineinzudenken, «die in mancher Beziehung dem Menschen ähnlich sind und die sogar einen Verstand haben, sie können empfinden und denken und nach ihrer Empfindung und nach ihrer Überlegung gar handeln. [...] Es braucht aber guten Willen, Beobachtungsgabe und einigen Menschenverstand, um herauszufinden, ob und wie die Tiere denken und warum sie gerade so hund-, pferde-, kuh- oder auch affenmässig denken. [...] An Erinnerungsvermögen der Tiere dürfen wir also nicht zweifeln. Wer mit Tieren umgeht, weiss aber auch, dass sie mit ihren Erinnerungen etwas anzustellen vermögen, sie können kombinieren und daraus Schlüsse ziehen. Die Wissenschaftler veranstalten hierüber komplizierte, tierpsychologische Versuche [...]. Ein Kuh- oder ein Pferdestall, ja eine Schweineherde oder ein guter Hund oder eine artige Katze ersetzen aber dem, der wirkliches Tierinteresse hat, den schönsten zoologischen Garten.»[149]

Und auch Fritz Rödiger schloss seine Ausführungen zu den Methoden der Anspannung der Rinder mit Beobachtungen zur mensch-tierlichen Kooperation und mit einem Plädoyer für eine einfühlende Behandlung der Arbeitstiere, welche er zudem noch in bemerkenswerter Weise nationen-, generationen- und geschlechterspezifisch wendete: «Aber auch bei der Arbeit des Thieres kommt sehr viel auf die heitere und zufriedene Stimmung an. Viele werden vielleicht darüber lächeln. Wer aber oft mit den Thieren gearbeitet und sie aufmerksam beobachtet hat, wird dieselbe Erfahrung gemacht haben, wie ich. [...] Ein Bauer, der sein Vieh beim Ackern viel prügelt und es heftig anschreit, macht stets schlechte Arbeit. Das Seelenleben des Thieres wird dadurch getrübt, es wird ängstlich und unzufrieden, springt rasch an, bald rechts, bald links – und der Pflug macht diese Bewegungen mit.

Hingegen bei einem ruhigen und gelassenen Fuhrmann, der sein Vieh studirt hat, – geht das Geschäft wie eine Orgel. Er schlägt wenig, aber dann mit Bedacht, so dass bald jedes Stück seinen Namen kennt und er nur diesen Namen zu rufen braucht, um es anzutreiben. [...] Die Arbeit wird – gut, weil das Seelenleben der Thiere nicht gestört, das Thier mit der Behandlung von Seiten seinen Meisters und mit sich selbst zufrieden ist. Es fühlt sich nicht genirt. [...]

Wie sehr es überhaupt bei der Behandlung der Thiere darauf ankommt, dass man auch auf ihre geistigen Eigenschaften Rücksicht nimmt, beweist uns z. B. die Sanftmuth der Zuchtstiere (der Munis) in der Schweiz, im Gegensatz zu der Bösartigkeit derselben Thiere in einem grossen Theil von Deutschland.

In einzelnen Gegenden Deutschlands sperrt man sie mehrentheils von allem übrigen Vieh ab und nähert sich ihnen nur mit Drohungen und Prügeln; im Innern der Schweiz lässt man ihnen, wie jedem andern Stück Vieh, vollständige Freiheit und meint es mit ihnen gut; so sehen wir, dass in jenen Gegen-

149 Lichtenhahn, Verstand der Tiere, 1941, 3, 6, 13 f.

den Unglück auf Unglück durch böse Munis geschieht, während in den innern Kantonen Buben von kaum 9 und 10 Jahren mit einem einzelnen, grossmächtigen Muni in die Stadt fahren, wobei Knabe und Muni mit einander freundlich zu plaudern scheinen. [...]

Ganz dasselbe bemerken wir in Deutschland in den Gegenden, wo in den Kuhställen, wo in der Regel der Muni auch mit ist, Mägde die Geschäfte besorgen. Diese Mädchen können in der Regel mit einem solchen Muni machen was sie wollen, während, sobald ein Mann in den Stall kommt, das Thier unruhig und wild wird.

Kommt einfach daher, dass die Frauen die Thiere sanfter behandeln, während die Knechte es nicht lassen können, so ein Thier gleich von Jugend an zu necken, und wenn es sich wehrt, dasselbe zu schlagen.»[150]

Die Beobachtungen Lichtenhahns und Rödigers sind keine Zeugnisse einer mensch-tierlichen Kumpanei. In Rödigers metaphorischer Sprache ist der Mensch der «vernünftige Dirigent», die Tiere sind die mehr oder weniger begabten Musikanten oder auch nur die Instrumente. Und in Lichtenhahns Ausführungen werden die Tiere schliesslich «totgeschlagen». Die Arbeitsbeziehungen zwischen Menschen und Tieren waren und blieben gleichermassen eng wie in hohem Grade asymmetrisch. Umso stärker drängt sich zugleich die Annahme einer tier-menschlichen Co- oder Interagency auf, weil damit das historische Phänomen der Tierarbeit und dessen gesellschaftliche Implikationen überhaupt erst adäquat erfasst werden können. Bei der Arbeit ging es nicht nur um die Eignung der Tiere für sich, sondern um das, was als Gespannarbeit umschrieben wurde und die mit den Tieren arbeitenden Menschen mit einschloss. In dieser kam alles zusammen: die tierlichen und menschlichen Arbeitskräfte und deren Leistungs- und Leidensfähigkeit, deren Verständnis füreinander, die benutzten Geräte und Gefährte, die in den topografischen und betriebswirtschaftlichen Voraussetzungen möglichen Tagwerke und die gesellschaftliche Geltung der Zusammenarbeit von Menschen und Tieren.

Die muhende Moderne

Die Rinderarbeit war im dynamischen landwirtschaftlichen Strukturwandel Möglichkeit zur Substitution sowohl der Menschen- als auch der Pferdearbeit. Tatsächlich entschieden sich zahlreiche Bäuerinnen und Bauern angesichts der stärkeren Ausrichtung ihrer Betriebe auf die Viehzucht, die Rinder auch zur Arbeit zu gebrauchen. Die Rinder waren – im Schatten der Pferde und seit dem ausgehenden 19. Jahrhundert der motorisierten Antriebe – die grosse verfügbare Ressource, um viele der notwendigen alltäglichen Zug- respektive Trans-

150 R[ödiger], Anspannungsmethode für Rindvieh, 1856, Zitat S. 18.

Foto 82: Zugochsen betrachten eine Dampfmaschine, die eine Dreschmaschine antreibt; Aufnahme aus dem grossen Landwirtschaftsbetrieb der Strafanstalt Witzwil. Das Foto aus dem Jahr 1914 bringt die Gleichzeitigkeit von Mechanisierung, Motorisierung und weiterhin grosser Bedeutung der Zugtiere beispielhaft zum Ausdruck. Die Dampfmaschine hat wohl Räder. Diese werden jedoch von der Dampfmaschine nicht angetrieben. Die lebendigen Bewegungsenergieressourcen stehen daneben und schauen der Motorisierung mehr oder weniger interessiert zu. Sie haben nicht nur die zu dreschenden Garben hierhin transportiert, sondern auch die Maschine selbst und die Kohle für diese. (Archiv für Agrargeschichte, Glasdia-Sammlung der Anstalten Witzwil, Nr. 0398, AfA-ID 110)

portarbeiten auszuführen, die in der Landwirtschaft, in der Versorgung der Städte, im Tief- und Hochbau anfielen. Die Rinder waren das grosse Potenzial der lokal verfügbaren und lokal zu nutzenden Bewegungsenergie nicht trotz der vielen anderen Zwecke, die mit deren Haltung noch verbunden waren, sondern gerade aufgrund ihrer Multifunktionalität.

Die Arbeit der Rinder entwickelte sich in direkten Bezügen zur Priorisierung der Viehwirtschaft gegenüber anderen agrarischen Produktionsbereichen, in quantitativer Hinsicht in den stark ansteigenden Beständen und in qualitativer Hinsicht über die betrieblichen Verhältnisse und die enger werdenden Beziehungen in diesen. Das Anlernen und Halten der Tiere zur Arbeit wurde zu einer Routine der mensch-tierlichen Beziehungen in der grossen Mehrheit der klei-

Foto 83: Rinder wurden auch in den Städten als Arbeitstiere verwendet: Ochsengespann der Brauerei Hürlimann in Zürich zur Zeit des Zweiten Weltkriegs. Mindestens die in Zugrichtung rechts gehenden Tiere sind an beiden Klauen ihrer Vorderbeine beschlagen. Das lässt darauf schliessen, dass sie regelmässig intensiv zur Zugarbeit auf Strassen genutzt wurden. (Stadtarchiv Zürich, V.L.217, AfA-ID 1712)

nen und in vielen grösseren Landwirtschaftsbetrieben, in denen man oft mehrere Rinder als Arbeitstiere hielt.

Trotz der Dominanz des landwirtschaftlichen Zusammenhangs stehen die Arbeitsrinder auch für die Vielfalt und die grosse gesellschaftliche Verbreitung des Phänomens der Tierarbeit. Die Quellen der Rinderarbeit weisen im Falle der Ochsen in die Betriebe der grossen Bauern und Bäuerinnen und im Falle der Kühe in die vielen kleinen und mittleren Betriebe. Die Arbeitsrinder sind aber auch gleichsam eine Spur, die zur Versorgung der städtischen und ländlichen Märkte und zum dynamischen Wandel führt, der sich in diesen Kontexten vollzog.

Anders, als es das technikdeterministische Fortschrittsnarrativ unterstellt, waren die arbeitenden Rinder selbst Akteure und Faktoren der Modernisierung. Das traf im Falle der Rinder hauptsächlich auf verschiedene Zusammenhänge der ersten und der zweiten Agrarrevolution und im Falle der Arbeitskühe in besonderem Masse auf die dynamische Entwicklung der in der Schweiz vorherrschenden kleinbäuerlichen Verhältnisse zu. Wie die Pferde wurden die

Rinder von den motorisierten Antrieben, den seit der Mitte des 19. Jahrhunderts entstehenden Eisenbahnen, den seit dem Ende des 19. Jahrhunderts aufkommenden motorisierten Strassenfahrzeugen und den motorisierten Landwirtschaftsmaschinen nicht verdrängt. Vielmehr ergab sich sowohl zwischen Rindern und Pferden als auch zwischen den verschiedenen Arbeitstieren und den motorisierten Antrieben bis in die Zwischenkriegszeit ein facettenreiches koevolutives Neben- und Miteinander.

Noch stärker als die anderen Arbeitstiere waren die Arbeitsrinder über ihre Gerüche und ihre Geräusche allgegenwärtig präsent, in der ländlichen Gesellschaft, an den Stadträndern, auf den Strassen der Landschaft und bis in die Städte hinein. Und wo sie nicht selbst anzutreffen waren, zeugten der mehr oder weniger festgefahrene oder auch die Spuren des entfernten Mists davon, dass sie vor kurzem noch da gewesen sind.

Das lange Jahrhundert der Arbeitstiere

Ulrich Raulff beschreibt «das letzte Jahrhundert der Pferde». Er bezieht sich damit – wie wir im vorliegenden Text – auf die Zeit von der zweiten Hälfte des 18. bis in die erste Hälfte des 20. Jahrhunderts.[1] Mit einigen guten Gründen könnte, ja müsste man diesen Zeitraum auf das Gebiet der Schweiz bezogen aber allgemeiner als Zeit der Arbeitstiere bezeichnen. Die Rinder waren die zahlreichsten Arbeitstiere überhaupt. Die Pferde waren wohl flexibler einsetzbar und leistungsfähiger als die meisten Rinder, vor allem weil sie täglich länger arbeiten konnten. Was die Pferde von den anderen arbeitenden Tieren zudem noch unterschied, waren die gesellschaftlichen Fantasien der statusbezogenen Repräsentation, die sich mit ihnen verbanden. Dafür war die Arbeit der Rinder wegen der weiteren Nutzungen und der vorherrschenden Haltung der Tiere in Familienwirtschaften konkurrenzlos billig. Die Zughunde waren überall dort anzutreffen, wo kleine Lasten zu bewegen waren. Nicht selten nutzten die sogenannten kleinen Leute, Grempler:innen, Milchverkäufer:innen oder Kleinhändler:innen Zughunde. Maultiere und Esel wurden in der Schweiz vor allem in südlichen und südwestlichen Gebirgsgegenden gezüchtet und genutzt.

Wie wichtig die Tierarbeit in der Gesellschaft war, kann aus folgenden ungefähren quantitativen Verhältnissen geschlossen werden. Auf dem Höhepunkt der Nutzung der Arbeitstiere um die Wende vom 19. zum 20. Jahrhundert gab es in der Schweiz rund eine halbe Million als bewegende Kräfte genutzte Arbeitstiere, Pferde, Rinder, Esel, Maultiere und Zughunde zusammengenommen, bei einer Gesamtbevölkerung von 3,3 Millionen Menschen.[2] Im Vergleich dazu wurden in den amtlichen Statistiken im Jahr 1900 rund 550 000 im ersten Sektor beschäftige und rund 680 000 im zweiten Sektor beschäftigte Personen erhoben. Es arbeiteten um 1900 demnach fast gleich viele Zug- und Saumtiere wie Menschen in der Landwirtschaft oder nur unbedeutend weniger Tiere als Menschen in Handwerk und Industrie. Bezogen auf das statistisch ausgewiesene Gesamttotal aller Beschäftigten kam ein Arbeitstier auf drei menschliche Arbeitskräfte.[3]

Pferde, Rinder, Esel, Maultiere und Hunde waren unverzichtbare, wichtige und in ihren artbezogenen und individuellen Eigenschaften und Eigenarten

1 Raulff, Das letzte Jahrhundert der Pferde, 2015; Greene, Horses at Work, 2008.

2 Vgl. die quantitativen Befunde und die Schätzungen im Text.

3 Historische Statistik, HSSO F. 2a, Berufstätige nach Erwerbsklassen 1870–1960 (exklusive teilzeitbeschäftigter Personen); HSSO F.8a, Landwirtschaftliche Bevölkerung 1888–1960 (exklusive teilzeitbeschäftigter Personen); HSSO F.13, Gewerbliche Betriebszählungen von 1905, 1929, 1939 und 1955: Betriebe und Beschäftigte des zweiten und dritten Sektors nach Wirtschaftsklassen und Geschlecht. Bei den in der Landwirtschaft Tätigen sind die Teilzeitbeschäftigten mitgezählt, in den Werten für den zweiten Sektor und für das Total aller Berufstätigen fehlen die Teilzeitbeschäftigten.

zugleich besondere Arbeitskräfte. Ihre Verwendung zur Arbeit war verbreitete und selbstverständliche Kulturpraxis. Die Arbeitstiere erbrachten ihre Leistungen in vielseitig prägender Weise. Sie waren allgegenwärtig in der Landschaft und in den Städten. Im langen 19. Jahrhundert wurden sie in verschiedenen Kontexten noch wichtiger und zahlreicher, als sie es bis dahin schon waren.[4] Um die Arbeitstiere und mit ihnen ergaben sich die sozialen und emotionalen Verhältnisse der Gespannarbeit, dieser Kooperation von Unterschiedlichen, aus deren Bedingungen und Vorteilen verschiedene gesellschaftliche Nutzungssysteme hervorgingen, von der Zucht, der Haltung und den Arbeitskontexten der Tiere über die Futterproduktion bis zu den Klang- und Geruchswelten, von denen Éric Baratay spricht, und bis hin zur weiteren Verwertung der Körper der Tiere nach deren Tod.

Von der Mitte des 18. bis in die erste Hälfte des 20. Jahrhunderts spielten die Arbeitstiere in verschiedenen gesellschaftlichen und wirtschaftlichen Entwicklungen eine mehr oder weniger tragende (respektive eine ziehende) Rolle. Seit dem ausgehenden 18. bis ungefähr zur Mitte des 19. Jahrhunderts rückten die Tiere in der ersten Agrarrevolution näher zu den Menschen. Die dadurch entstandenen engeren Mensch-Tier-Beziehungen waren insbesondere bei den Rindern sowohl eine Grundlage als auch wiederum eine Folge des intensiveren Zugriffs auf die Tiere und deren Arbeitskraft. Ungefähr gleichzeitig begann man, Zugpferde als schnellere Kutschenpferde und stärkere Wagenpferde ausdifferenziert zu züchten. Sie wurden auf den neuen Chausseen und Kunststrassen zu den bewegenden Kräften, zu den «prime movers» einer eigentlichen Verkehrsrevolution, in der einerseits sich die leistungsfähigen, beschleunigten Kommunikations- und Postkutschennetze etablierten, anderseits die Kapazitäten des Fuhrwerkverkehrs um ein Drei- bis Sechsfaches anwuchsen. Die Zugpferde ersetzten dabei unter anderem die bisher auch in Mittellandtransporten zahlreichen Saumpferde. Diese züchterischen, infrastrukturellen und betrieblichen Neuerungen rund um die Arbeitstiere waren grundlegend für eine erste Welle der Urbanisierung, für die frühe Industrialisierung und allgemein für die Intensivierung des regionalen Austauschs. Selbst die Zughunde können in diesen Zusammenhängen gefasst und interpretiert werden, wurden sie doch in den damals sich verändernden milchwirtschaftlichen und kleinhandelsbezogenen Verhältnissen des 19. Jahrhunderts zahlreicher. Mit der Mechanisierung der Landwirtschaft erhöhte sich die Nachfrage nach stärkeren Zugpferden noch einmal, während sich die Zugrinder vor allem für die vielen Betriebe als Alternative anboten, die sich stärker in Richtung Milchwirtschaft orientierten.

Seit der Mitte des 19. Jahrhunderts entstand eine noch nie dagewesene Vielfalt von interdependenten Funktionszusammenhängen um die weiterhin genutzten animalischen und die neuen fossilen und elektrischen Bewegungs-

4 Dazu auch Auderset, Schiedt, Arbeitstiere, 2021; Moser, Schiedt, Arbeitstiere im langen 19. Jahrhundert, 2024.

energieressourcen. Wohl kam es zu regionalen und anderen Substitutionsprozessen, die aber nicht nur in eine unterstellte Fortschrittsrichtung wiesen. So kam es aus guten betriebswirtschaftlichen Gründen vor, dass man wieder von den Motoren zu den Tieren wechselte. Und schliesslich beruhte selbst die Durchsetzung der neuen motorisierten Antriebe in mehrfacher Hinsicht auf der Mitwirkung von Zugtieren. Beispielhaft zeigte sich das an den Eisenbahnen, in deren Folge die Arbeitstiere in der Feinverteilung des grösseren Transportaufkommens zahlreicher nachgefragt wurden, und noch deutlicher zeigte sich dies an den grossen motorisierten Schleppern, die über wenige Pferdestärken (PS) verfügten und die von zahlreichen realen Pferden oder Rindern an den Ort ihres Einsatzes gezogen werden mussten.

Über das ganze lange Jahrhundert kam es zu Entscheiden für oder gegen bestimmte Arbeitstiere und seit der Wende vom 19. zum 20. Jahrhundert auch zu Neuorientierungen in der Frage, ob man weiterhin mit Arbeitstieren oder auch mit den aufkommenden motorisierten Antrieben arbeiten sollte. Diese waren Ausdruck sowohl neuer Sachzwänge als auch der Spielräume, der Strategien und Konzepte des Handelns, in denen den Arbeitstieren eine ähnlich wichtige Rolle zukam wie der Erschliessung anderer Energieressourcen. Die Veränderungen der unterschiedlichen Präferenzen und Konditionen der Arbeitstiernutzung ergaben sich letztlich in zwei grossen Tendenzen: dem wachsenden gesellschaftlichen Bedarf an Bewegungsenergie und der gleichzeitigen Notwendigkeit für individuelle und kollektive Akteur:innen, sich im dynamischen Strukturwandel im Rahmen der eigenen Möglichkeiten und der eigenen Ziele zu platzieren, zu organisieren und besser zu reüssieren.

Die älteren technik-, industrie- und verkehrsgeschichtlichen Entwicklungsnarrative gehen in der Regel von Substitutionen der Arbeitstiere aus, sobald die als höherwertig betrachtete motorisierte Traktion an Verbreitung gewann, seien dies die Eisenbahnen seit der Mitte des 19. Jahrhunderts, die motorisierten Strassenfahrzeuge ab der Wende zum 20. Jahrhundert oder die Traktoren der Landwirtschaft seit Beginn der Zwischenkriegszeit. Und hinsichtlich der Arbeitstiere selbst wird vielfach eine Entwicklungsabfolge von den Menschen über die Rinder zu den Pferden unterlegt. Die Beschäftigung mit den verschiedenen Arbeitstieren zeigt nun aber für den ganzen Zeitraum einerseits ein vielfältiges Nebeneinander der Arbeitstiere, anderseits eine teils regional und oft schichtspezifisch ausdifferenzierte Koevolution der verschiedenen Formen der Tierarbeit und des gleichzeitigen Aufkommens motorisierter Verkehrsmittel respektive motorisierter Antriebe.

In der Geschichte des 19. Jahrhunderts werden gemeinhin die Industrialisierung und oft die technischen Innovationen hervorgehoben. Es wird dabei viel von der Macht der (motorisierten) Maschinen und von der neuen tayloristischen Arbeitsorganisation gesprochen. Weniger häufig wird ins Auge gefasst, dass gesellschaftliche Modernisierungsprozesse auch ausserhalb der engeren industriellen Entwicklung, beispielsweise in der Landwirtschaft, abliefen und der wirtschaftliche Wandel nicht nur auf der Durchsetzung technischer Artefakte, sondern mindestens so sehr in der Neukombination überkommener Elemente, Verfahren und Potenziale beruhte, die sich ihrerseits in diesem Zeitraum teilweise entscheidend weiterentwickelten.[5] Hinter dem Take-off hin zu einem verstetigten Wirtschaftswachstum standen nicht nur technische und betriebsorganisatorische Innovationen, sondern auch der Einbezug und die Anstrengung aller verfügbaren Ressourcen und Reserven. In diese Zusammenhänge – in die Neukonfiguration, in die Anstrengung aller Kräfte und selbst in die Durchsetzung der neuen technischen Artefakte – waren die Arbeitstiere vielfältig mit einbezogen. Auf ihrer Zugkraft beruhten die Steigerung der agrarischen Produktivität, die Mechanisierung ihrer Arbeiten, das Wachstum und die Versorgung der Städte.

Der im 19. Jahrhundert anschwellende technikdeterministische Fortschrittsdiskurs unterstellte jedoch mit zunehmender Vehemenz die Überlegenheit der motorisierten Antriebe. Das hatte zunächst kaum eine Grundlage in einer sinkenden Bedeutung der Arbeitstiere im Alltag, im Gegenteil. Er wirkte sich aber über den Umstand, dass die Tierarbeit und die Arbeitstierwelt nun zunehmend als Phänomene der Vormoderne und in teleologischer Konstruktion als zu überwindende Verhältnisse dargestellt wurden, auf die den Arbeitstieren zugeschriebene Zukunftsfähigkeit aus. Ausserhalb der eigentlichen Zuchtgebiete und ausserhalb der Landwirtschaft rückten die Arbeitstiere Jahrzehnte vor ihrem eigentlichen Bedeutungs- und Funktionsverlust aus der kulturellen Mitte der Gesellschaft. Bis dahin selbstverständliche Verhältnisse der Tierhaltung und -nutzung wurden nun plötzlich als Gesundheitsgefährdung, als Tierquälerei, als unzumutbar oder als nicht mehr zeitgemäss wahrgenommen. Das begann in den Städten des späten 19. Jahrhunderts. Diese Einordnung der Tierarbeit als Zusammenhang der Vormoderne wird von vielen Historiker:innen übernommen, indem sie der bemerkenswerten Synchronizität der verschiedenen Formen der Tierarbeit, der Eisenbahnen und später auch der Automobile und der Traktoren, deren Vielfalt nie grösser war als in der zweiten Hälfte des 19. und den ersten Jahrzehnten des 20. Jahrhunderts, mit dem wirkmächtigen Topos der Gleichzeitigkeit des Ungleichzeitigen eine diachrone Hierarchisierung im Sinne des technischen Fortschritts unterstellen.[6]

Dem stehen all die Akteurinnen und Akteure gegenüber, die auf die Arbeit der Tiere nicht verzichten wollten oder nicht verzichten konnten. Und dem stehen all die Neukombinationen und Neukonfigurationen von Alt und Neu gegenüber, die in der Geschichte der bewegenden Kräfte so zahlreich sind. Wer den Arbeitstieren und den mit ihnen arbeitenden Menschen in schriftlichen

5 Edgerton, The Shock of the Old, [2006] 2019; Möser, Fortdauer und Wiederkehr des Alten, 2010.

6 Koselleck, Vergangene Zukunft, 1989, 32; Landwehr, ‹Gleichzeitigkeit des Ungleichzeitigen›, 2012, 16 f.

Foto 84: «Brauereipferde» vor dem Reiterdenkmal von Hans Waldmann (1435–1489), Condottiere und Bürgermeister von Zürich: Pferde waren Arbeitstiere und Symboltiere. Erstere arbeiteten auf den Strassen und die Letzteren fanden sich auf den Denkmälern zwischen den Sockeln und den jeweils angesagten Helden. (Stadtarchiv Zürich, V.L.218, AfA-ID 1714)

Quellen, in Fotografien und Filmen durch die Gesellschaft folgt, erhält ein sehr viel differenzierteres, spannenderes Bild sowohl von der Welt der Arbeitstiere als auch von wichtigen Prozessen der Modernisierung. Die Arbeitstiere waren im langen Zeitraum, den Raulff und Koselleck als «Ende des Pferdezeitalters» umreissen,[7] in verschiedener Hinsicht selbst Faktoren und Akteure in grundlegenden gesellschaftlichen Neuerungsprozessen: so in der ersten und der zweiten Agrarrevolution, in der mehrfachen Umwälzung der Transportverhältnisse oder in mehreren Phasen der Urbanisierung.

7 Koselleck, Aufbruch in die Moderne oder das Ende des Pferdezeitalters, 2005; Raulff, Das letzte Jahrhundert der Pferde, 2015.

Das Ende der Arbeitstiere

Das Ende der Arbeitstiere kam nicht plötzlich – und man könnte sich mit Verweis auf andere Weltregionen oder mit einer Ausweitung des Arbeitsbegriffs mit guten Argumenten auch auf den Standpunkt stellen, dass es gar nie eingetreten sei. Das Ende kam auch nicht in gleicher Weise für die verschiedenen Arbeitstiere, die Hunde, die Rinder, die Esel, die Maultiere und die Pferde. Was zwischen ungefähr der Mitte des 19. und dem dritten Viertel des 20. Jahrhunderts in Industriegesellschaften in je unterschiedlichen Zusammenhängen unterschiedlich schnell endete, war die Alternativlosigkeit der Arbeitstiere als Bewegungsenergieressource. Das war kein alle gesellschaftlichen Sphären und alle Regionen gleichzeitig erfassendes Momentum. Das Ende der Arbeitstiere kam in den Städten früher (ab der Wende zum 20. Jahrhundert) als auf der Landschaft und das Ende kam für die Strassentransporte früher (ab den 1920er-Jahren) als in der Landwirtschaft und im Militär. In letzteren beiden Zusammenhängen erreichten die Anzahl der Arbeitstiere und die Intensität der Arbeitstiernutzung in der Zwischenkriegszeit und während des Zweiten Weltkriegs ihren Höhepunkt. Erst in der Zeit der Massenmotorisierung der 1950er- und 1960er-Jahre, die in Mitteleuropa sowohl im Strassenverkehr als auch in der Landwirtschaft ungefähr gleichzeitig anhob, kam es zum entscheidenden Rückgang der Arbeitstierbestände.

Im Ende der Arbeitstiere konvergierten verschiedene Prozesse. Grundlegende Konstellationen des Verschwindens waren die gesellschaftlichen und branchenspezifischen Erwartungen und Fortschrittsvisionen, die landwirtschaftlichen Umwälzungen, die als dritte Agrarrevolution gefasst werden, die mobil, technisch robust und zahlbar werdenden motorisierten Antriebe, die gleichzeitige Verbilligung fossiler Treibstoffe und schliesslich, damit verbunden, die Massenmotorisierung des Strassenverkehrs und der landwirtschaftlichen Arbeiten. Die bisher stark von den Arbeitstieren bestimmten lokalen und regionalen Raumordnungen und Raumkonstellationen wurden durch die fossil befeuerten, automobilen Erreichbarkeiten aufgebrochen und entscheidend zuungunsten der Arbeitstiere verändert.[8]

Ein wichtiger Begleitumstand der Nutzung war das Sprechen vom baldigen Ende der als ineffizient, vormodern und veraltet apostrophierten Arbeitstiere, das auch als utopisches Motoren- und Maschinenversprechen daherkam. Es war Ausdruck eines langsamen Stimmungsumschwungs in den Städten, in Fachdiskussionen, im Rahmen der Hygienebewegung und in der aufkommen-

8 Zur dritten Agrarrevolution vgl. Bairoch, Les trois révolutions agricoles, 1989; Moser, Varley, State and Agricultural Modernisation, 2013, 20–24; zu den langen Zeitreihen der Motorfahrzeugentwicklung vgl. Frey, Schiedt/ViaStoria (Hg.), strassendaten.ch, 25. 7. 2023; zur Entwicklung der Treibstoffpreise Widmer, Meister, Zeitreihen zur Verkehrsentwicklung, 2005, 24 f.; zur damals so genannten Verkehrstrennung und zur Entwicklung der Mobilität siehe Haefeli, Mobilität im Alltag, 2022, 68–84.

Foto 85: Strasse Winterthur–Schaffhausen bei Andelfingen, 12. August 1958. Erst auf den zweiten Blick wird deutlich, dass es sich um eine Kreuzung einer Hauptstrasse mit einem Feldweg handelt. Während der Feldweg noch eine für Arbeitstiere taugliche Oberfläche aufweist, ist die Betonstrasse für diese denkbar ungeeignet. Die Arbeitstiere und der Fuhrmann stören die neue automobile Raumordnung. Sie überqueren die Strasse, von der sie verdrängt werden. (Beratungsstelle für Unfallverhütung)

den bürgerlichen Ordnung und Kontrolle, in welchen die Tiere, deren Nutzung und Schlachtung und auch deren Arbeit zunehmend negativ, als Belastung, als Störung, als Gesundheitsgefährdung, als retardierendes Prinzip empfunden und dargestellt wurden. Neben dieser diskursiven Linie gab es jedoch immer auch jene Kreise der Landwirtschaft und der nebengewerblichen Transporteure, für die die Zukunft der Arbeitstiere offen und deren Ende bis um die Mitte des 20. Jahrhunderts nicht in der Weise absehbar war, wie es dann doch relativ schnell eintreten sollte.

In der Landwirtschaft war das Ende der Arbeitstiere – sowohl als Ursache als auch als Folge – vielschichtig mit dem Rückgang der kleineren Betriebe, mit dem Rückgang der reinen Familienwirtschaften und mit der stark schwindenden Attraktivität der wirtschaftlichen Lebensweise der Pluriaktivität verbunden.[9] Ein auf den ersten Blick nebensächlich erscheinender, aber in seinen Folgen wichtiger Aspekt war dabei der Strukturwandel im Fuhrwesen. In diesem hatte

9 Brugger, Schweizerische Landwirtschaft 1914 bis 1980, 1985, 65–103.

man bis vor dem Ersten Weltkrieg noch hauptsächlich auf Pferde gesetzt.[10] Nach dem Ersten Weltkrieg, in welchem sich die Funktionstauglichkeit der Lastkraftwagen und der Strassentraktoren entscheidend verbessert hatte, wurden die ausgemusterten motorisierten Militärfahrzeuge billig an kleine Transporteure abgegeben, die in der wirtschaftlichen Bedrängnis der unmittelbaren Nachkriegszeit und während der Weltwirtschaftskrise die vorher im bäuerlichen Nebengewerbe zu unerreicht tiefen Preisen ausgeführten Transporte nun ihrerseits effektiv konkurrenzierten. Mit den in der landwirtschaftlichen Pluriaktivität erbrachten Transportdienstleistungen brach eine wichtige Basis für die Haltung von Arbeitstieren weg, die bisher sowohl die Arbeitstiere regelmässiger ausgelastet als auch den kleinen Bauernbetrieben wichtige Einkünfte gebracht hatte.

Bei den aufkommenden Alternativen zu den Arbeitstieren handelte es sich zunächst einerseits um mehr oder weniger stationäre Motoren, anderseits um die Eisenbahnen, auf den Strassen um die elektrischen Trams, die Automobile, die Motor- und die Fahrräder und in der Landwirtschaft um die Traktoren, die Mähdrescher und vor allem um die motorisierten Einachser, die nun auch die mobilen Landwirtschaftsmaschinen antrieben, die der Motorisierung am längsten widerstanden hatten. Der Entscheid gegen die Arbeitstiere und für die motorisierte Traktion fiel in Erwartung künftiger Kostenvorteile – die Arbeit mit Motoren war noch in der Zwischenkriegszeit allgemein teurer als die Arbeit mit Arbeitstieren – und in der Erwartung der allzeitigen Verfügbarkeit, des Durchbrechens der mit der Tierhaltung verbundenen Saisonalitäten und nicht zuletzt als Antwort auf die Frage, was denn zeitgemäss sei. Die Durchsetzung der motorisierten Traktion war dabei keine schnelle Substitution. Das Ende der Arbeitstiere kam fast hundert Jahre nach dem forcierten Bahnbau und rund fünfzig Jahre, nachdem die Motorfahrzeuge auf unseren Strassen vorfuhren. Dass die Motoren und Maschinen der zweiten und dritten Generation dazu an den Fähigkeiten der Arbeitspferde modelliert und dadurch in technischer und konzeptueller Hinsicht erst zu wirklichen Alternativen wurden,[11] steht für den lange Jahrzehnte dauernden Prozess der Koevolution. Bemerkenswert ist auf jeden Fall, dass sich die neuen Motoren über längere Zeiträume nicht gegen die Arbeitstiere durchsetzten, sondern ihrerseits in der einen oder anderen Form auf der Tierarbeit beruhten.

Diesbezüglich ergab sich erst mit der Massenmotorisierung der 1950er- und 1960er-Jahre ein Umschlag, der durch den Strukturwandel hin zu automobilen Raumordnungen noch verstärkt wurde, in welcher die Arbeitstiere zunehmend zu dysfunktionalen Fremdkörpern wurden. Unter der Dominanz der Motorfahrzeuge war das Ende der Arbeitstiere im Strassenverkehr nicht

10 Schweizerische Fuhrhalter-Zeitung, 1910–1935.

11 Moser, Von «Umformungsprozessoren» und «Überpferden», 2016.

Foto 86: Karambolage der Energiesysteme, der Verkehrssysteme, der Kulturen. Polizeifoto eines Verkehrsunfalls in Basel vom 18. November 1949: «Unfall-Nr. 6: Vortritt Tram». Das Foto stammt aus der Serie «Verkehrsunfall der Woche». Die Polizei versandte solche Bilder regelmässig zur Instruktion von Fahrlehrern, Versicherungsfachleuten oder Lehrer:innen. (Staatsarchiv Basel-Stadt, PD-REG 12e 3 [1] 6

zuletzt die Folge jenes friktionsreichen Verdrängungsprozesses, den der Automobiljournalist und -propagandist Theo Gubler martialisch, aber im Grunde zutreffend als «Kampf um die Strasse» beschrieb.[12] Diesen Kampf haben nicht nur die Arbeitstiere, sondern auch die Fussgänger:innen und Fahrradfahrer:innen verloren. Sie wurden aus den Strassenräumen verdrängt.

Zweifellos endete mit den Arbeitstieren ein Zeitalter. Das bezieht sich nicht nur auf die schwindende Präsenz arbeitender Tiere auf Strassen und auf Wiesen, Feldern und in Wäldern. Der Wegfall der Arbeitsfunktion war ein wichtiger Aspekt einer umfassenderen Transformation der landwirtschaftlichen Tierhaltung und des weiteren gewerblichen und industriellen Nutzens der sogenannten tierischen Rohstoffe, von denen nun manche ebenfalls durch synthetisch hergestellte Alternativen substituiert wurden.[13] Die wohl einschneidendste Konsequenz hatte dies für die mit den Tieren arbeitenden Menschen

12 Gubler, Kampf um die Strasse, 1953.
13 Settele, Deutsche Fleischarbeit, 2022, 11–93; Pax, Arndt (Hg.), Rohstoffe des Tierreichs, 1929–1945.

und für die Tiere selbst, die fortan vermehrt auf die anderen Haltungszwecke hin optimiert und reduziert gehalten werden konnten.[14] Während die Rinderhaltung auf die Milch- oder die Fleischproduktion reduziert wurde, begann mit dem Wegfall der Arbeit mindestens für die Hunde, die Esel, die Maultiere und die Pferde eine zweite Karriere. Dabei sind auch sie Nutztiere[15] geblieben, allerdings solche, deren Nutzen nicht mehr in der bewegenden Arbeitskraft für die agrarische Produktion und die vielfältigen Transporte liegt, sondern vor allem in der Freizeitgestaltung der Menschen.

Aus dem Verschwinden der als Bewegungsenergie genutzten Arbeit als intensive mensch-tierliche und tier-tierliche Interaktionsebene resultierten Lücken und Folgen, die nicht nur als statistische Evidenzen und in Bezügen zu Motoren erfasst werden sollten. Die Städte und später auch die Landschaften hörten auf, an die Rhythmen der Tierhaltung und die Reichweiten und Kapazitäten der Arbeitstiere gekoppelt zu sein. Mit den Arbeitstieren verschwanden wichtige, nicht zuletzt sinnlich wahrnehmbare Verbindungsglieder zwischen Landwirtschaft, Gewerbe und Industrie, zwischen Landschaft und Stadt, zwischen Natur und Kultur.

14 Auderset, Moser, Agrarfrage in der Industriegesellschaft, 2018, 256–264.

15 Lamon, Erb, Herholz, Pferd als Nutztier, 2020. Seit 2012 ist es möglich, Equiden als Heimtiere registrieren zu lassen. Von den rund 110 000 Equiden war im Jahr 2020 rund die Hälfte als Heimtiere eingetragen.

Abb. 23: Esso-Reklame aus dem Jahr 1945, bildliche Beschwörung des verschwindenden Tiers (siehe S. 28): Das Pferd springt in die Zukunft, nicht nur auf diesem Bild, sondern beispielsweise auch in den Bezeichnungen der Autotypen Citroën Deux-Chevaux oder Ford Mustang. Die ikonografischen und sprachlichen Pferdemetaphern beschwören die endende reale Bedeutung der Pferde (Scharfe, Pferdekutscher und Automobilist, 1991, 144. Vgl. Berger, Warum sehen wir Tiere an?, 2015, 22). Gleichzeitig bleiben die Pferde Symbole für die Raumüberwindung auch im Nachpferdezeitalter. (Lithografie von Hugo Laubi, 1948, Museum für Gestaltung)

Quellen und Literatur

Quellen

Adam, Benno. Abbildungen der Rindviehracen und Schläge der Schweiz, nach der Natur gezeichnet, hg. von der ökonomischen Gesellschaft des Kantons Bern, Bern 1859.
Albon, Graf von. Schreiben an ein Mitglied der Oekonomischen Gesellschaft zu Bern über den Gebrauch der Ochsen zum Landbaue, Neue Sammlung physisch-ökonomischer Schriften, 1779, 259–282.
Andreae, Johann Gerhard Reinhard. Briefe aus der Schweiz nach Hannover geschrieben, in dem Jahre 1763, 2. Auflage, Zürich und Winterthur 1776.
Anderegg, Felix; Anderegg, Ernst. Tierhaltung. Economie du bétail. 1895, in: Bibliographie der schweizerischen Landeskunde. Bibliographie nationale suisse, Bern 1892–1945, 5, 9b Landwirtschaft. Agriculture, Bern 1895, 710–724.
[Anonym]. Die Hundefuhrwerke, Schweizerische Thierschutzblätter, 14, 4/1877, 25–29.
[Anonym]. Die Verwendung des Hundes als Zugthier, Schweizerische Thierschutzblätter, 23, 1/1886, 10–12.
Ansichten und Vorschläge zur Verbesserung der Pferdezucht im Canton Bern, nebst Angabe der Mittel und Wege, wie dieselbe erzweckt werden kann, Bern 1837.
Anleitung für die Verwendung des Rindviehs zur Arbeit, hg. vom Schweizerischen Fleckviehzuchtverband, im Auftrag des Eidgenössischen Kriegsernährungsamtes, Bern o. J. [um 1940].
Archiv für schweizerische Statistik, 1860 und 1861.
Ayrault, Eugène. De l'industrie mulassière en Poitou ou étude de la race chevaline mulassière, de l'âne, du baudet et du mulet, Niort 1867.
Balzer, Hans. Eine Posthalterei vor 40 Jahren, Bündnerisches Monatsblatt. Zeitschrift für bündnerische Geschichte, Landes- und Volkskunde, 3/1943, 65–82.
Baudement, Émile. Principes de zootechnie, Paris 1869.
Baumann, J. Über unsere Pferdezucht, Schweizerische Landwirtschaftliche Zeitung, 1937, 213–229.
Baumann, J. Über die konkreten Gegebenheiten in unserer Pferdezucht, die sich stellenden Bedürfnisse und Probleme und die daher zu befolgenden Zuchtmethoden, Schweizerische Landwirtschaftliche Monatshefte, 29, 1951, 153–160.
Baumann, J. Die Anpassung des Zuchttyps an die Nachfrage in unserer Landespferdezucht, Schweizerische Landwirtschaftliche Monatshefte, 34, 1956, 383–394.
Baumgartner, Werner. Le Dernier des Six. Un paysan bernois en Suisse romande, 1925–2002, Lausanne 2020.
Ein Beitrag zur Konjunkturbeurteilung und Standortsorientierung in der Viehwirtschaft: Ergebnisse der Viehzählung im Kanton Bern vom 21. April 1931, Mitteilungen des Statistischen Bureaus des Kantons Bern, 9, Bern 1931, darin: Kap. 4: Der Pferdebesitz und der Umfang der Pferdehaltung, 15–18; Kap. 5.c.: Der Einfluss der Verkehrslage auf die Nutzungsrichtung in der Rindviehhaltung, 24–36.
Bentham, Jeremy. An Introduction to the Principles of Morals and Legislation, in: ders. The Collected Works. Principals of Legislation [1823], hg. von J. H. Burns, H. L. A. Hart, Oxford [1970] 1996.
Bericht des Bundesrates an die h. Bundesversammlung, betreffend Hebung der schweizerischen Pferdezucht. (Vom 22. November 1867), Schweizerisches Bundesblatt, Bd. 3, Heft 52, 7. 12. 1867, 105–119.

Bericht des Bundesrathes an die h. Bundesversammlung, betreffend Hebung der schweizerischen Pferdezucht. (Vom 1. Juli 1868), Schweizerisches Bundesblatt, Bd. 2, Heft 33, 18. 7. 1868, 849–857.

Bericht des Gemeinderathes der Stadt Bern an den Grossen Stadtrath über die Gemeindeverwaltung, Bern 1877 und 1888.

Eidgenössische Betriebszählung, 1905 und 1929.

Bildarchiv Rinderanspannung, www.rinderanspannung.de, 14. 1. 2023.

Bödeker, Ernst. Maultierzucht und Maultierhaltung, Reihe: Bibliothek der gesamten Landwirtschaft, Bd. 46, Hannover 1908.

Boiret, H. La production mulassière en France. Passé, présent, avenir, Annecy 1909.

Bridel, Ph. Essai statistique sur le Canton de Vallais, Zürich 1820.

Brix, Adolph Ferdinand Wenceslav. Über die Reibung und den Widerstand der Fuhrwerke auf Strassen von verschiedener Beschaffenheit, Berlin 1850.

Brugnone's Werk von der Zucht der Pferde, Esel und Maulthiere und von den gewöhnlichen Gestüttkrankheiten, übersetzt von Gottfried Fechner, Prag 1790, 5. Kapitel: Von Eseln und Maulthieren, 186–223.

Brunner, Walter. Untersuchungen über die Arbeitsleistung des schweizerischen Zugpferdes (Jurapferd), Zürich 1942.

Buffon, Georges-Louis Leclerc, Comte de. Histoire naturelle, générale et particulière, Bd. 4, Paris 1753.

Buffon, Georges-Louis Leclerc Comte de. Histoire naturelle, générale et particulière, Bd. 4, Paris 1753, Artikel: L'Asne, 377–436.

Buffon, Georges-Louis Leclerc, Comte de. Herrn von Buffons Naturgeschichte der vierfüssigen Thiere, 2. Auflage, Bd. 1, Berlin 1781.

Buhle, Paul. Das Zugpferd und seine Leistungen, Stuttgart 1923.

Bundesbeschluss betreffend die Förderung der Landwirtschaft durch den Bund. (Vom 27. Juni 1884), Schweizerisches Bundesblatt, Bd. 3, Heft 34, 1884, 425–432.

Bundesgesetz betreffend die Förderung der Landwirtschaft durch den Bund. (Vom 22. Dezember 1893), Schweizerisches Bundesblatt, Bd. 1, Heft 3, 17. 1. 1894, 61–71.

Camenzind, Thomas (Hg.). Handbuch der Pferdezucht und -Pflege. Umfassendes gemeinverständliches Lehrwerk, einschliesslich der Krankheiten, mit Abschnitten über den Hufbeschlag, richtig Anspannen und Fahren, 21. Auflage, Bern 1945.

Carnat, Germain. Essais historiques sur l'élevage du cheval du Jura depuis les temps des Princes-évêques de Bâle jusqu'à l'annexion du Jura au Canton de Berne, 1000 à 1815. Contribution à l'histoire de l'élevage chevalin en Suisse, Bern 1934.

Chavannes, H[ubert]. Die schweizerische Pferdezucht, in: Camenzind, Thomas (Hg.). Handbuch der Pferdezucht und -Pflege. Umfassendes gemeinverständliches Lehrwerk, Bern 1945, 91–104.

Collins, E. V.; Caine, A. B. Testing Draft Horses. Agricultural Experiment Station, Iowa State College of Agriculture and Mechanic Arts, Bulletin 20, Oktober 1926, 191–223.

Corrèze; Manès. Mémoire sur les routes et sur le roulage, Annales des ponts et chaussées. Mémoire et documents, 1re série, 1er semestre, Paris 1832, 145–209.

Darwin, Charles. Journal of Researchers into the Natural History and Geology of the Countries visited during the Voyage of H. M. S. Beagle round the world, under the Command of Capt. Fitz Roy, R. A., second edition, London 1845, Online-Version, 28. 12. 2023.

Derlitzki. Darf man im Zeitalter des Motors noch für die Kuhanspannung eintreten?, Mitteilungen der Deutschen Landswirtschaftlichen Gesellschaft, 2. 1. 1932, 9–11.

Döhrmann, Ernst. Untersuchungen über die Beziehungen zwischen Körperform und Arbeitsleistung bei Rind und Pferd, Hohenheim 1929.

Duerst, J. Ulrich. Historisch-kritische Betrachtungen über die Entwicklung der schweizerischen Pferdezucht mit besonderer Berücksichtigung der Halbblutzucht, Referat, Mitteilungen der Gesellschaft schweizerischer Landwirte, Nr. 6, 1911, 2–32.

Duerst, J. Ulrich. Die Beurteilung des Pferdes, Stuttgart 1922.

Duerst, J. Ulrich. Kulturhistorische Studien zur schweizerischen Rindviehzucht, Bern 1923.

Duerst, J. Ulrich. Beurteilung des Pferdes und Rindes, Sonderdruck aus: Tierheilkunde und Tierzucht. Eine Enzyklopädie der praktischen Nutztierkunde, hg. von V. Stang und D. Wirth, Bd. 1, Berlin, Wien 1926, 225–329.

Duerst, J. Ulrich. Esel, Sonderdruck aus: Tierheilkunde u. Tierzucht. Eine Enzyklopädie der praktischen Nutztierkunde, hg. von V. Stang und D. Wirth, Bd. 2, Berlin, Wien 1928, 309–314.

Duerst, J. Ulrich. Maultier. Sonderdruck aus: Tierheilkunde und Tierzucht. Eine Enzyklopädie der praktischen Nutztierkunde, hg. von V. Stang und D. Wirth, Bd. 7, 1929, 39–43.

Duerst, J. Ulrich. Schweiz, Sonderdruck aus: Tierheilkunde und Tierzucht. Eine Enzyklopädie der praktischen Nutztierkunde, hg. von V. Stang und D. Wirth, Bd. 9, Berlin, Wien 1930, 235–262.

Duerst, J. Ulrich. Grundlagen der Rinderzucht, Berlin 1931.

Ebert, Carl Josef. Die landwirtschaftlichen Verhältnisse in vergleichender Darstellung für das praktische Bedürfnis, 4., überarbeitete Auflage, Leipzig 1876.

Egger, Fritz. Der Pferdebesitzer. Egger's Taschenkalender und Nachschlagebuch, Solothurn 1913.

Ehrhardt, J. Die schweizerische Haustierzucht, Schweizer Archiv für Tierheilkunde. Die Fachzeitschrift für Tierärztinnen und Tierärzte, 62, 1920, 315–327.

Ehrhardt, J. Die schweizerische Haustierzucht. (Rückschau und Ausblick.), in: Festschrift der Vt.-Med-Fakultät der Universität Zürich zur Feier des hundertjährigen Bestehens der tierärztlichen Unterrichtsanstalt in Zürich, 1820–1920, Zürich 1921, 61–121.

Engeler, Willy. Die nationalen Tierschauen an der Landesausstellung, in: Wagner, Julius (Hg.). Die Landwirtschaft an der LA. Rundgang durch die Landwirtschaftliche Ausstellung 1939 in Zürich. Stimmungsbilder aus dem Dörfli, Zürich 1940, 77–97.

Engeler, W[illy]. Das Schweizerrind als Zugtier, Schweizerische Landwirtschaftliche Zeitschrift / Die Grüne, 69, 1941, 371–378.

Erhebungen über den Stand des landwirtschaftlichen Vereins- und Genossenschaftswesens in der Schweiz am 1. Januar 1910, hg. vom Schweizerischen Bauernsekretariat, Reihe: Mitteilungen des schweizerischen Bauernsekretariates, Nr. 44, Bern 1912.

Flückiger. Die bernische Pferdezucht, Schweizerische Landwirtschaftliche Zeitung, 1874, 293–297.

Schweizerische Fuhrhalter-Zeitung, 1910–1935; danach: Zeitschrift für das schweizerische Transportgewerbe.

Frei, W[alter]. Mensch und Tier, Schweizer Archiv für Tierheilkunde. Die Fachzeitschrift für Tierärztinnen und Tierärzte, 75, 1933, 515–533.

Frei, Walter. Die Beziehungen des Menschen zum Haustier als Kulturproblem, Schweizerische Landwirtschaftliche Monatshefte, 17, 1939, 29–38.

Gayot, Eugène. Administration des Haras. Atlas statistique de la production des chevaux en France. Documents pour servir à l'histoire naturelle-agricole des races chevalines du pays, Paris 1850.

Gayot, Eugène. Les chevaux de trait français, Paris 1887.

Geisendorf, André. L'élevage du mulet en Suisse. Travail de diplôme, Section d'agriculture de l'Ecole polytechnique fédérale, semestre d'été, 1941.

Geschäftsberichte des Direktionskomites der Zürcher Strassenbahn-Aktiengesellschaft, 1882–1896.

Geschirre für Arbeitstiere des Rindergeschlechtes, Schweizerische Landwirtschaftliche Zeitschrift / Die Grüne, 45, 1917, 225 f., 483 f.

Giovanoli. Maultier und Maulesel, Schweizerische Landwirtschaftliche Zeitschrift, 44, 1916, 441–443.

Glättli, G[ottlieb]. Zuchtstiere im Zuge, Schweizerische Landwirtschaftliche Zeitschrift, 30, 1902, 745–748.

Glättli, G[ottlieb]. Bauers Viehwage. Anleitung zur Gewichtsbestimmung des Schweizerviehes und anderer nahestehender Rassen nach dem Mass. Wertung und Verkauf des Schlachtviehes nach dem Lebendgewicht, Frauenfeld 1905.

Gloor, Jules. Die Entwicklung der Schweizerischen Pferdezucht unter besonderer Berücksichtigung des Jurapferdes und der Massnahmen des Bundes zur Förderung der Pferdezucht, in: Schweizerisches Stammzuchtbuch für das Zugpferd, Bd. 5, Bern 1939, III–L, Bern 1939.

von der Goltz, Theodor Freiherr. Handbuch der landwirtschaftlichen Betriebslehre, 4., neubearbeitete Auflage, Berlin 1912.

Gräub, G[ottfried]. Die Pferdezucht in der Schweiz seit dem Einsetzen der Massnahmen des Bundes, Periode 1865–1908. Nach einem Referat gehalten an der Jahresversammlung der Schweizer Tierärzte 1906, Bern 1944; Abschrift von Hanspeter Meier.

Griesinger, Carl Theodor. Der Contrathierquäler [1839], in: ders. Sämmtliche belletristische Schriften, Bd. 3, Stuttgart 1844, 109–117.

Gsell, W. Das Tierbild im Dienste der schweizerischen Braunviehzucht, Landwirtschaftliches Jahrbuch der Schweiz, 39, 1925, 159–196.

Gubler, Fritz: Der Aufbau der wichtigsten Hengstfamilien der schweizerischen Jura-Pferdezucht, Zürich 1938.

Gubler, Theo. Der Kampf um die Strasse, Bern 1953.

Guénon, Ad. Le Mulet intime. Une réhabilitation, Châlons-sur-Marne 1899.

Günthart, A[lois]. Der Einfluss des Melkens und der Wartung des Rindes auf seine Dauerleistung, Schweizerische Landwirtschaftliche Monatshefte, 3, 1925, 116–122.

Günthart, Alois. Die Verwertung der Ergebnisse der Leistungsprüfungen in der schweizerischen Rindviehzucht, in: 75 Jahre Strickhof, Zürich 1928, 25–38.

Günthart, Alois. Die Erziehung des Rindes zum Zuge, Schweizerische Landwirtschaftliche Zeitschrift, 66, 1938, 137–146.

Günthart, Alois. Die Kraftentwicklung des Rindes, Schweizerische Landwirtschaftliche Zeitschrift, 66, 1938, 615 f.

Günthart, Alois. Über das Gedächtnis des Rindes und seine Verwertung bei der Zugarbeit, Schweizerische Landwirtschaftliche Zeitschrift, 69, 1941, 642 f.

Günther, Friedrich; Günther, Karl. Die Beurtheilungslehre des Pferdes bezüglich dessen Dienst-, Zucht- und Handelswerthes, Hannover 1859.

Guetg, Baptist. Das Rind im Hornjochzug, Horgen-Zürich 1944.

Hailer. Die Maultierzucht im Poitou, Mitteilungen der Deutschen Landwirtschafts-Gesellschaft, 22, 20. 4. 1907, 53–65.

Schweizerische Handelsstatistik. Die Entwicklung des Schweizerischen Aussenhandels in den Jahren 1886 bis 1912, hg. vom schweizerischen Zolldepartement, Bümpliz [1913].

Hartmann, Georg. Anleitung zur Verbesserung der Pferdezucht ganzer Länder und einzelner Privatwirthe: nebst einem Unterricht vom Beschlagen, Zeichnen, Wallachen und Englisiren der Pferde, und einem Anhang von Pferde-Curen, und von der Maulthierzucht, 2. Auflage, Tübingen 1786.

Heim, Albert. Die Zughunde an der internationalen Hundeausstellung in Dresden, Zentralblatt für Jagd- und Hunde-Liebhaber, 11, 13–14/1895, 154 f., 163 f.

Heim, Albert. Ueber den Hund als Zugtier, Der freie Rätier, 2. Blatt, Nr. 98, 26. 4. 1896.

Heim, Albert. Der Zughund, Separatdruck aus: Schweizerisches Hunde-Stammbuch, Bd. 29, 1930.

Heim, Albert. Der Zughund in der Schweiz, in: Feer, Max. Schweizerische kynologische Gesellschaft. Festschrift zum fünfzigjährigen Bestehen der Gesellschaft, 1883–1933, o. O. 1933, 219–227.

Heinze, Theodor. Pferd und Fahrer oder die Fahrkunde in ihrem ganzen Umfange mit besonderer Berücksichtigung von Geschirr, Wagen und Schlitten, Leipzig 1876.

Helm, Leonhard. Zur Geschichte der Beurteilung des Pferdes, Giessen 1927.

Herrenschwand, Gustav von; Karlen, J[ohann] J[akob]. Bericht über die in Paris stattgehabte Viehausstellung. 1855, [Bern] 1855.

Hess, Ernst. Antwort an den Bernischen Thierschutzverein betreffend seine Erwiderung in der Beilage des «Intelligenzblatt der Stadt Bern» vom 12. Juli und des «Stadtblatt» vom 13. Juli 1887, Stadtarchiv Bern, SAB_1099_0_19.

Hippel, Robert von. Die Tierquälerei in der Strafgesetzgebung des In- und Auslandes. Historisch, dogmatisch und kritisch dargestellt nebst Vorschlägen zur Abänderung des Reichsrechts, Berlin 1891.

Hirzel, Hans Caspar. An seinen Freund Heinrich Meister über wahre Religiosität mit Toleranz verbunden, Zürich 1800.

Hoffmann, L[eonhard]. Das Exterieur des Pferdes. Allgemeines über die Pferdegattung und über den Pferdekörper. Die einzelnen Körperteile. Statik und Mechanik. Pferdekauf und Handel, Berlin 1887.

Hundebestand und Hunderassen in der Stadt Bern, Vierteljahresberichte des Statistischen Amtes der Stadt Bern, 25, 3/1951, 157–167.

Huzard, Jean-Baptiste. Traité des haras, avec un traité des mulets [Übersetzung des Werks von Hartmann 1786], Paris 1788.

Ineichen, Franz. Jahresberichte Sentenhof Muri, 1914–1942, in: Hofarchiv Sentenhof, Muri, Manuskripte, Archiv für Agrargeschichte, Bern.

Ineichen, Franz. Monographische Skizze über die Wirtschaftlichkeit des landwirtschaftlichen Traktors, Schweizerische Landwirtschaftliche Monatshefte, 9, 1931, 78–81.

Ineichen, Franz. Die Auswertung der doppelten landwirtschaftlichen Buchhaltung für die praktische Betriebsführung. 2. Was sagt uns die doppelte landwirtschaftliche Buchhaltung über die Kosten der Zugarbeit?, in: Forschungen auf dem Gebiete der Wirtschaftswissenschaften des Landbaus. Festgabe für Ing. agr. Dr. phil. und Dr. h. c. Ernst Laur, Brugg 1937, 335–345.

Ineichen, Franz. Vergleichende Betrachtung über Traktoren und Zugtiere, in: Der Motor in der Landwirtschaft, Spezialheft von Auto, 15, Nr. 21/22, 1941, 64–67.

Ineichen, Franz. Pferd oder Traktor?, Die Grüne. Schweizerische Landwirtschaftliche Zeitschrift 75, 1947, 1197–1202.

Jacky, Edouard. L'élevage du cheval dans le canton de Neuchâtel. Contribution à l'étude de l'histoire de l'élevage chevalin en Suisse, Bern 1927.

Jacky, Edouard. L'élevage du cheval dans le canton de Vaud. Contribution à l'étude de l'histoire de l'élevage chevalin en Suisse, Lausanne etc. 1934.

Jacky, Edouard. L'agriculture dans le canton de Genève: Associations agricoles. Elevage des espèces bovine et chevaline. Etude historique, Genève [1938].

Jacky, Edouard. L'élevage des espèces bovine, chevaline et mulassière en Valais avec un aperçu sur le régime des alpages, Sion 1943.

Jthen, Joseph Anton. Gemeinnütziger Unterricht der Pferde und des Rindviehes, ihrer Fütterung, Wartung, Pflege und Zucht, 2., überarbeitete Auflage, Chur 1829.

Käppeli, Josef. Fragen und Aufgaben aus dem Gebiete der schweizerischen Rindviehzucht, Vortrag, Mitteilungen der Gesellschaft schweizerischer Landwirte, Nr. 2, 1912, 34–60.

Kaufmann, Joseph Clemens. Das schweizerische Braun- und Fleckvieh, Bern 1896.

Kaven, August von. Vorträge über Ingenieur-Wissenschaften an der polytechnischen Schule zu Hannover. Abteilung 1: Der Wegebau, Hannover 1862.

Kelly, Ferdinand. Das Civilveterinärwesen der Schweiz, St. Gallen 1910.

Kellner, Oskar. Die Ernährung der landwirtschaftlichen Nutztiere. Lehrbuch auf der Grundlage physiologischer Forschung und praktischer Erfahrung, 7. Auflage, Berlin 1916.

Kern, [Heinrich]. Vorschläge zur Verhütung von Tierquälerei, wie sie zur Zeit beim Transport von Schlachtvieh beobachtet werden können, Mitteilungen der Gesellschaft schweizerischer Landwirte, Nr. 5, 1910, 21–29.

Kipfer, Samuel. Über die Pferdezucht im Kanton Bern, in: Verband bernischer Pferdeversicherungs-Genossenschaften, 1929–1980, [1980], 23–27.

Der Klauenbeschlag des Rindviehs, Der Wagenbau, Monatsblätter für Schmiede, Wagner, Sattler, Tapezierer und verwandte Gewerbe der Schweiz, 1903, 46, 54, 66 f., 73, 86 f.

König, A[lbert]. Die Hebung der Pferdezucht durch den Bund, Landwirtschaftliches Jahrbuch der Schweiz, 45, 1931, 783–794.

Kraemer, Adolf. Das schönste Rind. Kurzgefasste und gemeinverständliche Anleitung zur Beurtheilung der Körperbeschaffenheit des Rindvieh, Berlin 1883.

Kraemer, A[dolf]. Die Statistik des Viehstandes in der Schweiz, Schweizerisches Landwirthschaftliches Centralblatt, 40, Nr. 27–32 und 44–49, 1886.

Kraemer, Adolf. Die Grundlagen und die Einrichtung des landwirtschaftlichen Betriebes, in: von der Goltz, Theodor Freiherr (Hg.). Handbuch der Gesamten Landwirtschaft, Bd. 1: Volkswirtschaftliche Grundlagen und Oekonomik der Landwirtschaft, Tübingen 1890, 51–388.

Kraemer, Adolf. Die Landwirtschaft im 19. Jahrhundert. Mit besonderer Berücksichtigung schweizerischer Verhältnisse. Ein Rückblick und ein Ausblick, Sonderabdruck aus dem Schweizerischen Landwirtschaftlichen Centralblatt, 1901, Frauenfeld 1902.

Kraemer, H[ermann]. Streiflichter auf die Pferdezucht der Schweiz, in: ders. Aus Biologie, Tierzucht und Rassengeschichte, Bd. 2, Stuttgart 1913, 289–295.

Kraemer, H[ermann]. Die schweizerische Pferdezucht in ihrer Bedeutung für die Armee, in: ders. Aus Biologie, Tierzucht und Rassengeschichte, Bd. 2, Stuttgart 1913, 296–305.

Krafft, Guido. Lehrbuch der Landwirtschaft auf wissenschaftlicher und praktischer Grundlage, Bd. 4: Betriebslehre, Berlin 1892.

Krüger, L. Die Bestimmung der Arbeitsfähigkeit bei Pferd und Rind durch Leistungsprüfungen, physiologische und psychologische Messwerte und durch die Exterieurbeurteilung, Zeitschrift für Tierzüchtung und Züchtungsbiologie, 69, 4/1957, 289–320; 70, 1/1957, 1–20.

Krünitz, Johann Georg. Oeconomische Encyclopädie oder allgemeines System der Staats-Stadt-Haus-u. Landwirthschaft, 1773–1858, Bd. 11, 1777, 2. Auflage 1785, Artikel: Esel, 543–557.

Krünitz, Johann Georg. Oeconomische Encyclopädie oder allgemeines System der Staats-Stadt-Haus-u. Landwirthschaft, 1773–1858, Bd. 85, 1802, Artikel: Maulthier, 650–663.

Krynitz, Walter. Kritische Betrachtungen über den Wert der Hippometrie bei der Beurteilung der Leistungsfähigkeit der Gebrauchspferde, Hannover 1911.

Laborde. Notice sur les chevaux comtois, Argus des haras et des remontes, 2, 15. 8. 1843, 557–579.

Schweizerische Landesausstellung 1883, Bericht über Gruppe 26: Landwirthschaft, Bd. 1, Zürich 1884, unter anderem Abteilung VI: Pferdezucht: Mallet, C. Bericht über die Inspektion und statistischer Bericht; Gross, Ch. Bericht über die Ausstellung; Wehrli, [Heinrich]. Bericht über die Pferdeausstellung.

Die Landwirtschaft Graubündens, Erlenbach/Zürich 1964.

Laur, Ernst. Der Schweizer Bauer, seine Heimat und sein Werk. Festgabe zum fünfzigjährigen Bestehen des Schweizerischen Bauernverbandes, Bern 1947.

Lavalard, Edmond. Le cheval dans ses rapports avec l'économie rurale et les industries de transport, Bd. 1: Alimentation, écuries, maréchalerie, Paris 1888, Bd. 2: Choix et achat – Utilisation du cheval – Situation actuelle de la production chevaline, Paris 1894.

Laur, Ernst. Grundlagen und Methoden der Bewertung, Buchhaltung und Kalkulation in der Landwirtschaft, Berlin 1911.

Lichtenhahn, [Paul]. [Zur schweizerischen Pferdezucht, Artikelserie mit unterschiedlichen Titeln der einzelnen Artikel], Schweizerische Landwirtschaftliche Zeitschrift, 33, 1905: Wo hapert's am meisten in der schweizerischen Pferdezucht, 869 f.; Das Zuchtziel unserer Pferdezucht, 946–949; Die Grundlage unserer Pferdezucht, 967–970; Wie wir die Zuchtstuten beurteilen sollten, 1068–1070; Die Fohlenhaltung, 1090–1092; Nochmals die Grundlage unserer Pferdezucht, 1231–1233.

Lichtenhahn, Paul. Vom Verstand der Tiere, Sonderabdruck aus dem «Schaffhauser Bauer», 1941.

Lullin, C.-J.-M. Mémoire sur les attelages de vaches, Genève, Paris 1826.

Magerl. Über Leistungsbeurteilung des Pferdes durch Messungen und Leistungsprüfungen, in: Neue Forschungen in Tierzucht und Abstammungslehre. Festschrift zum 60. Geburtstag von Prof. Dr. J. Ulrich Duerst, Bern 1936, 196–207.

Manual der Pferdezuchtkommission, Bd. 1758–1776 und Bd. 1776–1797, Staatsarchiv des Kantons Bern, B VI 418 und 419.

Marey, Étienne-Jules. La machine animale. Locomotion terrestre et aérienne, Paris 1873.

Markwalder, Traugott. Die schweizerische Pferdezucht in ihrer Bedeutung für die Armee. Bericht an das schweizerische Militärdepartement, Aarau 1910.

Maschek, Franz Johann. Theorie der menschlichen und thierischen Kräfte, Prag 1842.

Mayer, Johann Friedrich. Lehrbuch für die Land- und Haußwirthe in der pragmatischen Geschichte der gesamten Land- und Haußwirthschaft des Hohenlohe Schillingsfürstlichen Amtes Kupferzell, Nürnberg 1773.
Meier, Jakob. Das Freiberger- oder Jurassierpferd, Appenzeller Kalender, 207, 1928, [ohne Seitenzahlen].
C. H. Meissners Handbuch zum nützlichen Gebrauche für Pferdeeigenthümer, Bereiter, Pferdeverleiher und für Stadt- und Dorfschmide; oder: gründlicher Unterricht, wie gute Pferde zu erziehen [...], 3., vermehrte Auflage, Leipzig 1806.
Meyenburg, Konrad von. Grundsätzliches zur Kritik der Rentabilitätsberechnungen des Schweizer Bauernsekretariats, Zeitschrift für Schweizerische Statistik und Volkswirtschaft, 63, 1927, 433–466.
Meyer, A. Haltung, Fütterung und Pflege des Gebrauchspferdes, Aarau 1905.
Militärorganisation der schweizerischen Eidgenossenschaft. (Vom 13. Wintermonat 1874), Schweizerisches Bundesblatt, Bd. 3, Heft 50, 21. 11. 1874, 421–509.
Moos, Hans. Die Leistungsprüfung des Rindes, Schweizer Archiv für Tierheilkunde (SAT). Fachzeitschrift für Tierärztinnen und Tierärzte, 67, 1925, 503–516.
Morin, Arthur. Nouvelles expériences sur le frottement, faites à Metz, Paris 1832.
Morin, Arthur. Mémoire sur deux appareils dynamométriques [...], Bulletin de la Société d'encouragement pour l'industrie nationale, 36, Mai 1837, 161–180.
Morin, A[rthur]. Ueber zwei dynamometrische Apparate zum Messen der Kraft, welche von Triebkräften, denen Leben inwohnt, ausgeübt wird, und zum Messen der von ihnen vollbrachten Arbeit, Polytechnisches Journal, «Dingler», Bd. 65, Nr. LX, 1837, 260–282.
Morin, Arthur. Expériences sur le tirage des voitures, faites en 1837 et 1838, Metz, Paris 1839.
Morin, Arthur. Expérience sur le tirage des voitures et sur les effets destructeurs, qu'elles exercent sur les routes, Paris 1842.
Morris, Ellwood. On Tractive Power of the Horse, Journal of Franklin Institute, 28, August 1839, 79–82.
Mortier, Abraham, gen. Mortgen, Pferdehändler, und T. F. Lentin. Geheimnisse des Pferdehandels. Ein Taschenbuch für Pferdekenner und Pferdeliebhaber. Ergebnisse einer mehr als siebzigjährigen Ausübung des Pferdehandels, nebst einem Anhange, selbsterlebte Anekdoten im Pferdehandel enthaltend, 2. Auflage, Oranienburg 1884.
Moser, Fritz C. Das Maultier im Saastal, Die Berner Woche in Wort und Bild, 22, 1932, 70 f.
Müller, Beda. Viehbuch, Folioband [1775; datiert nach Ringholz, Pferdezucht im Stifte Einsiedeln, 1902, 28], Transkription von Martin Illi, Manuskript, Bassersdorf 2000.
Moser, Isidor. [Pferdebuch, 1782–1792], Transkription und Publikation in Ringholz, Pferdezucht im Stifte Einsiedeln, 1902, 29–45.
Müller, F[ranz]. Unsere Pferdezucht, Landwirtschaftliches Jahrbuch der Schweiz, 3, 1889, 144–170.
Müller, [Franz]. Unsere Pferdezucht, Landwirtschaftliches Jahrbuch der Schweiz, 15, 1901, 1–55, 3 Tabellen am Schluss des Bandes.
Müller, F[ranz]. Pferdezucht, in: Reichesberg (Hg.). Handwörterbuch der Schweizerischen Volkswirtschaft, Sozialpolitik und Verwaltung, Bd. 3.2, Bern 1911, 1443–1445.
Muybridge, Eadweard. Animals in Motion. An Electro-Photographic Investigation of Consecutive Phases of Animal Progressive Movements, commenced 1872, completed 1885, London 1902.
Nathusius, Hermann von. Pferdezucht. Bedeutung der natürlichen Rasse, in: ders. Kleine Schriften und Fragmente über Viehzucht, Berlin 1880, 271–370.
Nathusius, Simon von. Messungen an Stuten, Hengsten und Gebrauchspferden. Ein Beitrag zur Kunde der Pferdeschläge (Arbeiten der Deutschen Landwirtschafts-Gesellschaft, Heft 112), Berlin 1905.
Pax, Ferdinand; Arndt, Walther (Hg.). Die Rohstoffe des Tierreichs, 2 Bände, Berlin 1929–1945.
Schweizerische Pferdezeitung. Offizielles Organ der Schweizerischen Pferdeschutz-Vereinigung und Fachblatt für Pferdeliebhaber, 1907–1917.
Pohl, Friedrich. Die Kühe als Zugtiere, Archiv der Teutschen Landwirthschaft, 21, 1821, 301–311.

Pohl, Johann. Landwirtschaftliche Betriebslehre, Leipzig 1885.
Pomeroy, Samuel Wyllys. A Dissertation on the Mule, American Farmer, 19. 8. 1825, 169–173.
Porcherel, A. Etudes métriques sur le Mulet. Journal de médecine vétérinaire et de zootechnie, publié à l'École de Lyon, 1920, 338–345, 415–429.
Porcherel, A. Les indices du Mulet. Journal de médecine vétérinaire et de zootechnie, publié à l'École de Lyon, 1920, 746–755.
Schweizerische Post-, Telegraphen- und Telephon-Statistik, 1860 ff.
Pusch, G. Die Beurteilungslehre des Rindes, Berlin 1896.
R. Die animalischen Arbeitskräfte der Landwirthschaft, Bernische Blätter für Landwirthschaft, Nr. 49, 3. 12. 1887, 386–388.
Ribbe, [Johann Christian]. Einige Bemerkungen über das Quälen und Misshandeln der Thiere, Archiv der Teutschen Landwirthschaft, 21, 1821, 86–101.
Riley, Harvey. The Mule. A Treatise on the Breeding, Training, and Uses to which He May be Put, [1. Auflage New York 1867], Philadelphia 1869.
Ringholz, Odilo. Geschichte der Pferdezucht im Stifte Einsiedeln. Sonderdruck aus dem Landwirtschaftlichen Jahrbuch der Schweiz, Bern 1902.
Ringholz, Odilo. Geschichte der Rindviehzucht im Stifte Einsiedeln. Ein Beitrag zur Geschichte des schweizerischen Braunviehes, Landwirtschaftliches Jahrbuch der Schweiz, 22, 1908, 413–508.
Rittmeyer, Hans. Die Geschichte des schweizerischen Zugpferdes mit besonderer Berücksichtigung des Stammesaufbaues des Burgdorferschlages, Zürich, Bern-Bümpliz 1926.
Robert, Gustave. La mule et l'âne en Espagne, 1802.
R[ödiger], F[ritz]. «Welches ist die beste Anspannungsmethode für Rindvieh?», Allgemeine Schweizer Bauernzeitung, 3, Nr. 5 und 6, 1. und 8. 2. 1856.
Roloff, K. Die Beurtheilungslehre des Pferdes und des Zugochsen, Halle 1870.
Rychner, Johann Jakob. Die Pferde- und Rindviehzucht und das Prämiensystem in der Republik Bern, Bern 1843.
Rychner. Notizen über die Pferdezucht im Kanton Bern. (Aus einem Berichte der Pferdezuchtkommission an die Direction des Innern ausgezogen.), Archiv für Thierheilkunde, 18, 1851, 314–331.
Sanson, André. Recherches expérimentales sur la puissance digestive comparée du cheval, de l'âne et du mulet, Journal de l'anatomie et de la physiologie normales et pathologiques de l'homme et des animaux, 25, 1889, 46–66.
Sausseau, Léon. L'âne, les chevaux mulassiers et la mule du Poitou, Paris 1925.
[Schellenberg, Hans Conrad] H. C. S. Bestrebungen in der Pferdezucht, Schweizerisches Landwirtschaftliches Centralblatt, Jg. 2, 1902, 209–216.
Schmid, A[mbrosi]. Das Simmentalerrind als Arbeitsvieh, Schweizerische Landwirtschaftliche Monatshefte, 7, 1929, 123–125.
Schmid, A[mbrosi]. Die Arbeitsleistung von Schweizer Rindern und Pferden, Schweizerische Landwirtschaftliche Zeitschrift / Die Grüne, 72, 1944, 401–407.
Schmid, A[mbrosi]. Anleitung zur Maultierzucht, hg. von der Eidgenössischen Zentralstelle zur Förderung der Maultierzucht in Bern, Bern 1944.
Schmid, A[mbrosi]. Das Schweizer Maultier, in: Camenzind, Thomas (Hg.). Handbuch der Pferdezucht und -Pflege. Umfassendes gemeinverständliches Lehrwerk, Bern 1945, 142–156.
Schopenhauer, Arthur. Über die Grundlage der Moral [1840], Hamburg 2007.
Schwilgué. Mémoire sur les routes et sur le roulage, Annales des ponts et chaussées, mémoires et documents, 1re série, 2e semestre, Paris 1832, 189–249.
Sciuchetti, Andrea. Der derzeitige weibliche Zuchttypus des schweizerischen Braunviehes, dargestellt mittels der Körpermasse und der Lebendgewichte von ausgesprochenen Rassetieren, Berlin 1933.
Skinner, J[ohn] S[tuart]. The Ass and the Mule, in: Youatt, William. The horse. A new edition, with numerous illustrations. Together with a general history of the horse; a dissertation on the American trotting horse, how trained and jockeyed, an account of his remarkable

performances; and an essay on the ass and the mule, by J. S. Skinner, Philadelphia 1843, 419–433.
Spann, Joseph. Das Rind als Arbeitstier, Freising 1925.
Statistik des schweizerischen Waarenverkehrs 1851–1884, hg. vom Schweizerischen Handelsdepartement, Bern 1887.
Stebler, Friedrich Gottlieb. Transportgeräte und Saumtiere, in: Ob den Heidenreben, Monographien aus den Schweizeralpen. Als Beilagen zum SAC-Jahrbuch, Bd. 1, Zürich 1901, 56–58.
Steinmetz, Heinrich. Kuhanspannung in Deutschland (Arbeiten des Reichsnährstandes, Bd. 11), Berlin 1936.
Stillich, R. Die Arbeit der Kühe. Untersuchungen über den Einfluss der Arbeit auf Menge und Zusammensetzung der Milch sowie über die praktischen Grundlagen der Kuharbeit, Leipzig 1899.
Stillman, Jacob Davis Babcock. The Horse in Motion as Shown by Instantaneous Photography. With a Study on Animal Mechanics, Boston 1882.
Stirnjochbespannung für Rindvieh, Schweizerische Landwirtschaftliche Zeitschrift / Die Grüne, 45, 1917, 281 f.
Strebel, [Valentin Ernst von]. Einfluss der Grundstücks-Entfernung auf Wirtschafts-Aufwand, Geld-Rohertrag, Rein-Ertrag und Verkehrswert, Fühlings Landwirtschaftliche Zeitung, 58, 1–2/1909, 1–12, 41–62.
Studer. Esel, in: Enzyklopädie der gesamten Thierheilkunde und Thierzucht, Bd. 3, Wien und Leipzig 1886, 22–24.
Sutermeister, Moritz. Der Esel als Zugthier, Zürich 1901.
Tegetmeier, W. B.; Sutherland, C. L. Horses, Asses, Zebras, Mules and Mule Breeding, London 1895.
Thaer, Albrecht. Grundsätze der rationellen Landwirthschaft, 4 Bände [1809–1812], 2. Ausgabe, Berlin 1821.
Leipziger Thierschutzverein. Einige Beobachtungen über die Leistungsfähigkeit der Zughunde, o. O. 1883.
von Thünen, Johann Heinrich. Der isolierte Staat in Beziehung auf Landwirtschaft und Nationalökonomie [1826], 3. Auflage, Berlin 1875.
von Thünen, Johann Heinrich. Berechnung der Unterhaltungskosten eines Gespanns Pferde und der Transportkosten des Korns, Neue Annalen der Mecklenburgischen Landwirtschafts-Gesellschaft, 16, 1829, 638–672.
Thurston, Robert H. Der thierische Körper als Kraftmaschine, Übersetzung von F. Reuleaux in: Prometheus. Illustrierte Wochenschrift über die Fortschritte in Gewerbe, Industrie und Wissenschaft, Jg. 6, Nr. 300–302, Heft 40–42, 1895, 625–627, 649–653, 657–661.
Trachsel, P. Der Ochsenzug im Frieden und zur Kriegszeit, Schweizerische Landwirtschaftliche Zeitschrift / Die Grüne, 72, 1944, 377–383.
Tschajanow, Alexander. Die Lehre von der bäuerlichen Wirtschaft. Versuch einer Theorie der Familienwirtschaft im Landbau, Berlin 1923.
Tschajanow, Alexander. Die optimalen Betriebsgrössen in der Landwirtschaft. Mit einer Studie über die Messung des Nutzeffektes von Rationalisierungen der Betriebsfläche, Berlin 1930.
von Tscharner, Johann Friedrich. Über das Transitwesen von Graubünden, Der neue Sammler, 3, Chur 1807, 305–389.
Verzeichniß Aller Wege und Fusssteige so aus der Position des Herrn Generalen Br. Jellachich gegen Zürich, Baar, Zug, Menzingen und Luzern führen, so wie die Beschreibung der Brücken, Stegen und Durchführten durch die Sill, im Juli Ao. 99. Österreichisches Staatsarchiv, Kriegsarchiv, K X 36 F.
Eidgenössische Viehzählungen, 1866, 1876, 1886, 1896, 1901, 1905, 1911, 1916, 1918 f., 1921, 1926, 1931, 1936, 1941, 1944–1948, 1951. Die Publikation der Resultate von 1896 dokumentiert im Anhang auch die Ergebnisse kantonaler Viehzählungen seit dem Anfang des 19. Jahrhunderts, 257–282.

Viehzucht, in: Reichesberg, Naum (Hg.). Handwörterbuch der Schweizerischen Volkswirtschaft, Sozialpolitik und Verwaltung, Bd. 3.2, Bern 1911, 1394–1445, darin: «Rindviehzucht» von J. Käppeli und «Pferdezucht» von F. Müller, 1443–1445.
Villeroy, F[elix]; Müller, Adam. Der Pferdezüchter. Anleitung zur Kenntnis der gesammten Pferdewirtschaft. Ein Handbuch für Cavallerie-Offiziere, Landwirthe, Pferdebesitzer und Pferdeliebhaber, Mainz 1858.
Wagner, Julius (Hg.). Die Landwirtschaft an der LA. Rundgang durch die Landwirtschaftliche Ausstellung 1939 in Zürich. Stimmungsbilder aus dem Dörfli, Zürich 1940.
Weber, Friedrich Benedict. Theoretisch-praktisches Handbuch der größern Viehzucht, Bd. 1, Theoretisch-praktisches Handbuch der Pferde-, Maulthier- und Eselzucht, nebst einer Einleitung in die Viehzucht überhaupt, Leipzig 1810.
Wehrli, Heinrich. Bericht an das eidgenössische Departement des Innern über die bisherigen Ergebnisse der Bestrebungen von Bund und Kantonen, betreffend Hebung der schweizerischen Pferdezucht. Erstattet auf Grund der kantonalen und eidgenössischen Expertenberichte vom Jahr 1875, Freiburg 1876.
Weissenrieder, F. X. Das Maultier und seine militärische Bedeutung, in: Schweizer Pferdebuch, Basel, Olten 1944, 47–50.
Wenger, Hans. Kummet oder Joch?, Schweizerische Landwirtschaftliche Zeitschrift, 66, 1938, 546–551.
Wenger, Hans. Untersuchungen über die Arbeitsleistung von Schweizer Rindern, Bern 1939.
Wenger, Hans. Landwirte, verwendet das Rindvieh zur Zugarbeit, Schweizerische Landwirtschaftliche Zeitschrift / Die Grüne, 69, 1941, 66–71.
Westermeier, Nathanael. Die Arbeit der Gespanne im landwirtschaftlichen Betrieb (Landwirtschaftliche Bücherei, Bd. 22), Friedrichswerth [1925].
Wille, [Ulrich]. Die Remontirung der schweizer. Cavallerie in ihrer Beziehung zur inländischen Pferdezucht, Schweizerisches Landwirthschaftliches Centralblatt, Nr. 34–36, 22. 8., 29. 8., 5. 9. 1885.
Willi, Georges. Die Gewährleistung im Viehhandel nach Schweizer Recht (Orell Füssli's Praktische Rechtskunde, Bd. 14), Zürich [1915].
Winter von Adlersflügel, Georg Simon. Neuer und vermehrter Tractat von der Stuterey oder Fohlen-Zucht [1. Auflage 1672], Nürnberg 1703.
Youatt, William. The Horse; with a Treatise on Draught, London 1831.
Youatt, William. Das Pferd, seine Zucht, Behandlung, Structur, Mängel und Krankheiten mit einer Abhandlung über das Fuhrwesen, übersetzt von E[duard] Hering, Stuttgart 1837.
Zangger, Rudolf. Die Pferdezucht in der Schweiz. Ein Wegleiter für die Diskussion dieser Frage durch die Gesellschaft schweizerischer Tierärzte, 2. Auflage, Bern 1865.
Zangger, Rudolf. Die Pferdezucht in der Schweiz, Archiv für Thierheilkunde, Zürich 1873, 1–18.
Schweizerische Landwirtschaftliche Zeitschrift, 1873–1943; danach: Die Grüne, 1943 ff.
Ziegler, R. Über den derzeitigen Stand der Landespferdezucht und über den Pferde-Import, Allgemeine schweizerische Militärzeitung, 81, 4/1935, 216–226.
Zumtaugwald, K. Der heutige technische und wirtschaftliche Stand der Walliser-Maultierzucht und ihre zukünftige Förderung im Dienste der Walliser-Landwirtschaft und der schweizerischen Armee, Diplomarbeit ETH Zürich, Abteilung für Landwirtschaft, 1944.
Zündel, A. Abschätzung (Taxation) der Hausthiere, in: Encyklopädie der gesammten Thierheilkunde und Thierzucht mit Inbegriff aller einschlägigen Disciplinen und der speciellen Etymologie, hg. von Alois Koch, Bd. 1, Wien, Leipzig 1885, 25–28.
Zuntz, Nathan; Lehmann, Curt; Hagemann, Oscar. Untersuchungen über den Stoffwechsel des Pferdes bei Ruhe und Arbeit, Berlin 1889.
Zürcher, [Emil]. Die Tierschutzgesetzgebung der Schweiz, hg. vom Centralvorstand des deutsch-schweizerischen Tierschutzvereins, Aarau 1914.
[Zürcher, Emil]. Die Tierschutzgesetzgebung der Schweiz. Ergänzungen 1914–1925, hg. vom Zentralvorstand des deutsch-schweizerischen Tierschutzvereins, Aarau 1925.

Literatur

Agroscope. Kennzahlen der Schweizer Pferdebranche. Stand 2019, Avenches [2020].

Appenzeller, Stephan. Basel und sein Tram, Basel 1995.

Arbellot, Guy. La grande mutation des routes de France au milieu du XVIIIe siècle, Annales E. S. C., 28, 3/1973, 765–791.

Auderset, Juri. Studying the Animal Machine. Working Animals, Energy Conversion and Companionship between Laboratory and Farm, 1890–1950, Working Paper, European Rural History Conference, Uppsala 2022.

Auderset, Juri; Moser, Peter. Die Agrarfrage in der Industriegesellschaft. Wissenskulturen, Machtverhältnisse und natürliche Ressourcen in der agrarisch-industriellen Wissensgesellschaft (1850–1950), Baden 2018.

Auderset, Juri; Moser, Peter; Schiedt, Hans-Ulrich. Arbeitende Hunde – die Arbeit der Hunde. Eine historische Spurensuche. Schlussbericht für die Albert-Heim-Stiftung, Manuskript, Archiv für Agrargeschichte, Bern 2021.

Auderset, Juri; Schiedt, Hans-Ulrich. Arbeitstiere. Aspekte animalischer Traktion in der Moderne, traverse. Zeitschrift für Geschichte, 28, 2/2021, 27–42.

Auderset, Juri; Schiedt, Hans-Ulrich. Die Vermessung des animalischen Motors. Körpergrössen, Zugkraft und Metabolismus der Arbeitstiere, 1800–1950, Body Politics. Zeitschrift für Körpergeschichte, 11, 15/2023, 57–87.

Audiot, Annick. Le mulet en agriculture. Aspects historiques, économiques et culturels, Ethnozootechnie, 30, 1982, 57–64.

Audiot, Annick; Garnier, Jean-Claude. De l'ân(e)onyme à l'hymne à l'âne ou le renversement de perspectives des usages sociaux de l'âne, in: Pujol, Raymond. L'âne. Journée d'étude de la société d'ethnozootechnie, 14. 11. 1995, Muséum national d'histoire naturelle, auditorium de la Grande galerie de l'évolution, Ethnozootechnie 56, 1995, 65–77.

Audoin-Rouzeau, Frédérique. La taille du bœuf domestique en Europe de l'antiquité aux temps modernes, Fiches d'ostéologie animale pour l'archéologie (Série B: Mammifères, Nr. 2), o. O. 1991.

Audoin-Rouzeau, Frédérique. La taille du cheval en Europe de l'antiquité aux temps modernes, Fiches d'ostéologie animale pour l'archéologie (Série B. Mammifères, Nr. 59), o. O. 1994.

Audoin-Rouzeau, Frédérique. Les éléments nouveaux de l'élevage aux temps modernes, Cahiers d'histoire, 42, 3–4/1997, 481–509.

Bächi, Beat. Der «Muni-Krieg». Stiersperma und der Wandel der Zeit-Räume in der Viehzucht im 20. Jahrhundert, traverse. Zeitschrift für Geschichte, 21, 2/2014, 77–89.

Bächi, Beat (Hg.). Geschichte in Gummistiefeln, Body Politics. Zeitschrift für Körpergeschichte, 11, 15/2023.

Bairoch, Paul. La baisse des coûts des transports et le développement économique, Revue de l'Institut de sociologie, Bruxelles, 2/1965, 309–332.

Bairoch, Paul. Les mesures de conversion des énergies primaires. Historique des unités et présentation des coefficients, Histoire & Mesure, 1986, 81–105.

Bairoch, Paul. Les trois révolutions agricoles du monde développé. Rendements et productivité de 1800 à 1985, Annales E. S. C., 44, 1989, 317–353.

Baratay, Éric; Mayaud, Jean-Luc (Hg.). L'animal domestique, XVIe–XXe siècle, Cahiers d'histoire XLII (3–4), 1997.

Baratay, Éric. Et l'homme créa l'animal. Histoire d'une condition, Paris 2003.

Baratay, Éric. Einleitung. Vom allein handelnden Menschen zum Tier als Akteur und zurück, Histoire des Alpes / Storia delle Alpi / Geschichte der Alpen, 15, 2010, 11–23.

Baratay, Éric. Bêtes de somme. Des animaux au service des hommes, Paris 2008.

Baratay, Éric (Hg.). Les Animaux dans l'histoire, Paris 2023.

Barker, Theo C. The Delayed Decline of the Horse in the Twentieth Century, in: Thompson, Francis Michael Longstreth (Hg.). Horses in European Economic History. A Preliminary Canter, Reading 1983, 101–112.

Baumann, Werner; Haumann, Heiko. «... um die Organisation des typischen Arbeitsbetriebs kennenzulernen». Zu Aleksandr Čajanovs Schrift «Bäuerliche Wirtschaft in der Schweiz», Schweizerische Zeitschrift für Geschichte, 47, 1/1997, 1–26.

Becker, Siegfried. Tierfotografien in der bäuerlichen Bildkultur. Zur visuellen Anthropologie der Mensch-Tier-Beziehungen, in: Lipp, Carola (Hg.). Medien popularer Kultur. Erzählung, Bild und Objekt in der volkskundlichen Forschung. Rolf Wilhelm Brednich zum 60. Geburtstag, Frankfurt am Main, New York 1995, 406–416.

Behringer, Wolfgang. Thurn und Taxis. Die Geschichte ihrer Post und ihrer Unternehmen, München und Zürich 1990.

Bellanger, Silke; Hürlimann, Katja; Steinbrecher, Aline (Hg.). Tiere – eine andere Geschichte?, traverse. Zeitschrift für Geschichte, 15, 3/2008.

Berger, John. Warum sehen wir Tiere an?, in: ders. Das Leben der Bilder oder die Kunst des Sehens, Berlin 2015, 13–38.

La bibliothèque mondiale du cheval, https://labibliothequemondialeducheval.org/bmdc/pages/index.html, 28. 12. 2023.

Biedermann, Klaus. Das Rod- und Fuhrwesen im Fürstentum Liechtenstein. Eine verkehrsgeschichtliche Studie mit besonderer Berücksichtigung des späten 18. Jahrhunderts, Vaduz 1999.

Bizet, Yves. Chiens au travail dans la carte postale ancienne, Paris 2002.

Bobobee, Emmanuel Y. H. Performance Analysis of Draught Animal-Implement System to Improve Productivity and Welfare, Uppsala 2007.

Bouchet, Ghislaine. Le cheval à Paris de 1850 à 1914, Genève, Paris 1993.

Bregenzer, Johanna. Albert Heim und die Arbeit der Zughunde. Eine Analyse der Publikationen Albert Heims zur Zughundefrage, in: Auderset, Juri; Moser, Peter; Schiedt, Hans-Ulrich. Arbeitende Hunde – die Arbeit der Hunde. Eine historische Spurensuche. Schlussbericht für die Albert-Heim-Stiftung, Manuskript, Archiv für Agrargeschichte, Bern 2021, 33–42.

Bruckbauer, Maria; Sorge, Armin. Der Wandel der Stallviehhaltung vom 18. Jahrhundert bis heute, Mitteilungen des Bauernhausmuseums Amerang, 3/1994, 40–76.

Brugger, Hans. Die land- und forstwirtschaftlichen Vereinigungen der Schweiz. Eine Darstellung ihres Aufbaus und ihrer Tätigkeit auf Grund der Erhebung von 1941, hg. vom Schweizerischen Bauernsekretariat (Mitteilungen des Schweizerischen Bauernsekretariates, Nr. 131), Brugg 1943.

Brugger, Hans. Geschichte der aargauischen Landwirtschaft seit der Mitte des 19. Jahrhunderts, Brugg 1948.

Brugger, Hans. Die schweizerische Landwirtschaft in der ersten Hälfte des 19. Jahrhunderts, Frauenfeld 1956.

Brugger, Hans. Statistisches Handbuch der schweizerischen Landwirtschaft, Bern 1968.

Brugger, Hans. Die schweizerische Landwirtschaft 1850 bis 1914, Frauenfeld 1978.

Brugger, Hans. Die schweizerische Landwirtschaft 1914 bis 1980, Frauenfeld 1985.

Burlet, Fritz. Pferde, Ochsen und andere Zugtiere im landwirtschaftlichen und gewerblichen Einsatz, Thun 2021.

Carette, Janine (Hg.). Le Mulet, Ethnozootechnie, 72, 2003.

Carette, Janine. La mulasserie, ses origines, ses pratiques, in: dies. (Hg.). Le Mulet, Ethnozootechnie, 72, 2003, 7–11.

Caroni, Pio. Zur Bedeutung des Warentransportes für die Bevölkerung der Passgebiete, Schweizerische Zeitschrift für Geschichte, 29, 1/1979, 84–100.

Chaix, Louis. Une petite histoire du mulet, Bulletin Murithienne, 123, 2005, 85–91.

Chappez, Gérard. L'âne. Histoire, mythe et réalité, Yens sur Morges, Saint-Gingolph 2000.

Chatzis, Konstantinos. Les cours de mécanique appliquée de Jean-Victor Poncelet à l'École de l'Artillerie et du Génie et à la Sorbonne, 1825–1848, Histoire de l'éducation, 120, Oktober bis Dezember, 2008, 113–138.

Chatzis, Konstantinos. Dupuit, Morin et la question du frottement de roulement. La scène scientifique française des années 1830 et 1840 au prisme d'une controverse, Documents pour l'histoire des techniques, 20, Dezember 2011, 27–44.

Le cheval dans l'agriculture, Ethnozootechnie, 30, 1982.
Chimaira Arbeitskreis. Eine Einführung in gesellschaftliche Mensch-Tier-Verhältnisse und Human-Animal Studies, in: Chimaira – Arbeitskreis für Human-Animal Studies (Hg.). Human-Animal Studies. Über die gesellschaftliche Natur von Mensch-Tier-Verhältnissen, Bielefeld 2011, 7–42.
Collet, Simone. Le mulet valaisan, Chapelle-sur-Moudon 2000.
Collins, Edward J. T. The Farm Horse Economy of England and Wales in the Early Tractor Age, in: Thompson, Francis Michael Longstreth (Hg.). Horses in European Economic History. A Preliminary Canter, Reading 1983, 73–100.
Collins, Edward J. T. Power Availability and Agricultural Productivity in England and Wales, 1840–1938, in: van Bavel, Bas; Thoen, Eric (Hg.). Land Productivity and Agro-Systems in the North Sea Area (Corn Publication Series, Bd. 2), Turnhout 1999, 209–225.
Collins, Edward J. T. The latter-day history of the draught ox in England, 1770–1964, Agricultural History Review, 58, 2/2010, 191–216.
Conze, Werner. Arbeit, in: Brunner, Otto; Conze, Werner; Koselleck, Reinhart (Hg.). Geschichtliche Grundbegriffe, 8 Bände, Stuttgart 1972–1997, Bd. 1, 1972, 154–215.
Debluë, Claire-Lise. Du colportage au commerce de détail: brève histoire de l'étalage à Lausanne (1850–1950), Schweizerische Zeitschrift für Geschichte, 71, 1/2021, 7–33.
Deluermoz, Quentin; Jarrige, François (Hg.). La part animale du XIXe siècle, Revue d'histoire du XIXe siècle, 54, 1/2017; darin: dies. Introduction. Écrire l'histoire avec les animaux, 15–29.
Derix, Simone. Das Rennpferd. Historische Perspektiven auf Zucht und Führung seit dem 18. Jahrhundert, Body Politics 2, 4/2014, 397–429.
Derry, Margaret E. Horses in Society. A Story of Animal Breeding and Marketing, 1800–1920, Toronto, Buffalo, London 2006.
Derry, Margaret E. Theory and Method: An Analysis of European and American Animal Breeding Practices, from the Eighteenth to the Twenty-First Century, Agricultural History, 94, 3/2020, 324–361.
Descola, Philippe. Jenseits von Natur und Kultur, Berlin 2011 (franz. Original: Par-delà nature et culture, Paris 2005).
Despret, Vinciane. From Secret Agents to Interagency, History and Theory, 52, Nr. 4: Does History Need Animals?, 2013, 29–44.
Edgerton, David. The Shock of the Old. Technology and Global History since 1900, London [2006] 2019.
Eibach, Joachim. Das Haus in der Moderne, in: ders.; Schmidt-Voges, Inken (Hg.). Das Haus in der Geschichte Europas, Berlin und Boston 2015, 1–18.
Eisinger, Angelus; Siegenthaler, Hansjörg. Zur Wirkungsgeschichte des motorisierten Individualverkehrs in der Schweiz im 20. Jahrhundert, traverse. Zeitschrift für Geschichte, 15, 1/2008, 94–118.
Elsaesser, Luise. The Peak and Demise of the Working Horse. Britain's Transition from Equine to Motor Power, c. 1870–1950, Manuskript, Florenz 2022.
Elsig, Alexandre; Hürlimann, Gisela; Schober, Sarah-Maria; Schürch, Isabelle (Hg.). Auf den Spuren des Nutztiers / Sur les traces des animaux de rente, traverse. Zeitschrift für Geschichte 28, 2/2021.
Eugster, Hans. Zur Geschichte des Schweizer Braunviehs und seiner Organisation, in: Fuchs, Mäddel (Hg.). Appenzeller Viehschauen, St. Gallen 1999, 218–235.
FAO. Farm Implements for Arid and Tropical Regions, revised edition, prepared by H. J. Hopfen, Rome 1969.
FAO. The Employment of Draught Animals in Agriculture. Issued by Arrangement with Centre d'études et d'experimentation du machinisme agricole tropical by the Food and Agriculture Organisation of the United Nations, Rome 1972.
Fenton, Alexander; Podolák, Ján; Rasmussen, Holger (Hg.). Land Transport in Europe (Folkelivs studier / Studies of Folklife, Bd. 4), Copenhagen 1973.
Foucault, Michel. Die Ordnung des Diskurses, Inauguralvorlesung 1970, Frankfurt am Main 1977.

Fracheboud, Jean-François. Land- und Forstwirtschaft, in: Peter Bohley et al. (Hg.). Wirtschafts- und Sozialstatistik der Schweiz. Eine Einführung, 3. Auflage, Bern, Stuttgart, Wien 2000, 243–255.
Frey, Robert. Das Fuhrwesen in Basel von 1682 bis 1848, Basel 1932.
Frey, Thomas. Landwirtschaft, in: Fritzsche, Bruno et al. Historischer Strukturatlas der Schweiz. Die Entstehung der modernen Schweiz, Baden 2001, 97–119.
Frey, Thomas. Der Strukturwandel der schweizerischen Landwirtschaft hin zur Viehwirtschaft nach 1850 im Licht der Thünen'schen Kreise, traverse. Zeitschrift für Geschichte, 15, 1/2008, 31–47.
Fritzsche, Bruno et al. Historischer Strukturatlas der Schweiz. Die Entstehung der modernen Schweiz, Baden 2001.
Frey, Thomas; Schiedt, Hans-Ulrich/ViaStoria (Hg.): strassendaten.ch, www. strassendaten.ch, 25. 7. 2023.
Fudge, Erica. A Left-Handed Blow: Writing the History of Animals, in: Rothfels, Nigel (Hg.). Representing Animals, Bloomington 2002, 3–18.
Furger, Andreas. Zur Pferdezucht in der Schweiz. 16. bis 19. Jahrhundert, o. O. 2014.
Gemperli, Moritz. Von Lasttieren, Fuhrtierhaltern und Lokführern. Akteure und Organisationen der Mobilität im Kanton Uri zwischen 1865 und 1921, Masterarbeit Universität Bern, Manuskript, Bern 2022.
Gerber-Visser, Gerrendina. Die Ressourcen des Landes. Der ökonomisch-patriotische Blick in den Topographischen Beschreibungen der Oekonomischen Gesellschaft Bern (1759–1855), Baden 2012.
Gerhold, Dorian; Barker, Theo. The Rise and Rise of Road Transport, 1700–1990, Cambridge 1993.
Gerhold, Dorian. Productivity change in road transport before and after turnpiking, 1690–1840, in: Economic History Review, 49, 3/1996, 491–515.
Gerhold, Dorian (Hg.). Road Transport in the Horse-Drawn Era. Studies in Transport History, Aldershot 1996.
Giddens, Anthony. Die Konstitution der Gesellschaft. Grundzüge einer Theorie der Strukturierung (Theorie und Gesellschaft, Bd. 1), Frankfurt am Main 1988.
Gisler, Bruno. Rösslitram. Illustrierte Geschichte der Züricher Pferdebahn, Zürich [2015].
Glauser, Ernst. 50 Jahre Berggenossenschaft Schweinsberg, 1946–1996, o. O. o. J.
Glauser, Fritz. Ochsen und Pferde. Voraussetzungen des mittelalterlichen Alpenverkehrs, in: Rizzi, Enrico (Hg.). Beiträge zur alpinen Passgeschichte, Novara 1987, 109–121.
Glauser, Fritz. Von alpiner Landwirtschaft beidseits des St. Gotthards 1000–1350. Aspekte der mittelalterlichen Gross- und Kleinviehhaltung sowie des Ackerbaus der Alpenregionen Innerschweiz, Glarus, Blenio und Leventina, Der Geschichtsfreund, 141, 1988, 7–173.
Goe, Michael R. Current Status of Research on Animal Traction, World Animal Review, 45, 1983, 2–17.
Goe, Michael R.; McDowell, Robert E. Animal Traction. Guidelines for Utilization, Cornell University, Ithaca, New York 1980.
Gonin, Grégoire. La Société pour l'amélioration de la race chevaline en Suisse romande en campagne (1872–1914). Un acte manqué de médiation, mémoire de licence, Université de Lausanne, 2003.
Gosteli, Mike; Settelen, Peter. Die Settelenliegenschaft Türkheimerstrasse 17, 1906–2007, Manuskript, 2007, Archiv Settelen.
Gosteli, Mike; Settelen, Peter. Das anspruchsvolle Tagwerk der Fuhrmänner, Manuskript, 2007, Archiv Settelen.
Greene, Ann Norton. Horses at Work. Harnessing Power in Industrial America, Cambridge, MA, London 2008.
Griffin, Carl J. Animal Maiming, Intimacy and the Politics of Shared Life. The Bestial and the Beastly in Eighteenth- and Early Nineteenth-Century England (Transactions of the Institute of British Geographers, NS, Bd. 37), 2012, 301–316.
Gumbrecht, Hans Ulrich. Modern, Modernität, Moderne, in: Brunner, Otto; Conze, Werner; Koselleck, Reinhart (Hg.). Geschichtliche Grundbegriffe, Bd. 4, Stuttgart 1978, 93–131.

Haefeli, Ueli. Wörter statt Autos zählen? Potenziale von «Culturomics» in der Verkehrs- und Mobilitätsgeschichte, in: Flores, Juan; Hürlimann, Gisela; Lorenzetti, Luigi; Schiedt, Hans-Ulrich (Hg.). Texte und Zahlen. Der Platz quantitativer Ansätze in der Wirtschafts- und Sozialgeschichte, Schweizerisches Jahrbuch für Wirtschafts- und Sozialgeschichte, 33, Zürich 2019, 93–108.
Haefeli, Ueli. Mobilität im Alltag in der Schweiz seit dem 19. Jahrhundert (Verkehrsgeschichte Schweiz, Bd. 4), Zürich 2022.
Hafner, Urs. Die Moderne hat vier Beine, NZZ am Sonntag, 1. 1. 2023, 43.
Herrmann, Klaus. Pflügen, Säen, Ernten. Landarbeit und Landtechnik in der Geschichte, Hamburg 1985.
den Hertog, G.; van Huis, J. A. (Hg.). The Role of Draught Animal Technology in Rural Development, Wageningen 1992.
Howald, Oskar; Brugger, Hans. Grundzüge der schweizerischen Agrarverfassung (Schriften der internationalen Konferenz für Agrarwissenschaft), Berlin 1936.
Hribal, Jason C. Animals are Part of the Working Class. Commons, Enclosure, and Resistance in the Atlantic World, Dissertation, University of Toledo, Manuscript, 2002.
Hribal, Jason C. Animals, Agency, and Class. Writing the History of Animals from Below, Human Ecology Review, 14, 1/2007, 101–112.
Hubscher, Ronald. La pluriactivité: un impératif ou un style de vie? L'exemple des paysans ouvriers du département de la Loire au XIXe siècle, dans: La pluriactivité dans les familles agricoles. Colloque de l'Association des ruralistes français, L'Isle-d'Abeau, 19./20. 11. 1981, Paris 1984, 75–85.
Iriye, Akira; Saunier, Pierre-Yves (Hg.). The Palgrave Dictionary of Transnational History, New York 2009.
Jacksch, Josefine; Bachmann, Maia. Leitfaden zur Haltung von Maultieren und Mauleseln (Tiere. Agroscope Transfer, Nr. 248), 2018.
Jacobeit, Wolfgang. Zur Geschichte der Pferdeanspannung, Zeitschrift für Agrargeschichte und Agrarsoziologie, 2, 1954, 17–25.
Jacobeit, Wolfgang; Quietzsch, Rudolf. Forschungen zur bäuerlichen Arbeit und Wirtschaft im Institut für deutsche Volkskunde Berlin. Stand und Aufgaben, Deutsches Jahrbuch für Volkskunde, 11, 1965, 57–82.
Jarrige, François. La ronde des bêtes. Le moteur animal et la fabrique de la modernité, Paris 2023.
Jaun, Rudolf. Preussen vor Augen. Das schweizerische Offizierskorps im militärischen und gesellschaftlichen Wandel des Fin de siècle, Zürich, 1999.
Jedele-Schudel, Markus. Winterthur – Kutschen, Fuhrwerke und Schlitten. Alltagsgeschichten vom Leben mit Pferden und hölzernen Rädern zwischen Mittelalter und dem 20. Jahrhundert, mit einer Dokumentation zum Wagenbau in Winterthur 1880–1930, Winterthur 2006.
Jedele-Schudel, Markus. Arbeitstiere und Tierhaltung im Postbetrieb, Wege und Geschichte, 1/2015, 34–40.
Jervis-Smith, Frederick John. Dynamometers, London 1915.
Johnson, Walter. On Agency, Journal of Social History, 37, 2003, 113–124.
Jost, Hans Ulrich. Von Zahlen, Politik und Macht. Geschichte der schweizerischen Statistik, unter Mitarbeit von Carlo Malaguerra, Zürich 2016, 11–53.
Kaiser, Hermann. Ein Hundeleben. Von Bauernhunden und Karrenkötern. Zur Alltagsgeschichte einer geliebten und geschundenen Kreatur (Materialien zur Volkskultur nordwestliches Niedersachsen, Bd. 19), Cloppenburg 1993.
Kalof, Linda; Resl, Brigitte (Hg.). A Cultural History of Animals, 6 Bände, Oxford 2007.
Kalof, Linda (Hg.). The Oxford Handbook of Animal Studies, New York 2017.
Kander, Astrid; Warde, Paul. Energy Availability from Livestock and Agricultural Productivity, 1815–1913. A New Comparison, The Economic History Review, 64, 1/2011, 1–29.
Kander, Astrid; Malanima, Paolo; Warde, Paul. Power to the People. Energy in Europe over the Last Five Centuries, Princeton, Oxford 2013.
Kathan, Bernhard. Zum Fressen gern. Zwischen Haustier und Schlachtvieh, Berlin 2004.

Köppen, Thomas. Proletarier auf vier Hufen. Die Rolle des Pferdes in Gewerbe und Landverkehr des 19. Jahrhunderts, in: Wieczorek, Alfried; Tellenbach, Michael (Hg.). Pferdestärken. Das Pferd bewegt die Menschheit (Publikationen der Reiss-Engelhorn-Museen, Bd. 23), 145–151.

Koselleck, Reinhart. «Erfahrungsraum» und «Erwartungshorizont» – zwei historische Kategorien, in: ders. Vergangene Zukunft. Zur Semantik geschichtlicher Zeiten, Frankfurt am Main 1979, 349–375.

Koselleck, Reinhart. Standortbestimmung und Zeitlichkeit. Ein Beitrag zur historiographischen Erschliessung der geschichtlichen Welt, in: ders. Vergangene Zukunft. Zur Semantik geschichtlicher Zeiten, Frankfurt am Main 1979, 176–207.

Koselleck, Reinhart. Die Auflösung des Hauses als ständischer Herrschaftseinheit, in: Bulst, Neithard; Goy, Joseph; Hoock, Jochen (Hg.). Familie zwischen Tradition und Moderne. Studien zur Geschichte der Familie in Deutschland und Frankreich vom 16. bis zum 20. Jahrhundert, Göttingen 1981, 109–124.

Koselleck, Reinhart. Raum und Geschichte, in: ders. Zeitzeichen. Studien zur Historik, Frankfurt am Main 2000, 78–96.

Koselleck, Reinhart. Geschichte, Recht und Gerechtigkeit, in: ders. Zeitschichten. Studien zur Historik, Frankfurt am Main 2003, 336–358.

Koselleck, Reinhart. Das Ende des Pferdezeitalters, Süddeutsche Zeitung, 25. 9. 2003.

Koselleck, Reinhart. Der Aufbruch in die Moderne oder das Ende des Pferdezeitalters, in: Berthold Tillmann (Hg.). Historikerpreis der Stadt Münster. Die Preisträger und Laudatoren von 1981 bis 2003 (Impulse & Perspektiven, Bd. 1), Münster 2005.

Kropp, Claus; Zoll, Lena (Hg.). Draft Animals in the Past, Present and Future, Bad Homburg vor der Höhe 2022, doi.org/10.11588/propylaeum.1120, 28. 12. 2023.

Kruker, Robert. Inneralpine Transportprobleme und kulturelle Lösungsmuster. Alltagsstrukturen und einfache Techniken, Schweizerische Zeitschrift für Geschichte, 29, 1/1979, 101–112.

Lamon, Inès; Erb, Svetlana; Herholz, Conny. Ist das Pferd als Nutztier in der Schweiz bald verschwunden? Schweizerischer Verband für Pferdesport, SVPS-News, 14. 7. 2020.

Landwehr, Achim. Von der «Gleichzeitigkeit des Ungleichzeitigen», Historische Zeitschrift, 295, 2012, 1–34.

Die Landwirtschaft Graubündens, Erlenbach/Zürich 1964.

Langdon, John. The Economics of Horses and Oxen in Medieval England, Agricultural History Review, 30, 1982, 31–40.

Langdon, John. Horses, Oxen and Technological Innovation. The Use of Draught Animals in English Farming from 1066–1500, Cambridge 1986.

Latour, Bruno. Science in Action. How to Follow Scientists and Engineers through Society, Cambridge, MA, 2001.

Lefebvre des Noëttes, Richard. L'attelage. Le cheval de selle à travers les âges, Paris 1931.

Lepenies, Wolf. Das Ende der Naturgeschichte. Wandel kultureller Selbstverständlichkeiten in den Wissenschaften des 18. und 19. Jahrhunderts, München [1976] 1978.

Lizet, Bernadette. Le cheval dans la vie quotidienne. Techniques et représentations du cheval de travail dans l'Europe industrielle, Espace des hommes, Paris 1982.

Lord, Kathrine et al. Evolution of Working Dogs, in: Serpell, James (Hg.). The Domestic Dog. Its Evolution, Behavior and Interaction with People, 2. Auflage, Cambridge 2016, 42–66.

Löwenthal, Leo. Zugtier und Sklaverei. Zum Buch Lefebvre des Noettes': «L'attelage. Le cheval de selle à travers les âges», Zeitschrift für Sozialforschung, 11, 1933, 198–211.

Lüthi, Ruth. Der Schutz der stummen Kreatur. Zur Geschichte der schweizerischen Tierschutzbewegung, in: Festschrift 130 Jahre Schweizer Tierschutz, hg. vom Schweizer Tierschutz, Basel [1991], 27–69.

Mahaffy, John Pentland. On the Introduction of the Ass as a Beast of Burden into Ireland, Proceedings of the Royal Irish Academy: Archaeology, Culture, History, Literature, 33, 1916/17, 530–538.

Malanima, World Energy Consumption. A Database, 1820–2020, 2022, online.

Masson, Astrid. Handbuch Rinderanspannung. Praktischer Ratgeber zu Verhalten, Ausbildung, Beschirrung und Anspannung von Zugrindern, Lemgo 2015.

Mathieu, Jon. Zur inneralpinen Agrarlandschaft der frühen Neuzeit, in: Mattmüller, Markus; Schluchter, André (Hg.). Die Agrarzonen der Alten Schweiz (Itinera, Heft 10), Basel 1989, 58–81.

Mathieu, Jon. Eine Agrargeschichte der inneren Alpen. Graubünden, Tessin, Wallis 1500–1800, Zürich 1992.

Mathieu, Jon. Auf dem Gipfel der Erkenntnis, NZZ Geschichte, Februar 2020, Nr. 6, 89–95.

Matthewman, R. W.; Dijkman, J. T.; Zerbini, Ercole. The Management and Husbandry of Male and Female Draught Animals: Research Achievements and Needs, in: Lawrence, P. R.; Lawrence, K.; Dijkman, J. T.; Starkey, P. H (Hg.). Research for Development of Animal Traction in West Africa, Addis Abeba, Ethiopia, 1993, 125–136.

Mayaud, Jean-Luc. De la pluriactivité paysanne à une re-définition de la petite exploitation rurale, Annales de Bretagne et des pays de l'Ouest, 106, 1/1999, 231–248.

Mayr, Ernst. Die Entwicklung der biologischen Gedankenwelt. Vielfalt, Evolution und Vererbung, Berlin, Heidelberg 2002 (engl. Original 1982; dt. 1984).

McShane, Clay; Tarr, Joel A. The Horse in the City. Living Machines in the Nineteenth Century, Baltimore, MD, 2007.

Meier, Hanspeter. Das Maultier in der Geschichte des Transportwesens der Schweiz, Wege und Geschichte, 1/2015, 20–25.

Mennessier de La Lance, Gabriel-René. Essai de bibliographie hippique, donnant la description détaillée des ouvrages publiés ou traduits en latin et en français sur le cheval et la cavalerie, avec de nombreuses biographies d'auteurs hippiques, par le général Mennessier de La Lance [...], 3 Bände, Paris 1915–1921.

Merki, Christoph Maria. Der holprige Siegeszug des Automobils 1895–1930. Zur Motorisierung des Strassenverkehrs in Frankreich, Deutschland und der Schweiz, Wien, Köln, Weimar 2002.

Mesliande, Claude. La double activité d'hier à aujourd'hui, dans: La pluriactivité dans les familles agricoles. Colloque de l'Association des ruralistes français, L'Isle-d'Abeau, 19./20. 11. 1981, Paris 1984, 15–24.

Meyer, Heinz. Rosstäuscherei, Pferdeheilkunde, 18, 4/2002, 377–389.

Möhring, Maren. Das Haustier: Vom Nutztier zum Familientier, in: Eibach, Joachim; Schmidt-Voges, Inken (Hg.). Das Haus in der Geschichte Europas, Berlin und Boston 2015, 389–405.

Möser, Kurt. Fortdauer und Wiederkehr des Alten in der Technik, in: Böhn, Andreas; Möser, Kurt (Hg.). Techniknostalgie und Retrotechnologie, Karlsruhe 2010, 17–40, http://books.openedition.org/ksp/5097, 5. 1. 2023.

Morris, Eric. From the Horse Power to Horsepower, Access, 30, 2007, 2–9.

Mooser, Josef. Gleichheit und Ungleichheit in der ländlichen Gemeinde. Sozialstruktur und Kommunalverfassung im östlichen Westfalen vom späten 18. bis in die Mitte des 19. Jahrhunderts, Archiv für Sozialgeschichte, 19, 1979, 231–262.

Moser, Peter; Varley, Tony. The State and Agricultural Modernisation in the Nineteenth and Twentieth Centuries in Europe, in: dies. (Hg.). Integration through Subordination. The Politics of Agricultural Modernisation in Industrial Europe (Rural History in Europe, Bd. 8), Turnhout 2013, 13–39.

Moser, Peter. Zugriff auf die Lithosphäre. Gestaltungspotenziale unterschiedlicher Energiegrundlagen in der agraisch-industriellen Wissensgesellschaft, in: traverse. Zeitschrift für Geschichte 20, 3/2013, 37–48.

Moser, Peter. Über die Erziehung der Kühe und Zuchtstiere zur Arbeit, Wege und Geschichte, 1/2015, 15–19.

Moser, Peter. Von «Umformungsprozessoren» und «Überpferden». Zur Konzeptualisierung von Arbeitstieren, Maschinen und Motoren in der agrarisch-industriellen Wissensgesellschaft 1850–1960, Jahrbuch für Geschichte des ländlichen Raumes, 13, 2016, 116–133.

Moser, Peter. Grenzen der Komplexitätsreduktion. Überlegungen zu den Versuchen, multifunktionale Tiere in monofunktionale Projektionsflächen zu transformieren, traverse. Zeitschrift für Geschichte, 28, 3/2021, 139–154.

Moser, Peter; Wigger, Andreas. Arbeitende Tiere. Akteure der Modernisierung sichtbar machen (Working Animals. Hidden Modernisers made visible), Videoessay 01, 2022, https://ruralfilms.eu/ruralfilms/video-essays/working-animals, 7. 12. 2023.

Moser, Peter; Schiedt, Hans-Ulrich. Arbeitstiere im langen 19. Jahrhundert. Empirische Evidenzen und soziale Kontexte, in: Dommann, Monika; Flores Zendejas, Juan; Schulz, Kristina; Teuscher, Simon (Hg.). Arbeit im Wandel / Travail en mutation, Schweizerisches Jahrbuch für Sozial- und Wirtschaftsgeschichte, erscheint 2024.

Mülhauser, Svenja. Von lebenden Maschinen und Hafermotoren. Pferde als Arbeitstiere im Schweizer Postbetrieb des 19. Jahrhunderts, Masterarbeit, Universität Bern (Berner Studien zur Geschichte, Reihe 3: Verkehr, Mobilität, Tourismus und Kommunikation in der Geschichte, Bd. 4), Bern 2022.

Musset, René. De l'élevage du cheval en France, précédé d'une bibliographie de l'élevage du cheval en France du XVIIe siècle à nos jours, Paris 1917.

Naegeli, Andreas Martin. Das Maultier in der Schweiz. Zucht und Einsatz, Diplomarbeit, Schweizerisches Landwirtschaftliches Technikum Zollikofen, 1990.

Nieradzik, Lukasz. Körperregime Schlachthof. Tierschlachtung und Tierbäder im Wien des 19. Jahrhunderts, Body Politics, 2, 4/2014, 301–327.

Nieradzik, Lukasz; Schmidt-Lauber, Brigitta (Hg.). Tiere nutzen. Ökonomien tierischer Produktion in der Moderne, Jahrbuch für Geschichte des ländlichen Raumes, 13, 2016.

Nieradzik, Lukasz. Geschichte der Nutztiere, in: Borgards, Roland (Hg.). Tiere. Kulturwissenschaftliches Handbuch, Stuttgart 2016, 121–129.

Nisly, Jadon. «Er kömme von seinem Viehe nicht hinweg». Mensch-Nutztier-Beziehung in einem volksaufklärerischen Mustergut (1782–1795), Jahrbuch für Geschichte des ländlichen Raumes, 13, 2016, 88–104.

Nisly, Jadon. Under one Roof Year-round. The Multispecies Intimacy of Cohabiting with Cows in Byre-Houses since the Economic Enlightenment, Ethnologia Europaea, 49, 2/2019, 50–69.

Nisly-Goretzki, Jadon. Zugkühe und ihre Ackerknechte, Viehmägde und Kinderhirten – neue Formen humanimalischer Sozialität in der Sattelzeit, Referat AfA-Workshop, Manuskript, 2022.

Nussbaum, Martha. Gerechtigkeit für Tiere. Unsere kollektive Verantwortung, Darmstadt 2023 (engl. Original 2022).

Person, Jutta. Esel. Ein Portrait [2013], 5. Auflage, Berlin 2019.

Petrus, Isabelle, Carine. Les hybrides interspécifiques chez les équides, thèse pour le doctorat, Ecole nationale d'Alfort, Manuskript, 2013.

Pfister, Christian. Im Strom der Modernisierung. Bevölkerung, Wirtschaft und Umwelt, 1700–1914 (Geschichte des Kantons Bern seit 1798, Bd. 4), Bern 1995.

Pfister, Ulrich; Studer, Brigitte; Tanner, Jakob. Einleitung, in: dies. (Hg.). Arbeit im Wandel. Deutung, Organisation und Herrschaft vom Mittelalter bis zur Gegenwart (Schweizerische Gesellschaft für Wirtschafts- und Sozialgeschichte, Bd. 14), Zürich 1996, 9–21.

Plagemann, Volker, Denzler, Max. Esel, in: Reallexikon zur Deutschen Kunstgeschichte, Bd. 5, 1967, Sp. 1484–1528.

Poncet, Pierre-André. Un cheval de bataille: l'avenir de la race des Franches-Montagnes, in: Cheval, Intervalles. Revue culturelle du Jura bernois et de Bienne, 45, 1996, 30–37.

Poncet, Pierre-André. Geschichtlicher Abriss der Schweizer Pferdezucht, in: Les sources de l'élevage du cheval en Suisse. Quellen der Schweizerischen Pferdezucht, hg. vom Schweizer Nationalgestüt, Avenches 2004, 39–54.

Poncet, Pierre-André. Le cheval des Franches-Montagnes à travers l'histoire, Porrentruy 2009.

Popplow, Marcus. Die Ökonomische Aufklärung als Innovationskultur des 18. Jahrhunderts zur optimierten Nutzung natürlicher Ressourcen, in: Popplow, Marcus (Hg.). Landschaften agrarisch-ökonomischen Wissens. Strategien innovativer Ressourcennutzung in Zeitschriften und Sozietäten des 18. Jahrhunderts, Münster etc. 2010, 3–48.

Porcher, Jocelyne. Animal Work, in: Kalof, Linda (Hg.). The Oxford Handbook of Animal Studies, New York 2017, 301–318.
Porcher, Jocelyne. Travail animal, l'autre champ du social, Écologie & Politique, 54, 2017, 15–121.
Porcher, Jocelyne; Estebanez, Jean. Animal labor. At the forefront of innovative research, in: dies. (Hg.). Animal Labor. A New Perspective on Human-Animal Relations, Bielefeld 2019, 11–33.
Pujol, Raymond. L'âne. Journée d'étude de la société d'ethnozootechnie, 14. 11. 1995, Muséum national d'histoire naturelle, auditorium de la Grande galerie de l'évolution, Ethnozootechnie, 56, 1995.
Raulff, Ulrich. Das letzte Jahrhundert der Pferde. Geschichte einer Trennung, München 2015.
Rees, Amanda. Animal agents? Historiography, theory and the history of science in the Anthropocene, British Society for the History of Science, 2017, 1–10.
Rieder, Stefan. Das Schweizer Nationalgestüt in Avenches. Zentrum der Pferdezucht, Wege und Geschichte 1/2015, 8–14.
Riedi, Barbara. Die Porten der Unteren Strasse, ihr Ladungsrecht und der Strassenunterhalt. Rechtshistorische Betrachtungen zur Verkehrs- und Wirtschaftsgeschichte Graubündens, Frankfurt am Main 2009.
Ringholz, Odilo. Geschichte der Pferdezucht im Stifte Einsiedeln. Sonderdruck aus dem Landwirtschaftlichen Jahrbuch der Schweiz, Bern 1902.
Ritvo, Harriet. The Animal Estate. The English and other Creatures in the Victorian Age, Cambridge, MA, London 1987.
Ritvo, Harriet. Race, Breed, and Myths of Origin. Chillingham Cattle as Ancient Britons, Representations, 39, 1992, 1–22.
Ritvo, Harriet. The Platypus and the Mermaid and other Figments of the Classifying Imagination, Cambridge, London 1997.
Ritvo, Harriet. On the Animal Turn, Daedalus, 136, 4/2007, 118–122.
Ritvo, Harriet. Noble Cows and Hybrid Zebras. Essays on Animals and History, Charlottesville, VA, London 2010.
Ritzmann-Blickenstorfer, Heiner. Historische Statistik der Schweiz, in: Peter Bohley et al. (Hg.). Wirtschafts- und Sozialstatistik der Schweiz. Eine Einführung, 3. Auflage, Bern, Stuttgart, Wien 2000, 57–88.
Rizzoli, Anne. Les débats de l'élevage chevalin en Suisse. Un exemple d'intervention de la Confédération (1868–1914), mémoire de licence, Université de Genève, 2001.
Rizzoli, Anne. Les sources de l'élevage du cheval en Suisse. Guide de recherche / Quellen der schweizerischen Pferdezucht. Führer, Avenches 2004.
Roche, Daniel (Hg.). Voitures, chevaux et attelages du XVIe au XIXe siècle, Paris 2000.
Roche, Daniel. Les circulations dans l'Europe moderne, XVIIe–XVIIIe siècle, Paris 2003.
Roche, Daniel. Equestrian Culture in France from the Sixteenth to the Nineteenth Century, Past & Present, 199, May 2008, 113–145.
Roche, Daniel. La culture équestre occidentale, XVIe–XIXe siècle, Bd. 1: L'ombre du cheval. Le Cheval moteur. Essai sur l'utilité équestre, Paris 2008, Bd. 2: La gloire et la puissance. Essai sur la distinction équestre, Paris 2011, Bd. 3: Connaissance et passion, Paris 2015.
Roscher, Mieke. Zwischen Wirkungsmacht und Handlungsmacht. Sozialgeschichtliche Perspektiven auf tierliche Agency, in: Wirth, Anett Laue et al. (Hg.). Das Handeln der Tiere. Tierliche Agency im Fokus der Human-Animal Studies, Bielefeld 2016, 43–66.
Roscher, Mieke. Rezension von: Porcher/Estebanez. Animal Labor, 2019, Neue Politische Literatur, 65, 2020, 509–511, doi.org/10.1007/s42520-020-00287-2.
Roscher, Mieke; Krebber, André; Mizzele, Brett (Hg.). Handbook of Historical Animal Studies, Oldenburg, Berlin, Boston 2021.
Rosen, Aiyana; Wirth, Sven. Tier_Ökonomien? Über die Rolle der Kategorie «Arbeit» in den Grenzziehungspraxen des Mensch-Tier-Dualismus, in: Chimaira – Arbeitskreis für Human-Animal Studies (Hg.). Tiere Bilder Ökonomien. Aktuelle Forschungsfragen der Human-Animal Studies, Bielefeld 2013, 17–42.
Scharfe, Martin. Wider die Thierquälerei! Der Tierschutzgedanke im 19. Jahrhundert, Schwäbische Heimat, 35, 1/1984, 32–39.

Scharfe, Martin. Pferdekutscher und Automobilist, in: Becker, Siegfried; Bimmer, Andreas C. (Hg.). Mensch und Tier. Kulturwissenschaftliche Aspekte einer Sozialbeziehung (Hessische Blätter für Volks- und Kulturforschung, Bd. 27), Marburg 1991, 139–162.

Schiedt, Hans-Ulrich. Verkehr im Gebirge – eine historische Annäherung, in: Torricelli, Gian Paolo; Scheurer, Thomas (Hg.). Verkehr und Mobilität. Bedrohung und Herausforderung für die Alpen des 21. Jahrhunderts, Tagungsband der 5. Nationalen Tagung zur Alpenforschung, Lugano, 18./19. 11. 1999, Bern 2000, 171–180.

Schiedt, Hans-Ulrich. Die Alpenstrassenfrage oder «Die prinzipielle Figur des Kreuzes», Wege und Geschichte. Zeitschrift des Inventars historischer Verkehrswege der Schweiz, 2002, 34–39.

Schiedt, Hans-Ulrich. Landwirtschaft – ein Transportgewerbe (nicht nur) wider Willen, Wege und Geschichte, 1/2005, 4–11.

Schiedt, Hans-Ulrich. Die Entwicklung der Strasseninfrastruktur in der Schweiz zwischen 1740 und 1910, Jahrbuch für Wirtschaftsgeschichte, 1/2007, 39–54.

Schiedt, Hans-Ulrich. Der Langsamverkehr, Teil 1: Die vormodernen Bedingungen des Verkehrs, Bern 2009.

Schiedt, Hans-Ulrich. Logistik: Vom Problem zur Dienstleistung. Das Entstehen der Spedition im Spätmittelalter und in der Frühneuzeit, Wege und Geschichte, 2/2009, 4–10.

Schiedt, Hans-Ulrich. Kapazitäten des Fuhrwerkverkehrs im 18. und 19. Jahrhundert. Grundlagen der Schätzung von Transportkapazitäten des vormodernen Landverkehrs, in: ders.; Tissot, Laurent; Merki, Christoph Maria; Schwinges, Rainer C. (Hg.). Verkehrsgeschichte / Histoire des transports (Schweizerische Gesellschaft für Wirtschafts- und Sozialgeschichte, Bd. 25), Zürich 2010, 121–136.

Schiedt, Hans-Ulrich. Weg, in: Lampugnani, Vittorio Magnago; Domhardt, Konstanze Sylva; Schützeichel, Rainer (Hg.). Enzyklopädie zum gestalteten Raum. Im Spannungsfeld zwischen Stadt und Landschaft, Zürich 2014, 476–487.

Schiedt, Hans-Ulrich. Schicksalhafte Gefahr und wundersame Rettung. Weg, Verkehr und Mobilität auf Votivbildern, Wege und Geschichte, 1/2016, 18–24.

Schiedt, Hans-Ulrich. Helvetische Strassenenquête. Eine zentrale Quelle für die Verkehrsgeschichte, Bern 2019.

Schiedt, Hans-Ulrich. Zughunde und ihre Arbeitswelt im 19. und im frühen 20. Jahrhundert (AfA-Working Paper, Nr. 1, Archiv für Agrargeschichte), Bern 2021.

Schiedt, Hans-Ulrich. Albert Heim (1849–1937) – eine biografische Skizze (AfA-Workingpaper, Nr. 2, Archiv für Agrargeschichte), Bern 2021.

Schiedt, Hans-Ulrich. Arbeitende Tiere im langen 19. Jahrhundert. Kulturen und Raumordnungen der Arbeitstiere, Manuskript, Archiv für Agrargeschichte, Bern 2022.

Schiel, Juliane; Schürch, Isabelle; Steinbrecher, Aline. Von Sklaven, Pferden und Hunden. Trialog über den Nutzen aktueller Agency-Debatten für die Sozialgeschichte, in: Arni, Caroline; Teuscher, Simon (Hg.). Neue Forschungen zur Sozialgeschichte (Schweizerisches Jahrbuch für Wirtschafts- und Sozialgeschichte, Bd. 32), Zürich 2016, 17–48.

Schlögel, Karl. Im Raume lesen wir die Zeit. Über Zivilisationsgeschichte und Geopolitik, München, Wien 2003.

Schluchter, André. Die Bevölkerung der Schweiz um 1800. Eine Auswertung der Helvetischen Volkszählung von 1798 und anderer zeitnaher Erhebungen, mit Einbezug der Bevölkerungsentwicklung bis 1980 (Amtliche Statistik der Schweiz, Bd. 170), Bern 1988.

Schmidt, Georg C. L. Der Schweizer Bauer im Zeitalter des Frühkapitalismus. Die Wandlung der Schweizer Bauernwirtschaft im achtzehnten Jahrhundert und die Politik der Ökonomischen Patrioten, 2 Bände, Bern 1932.

Schmitz, Serge. The Prohibition of Dogcarts in Belgium: A Hidden Agricultural Policy, in: Moser Peter; Varley, Tony (Hg.). Integration through Subordination. The Politics of Agricultural Modernisation in Industrial Europe, Turnhout 2012, 289–299.

Schremmer, Eckart. Beginnender Strukturwandel im Transportgewerbe an der Wende zum 19. Jahrhundert, in: Albrecht, Dieter; Kraus, Andreas; Reindel, Kurt (Hg.). Festschrift für Max Spindler, München 1969, 577–591.

Schuler, Martin. Volkszählungen in der Schweiz vor 1850. Die Bevölkerungszahlen auf lokaler Ebene, Neuchâtel 2023.

Schulz, Ina. Belastung von in der gewerblichen Personenbeförderung eingesetzten Kutschpferden, Dissertation, Tierärztliche Hochschule Hannover, Manuskript, Hannover 2000.

Settele, Veronika. Mensch, Kuh, Maschine. Kapitalismus im westdeutschen Kuhstall, 1950–1980, Mittelweg. Zeitschrift des Hamburger Instituts für Sozialforschung, 1/2017, 44–65.

Settele, Veronika. Deutsche Fleischarbeit. Geschichte der Massentierhaltung von den Anfängen bis heute, München 2022.

Siegenthaler, Hansjörg. Industrielle Revolution, in: Handwörterbuch der Wirtschaftswissenschaft, Bd. 4, Stuttgart, New York, Tübingen, Göttingen und Zürich 1977, 142–159.

Simonett, Jürg. Verkehrserneuerung und Verkehrsverlagerung in Graubünden. Die «Untere Strasse» im 19. Jahrhundert, Chur 1986.

Shaw, David Gary. A Way with Animals, History and Theory, 52, Nr. 4: Does History Need Animals?, 2013, 1–12.

Smith, A. J. Draught animal research. A neglected subject, World Animal Review, 40, Oktober bis Dezember 1981, 43–48.

Sombart, Werner. Der moderne Kapitalismus, 3 Bände [Bd. 1 und 2, 2. Auflage, München 1916, Bd. 3, 1. Auflage, München 1927], Reprint, München 1987.

Spiekermann, Uwe. Basis der Konsumgesellschaft. Entstehung und Entwicklung des modernen Kleinhandels in Deutschland, 1850–1914 (Schriftenreihe zur Zeitschrift für Unternehmensgeschichte, Bd. 3), München 1999.

Starkey, Paul. Harnessing and Implements for Animal Traction. An Animal Traction Resource Book for Africa, Vieweg, Braunschweig, Wiesbaden 1989.

Starkey, Paul; Teklu, Sirak; Goe, Michael R. Animal Traction. An Annotated Bibliographic Database, International Livestock Centre for Africa, Addis Abeba, Ethiopia, 1991.

Starkey, Paul. Livestock for Traction and Transport: World Trends, Key Issues and Policy Implications. Animal Production and Health Working Paper, Food and Agricultural Organisation (FAO), Animal Production and Health Working Paper, Report, 2011.

Starkey, Paul; Starkey, Malcolm. Regional and World Trends in Donkey Populations, in: Starkey, Paul; Fielding, D. (Hg.). Donkeys, People and Development. A Resource Book of the Animal Traction Network for Eastern and Southern Africa (ATNESA). ACP EU Technical Centre for Agricultural and Rural Cooperation (CTA), Wageningen (NL) o. J.

Statistische Erhebungen und Schätzungen auf dem Gebiete der Landwirtschaft, bearbeitet vom Schweizerischen Bauernsekretariate, 1–37, Brugg 1922–1960.

Steiger, Thomas. Die Produktion von Milch und Fleisch in der schweizerischen Landwirtschaft des 19. Jahrhunderts als Gegenstand bäuerlicher Entscheidungen. Das statistische Bild der Entwicklung der Rindviehhaltung und ihre ökonomische Interpretation (Europäische Hochschulschriften, Reihe V, Volks- und Betriebswirtschaft, Bd. 394), Bern 1982.

Steinbrecher, Aline. Hunde und Menschen. Ein Grenzen auslotender Blick auf ihr Zusammenleben (1750–1850), Historische Anthropologie, 19, 2/2011, 192–210.

Steinbrecher, Aline. Tiere und Geschichte, in: Borgards, Roland (Hg.). Tiere. Kulturwissenschaftliches Handbuch, Stuttgart 2016, 7–16.

Stuber, Martin; Moser, Peter; Gerber-Visser, Gerrendina; Pfister, Christian (Hg.). Kartoffeln, Klee und kluge Köpfe. Die Oekonomische und Gemeinnützige Gesellschaft des Kantons Bern OGG (1759–2009), Bern, Stuttgart, Wien 2009.

Tann, Jenifer. Horse Power 1780–1880, in: Thompson, Francis Michael Longstreth (Hg.). Horses in European Economic History. A Preliminary Canter, Reading 1983, 21–30.

Tanner, Caroline. Alpine Nomaden, in: Asmussen, Tina (Hg.). Alpengeschichte abseits des Pfades, Æther, 3, 2019, D1–D17.

Thompson, Francis Michael Longstreth. Victorian England. The Horse-drawn Society; an Inaugural Lecture, London 1970.

Thompson, Francis Michael Longstreth. Nineteenth-Century Horse Sense, The Economic History Review, 29, 1/1976, 60–81.

Thompson, Francis Michael Longstreth (Hg.). Horses in European Economic History. A Preliminary Canter, Reading 1983.

Thirsk, Joan. Horses in Early Modern England. For Service, for Pleasure, for Power, 1978, in: dies. The Rural Economy of England. Collected Essays, London 1984, 375–401.

Tichy, Barbara. Pferdehandel und Rosstäuscherpraktiken im Spiegel tierheilkundlicher Literatur zwischen 1780 und 1850, Dissertation, Giessen 1995.

Tischhauser, Andrea. La consommation de viande de cheval dans le Jura neuchâtelois (1840–1920), Cheval, Intervalles. Revue culturelle du Jura bernois et de Bienne, 45, 1996, 69–76.

Trossbach, Werner. Kuhanspannung in Mitteleuropa: Ein vergessenes Element der Agrarrevolution?, Jahrbuch für Wirtschaftsgeschichte / Economic History Yearbook, 57, 1/2016, 215–244.

Veblen, Thorstein. Theorie der feinen Leute. Eine ökonomische Untersuchung der Institutionen [1899, deutsche Übersetzung 1958], Frankfurt am Main 1986.

Vollenweider, Janine. Von «Eidgenossen», die nie Schweizer wurden. Bundesstaat, Zucht und Pferdeversorgung der Armee, 1865–1939, in: Ammann, Max E. (Hg.). 120 Jahre Pferdesport Schweiz, 2020, 154–161.

Vollmer, Isabel. Droschken(un)ordnung. Die Reglementierung des Droschkenwesens in den Schweizer Städten Zürich und Luzern, Bachelorarbeit, Universität Bern, Manuskript, 2022.

Wägli, Hans G. Schienennetz Schweiz. Ein technisch-historischer Atlas, Zürich 1998.

Weishaupt, Mathias. «Viehveredelung» und «Rassenzucht». Die Anfänge der appenzellischen Viehschauen im 19. Jahrhundert, in: Fuchs, Mäddel (Hg.). Appenzeller Viehschauen, St. Gallen 1999, 11–48.

Widmer, Jean-Pierre; Meister, Konrad. Ausgewählte Schweizer Zeitreihen zur Verkehrsentwicklung, Materialien zur Vorlesung Verkehrsplanung, IVT, ETH, Zürich 2005.

Wigger, Andreas. Bewegende Tiere auf bewegten Bildern. Filme als Quellen und Vermittlungsformat zur Geschichte der arbeitenden Tiere in der Zeit der Massenmotorisierung (1950–1990), Masterarbeit, Manuskript, Universität Freiburg, 2023.

Wirth, Paul. Die geographische Verbreitung der schweizerischen Viehwirtschaft, Bern 1942.

Wischermann, Clemens (Hg.). Tiere in der Stadt, Informationen zur modernen Stadtgeschichte, 2/2009.

Bücher zum Thema:

Archiv für Agrargeschichte (Hg.)
Eigensinnig vernetzt
Spuren sichern und Quellen erschliessen in der neueren Agrargeschichte
2022. Geb., 318 S., 7 Abb. sw. ISBN 978-3-0340-1694-0. CHF 48 / EUR 48

Alexandre Elsig, Gisela Hürlimann, Sarah-Maria Schober, Isabelle Schürch (Hg.)
Auf den Spuren des Nutztiers
Sur les traces des animaux de rente
Traverse. Zeitschrift für Geschichte – Revue d'histoire (ISSN 1420-4355), Band 2021/2
2021. Br., 208 S., 16 Abb. sw., 1 Farbabb. ISBN 978-3-905315-83-7. CHF 28 / EUR 24